세상이 변해도
배움의 즐거움은
변함없도록

시대는 빠르게 변해도
배움의 즐거움은
변함없어야 하기에

어제의 비상은
남다른 교재부터
결이 다른 콘텐츠
전에 없던 교육 플랫폼까지

변함없는 혁신으로
교육 문화 환경의 새로운 전형을
실현해왔습니다.

비상은 오늘, 다시 한번
새로운 교육 문화 환경을 실현하기 위한
또 하나의 혁신을 시작합니다.

오늘의 내가 어제의 나를 초월하고
오늘의 교육이 어제의 교육을 초월하여
배움의 즐거움을 지속하는 혁신,

바로, 메타인지 기반 완전 학습을.

상상을 실현하는 교육 문화 기업 비상

메타인지 기반 완전 학습

초월을 뜻하는 meta와 생각을 뜻하는 인지가 결합한 메타인지는
자신이 알고 모르는 것을 스스로 구분하고 학습계획을 세우도록 하는
궁극의 학습 능력입니다. 비상의 메타인지 기반 완전 학습 시스템은
잠들어 있는 메타인지를 깨워 공부를 100% 내 것으로 만들도록 합니다.

구성 structure

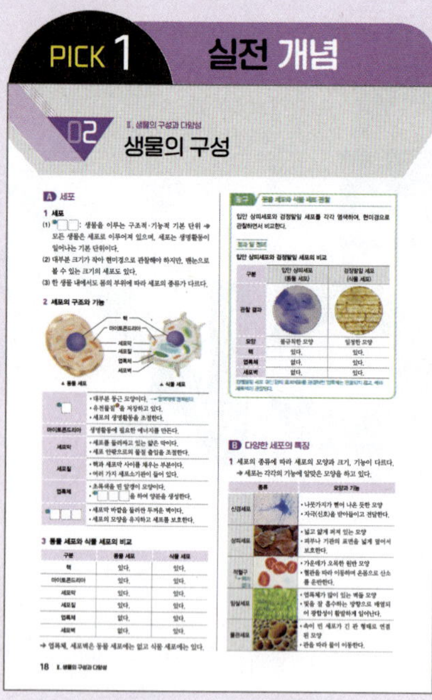

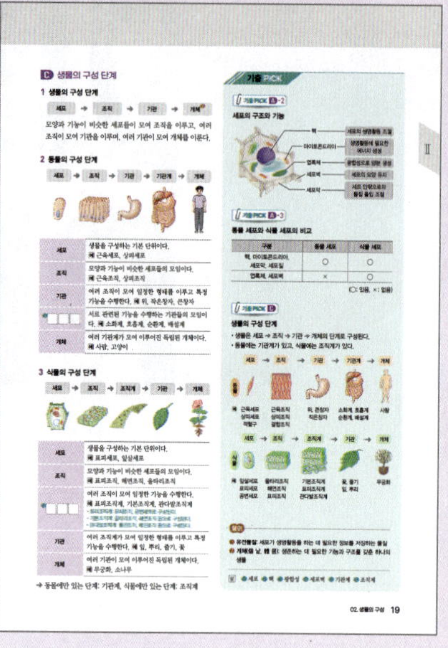

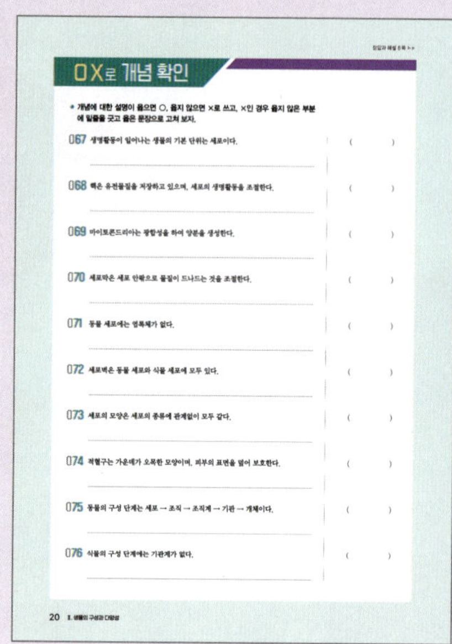

- 기출 문제를 분석하여 실전 개념 구성
- 빈출 유형의 주요 자료를 기출PICK 으로 선정
- 간단한 OX 문제로 개념 확인

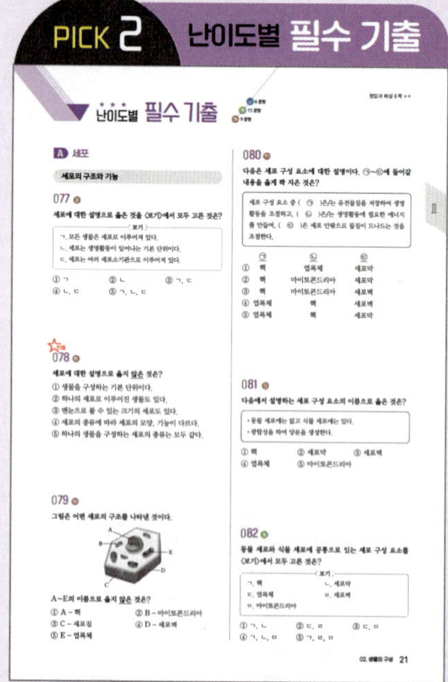

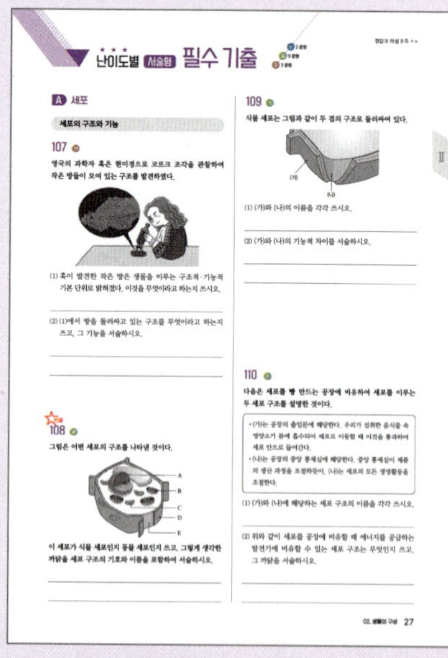

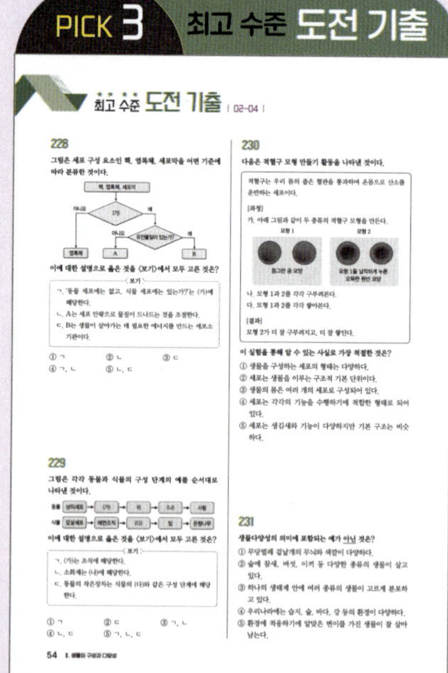

- 학교 기출 문제를 선별하여 주제별, 난이도(하, 중, 상)별로 구성
- 서술형 문제를 따로 모아 제시
- 한 단계 높은 최고 수준 문제에 도전!

◆ 실전 대비 BOOK: 시험 직전에 대비할 수 있도록 구성

차례 contents

완자 기출 PICK 중학 과학 1-2 구성

과학과 인류의 지속가능한 삶

A 과학적 탐구 방법

1 과학적 탐구 방법

문제 인식	사물이나 자연 현상을 관찰하다 의문을 갖는다. 에이크만은 각기병에 걸렸던 닭이 나은 것을 보고 닭이 나은 까닭에 의문을 가졌다.

↓

① □□ □□	의문을 가진 문제의 결론을 미리 예상해 보고, 가설① 을 세운다. ➡ 가설은 문제에 대한 잠정적인 결론으로, 탐구 과정을 통해 옳은지 옳지 않은지 확인할 수 있어야 한다. 닭의 모이가 백미에서 현미로 바뀐 것을 보고 '현미에는 각기병②을 낫게 하는 물질이 있을 것이다.'라는 가설을 세웠다. 

↓

탐구 설계 및 수행	가설을 확인하는 탐구를 설계하고, 탐구 계획에 따라 탐구를 수행한다. • 실험에 필요한 준비물, 실험 과정, 장소와 기간 등을 정한다. ┌ 탐구로 알아내려는 조건만 다르게 하고, 이외의 조건은 모두 같게 한다. • 다르게 해야 할 조건과 같게 해야 할 조건을 정한다. • 실험 결과에 영향을 줄 수 있는 조건을 통제하면서 실험한다. ➡ 변인③ 통제 • 실험하면서 관찰하거나 측정한 내용은 있는 그대로 기록한다. 건강한 닭을 두 무리로 나누어 한 무리는 백미만 먹이고, 다른 무리는 현미만 먹이며 각기병 증상이 나타나는지 관찰하였다.

↓

자료 해석	탐구를 수행하여 얻은 자료를 정리하고 분석하여 결과를 얻는다. ➡ 실험 결과를 표나 그래프로 나타낸 후 자료 사이의 관계나 ② □□ 을 찾는다.  그 결과 백미만 먹인 닭은 각기병에 걸렸지만, 현미만 먹인 닭은 건강했다. 또, 각기병에 걸린 닭에게 현미를 주었더니 건강해졌다.

↓

③ □□ 도출	탐구 결과로 가설이 맞는지 판단하고 탐구의 결론을 내린다. ➡ 가설이 맞지 않으면 가설을 수정하여 다시 탐구를 수행한다. 에이크만은 '현미에는 각기병을 낫게 하는 물질이 있다.'는 결론을 내렸다. 

B 과학의 발전과 인류 문명

1 과학의 발전

(1) 수많은 과학 원리, 기술, 기기는 서로 영향을 주고받으며 발전해 왔다.

(2) 과학의 발전은 인류의 사고방식을 바꾸고, 삶을 편리하게 하며, 문명이 발달하는 데 큰 영향을 미쳤다.

2 과학의 발전이 인류 문명에 미친 영향

(1) 과학 원리 발견

태양 중심설	지구가 태양 주위를 돌고 있다는 과학 원리 발견 ➡ 지구가 우주의 중심이라고 생각했던 인류의 생각을 바꾸는 계기가 되었다.
백신, 항생제	백신의 개발로 질병을 예방하고, 항생제의 개발로 ④ □□ 에 의한 질병을 치료할 수 있게 되었다.  ➡ 인류의 수명이 크게 늘어났다.

(2) ⑤ □□ 발달

암모니아 합성 기술	암모니아 합성 기술로 질소 비료가 만들어졌다. ➡ 식량 생산을 크게 증가시켜 인류의 식량 부족 문제를 해결하였다.
농업 기술	드론이나 기계를 이용한 농업 기술의 발달 ➡ 식량 생산량이 증가하였다. 
정보 통신 기술	인터넷, 인공위성 등 정보 통신 기술의 발달 ➡ 세계 여러 나라의 정보를 쉽고 빠르게 접할 수 있게 되었다.
미디어 아트	과학과 공학 기술을 활용하는 새로운 예술 분야가 등장하였다.

 • 금속활자로 인쇄술이 발달하면서 책의 대량 인쇄가 가능해져 사람들이 책에서 많은 지식을 얻을 수 있게 되었다.

(3) 기기 발명   ┌ 또한, 증기 기관을 이용한 기계로 공장에서 제품을 대량으로 생산하였다.

증기 기관	증기 기관④을 이용한 ⑥ □□ □□□ 개발 ➡ 많은 물건을 먼 곳까지 옮길 수 있게 되었다. 
고속 열차	고속 열차 등 교통수단의 발전 ➡ 사람들이 먼 거리를 빠르게 다닐 수 있게 되었다.

3 첨단 과학기술의 활용

구분	의미	활용한 사례
❼ ⬚⬚ ⬚⬚	컴퓨터가 인간처럼 학습하고 일을 처리할 수 있게 만드는 기술	자율주행 자동차, 길 안내 로봇
증강 현실	현실 세계에 가상의 정보가 실제 존재하는 것처럼 보이게 하는 기술	실제 공간에 가상으로 가구를 배치해 보는 애플리케이션
첨단 바이오	생물의 유전정보를 이용해 유용한 물질을 생산하는 기술	개인 맞춤형 치료제 개발
사물 인터넷	❽ ⬚⬚⬚으로 각종 사물을 연결하는 기술	스마트홈, 스마트팜
나노❺ 기술	물질을 나노미터 크기로 작게 만들어 다양한 소재나 제품을 만드는 기술	나노 백신, 나노 항암제

C 지속가능한 삶

1 ❾ ⬚⬚⬚⬚⬚⬚ 더 나은 환경을 만들어, 현세대 이후에도 모두가 행복하게 살 수 있는 풍요로운 사회가 지속될 수 있도록 고민하고 실천하는 삶

2 지속가능한 삶을 위한 과학기술의 역할 에너지 부족 문제와 환경 문제를 해결하는 데 과학기술을 활용하고 있다.

> 문명이 발달하여 화석 연료❻의 사용이 급격하게 증가하였다.

↓

> 화석 연료가 고갈되고 있으며, 대기, 해양, 토양 등 환경이 오염되고, 지구 온난화가 심해지면서 기후 변화가 나타나고 있다.

↓ ↓

신재생 에너지 개발	오염 물질 감소 및 제거
바람, 햇빛, 물, 지열, 수소 연료 전지와 같은 지속가능한 에너지원을 개발 예 태양광 발전, 수소 연료 전지 발전	오염 물질의 발생량을 줄이거나 방출된 오염 물질을 제거하는 기술을 개발 예 전기 자동차, 탄소 포집 장치, 해양 쓰레기 수거 로봇

3 지속가능한 삶을 위한 활동 방안

(1) **개인적 차원**: 재활용품 ❿ ⬚⬚⬚⬚ 하기, 일회용품 사용 줄이기, 대중교통 이용하기, 친환경 운송 수단 이용하기, 에너지 효율이 높은 등급의 전기 제품 사용하기 등

(2) **사회적 차원**: 생태 습지나 환경 공원 조성하기, 친환경 제품의 개발과 사용 장려하기, 오염 물질을 적게 배출하고 재생 가능한 에너지원 개발 및 보급하기 등

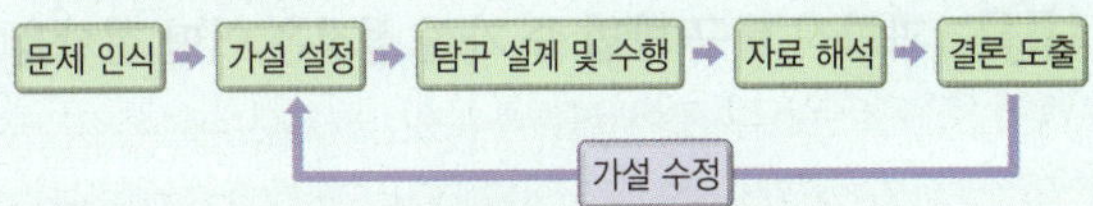

기출 PICK A-1

과학적 탐구 방법

문제 인식 → 가설 설정 → 탐구 설계 및 수행 → 자료 해석 → 결론 도출 → 가설 수정

(탐구 결과가 가설과 맞지 않는 경우)

기출 PICK B-2

과학의 발전이 인류 문명에 미친 영향

백신, 항생제 개발	정보 통신 기술 발달	증기 기관 발명
질병을 예방하고, 세균에 의한 질병을 치료할 수 있게 되었다.	세계 여러 나라의 정보를 쉽고 빠르게 접할 수 있게 되었다.	많은 물건을 먼 곳까지 옮길 수 있게 되었다.

기출 PICK B-3

첨단 과학기술을 활용한 사례

▲ 인공지능 로봇 (인공지능 활용) ▲ 자율주행 자동차 (인공지능 활용) ▲ 스마트홈 (사물 인터넷 활용)

기출 PICK C-2

지속가능한 삶을 위한 과학기술의 역할

인류가 마주한 문제	과학기술의 역할
• 에너지 자원 고갈 • 환경오염 • 기후 변화	• 신재생 에너지 개발 • 오염 물질 감소 및 제거

용어

❶ **가설**(假 거짓, 說 말하다): 어떤 현상을 설명하려고 미리 세운 가정
❷ **각기병**(脚 다리, 氣 공기, 病 질병): 다리에 공기가 든 것처럼 다리가 심하게 아프고 부어서 제대로 걸을 수 없는 병
❸ **변인**(變 변하다, 因 인하다): 실험의 조건이나 실험 결과와 같이 실험에 관계된 모든 요인
❹ **증기 기관**: 증기의 압력으로 기계를 움직이는 장치
❺ **나노**(nano): 단위 앞에 붙는 10억분의 1을 나타내는 말로, 1 nm(나노미터)는 10억분의 1 m의 길이에 해당한다.
❻ **화석**(化 되다, 石 돌) **연료**: 오래전 지구에 살았던 생명체가 땅속에 묻혀 만들어진 연료 예 석유, 석탄, 천연가스 등

답 ❶ 가설 설정 ❷ 규칙 ❸ 결론 도출 ❹ 세균 ❺ 기술 ❻ 증기 기관차 ❼ 인공지능 ❽ 인터넷 ❾ 지속가능한 삶 ❿ 분리배출

OX로 개념 확인

♦ 개념에 대한 설명이 옳으면 ○, 옳지 않으면 ×로 쓰고, ×인 경우 옳지 않은 부분에 밑줄을 긋고 옳은 문장으로 고쳐 보자.

001 과학적 탐구 방법 중 가설 설정은 어떤 현상을 관찰하다 의문을 품는 단계이다. (   )

002 탐구 결과가 가설과 일치하지 않을 때는 가설을 수정하여 다시 탐구한다. (   )

003 과학 원리의 발견, 기술의 발달, 기기의 발명은 인류 문명 발달에 영향을 미쳤다. (   )

004 암모니아 합성 기술이 개발되어 질소 비료가 만들어졌고, 이는 식량 생산을 감소시켰다. (   )

005 정보 통신 기술의 발달로 세계 여러 나라의 정보를 쉽고 빠르게 접할 수 있게 되었다. (   )

006 인공지능, 증강 현실, 첨단 바이오, 사물 인터넷 등과 같은 첨단 과학기술은 우리 생활 속 다양한 분야에 활용되고 있다. (   )

007 컴퓨터가 인간처럼 학습하고 일을 처리할 수 있게 만드는 기술을 나노 기술이라고 한다. (   )

008 지구 환경을 보전하는 것은 지속가능한 삶을 위한 활동이다. (   )

009 에너지 부족 문제를 해결하기 위해 과학기술을 활용하여 화석 연료를 대체할 수 있는 지속가능한 에너지원을 개발하고 있다. (   )

010 지속가능한 삶을 위해 장바구니 대신 일회용 비닐봉지를 사용한다. (   )

 난이도별 필수 기출

상 7 문항
중 20 문항
하 11 문항

A 과학적 탐구 방법

★빈출 011 하

다음은 가설을 설정하여 탐구하는 과학적 탐구 방법을 나타낸 것이다.

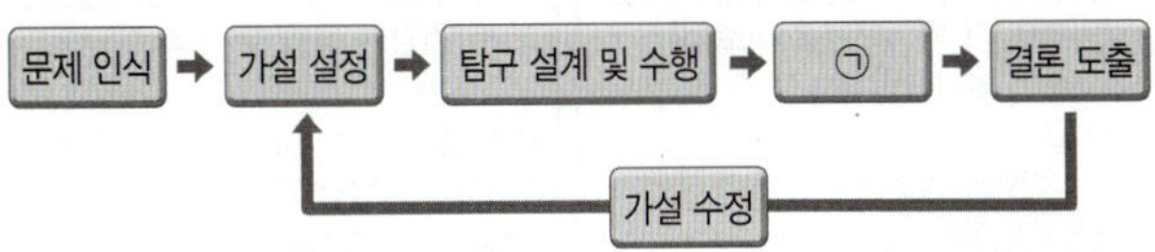

㉠에 해당하는 탐구 단계를 쓰시오.

012 하

다음 대화 내용은 과학 탐구의 어느 단계에 해당되는가?

① 문제 인식　　② 가설 설정
③ 탐구 설계　　④ 결론 도출
⑤ 자료 해석

013 하

다음 설명에 해당하는 탐구 단계로 옳은 것은?

> 의문을 가진 문제에 대한 잠정적인 결론을 내리는 단계이다.

① 문제 인식　　② 가설 설정
③ 탐구 설계　　④ 탐구 수행
⑤ 결론 도출

014 하

다음은 과학 탐구의 어느 단계에 해당되는가?

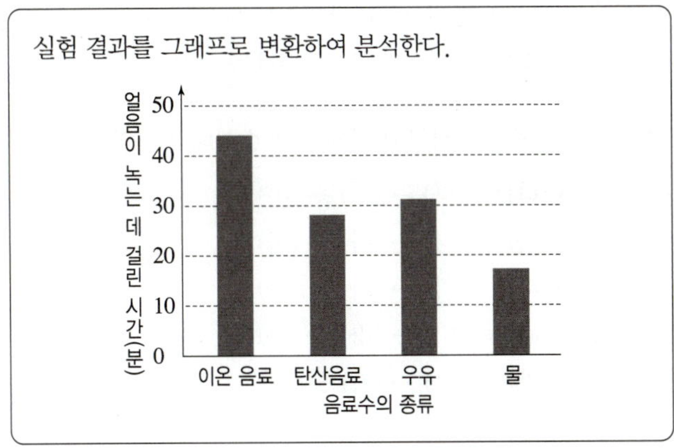

① 문제 인식　　② 가설 설정
③ 자료 해석　　④ 탐구 수행
⑤ 결론 도출

015 하

과학 탐구 계획서에 포함되어야 할 내용으로 옳지 <u>않은</u> 것은?

① 탐구 기간　　② 탐구 문제
③ 실험 과정　　③ 탐구 장소
⑤ 탐구 결과

★빈출 016 중

과학적 탐구 방법에 대한 설명으로 옳은 것은?

① 자료 해석: 의문을 가진 문제의 결론을 미리 예상해 본다.
② 문제 인식: 탐구를 설계하고 수행한다.
③ 가설 설정: 자연 현상을 관찰하다 의문을 갖는다.
④ 결론 도출: 탐구 결과로 가설이 맞는지 판단하고 탐구의 결론을 내린다.
⑤ 탐구 설계 및 수행: 탐구를 수행하여 얻은 자료를 정리하고 분석한다.

017 중

다음은 과학적 탐구 방법을 순서 없이 나타낸 것이다.

> (가) 문제를 해결할 수 있는 가설을 설정한다.
> (나) 자연 현상에 대한 의문점을 가진다.
> (다) 실험을 설계하고, 이에 따라 실험을 진행한다.
> (라) 가설이 맞는지 확인하고 결론을 도출한다.
> (마) 표나 그래프로 작성된 실험 결과를 분석한다.

(가)~(마)를 과학적 탐구 방법에 맞게 순서대로 나열한 것은?

① (가) → (나) → (다) → (라) → (마)
② (나) → (가) → (다) → (마) → (라)
③ (다) → (나) → (마) → (가) → (라)
④ (다) → (나) → (마) → (라) → (가)
⑤ (라) → (마) → (다) → (가) → (나)

018 중

이 문제에서 볼 수 있는 보기는 多

과학적 탐구 방법에 대한 설명으로 옳지 <u>않은</u> 것은?

① 탐구 주제는 과학적으로 탐구할 수 있는 주제를 선정해야 한다.
② 가설을 검증하기 위한 탐구 계획을 세운다.
③ 실험에서 다르게 해야 할 조건과 같게 해야 할 조건을 정한다.
④ 실험 결과가 예상과 다른 결과가 나오면 그 결과는 버린다.
⑤ 탐구 과정에서 얻은 자료를 표나 그래프로 변환하여 자료 사이의 규칙을 찾는다.
⑥ 탐구 결과가 가설과 맞지 않다면 가설을 수정하여 탐구를 다시 설계한다.

019 중

다음은 민호의 탐구 활동 중 일부를 나타낸 것이다.

> <u>민호는 추운 겨울에 강물은 얼지만 바닷물은 얼지 않는 것을 보고 '왜 바닷물은 잘 얼지 않을까?'라는 의문을 가졌다.</u> 민호는 '염분의 농도가 높을수록 어는점이 낮을 것이다.'라고 생각하고 이 생각이 맞는지 알아보는 실험을 설계하였다.

밑줄 친 부분에 해당하는 과학의 탐구 과정은?

① 문제 인식　　　　② 탐구 수행
③ 탐구 설계　　　　④ 가설 설정
⑤ 결론 도출

020 중

다음은 에이크만이 각기병을 치료하는 물질을 밝혀내기까지의 탐구 과정을 나타낸 것이다.

이 탐구 과정에서 세운 가설 A로 가장 <u>옳은</u> 것은?

① 닭의 각기병은 현미를 먹어서 생겼다.
② 닭의 각기병은 온도와 밀접한 관련이 있을 것이다.
③ 닭의 각기병은 먹이의 양과 밀접한 관련이 있을 것이다.
④ 백미에는 닭의 각기병을 치료하는 물질이 있을 것이다.
⑤ 현미에는 닭의 각기병을 치료하는 물질이 있을 것이다.

021 중

오른쪽 그림과 같은 종이 헬리콥터가 바닥에 떨어지는 데 걸리는 시간에 날개 길이가 주는 영향을 알아보는 탐구를 설계하려고 한다. 이 실험에서 다르게 해야 할 조건으로 옳은 것은?

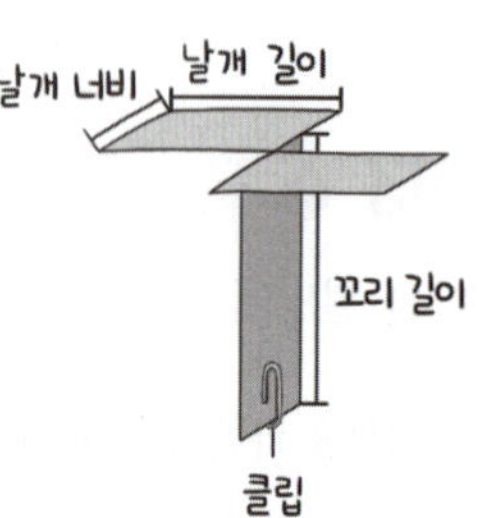

① 날개 너비　　　　② 날개 길이
③ 꼬리 길이　　　　④ 종이의 종류
⑤ 꽂는 클립의 수

022 상

다음은 얼음의 크기를 다르게 하여 물이 차가워지는 빠르기를 측정하는 탐구 과정과 결과를 나타낸 것이다.

[실험 과정] 같은 양의 물이 담긴 3 개의 컵 중 하나는 그대로 두고, 2 개 중 한쪽에는 작은 얼음을 넣고, 다

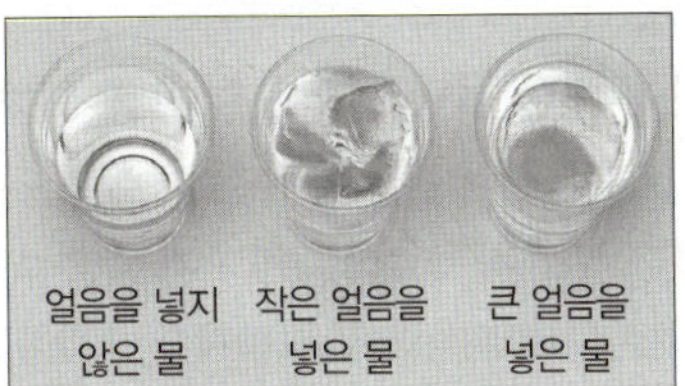

른 쪽에는 큰 얼음을 넣은 후, 일정한 시간 간격으로 물의 온도를 측정한다.

[실험 결과]

시간(분) 온도(°C)	0	5	10	15	20	25	30
얼음을 넣지 않은 물	22	22	22	22	22	22	22
작은 얼음을 넣은 물	22	11	9	8	8	8	10
큰 얼음을 넣은 물	22	12	11	9	8	8	8

이에 대한 설명으로 옳지 않은 것은?

① 넣는 얼음의 양은 같아야 한다.
② 큰 얼음을 넣은 물이 가장 빨리 차가워진다.
③ 오랫동안 차가운 물을 마시려면 큰 얼음을 넣는 것이 좋다.
④ 처음 3 개의 컵에 넣는 물의 종류는 모두 같아야 한다.
⑤ 처음 3 개의 컵에 넣는 물의 양은 모두 같아야 한다.

023 상

다음은 플레밍이 항생제를 발견하기까지의 과정을 순서 없이 나열한 것이다.

(가) 푸른곰팡이가 세균이 자라는 것을 방해했을 것이다.
(나) 푸른곰팡이 주변에 세균이 자라지 않는 것을 발견하고 푸른곰팡이 주변에는 왜 세균이 자라지 않는지 의문을 품었다.
(다) 푸른곰팡이는 세균이 자라는 것을 방해한다.
(라) 세균만 기른 접시에서는 세균이 자랐고, 세균과 푸른곰팡이를 함께 기른 접시에서는 세균이 자라지 못했다.
(마) 여러 개의 접시에 세균을 기르고, 그중 몇 개의 접시에만 푸른곰팡이를 길렀다.

탐구 과정을 순서대로 옳게 나열한 것은?

① (나) → (가) → (마) → (라) → (다)
② (나) → (다) → (가) → (마) → (라)
③ (다) → (나) → (가) → (라) → (마)
④ (다) → (나) → (마) → (가) → (라)
⑤ (라) → (마) → (가) → (나) → (다)

B 과학의 발전과 인류 문명

과학의 발전과 인류 문명

024 하

과학 원리에 대한 설명으로 옳은 것을 〈보기〉에서 모두 고른 것은?

〈 보기 〉
ㄱ. 예술, 수학과 융합하지 못한다.
ㄴ. 과학적 탐구로 과학 원리를 발견할 수 있다.
ㄷ. 기술의 발달과 기기의 발명에 기초가 될 수 있다.

① ㄱ   ② ㄴ   ③ ㄱ, ㄴ
④ ㄴ, ㄷ   ⑤ ㄱ, ㄴ, ㄷ

025 하 빈출

다음은 과학의 발전이 인류 문명에 미친 영향에 대한 설명이다.

18세기 이후 인구가 크게 증가하면서 인류는 더 많은 식량이 필요해졌다. 이에 암모니아를 합성하는 기술을 개발하여 식량을 크게 증가시키는 데 큰 역할을 하였다.

이와 가장 관계 깊은 것은?

① 항생제   ② 즉석식품   ③ 스마트팜
④ 나노 기술   ⑤ 질소 비료

026 중

과학의 발전 과정에 대한 설명으로 옳지 않은 것은?

① 일상생활의 문제를 해결하며 과학이 발전한다.
② 과학은 기술, 공학, 수학 등 다른 분야와 융합하여 발전한다.
③ 과학의 발전이 인류의 사고방식을 바꾸고 삶을 편리하게 한다.
④ 과학기술의 발전은 특정 분야에만 활용되고 일상생활에는 별다른 영향을 주지 못한다.
⑤ 수많은 과학 원리, 기술, 기기는 서로 영향을 주고받으며 발전하고 있다.

027 ⓒ

과학기술이 인류 문명의 발달에 미친 영향으로 옳지 <u>않은</u> 것은? (2개)

① 태양 중심설은 사람들의 우주관에 영향을 미쳤다.

② 드론이나 기계를 이용한 농업 기술의 발전으로 식량 생산량이 증가하였다.

③ 고속 열차의 개발로 사람들의 생활 영역이 좁아졌다.

④ 인터넷의 개발로 세계를 연결하는 통신망을 만들고, 많은 정보를 쉽게 찾을 수 있게 되었다.

⑤ 금속활자의 발명으로 인쇄술이 발달하여 지식의 유통이 활발해졌다.

⑥ 컴퓨터, 인공위성의 개발로 빠르고 정확하게 정보를 얻을 수 있게 되었다.

⑦ 질소 비료의 개발은 인류의 식량 부족 문제를 심화시켰다.

028 ⓒ

그림 (가)와 (나)는 과학의 발전이 인류 문명에 영향을 미친 사례이다.

(가) 정보 통신 기술의 발달

(나) 교통수단의 발달

이에 대한 설명으로 옳은 것은?

① (가) – 다양한 전기 제품을 사용할 수 있게 되었다.

② (가) – 더 빠르게 원하는 곳으로 이동하거나 물건을 운반할 수 있게 되었다.

③ (나) – 사람들이 먼 거리를 빠르게 다닐 수 있게 되었다.

④ (나) – 세계 여러 나라의 정보를 쉽고 빠르게 접할 수 있게 되었다.

⑤ (나) – 내비게이션과 같은 위성 위치 확인 시스템(GPS)을 활용한 기기가 발명되었다.

029 ⓒ

다음은 인류 문명에 영향을 준 과학의 발전 사례이다.

백신 개발	항생제 개발

이에 대한 설명으로 옳은 것을 〈보기〉에서 모두 고른 것은?

〈 보기 〉

ㄱ. 인류의 평균 수명이 크게 늘어났다.

ㄴ. 인류의 식량 부족 문제를 해결하였다.

ㄷ. 여러 가지 질병을 치료하고 예방할 수 있는 계기가 되었다.

① ㄱ   ② ㄴ   ③ ㄱ, ㄷ

④ ㄴ, ㄷ   ⑤ ㄱ, ㄴ, ㄷ

030 ⓒ

다음은 인류 문명에 영향을 준 과학의 발전 사례에 대한 설명이다.

- (㉠)은 지구가 우주의 중심이라고 생각했던 인류의 생각을 바꾸는 계기가 되었다.

- 최초의 (㉡)인 페니실린의 개발로 폐렴과 같은 질병을 치료할 수 있게 되었다.

㉠과 ㉡에 들어갈 말을 옳게 짝 지은 것은?

	㉠	㉡
①	태양 중심설	암모니아
②	태양 중심설	항생제
③	지구 중심설	암모니아
④	지구 중심설	항생제
⑤	달 중심설	항생제

031 ⓒ

과학기술이 인류 문명의 발달에 미친 영향으로 옳지 <u>않은</u> 것은?

① 기계가 하던 작업을 사람이 수행하게 되었다.

② 정보 교환이 빨라지고 관계의 영역이 넓어졌다.

③ 다양한 질병을 고치거나 예방할 수 있게 되었다.

④ 지구 밖의 영역까지 탐험하고 연구할 수 있게 되었다.

⑤ 많은 사람들이 방대한 지식을 빠르게 얻을 수 있게 되었다.

032 상

과학 개념이나 원리가 인류 문명에 영향을 미친 경우로 옳지 않은 것은?

① 태양 중심설은 우주에 대한 인류의 생각을 바꾸는 계기가 되었다.
② 전파의 원리를 이용하여 증기 기관차와 같은 기기가 개발되었다.
③ 전자기 유도 법칙의 발견으로 전기를 생산하고 활용할 수 있게 되었다.
④ 빛이 굴절하는 성질을 이용하여 현미경이 발명되어 작은 물체를 관찰할 수 있게 되었다.
⑤ 천체가 물체를 당기는 만유인력 법칙 등이 바탕이 되어 우주선을 우주에 쏘아 올리는 기술을 개발하게 되었다.

033 상

다음은 하버가 개발한 과학기술이다.

> 20세기 초 하버는 질소와 수소 기체를 이용하여 암모니아를 합성하는 기술을 개발하였다.

이 과학기술이 인류 문명에 미친 영향으로 옳은 것은?

① 비료가 널리 보급되어 이전보다 많은 식량을 생산할 수 있게 되었다.
② 여러 종류의 백신과 항생제가 개발되어 인류의 평균 수명이 늘어났다.
③ 정보 통신 기술의 발전을 가져와 세계 여러 나라의 문화를 빠르게 접할 수 있게 되었다.
④ 교통수단의 발달을 가져와 사람들이 먼 곳까지 빠르게 이동할 수 있게 되었다.
⑤ 우주과학이 발달하여 우주선으로 달까지 갈 수 있게 되었다.

첨단 과학기술의 활용

빈출
034 하

다음은 첨단 과학기술에 대한 설명이다.

> (   )은/는 기계가 사람처럼 지능을 가지는 것으로, 자율 주행 자동차, 언어 번역, 손님 서비스, 의료 진단 등 다양한 분야에 활용되고 있다.

(   ) 안에 들어갈 말로 옳은 것은?

① 인공지능　　② 우주과학　　③ 생명공학
④ 사물 인터넷　　⑤ 신재생 에너지

035 하

첨단 과학기술을 활용한 사례와 가장 거리가 먼 것은?

① 나노 백신　　② 스마트홈
③ 질소 비료　　④ 증강 현실
⑤ 인공지능 로봇

036 중

다음 친구들의 대화에서 제시된 미래 사회에 사용될 첨단 과학기술에 해당하는 것은 무엇인가?

① 인공지능　　② 증강 현실　　③ 로보틱스
④ 사물 인터넷　　⑤ 첨단 바이오

037 중

우리 생활에서 활용되는 첨단 과학기술에 대한 설명으로 옳지 <u>않은</u> 것은?

① 인공지능은 컴퓨터가 인간처럼 학습하고 일을 처리할 수 있게 만드는 기술이다.

② 첨단 바이오는 생물의 유전 정보를 이용하여 유용한 물질을 생산하는 기술이다.

③ 사물 인터넷은 현실 세계와 비슷한 가상적인 공간을 만들어 체험하도록 하는 기술이다.

④ 증강 현실은 실제 현실 사진 및 영상에 가상의 이미지를 겹쳐 하나의 영상으로 만드는 기술이다.

⑤ 나노 기술은 물질을 나노미터 크기로 작게 만들어 다양한 소재나 제품을 만드는 기술이다.

038 중

첨단 과학기술과 활용한 사례를 옳게 짝 지은 것은?

① 첨단 바이오 – 길 안내 로봇

② 나노 기술 – 자율주행 자동차

③ 인공지능 – 나노 항암제

④ 사물 인터넷 – 스마트홈

⑤ 증강 현실 – 개인 맞춤형 치료제

039 중

첨단 과학기술을 활용한 예에 대한 설명으로 옳지 <u>않은</u> 것은?

① 인공지능 기술을 활용해 사람과 대화하는 프로그램이 개발되었다.

② 자율주행 자동차가 개발되어 사람이 직접 주변 상황을 인식하여 운전한다.

③ 드론을 이용하여 육상 교통이 불편한 지역에 배송할 물건을 더 빠르고 정확하게 배달한다.

④ 개인의 유전적 특성을 분석해 질병 발생을 미리 예측하고, 개인 맞춤형 치료제를 개발한다.

⑤ 애플리케이션을 이용하여 실제 공간에 가상으로 가구들을 배치해 볼 수 있다.

040 중

첨단 과학기술이 가져올 미래 사회 변화에 대한 설명으로 옳지 <u>않은</u> 것은?

① 첨단 과학기술의 발전으로 새로운 직업이 등장한다.

② 나노 백신을 통해 스스로 질병을 치료할 수 있게 된다.

③ 스마트 기기로 체온, 심박 수, 혈압 등의 자료를 수집해 관리한다.

④ 인공지능과 로봇이 발달하여 사람이 해야 할 많은 부분을 대신한다.

⑤ 자율주행 자동차의 위치 감지 및 위기 예측 능력이 더 정교해진다.

⑥ 양자의 특성을 이용한 컴퓨터를 활용해 복잡한 암호를 단 몇 초 이내에 풀 수 있게 된다.

041 상

다음은 첨단 과학기술의 사례를 나타낸 것이다.

> (가) 기계가 사람처럼 지능을 가지는 것으로, 상황에 맞는 행동을 스스로 배우거나 실행할 수 있다.
> (나) 우리 주변의 모든 사물을 인터넷으로 연결하여 상호작용하고 정보를 교환할 수 있다.
> (다) 물질을 나노미터 크기로 작게 만들어 다양한 소재나 제품을 만든다.

이에 대한 설명으로 옳지 <u>않은</u> 것은?

① (가)는 사람의 학습 능력이 필요한 작업을 기계가 할 수 있게 한다.

② (가)는 드론, 로봇 등에 활용된다.

③ (나)는 사물과 사람 사이에서만 정보를 주고받을 수 있다.

④ (나)를 통해 집 안의 가전제품을 외부에서 조절하는 것이 가능하다.

⑤ (다)를 활용한 나노 백신은 기존 백신보다 사람의 몸에 효과적으로 작용한다.

042 상

과학기술의 발달이 미래 생활에 미칠 영향에 대한 예측으로 옳은 것을 〈보기〉에서 모두 고른 것은?

> ─── 보기 ───
> ㄱ. 인공지능 로봇이 우주 탐사선 수리 등 인간이 하기 어려운 일을 대신할 것이다.
> ㄴ. 과학기술의 영향력이 점차 감소하는 사회로 변할 것이다.
> ㄷ. 생명공학기술이 발달하여 질병을 일으키는 유전자를 고치거나 교체할 수 있을 것이다.

① ㄴ   ② ㄷ   ③ ㄱ, ㄴ

④ ㄱ, ㄷ   ⑤ ㄱ, ㄴ, ㄷ

C 지속가능한 삶

043 하

지속가능한 삶을 위해 화석 연료를 대체할 수 있는 지속가능한 에너지원이 <u>아닌</u> 것은?

① 물   ② 햇빛   ③ 석탄
④ 지열   ⑤ 바람

★빈출 044 하

이 문제에서 볼 수 있는 보기는 多

지속가능한 삶을 위한 활동 방안으로 옳지 <u>않은</u> 것은? (2개)

① 생태 습지나 환경 공원을 조성한다.
② 위생을 위해 일회용품 사용을 늘린다.
③ 사람이 없는 빈방에도 불을 계속 켜 둔다.
④ 재활용품을 버릴 때는 분리배출을 한다.
⑤ 음식물 쓰레기를 만들지 않도록 노력한다.
⑥ 가까운 거리는 걷거나 자전거를 이용한다.
⑦ 사용하지 않는 전기제품은 플러그를 뽑아둔다.

045 중

지속가능한 삶과 관련된 설명으로 옳은 것은?

① 미래 세대가 사용할 경제 자원만 고려한다.
② 미래보다는 현재 삶의 질을 최우선적으로 추구한다.
③ 현세대가 더 나은 환경을 만들어 풍요로운 사회가 미래 세대까지 지속되도록 노력해야 한다.
④ 지속가능한 삶을 위해 화석 연료의 사용량을 늘려야 한다.
⑤ 지속가능한 삶을 위해서는 사회 차원의 활동만 실천하면 된다.

046 중

현재 인류가 마주한 문제와 거리가 <u>먼</u> 것은?

① 화석 연료의 사용으로 이산화 탄소의 배출이 늘어나 지구 온난화 현상이 나타난다.
② 무분별하게 버려진 플라스틱과 일회용품 쓰레기가 해양 생태계를 위협한다.
③ 온실 기체의 증가로 폭염, 홍수 등의 이상 기후가 나타난다.
④ 수소 에너지, 태양광 에너지 등의 지나친 사용으로 에너지 자원이 부족하다.
⑤ 기후 변화로 많은 생물 종이 멸종 위기에 놓여 있다.

★빈출 047 중

인류가 마주한 문제와 지속가능한 삶을 위한 과학기술의 역할로 옳은 것을 〈보기〉에서 모두 고른 것은?

〈 보기 〉
ㄱ. 전기 자동차의 사용으로 이산화 탄소의 배출량을 줄인다.
ㄴ. 햇빛, 바람, 물, 수소 연료 전지와 같은 신재생 에너지를 개발한다.
ㄷ. 탄소 포집 장치로 온실 기체인 이산화 탄소를 제거하여 지구 온난화를 막는다.

① ㄱ   ② ㄷ   ③ ㄱ, ㄴ
④ ㄴ, ㄷ   ⑤ ㄱ, ㄴ, ㄷ

048 상

지속가능한 삶을 위한 노력 중 사회적 차원의 노력에 해당하는 것은?

① 자가용 대신 대중교통을 이용한다.
② 생태 습지나 환경 공원을 조성한다.
③ 일회용 비닐봉지 대신 장바구니를 사용한다.
④ 자전거와 같은 친환경 운송 수단을 이용한다.
⑤ 에너지 효율이 높은 등급의 전기 제품을 구입한다.

A 과학적 탐구 방법

★빈출
049 하

다음은 과학의 탐구 과정을 나타낸 것이다.

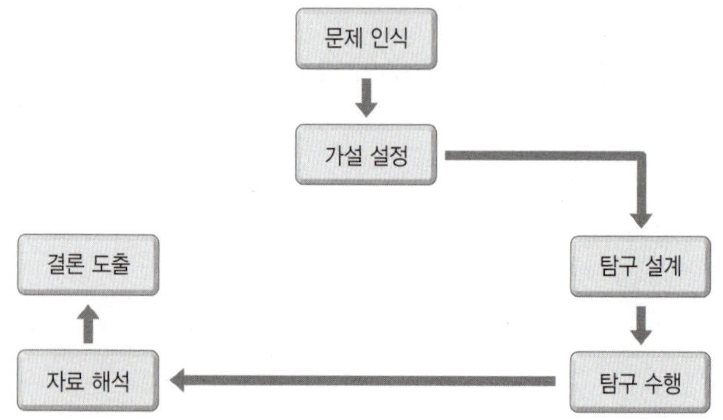

탐구 과정을 거쳐 얻은 결론이 가설과 일치하지 않을 경우 어떻게 해야 하는지 서술하시오.

____

____

050 중

다음은 상한 우유에서 미지의 세균 A를 발견하고 이 세균이 정말 우유를 상하게 하는지 알아보기 위한 탐구 과정을 나타낸 것이다.

(가) 완전히 멸균된 우유가 들어 있는 병 2 개를 준비하여 한 개의 병에만 상한 우유에서 분리한 세균 A를 넣고, 한 동안 놓아둔다.
(나) 세균 A를 넣은 우유는 상했고 세균 A가 많이 발견되었지만, 세균 A를 넣지 않은 우유에서는 아무런 변화가 없었다.
(다) 세균 A는 우유를 상하게 한다.

이 실험에서 설정한 가설은 무엇인지 서술하시오.

____

____

051 상

다음은 가설을 설정하여 탐구하는 과학적 탐구 방법 중 탐구 수행 과정에 대해 학생들이 나눈 대화이다.

- 리하: 실험 결과에 영향을 줄 수 있는 조건은 통제하면서 실험해야 해.
- 준영: 실험 과정을 여러 번 반복하면 결과의 정확도를 높일 수 있어.
- 다윤: 탐구를 수행할 때 예상과 다른 결과가 나오면 탐구 결과를 예상에 맞게 수정해야 해.

<u>잘못</u> 이야기하고 있는 학생을 고르고, 옳은 문장으로 고쳐 서술하시오.

____

____

052 상

종이 헬리콥터가 바닥에 떨어지는 데 걸리는 시간을 탐구하기 위해 다음과 같은 가설을 세웠다.

종이 헬리콥터가 바닥에 떨어지는 데 걸리는 시간에 날개 길이가 영향을 줄 것이다.

이 실험에서 같게 해야 할 조건과 다르게 해야 할 조건을 각각 〈보기〉에서 모두 찾아 쓰시오.

〈 보기 〉
날개 길이, 날개 너비, 꼬리 길이, 클립 수

· 같게 해야 할 조건: ______________________

· 다르게 해야 할 조건: ______________________

B 과학의 발전과 인류 문명

053 하

증기 기관의 발명이 인류 문명의 발달에 미친 영향을 2 가지 서술하시오.

---

054 중

다음은 서로 다른 우주관을 나타낸 것이다.

> (가) 우주의 중심은 지구이다. 우주에 보이는 모든 천체는 지구를 중심으로 회전하고 있다.
> (나) 우주의 중심은 지구가 아니다. 지구는 태양을 중심으로 회전하고 있고, 지구는 우주에 존재하는 하나의 천체에 불과하다.

(가)와 (나) 중 태양 중심설에 해당하는 것을 쓰고, 태양 중심설이 인류 문명의 발달에 미친 영향은 무엇인지 서술하시오.

---

055 중

다음은 자율주행 자동차에 대한 설명이다.

> 자율주행 자동차는 스스로 주행이 가능한 자동차로, 운전자가 조작하지 않아도 주변 상황에 스스로 대처할 수 있다. 

(1) 자율주행 자동차에 활용된 첨단 과학기술은 무엇인지 쓰시오.

---

(2) 자율주행 자동차와 같이 첨단 과학기술을 우리 생활에 활용한 사례를 2 가지 쓰시오.

C 지속가능한 삶

056 하

지속가능한 삶은 무엇인지 서술하시오.

---

057 중

다음은 화석 연료의 사용으로 생긴 환경 문제를 해결하는 데 활용되고 있는 과학기술의 예이다.

> 전기 자동차, 탄소 포집 장치, 해양 쓰레기 수거 로봇

환경 문제를 해결하기 위한 이들의 공통적인 원리는 무엇인지 서술하시오.

---

058 상

다음은 플라스틱 사용으로 생기는 문제점에 대한 설명이다.

> 플라스틱은 가볍고 단단하여 다양한 용도로 사용되고 있다. 그러나 플라스틱을 생산하는 과정에 화석 연료가 사용되고 있으며, 플라스틱은 잘 썩지 않아 버려진 폐플라스틱이 심각한 환경오염을 일으키고 있다.

이와 같은 문제점을 해결하기 위해 우리가 할 수 있는 일을 2 가지 서술하시오.

059

다음은 과학 탐구 주제를 나타낸 것이다.

> 음료수의 종류에 따라 얼음이 녹는 데 걸리는 시간이 다를까?

위 주제로 탐구를 수행할 때 같게 해야 하는 조건으로 적합하지 <u>않은</u> 것은?

① 음료수의 양
② 얼음의 모양과 크기
③ 음료수의 처음 온도
④ 음료수를 담을 컵의 종류
⑤ 음료수 안에 녹아 있는 이산화 탄소의 양

060

다음은 물체가 햇빛을 받을 때 물체의 색깔에 따라 온도 변화가 다르게 나타나는지 알아보기 위해 수행한 탐구 과정을 순서 없이 나타낸 것이다.

> (가) 물체가 햇빛을 받을 때 검은색, 파란색, 흰색 순으로 온도가 높아진다.
> (나) 물체가 햇빛을 받을 때 검은색, 파란색, 흰색 순으로 온도가 높아질 것이다.
> (다) 유리컵 3 개를 각각 검은색, 파란색, 흰색 색종이로 감싼 후, 물을 각각 100 mL씩 같은 양을 넣고 햇빛이 잘 비치는 곳에 놓아둔다.
> (라) 물의 온도를 1 시간 간격으로 측정하여 표를 작성하고 결과를 분석한다.

과학적 탐구 방법 중 수행하지 <u>않은</u> 단계는?

① 문제 인식   ② 가설 설정
③ 탐구 설계 및 수행   ④ 자료 해석
⑤ 결론 도출

061

다음의 문제 상황에서 가설을 설정했을 때 적절하지 <u>않은</u> 것을 모두 고르면? (2 개)

① 음료수의 종류에 따라 얼음이 녹는 정도가 다를 것이다.
② 음료수에 넣은 얼음의 크기에 따라 얼음이 녹는 시간이 다를 것이다.
③ 음료수의 온도에 따라 얼음이 녹는 시간이 다를 것이다.
④ 음료수가 맛있을수록 얼음이 녹는 시간이 다를 것이다.
⑤ 음료수가 단맛이 강할수록 얼음이 녹는 시간이 다를 것이다.

062

다음은 인류 문명의 발달에 영향을 미친 과학기술을 순서 없이 나타낸 것이다.

> (가) 불의 발견
> (나) 스마트폰 개발
> (다) 페니실린 발견
> (라) 금속활자의 발명
> (마) 증기 기관의 발명

오래된 것부터 순서대로 옳게 나타낸 것은?

① (가) → (라) → (다) → (나) → (마)
② (가) → (라) → (마) → (다) → (나)
③ (다) → (가) → (마) → (라) → (나)
④ (다) → (라) → (마) → (나) → (가)
⑤ (마) → (라) → (가) → (나) → (다)

063

다음은 인류 문명의 발달에 영향을 미친 과학 원리의 발견에 대한 설명이다.

> (가) 만유인력 법칙을 발견하였다.
> (나) 암모니아 합성법을 개발하여 질소 비료를 대량으로 생산할 수 있게 되었다.
> (다) 세균을 연구하여 백신을 개발하였고, 백신 접종으로 질병을 예방할 수 있다는 것을 입증하였다.
> (라) 최초의 항생제인 페니실린의 발견으로 세균에 의한 질병을 치료할 수 있게 되었다.
> (마) 지구가 태양 주위를 돌고 있다는 태양 중심설이 발표되었다.

(가)~(마)의 과학 원리를 발견한 과학자를 옳게 짝 지은 것은?

① (가) – 다윈
② (나) – 플레밍
③ (다) – 파스퇴르
④ (라) – 하버
⑤ (마) – 뉴턴

064

첨단 과학기술로 달라질 가까운 미래의 모습으로 보기 가장 어려운 것은?

① 인체 내로 들어가 직접 약물을 전달하고 치료하는 '나노로봇'이 만들어진다.
② 스스로 거동이 불편한 노인을 위해 옷 갈아입히기, 부축하며 같이 움직이기 등을 해주는 간병인 로봇이 만들어진다.
③ 교실 내 사람의 움직임 정도를 파악하여 조명과 냉난방기를 자동으로 조절해 준다.
④ 손으로 만질 수도 있고 냄새가 나는 가상 애완동물인 '홀로그램 펫(pet)'과 놀 수 있다.
⑤ 순간 이동을 통한 달까지의 우주여행이 가능해진다.

065

다음은 지속가능 발전 목표에 대한 설명이다.

> 과학기술의 발전으로 인류 문명은 발전해 왔지만, 기후위기, 환경오염 등 여러 문제들이 나타나고 있다. 미래 세대를 위해 환경을 훼손하지 않고 지속가능한 발전을 하기 위해 국제 사회는 인간, 지구, 번영, 평화, 파트너십이라는 5 개 영역에서 인류가 나아가야 할 방향성을 4 개의 전략(사람이 사람답게 살 수 있는 포용 사회, 혁신적 성장을 통한 국민의 삶의 질 향상, 미래 세대가 함께 누리는 깨끗한 환경, 지구촌 평화와 협력 강화)과 17 개의 지속가능 발전 목표를 정하여 실천하기 위해 노력하고 있다.

지속가능 발전 목표에 속하지 않는 것은 무엇인가?

① 우주과학기술의 발전과 우주선 식민지화
② 에너지의 친환경적 생산과 소비
③ 기후 변화와 대응
④ 빈곤층 감소와 사회안전망 강화
⑤ 해양생태계 보전

066

다음 대화를 읽고, 물음에 답하시오.

> • 민지: 석유와 석탄을 많이 사용하면 탄소 배출이 늘어나 기후 위기가 더 심각해져.
> • 도윤: 응. 그래서 신재생 에너지를 사용하는 것이 좋아.
> • 민지: 우리 학교 옥상에는 태양광 패널이 설치되어 있는데 태양광 에너지를 이용하면 탄소 배출도 없고 좋아.
> • 도윤: 그런데 태양광 발전으로 에너지를 얻는 방법에 단점은 없을까?

밑줄 친 태양광 발전으로 에너지를 얻는 방법의 단점으로 옳은 것을 〈보기〉에서 모두 고른 것은?

〈 보기 〉
ㄱ. 에너지가 고갈될 염려가 높다.
ㄴ. 흐리거나 비 오는 날에는 에너지를 얻기 어렵다.
ㄷ. 태양광 패널을 설치하기 위해 넓은 공간이 필요하다.

① ㄱ
② ㄴ
③ ㄷ
④ ㄱ, ㄴ
⑤ ㄴ, ㄷ

02 생물의 구성

A 세포

1 세포

(1) **❶[ ][ ]** : 생물을 이루는 구조적·기능적 기본 단위 → 모든 생물은 세포로 이루어져 있으며, 세포는 생명활동이 일어나는 기본 단위이다.

(2) 대부분 크기가 작아 현미경으로 관찰해야 하지만, 맨눈으로 볼 수 있는 크기의 세포도 있다.

(3) 한 생물 내에서도 몸의 부위에 따라 세포의 종류가 다르다.

2 세포의 구조와 기능

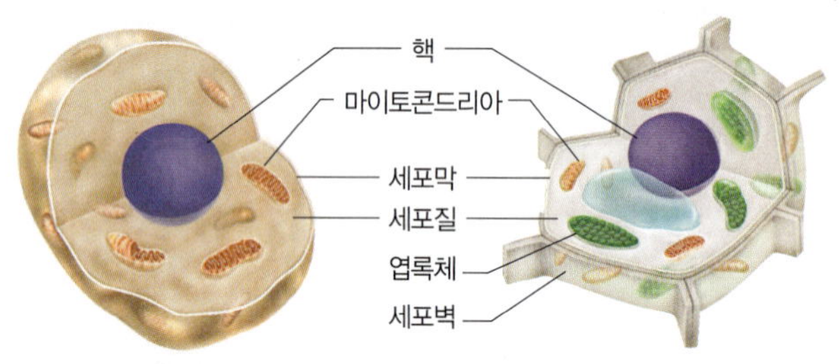

❷[ ]	• 대부분 둥근 모양이다. → 염색액에 염색된다. • 유전물질❶을 저장하고 있다. • 세포의 생명활동을 조절한다.
마이토콘드리아	생명활동에 필요한 에너지를 만든다.
세포막	• 세포를 둘러싸고 있는 얇은 막이다. • 세포 안팎으로의 물질 출입을 조절한다.
세포질	• 핵과 세포막 사이를 채우는 부분이다. • 여러 가지 세포소기관이 들어 있다.
엽록체	• 초록색을 띤 알갱이 모양이다. • ❸[ ][ ][ ]을 하여 양분을 생성한다.
❹[ ][ ][ ]	• 세포막 바깥을 둘러싼 두꺼운 벽이다. • 세포의 모양을 유지하고 세포를 보호한다.

3 동물 세포와 식물 세포의 비교

구분	동물 세포	식물 세포
핵	있다.	있다.
마이토콘드리아	있다.	있다.
세포막	있다.	있다.
세포질	있다.	있다.
엽록체	없다.	있다.
세포벽	없다.	있다.

→ 엽록체, 세포벽은 동물 세포에는 없고 식물 세포에는 있다.

탐구　동물 세포와 식물 세포 관찰

입안 상피세포와 검정말잎 세포를 각각 염색하여, 현미경으로 관찰하면서 비교한다.

결과 및 정리

입안 상피세포와 검정말잎 세포의 비교

구분	입안 상피세포 (동물 세포)	검정말잎 세포 (식물 세포)
관찰 결과		
모양	불규칙한 모양	일정한 모양
핵	있다.	있다.
엽록체	없다.	있다.
세포벽	없다.	있다.

검정말잎 세포 대신 양파 표피세포를 관찰하면 엽록체는 관찰되지 않고, 핵과 세포벽이 관찰된다.

B 다양한 세포의 특징

1 세포의 종류에 따라 세포의 모양과 크기, 기능이 다르다.
→ 세포는 각각의 기능에 알맞은 모양을 하고 있다.

종류	모양과 기능
신경세포	• 나뭇가지가 뻗어 나온 듯한 모양 • 자극(신호)을 받아들이고 전달한다.
상피세포	• 넓고 얇게 퍼져 있는 모양 • 피부나 기관의 표면을 넓게 덮어서 보호한다.
적혈구 └ 핵이 없다.	• 가운데가 오목한 원반 모양 • 혈관을 따라 이동하며 온몸으로 산소를 운반한다.
잎살세포	• 엽록체가 많이 있는 벽돌 모양 • 빛을 잘 흡수하는 방향으로 배열되어 광합성이 활발하게 일어난다.
물관세포	• 속이 빈 세포가 긴 관 형태로 연결된 모양 • 관을 따라 물이 이동한다.

C 생물의 구성 단계

1 생물의 구성 단계

세포 → 조직 → 기관 → 개체[2]

모양과 기능이 비슷한 세포들이 모여 조직을 이루고, 여러 조직이 모여 기관을 이루며, 여러 기관이 모여 개체를 이룬다.

2 동물의 구성 단계

세포 → 조직 → 기관 → 기관계 → 개체

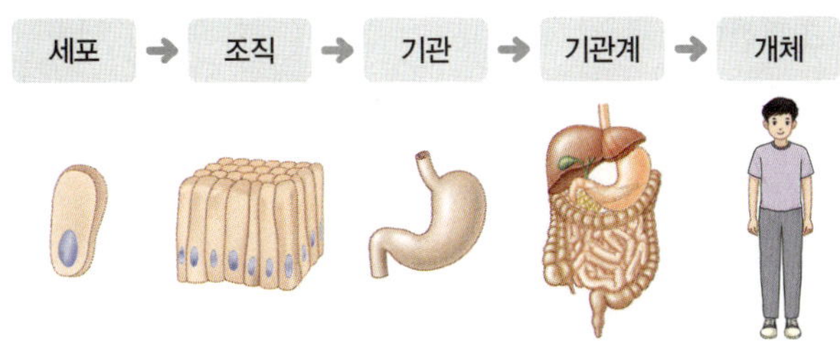

세포	생물을 구성하는 기본 단위이다. [예] 근육세포, 상피세포
조직	모양과 기능이 비슷한 세포들의 모임이다. [예] 근육조직, 상피조직
기관	여러 조직이 모여 일정한 형태를 이루고 특정 기능을 수행한다. [예] 위, 작은창자, 큰창자
❺ ☐☐☐	서로 관련된 기능을 수행하는 기관들의 모임이다. [예] 소화계, 호흡계, 순환계, 배설계
개체	여러 기관계가 모여 이루어진 독립된 개체이다. [예] 사람, 고양이

3 식물의 구성 단계

세포 → 조직 → 조직계 → 기관 → 개체

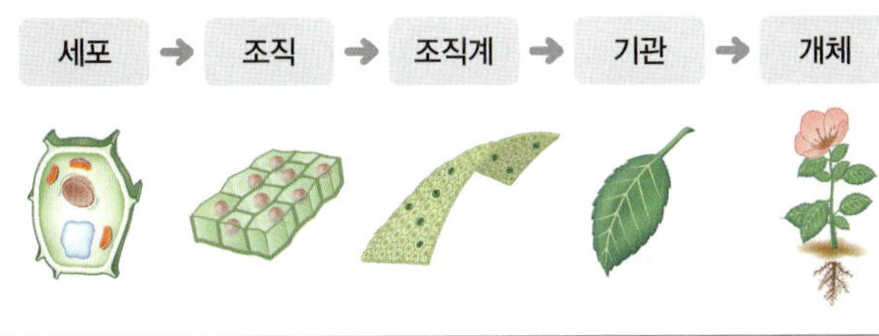

세포	생물을 구성하는 기본 단위이다. [예] 표피세포, 잎살세포
조직	모양과 기능이 비슷한 세포들의 모임이다. [예] 표피조직, 해면조직, 울타리조직
❻ ☐☐☐	여러 조직이 모여 일정한 기능을 수행한다. [예] 표피조직계, 기본조직계, 관다발조직계 • 표피조직계: 표피조직, 공변세포로 구성된다. • 기본조직계: 울타리조직, 해면조직 등으로 구성된다. • 관다발조직계: 물관조직, 체관조직 등으로 구성된다.
기관	여러 조직계가 모여 일정한 형태를 이루고 특정 기능을 수행한다. [예] 잎, 뿌리, 줄기, 꽃
개체	여러 기관이 모여 이루어진 독립된 개체이다. [예] 무궁화, 소나무

➔ 동물에만 있는 단계: 기관계, 식물에만 있는 단계: 조직계

📎 기출 PICK A-2

세포의 구조와 기능

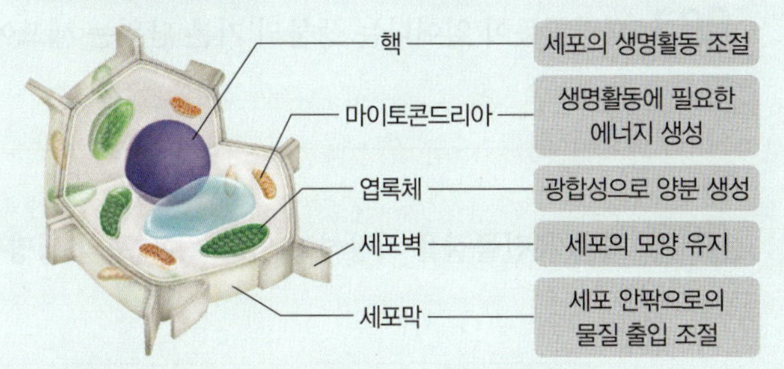

📎 기출 PICK A-3

동물 세포와 식물 세포의 비교

구분	동물 세포	식물 세포
핵, 마이토콘드리아, 세포막, 세포질	○	○
엽록체, 세포벽	×	○

(○: 있음, ×: 없음)

📎 기출 PICK C

생물의 구성 단계

• 생물은 세포 ➔ 조직 ➔ 기관 ➔ 개체의 단계로 구성된다.
• 동물에는 기관계가 있고, 식물에는 조직계가 있다.

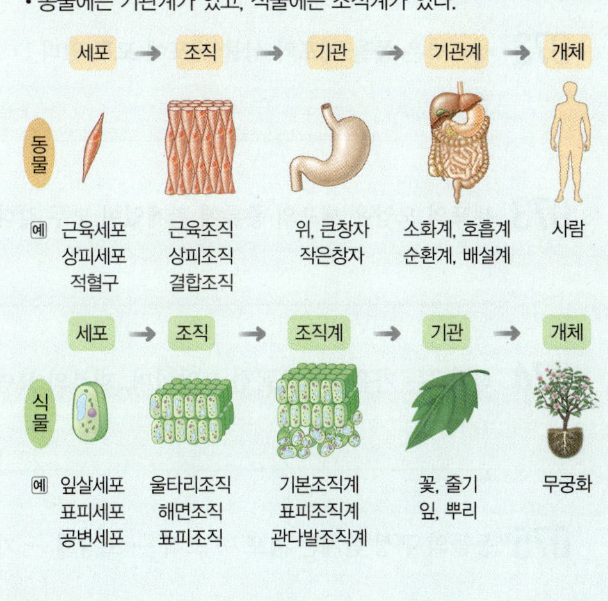

용어

❶ 유전물질: 세포가 생명활동을 하는 데 필요한 정보를 저장하는 물질
❷ 개체(個 낱, 體 몸): 생존하는 데 필요한 기능과 구조를 갖춘 하나의 생물

답 ❶ 세포 ❷ 핵 ❸ 광합성 ❹ 세포벽 ❺ 기관계 ❻ 조직계

OX로 개념 확인

◆ 개념에 대한 설명이 옳으면 ○, 옳지 않으면 ×로 쓰고, ×인 경우 옳지 않은 부분
에 밑줄을 긋고 옳은 문장으로 고쳐 보자.

067 생명활동이 일어나는 생물의 기본 단위는 세포이다. ( )

068 핵은 유전물질을 저장하고 있으며, 세포의 생명활동을 조절한다. ( )

069 마이토콘드리아는 광합성을 하여 양분을 생성한다. ( )

070 세포막은 세포 안팎으로 물질이 드나드는 것을 조절한다. ( )

071 동물 세포에는 엽록체가 없다. ( )

072 세포벽은 동물 세포와 식물 세포에 모두 있다. ( )

073 세포의 모양은 세포의 종류에 관계없이 모두 같다. ( )

074 적혈구는 가운데가 오목한 모양이며, 피부의 표면을 덮어 보호한다. ( )

075 동물의 구성 단계는 세포 → 조직 → 조직계 → 기관 → 개체이다. ( )

076 식물의 구성 단계에는 기관계가 없다. ( )

난이도별 **필수 기출**

상 6문항
중 15문항
하 9문항

A 세포

세포의 구조와 기능

077 하

세포에 대한 설명으로 옳은 것을 〈보기〉에서 모두 고른 것은?

〈보기〉
ㄱ. 모든 생물은 세포로 이루어져 있다.
ㄴ. 세포는 생명활동이 일어나는 기본 단위이다.
ㄷ. 세포는 여러 세포소기관으로 이루어져 있다.

① ㄱ
② ㄴ
③ ㄱ, ㄷ
④ ㄴ, ㄷ
⑤ ㄱ, ㄴ, ㄷ

빈출
078 하

세포에 대한 설명으로 옳지 <u>않은</u> 것은?

① 생물을 구성하는 기본 단위이다.
② 하나의 세포로 이루어진 생물도 있다.
③ 맨눈으로 볼 수 있는 크기의 세포도 있다.
④ 세포의 종류에 따라 세포의 모양, 기능이 다르다.
⑤ 하나의 생물을 구성하는 세포의 종류는 모두 같다.

079 하

그림은 어떤 세포의 구조를 나타낸 것이다.

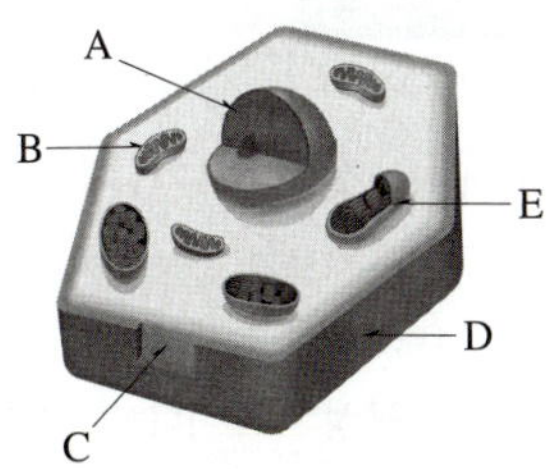

A~E의 이름으로 옳지 <u>않은</u> 것은?

① A – 핵
② B – 마이토콘드리아
③ C – 세포질
④ D – 세포벽
⑤ E – 엽록체

080 하

다음은 세포 구성 요소에 대한 설명이다. ㉠~㉢에 들어갈 내용을 옳게 짝 지은 것은?

세포 구성 요소 중 (㉠)은/는 유전물질을 저장하여 생명활동을 조절하고, (㉡)은/는 생명활동에 필요한 에너지를 만들며, (㉢)은 세포 안팎으로 물질이 드나드는 것을 조절한다.

	㉠	㉡	㉢
①	핵	엽록체	세포막
②	핵	마이토콘드리아	세포막
③	핵	마이토콘드리아	세포벽
④	엽록체	핵	세포벽
⑤	엽록체	핵	세포막

081 하

다음에서 설명하는 세포 구성 요소의 이름으로 옳은 것은?

• 동물 세포에는 없고 식물 세포에는 있다.
• 광합성을 하여 양분을 생성한다.

① 핵
② 세포막
③ 세포벽
④ 엽록체
⑤ 마이토콘드리아

082 중

동물 세포와 식물 세포에 공통으로 있는 세포 구성 요소를 〈보기〉에서 모두 고른 것은?

〈보기〉
ㄱ. 핵
ㄴ. 세포막
ㄷ. 엽록체
ㄹ. 세포벽
ㅁ. 마이토콘드리아

① ㄱ, ㄴ
② ㄷ, ㄹ
③ ㄷ, ㅁ
④ ㄱ, ㄴ, ㅁ
⑤ ㄱ, ㄹ, ㅁ

083 중

세포에 대한 설명으로 옳지 <u>않은</u> 것을 모두 고르면? (2 개)

① 동물 세포와 식물 세포에는 모두 핵이 있다.
② 식물 세포에는 두껍고 단단한 세포벽이 있다.
③ 세포막은 핵과 세포질 사이를 채우는 부분이다.
④ 마이토콘드리아는 빛을 이용하여 양분을 만든다.
⑤ 핵은 대부분 둥근 모양이고, 유전물질을 저장한다.
⑥ 세포벽은 세포를 보호하고, 세포의 모양을 유지시킨다.
⑦ 엽록체는 초록색 알갱이 모양이고, 광합성을 하는 장소이다.

[084~085] 그림은 식물 세포의 구조를 나타낸 것이다.

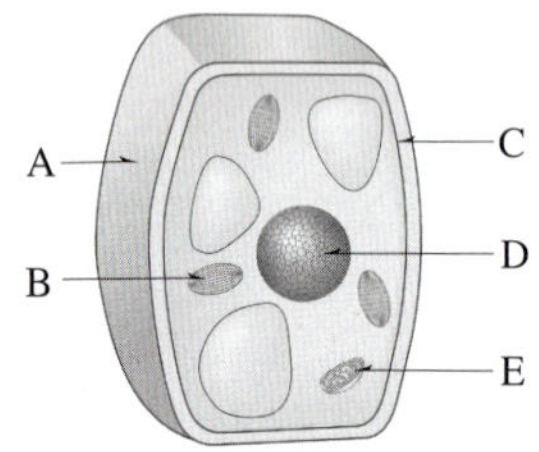

084 중

이에 대한 설명으로 옳은 것은?

① A는 세포 안팎으로 물질이 드나드는 것을 조절한다.
② B는 동물 세포에서도 관찰된다.
③ C는 세포막 바깥을 둘러싸고 있는 단단한 세포벽이다.
④ D는 유전물질을 저장한다.
⑤ E에서는 광합성이 일어난다.

085 중

동물 세포와 달리 식물 세포에서만 볼 수 있는 것을 모두 고른 것은?

① A, B 　② A, E
③ B, C 　④ A, D, E
⑤ C, D, E

086 중

그림은 식물 세포와 동물 세포의 구조를 나타낸 것이다.

이에 대한 설명으로 옳지 <u>않은</u> 것을 모두 고르면? (3 개)

① A는 여러 세포소기관을 포함한다.
② B는 세포벽으로, 동물 세포에는 없다.
③ B는 세포를 보호하고, 세포의 모양을 유지시킨다.
④ C는 생명활동에 필요한 에너지를 생성한다.
⑤ D는 세포막으로, 물질의 출입을 조절한다.
⑥ D는 식물 세포에는 없다.
⑦ E는 세포의 생명활동을 조절하며, 동물 세포와 식물 세포에서 모두 발견된다.
⑧ F는 광합성을 하는 장소이다.
⑨ F는 식물 세포와 동물 세포에 모두 있다.

087 상

그림 (가)와 (나)는 동물 세포와 식물 세포를 순서 없이 나타낸 것이다.

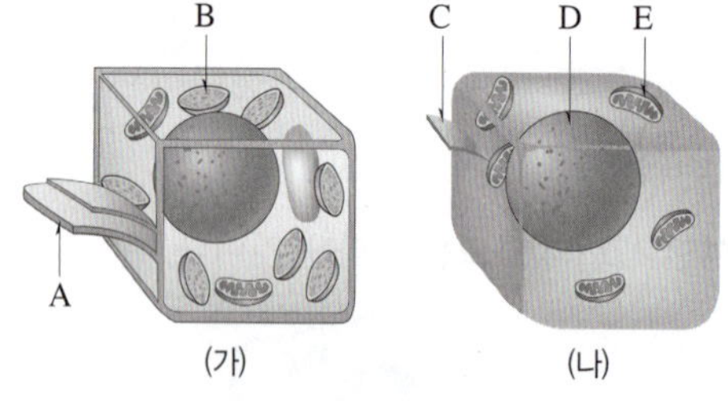

이에 대한 설명으로 옳은 것을 〈보기〉에서 모두 고른 것은?

〈 보기 〉
ㄱ. (가)는 식물 세포, (나)는 동물 세포이다.
ㄴ. A와 C는 같은 세포 구성 요소이다.
ㄷ. D는 염색액에 염색된다.
ㄹ. B, E는 (가)와 (나)에 모두 있는 세포소기관이다.

① ㄱ, ㄴ 　② ㄱ, ㄷ 　③ ㄴ, ㄷ
④ ㄴ, ㄹ 　⑤ ㄷ, ㄹ

088 (상)

그림은 동물 세포와 식물 세포의 공통점과 차이점을 나타낸 것이다.

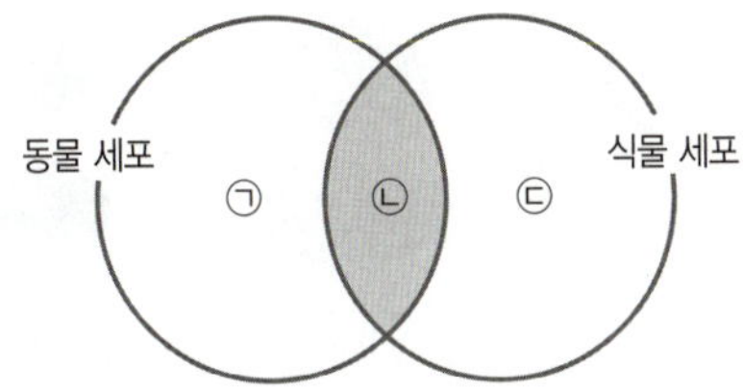

이에 대한 설명으로 옳은 것을 〈보기〉에서 모두 고른 것은?

〈 보기 〉

ㄱ. '핵이 있다.'는 ㉠에 해당한다.
ㄴ. '엽록체가 있다.' ㉡에 해당한다.
ㄷ. '세포벽이 있다.' 는 ㉢에 해당한다.
ㄹ. ㉡에 '세포질이 있다.', '마이토콘드리아가 있다.'가 포함된다.

① ㄱ, ㄴ　　　② ㄱ, ㄹ　　　③ ㄴ, ㄷ
④ ㄴ, ㄹ　　　⑤ ㄷ, ㄹ

동물 세포와 식물 세포 관찰

089 (하)

그림은 검정말잎을 관찰하기 위해 현미경표본을 만드는 과정을 순서대로 나타낸 것이다.

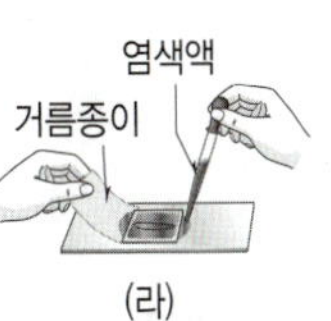

이에 대한 설명으로 옳은 것을 〈보기〉에서 모두 고른 것은?

〈 보기 〉

ㄱ. 식물 세포를 관찰하기 위한 과정이다.
ㄴ. (다) 과정에서 덮개 유리는 받침 유리와 수평이 되게 잡고 신속히 덮어야 한다.
ㄷ. (라) 과정을 거치면 핵이 뚜렷하게 염색된다.

① ㄱ　　　② ㄴ　　　③ ㄷ
④ ㄱ, ㄴ　　　⑤ ㄱ, ㄷ

090 (중)

그림 (가)와 (나)는 입안 상피세포와 검정말잎 세포를 현미경으로 관찰한 결과를 순서 없이 나타낸 것이다.

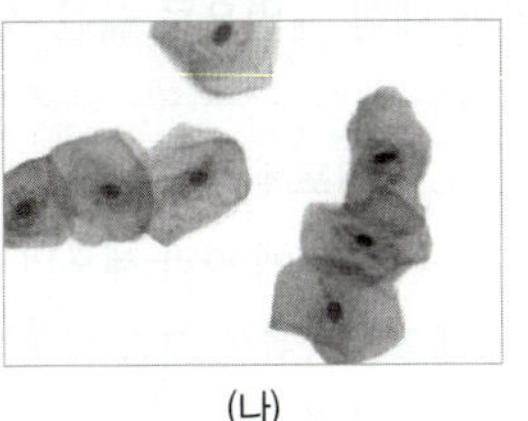

이에 대한 설명으로 옳은 것을 모두 고르면? (2 개)

① (가)는 입안 상피세포이다.
② (가)는 핵이 있고, (나)는 핵이 없다.
③ (가)는 엽록체가 있고, (나)는 엽록체가 없다.
④ (가)는 세포벽이 없고, (나)는 세포벽이 있다.
⑤ (가)와 (나) 모두 세포막이 있다.
⑥ 세포질은 (나)에서만 볼 수 있다.
⑦ (가)와 (나) 모두 세포의 모양이 일정하다.
⑧ (가)에서 진하게 염색된 부분은 엽록체이다.

091 (상)

그림은 세 종류의 세포를 현미경으로 관찰한 것이다. ㉠~㉢은 검정말잎 세포, 양파 표피세포, 입안 상피세포를 순서 없이 나타낸 것이다.

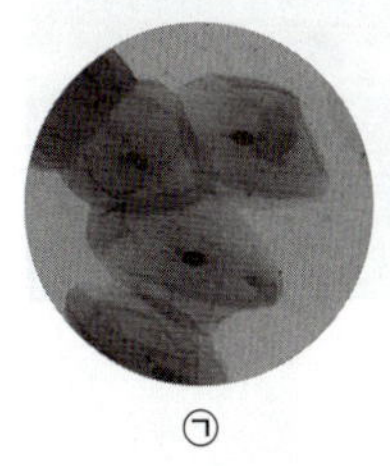

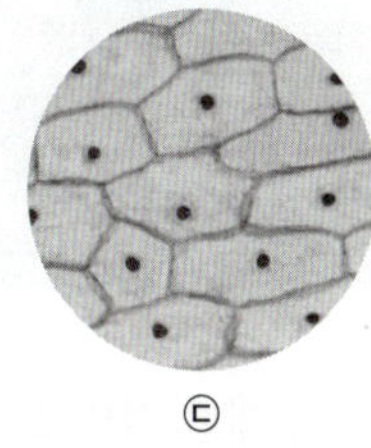

㉠~㉢에 대한 설명으로 옳지 않은 것은?

① ㉠에서 핵을 관찰할 수 있다.
② ㉡에서 세포벽을 관찰할 수 있다.
③ ㉢에는 엽록체와 세포벽이 모두 있다.
④ ㉠은 동물 세포, ㉢은 식물 세포이다.
⑤ ㉠~㉢ 세포는 모두 세포막으로 둘러싸여 있다.

092 하

세포에 대한 설명으로 옳은 것을 〈보기〉에서 모두 고른 것은?

〈 보기 〉
ㄱ. 모든 세포에는 핵, 세포벽이 있다.
ㄴ. 몸의 부위에 따라 세포의 종류가 다양하다.
ㄷ. 세포의 종류에 따라 세포의 모양과 크기가 다르다.
ㄹ. 세포의 종류에 따라 세포의 구조는 달라도 세포의 기능은 같다.

① ㄱ, ㄴ ② ㄱ, ㄹ ③ ㄴ, ㄷ
④ ㄷ, ㄹ ⑤ ㄱ, ㄴ, ㄷ

093 중

그림 (가)~(다)는 상피세포, 신경세포, 적혈구를 순서 없이 나타낸 것이다.

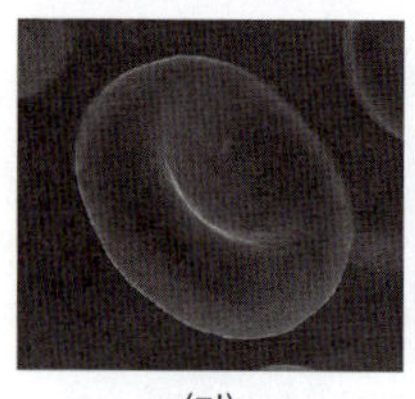 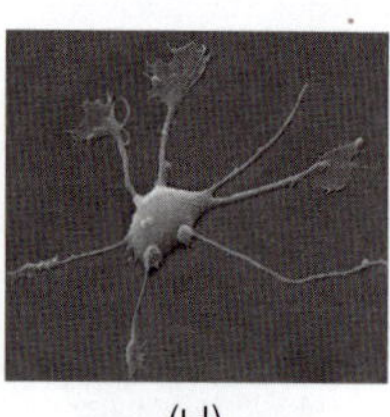 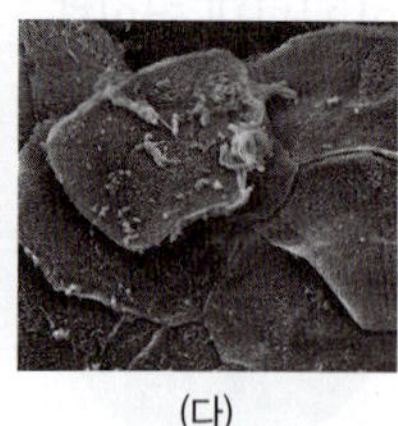

(가)   (나)   (다)

이에 대한 설명으로 옳은 것은?

① (가)는 상피세포이다.
② (가)는 우리 몸 표면이나 몸속 기관의 안쪽 표면을 덮어 보호한다.
③ (나)는 나뭇가지가 뻗어 나온 모양이다.
④ (다)는 적혈구로, 넓고 얇게 퍼진 모양이다.
⑤ (다)는 산소를 운반한다.

094 중

그림은 상피세포, 신경세포, 적혈구, 공변세포, 검정말잎 세포를 순서 없이 나타낸 것이다.

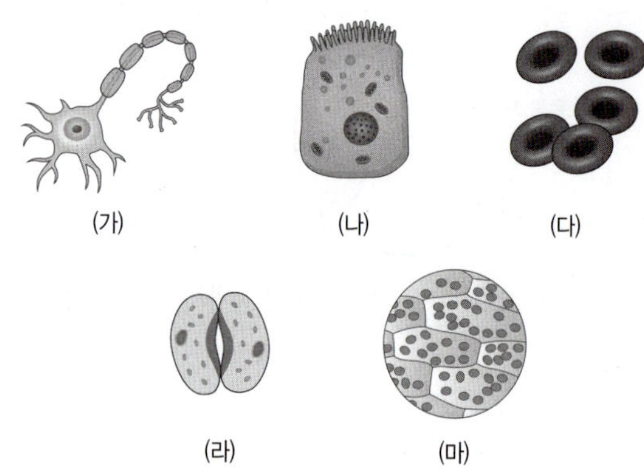

(가)   (나)   (다)

(라)   (마)

이에 대한 설명으로 옳은 것은?

① (가)는 피부를 덮어 보호한다.
② (나)는 엽록체를 가지고 있다.
③ (다)는 온몸으로 산소를 운반한다.
④ (라)는 자극을 전달하기에 적합한 구조이다.
⑤ (가)~(마)는 모두 핵이 있다.

095 상

그림은 여러 종류의 세포를 나타낸 것이다.

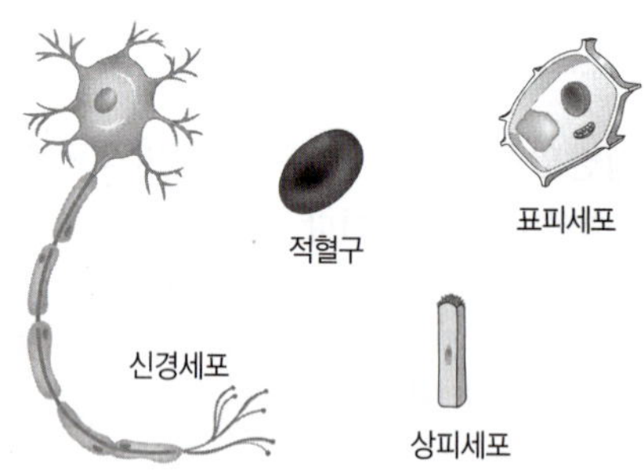

이에 대한 설명으로 옳은 것을 모두 고르면? (2 개)

① 모든 세포에는 생명활동의 중심이 되는 핵이 있다.
② 사람을 구성하는 세포의 크기는 모두 같다.
③ 사람의 몸을 구성하는 세포는 한 종류이다.
④ 여러 종류의 세포는 각각의 기능에 알맞은 모양을 하고 있다.
⑤ 표피세포는 식물 세포에서 관찰할 수 있다.
⑥ 신경세포는 우리 몸에서 산소를 운반하는 역할을 한다.
⑦ 상피세포는 나뭇가지가 뻗은 모양으로, 자극을 전달한다.

C 생물의 구성 단계

096 하

다음은 동물의 구성 단계 중 하나에 대한 설명이다.

> 동물의 구성 단계에는 관련된 기능을 수행하는 기관들이 모여서 특정 기능을 수행하는 (　　　)이/가 있다. (　　　)에는 소화계, 호흡계, 순환계 등이 있다.

(　　) 안에 들어갈 알맞은 구성 단계는?

① 세포　　　　② 조직　　　　③ 조직계
④ 기관　　　　⑤ 기관계

097 하

식물의 기관에 해당하지 <u>않는</u> 것은?

① 잎　　　　　　② 꽃
③ 줄기　　　　　④ 표피조직
⑤ 뿌리

빈출
098 중

생물의 구성 단계에 대한 설명으로 옳지 <u>않은</u> 것은?

① 기관은 특정한 기능을 수행한다.
② 개체의 몸은 세포로 구성되어 있다.
③ 여러 개의 세포가 모여 조직을 이룬다.
④ 한 개체는 여러 기관이 모여 이루어진다.
⑤ 기관을 이루는 세포의 모양과 크기는 비슷하다.

[099~100] 그림은 생물의 구성 단계를 나타낸 것이다. (단, →은 식물의 구성 단계, ⇢은 동물의 구성 단계를 나타낸다.)

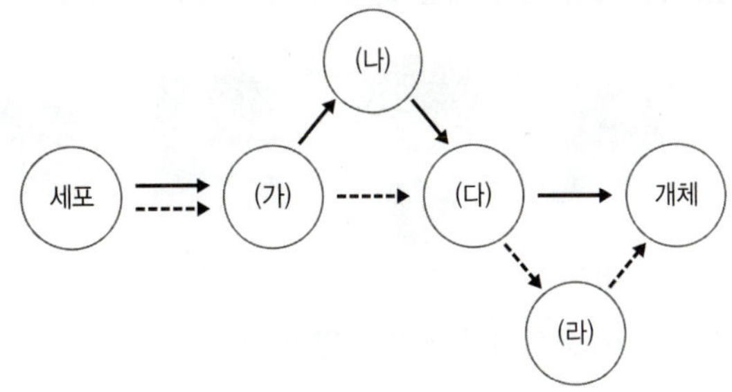

빈출
099 중

(가)~(라)에 해당하는 구성 단계를 옳게 짝 지은 것은?

	(가)	(나)	(다)	(라)
①	조직	조직계	기관계	기관
②	조직	조직계	기관	기관계
③	조직	기관계	기관	조직계
④	조직계	조직	기관	기관계
⑤	기관계	기관	조직	조직계

100 중

동물에서 (가)와 (다) 단계에 해당하는 예를 옳게 짝 지은 것은?

	(가)	(다)		(가)	(다)
①	근육조직	신경세포	②	심장	위
③	상피조직	간	④	신경세포	근육조직
⑤	소화계	심장			

빈출
101 중

다음은 식물의 구성 단계를 나타낸 것이다.

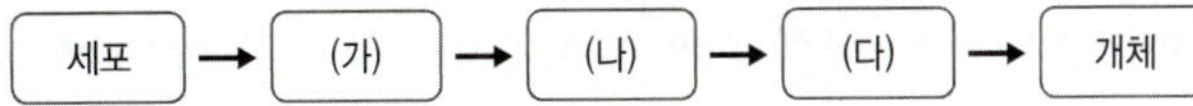

이에 대한 설명으로 옳은 것을 〈보기〉에서 모두 고른 것은?

> ──〈 보기 〉──
> ㄱ. 공변세포는 (가)에 해당한다.
> ㄴ. (나)는 기관이다.
> ㄷ. (다)는 동물과 식물의 구성 단계에 모두 있다.

① ㄱ　　　　② ㄷ　　　　③ ㄱ, ㄴ
④ ㄴ, ㄷ　　⑤ ㄱ, ㄴ, ㄷ

102 중

그림은 식물의 구성 단계를 순서 없이 나타낸 것이다.

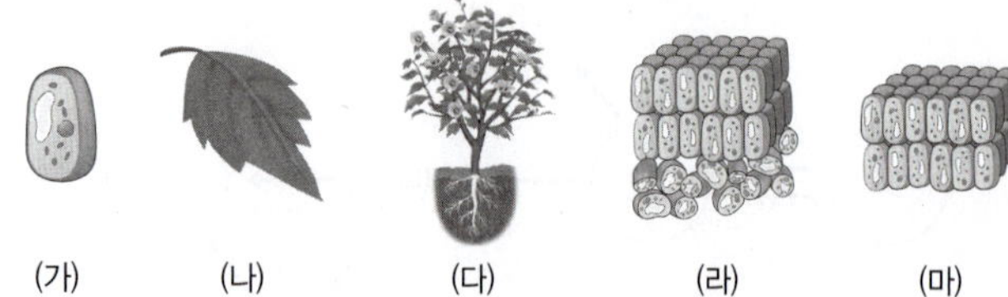

(가)   (나)   (다)   (라)   (마)

작은 단계부터 순서대로 옳게 나열한 것은?

① (가) – (나) – (다) – (라) – (마)
② (가) – (라) – (나) – (마) – (다)
③ (가) – (라) – (마) – (나) – (다)
④ (가) – (마) – (다) – (나) – (라)
⑤ (가) – (마) – (라) – (나) – (다)

103 중

그림은 동물의 구성 단계 중 일부를 순서 없이 나타낸 것이다.

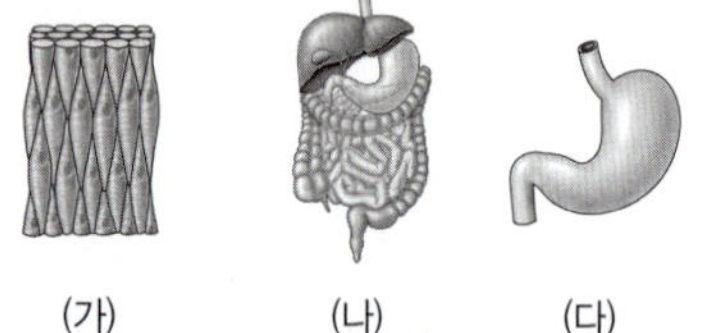

(가)   (나)   (다)   (라)   (마)

이에 대한 설명으로 옳은 것은?

① (가)는 동물의 몸을 구성하는 기본 단위이다.
② 여러 조직이 모여 특정한 기능을 하는 (나)를 이룬다.
③ (다)는 작은창자, 심장과 같은 단계에 해당한다.
④ (마)는 모양과 기능이 비슷한 세포로 이루어진다.
⑤ 동물의 구성 단계는 (가) → (다) → (마) → (나) → (라) 순이다.

104 중

그림 (가)와 (나)는 동물과 식물의 구성 단계를 순서 없이 나타낸 것이다.

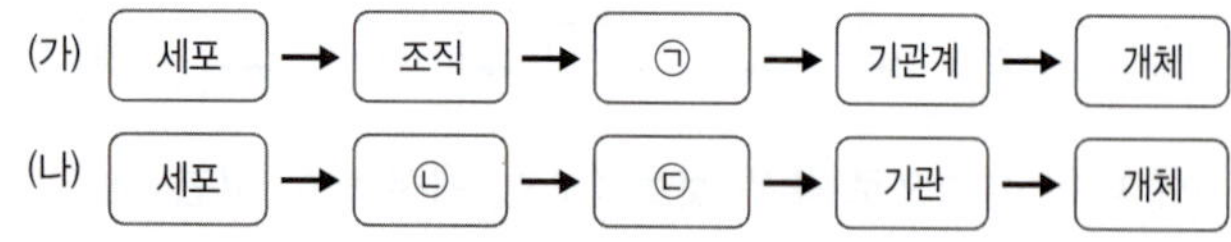

이에 대한 설명으로 옳은 것은?

① ㉠과 ㉡은 같은 구성 단계이다.
② 표피조직은 ㉡에 해당한다.
③ 잎, 줄기는 ㉢에 해당한다.
④ (가)는 식물의 구성 단계이다.
⑤ ㉢은 동물에만 있는 구성 단계이다.

105 상

그림은 식물의 잎과 구성하는 부분을 나타낸 것이다.

이에 대한 설명으로 옳지 <u>않은</u> 것은?

① 잎은 기관에 해당한다.
② 표피조직계에는 표피조직과 공변세포가 포함된다.
③ 잎에는 모양과 기능이 비슷한 세포가 모인 단계가 여러 개 있다.
④ 잎은 독립적인 생명활동을 하는 생물체에 해당한다.
⑤ 관다발조직계는 뿌리부터 잎까지 식물 전체에 걸쳐 연속적으로 연결되어 있다.

106 상

그림은 식물의 구성 단계 중 한 구성 단계에 해당하는 것을 나타낸 것이다.

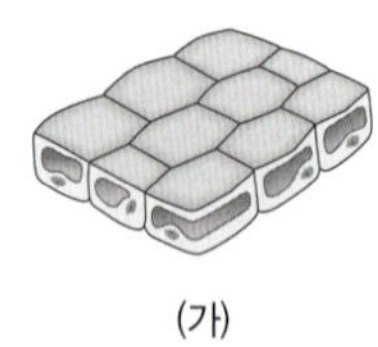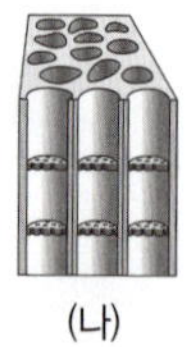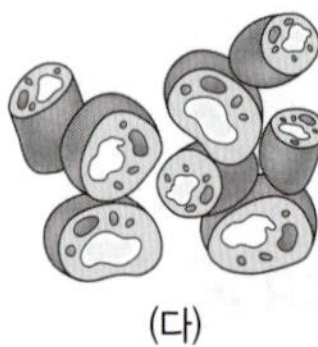

(가)   (나)   (다)

이에 대한 설명으로 옳지 <u>않은</u> 것은?

① (가)는 식물체를 감싸 보호한다.
② (나)는 관다발조직계를 이룬다.
③ (다)의 세포들은 모양과 기능이 비슷하다.
④ (가)~(다)는 조직에 해당한다.
⑤ (가)와 (다)가 모여 (나)를 이룬다.

A 세포

세포의 구조와 기능

107 하

영국의 과학자 훅은 현미경으로 코르크 조각을 관찰하여 작은 방들이 모여 있는 구조를 발견하였다.

(1) 훅이 발견한 작은 방은 생물을 이루는 구조적·기능적 기본 단위로 밝혀졌다. 이것을 무엇이라고 하는지 쓰시오.

(2) (1)에서 방을 둘러싸고 있는 구조를 무엇이라고 하는지 쓰고, 그 기능을 서술하시오.

★빈출
108 중

그림은 어떤 세포의 구조를 나타낸 것이다.

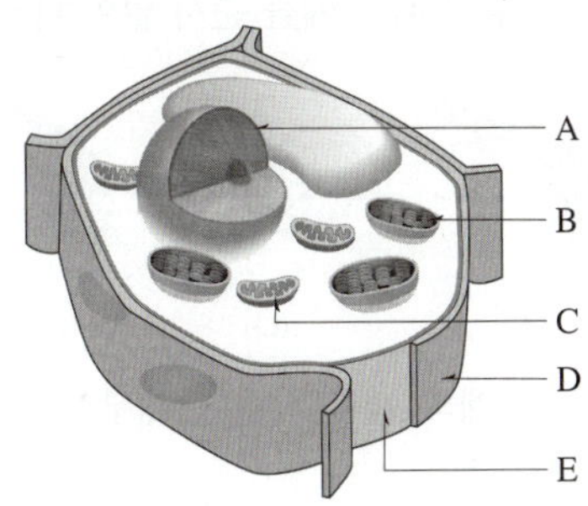

이 세포가 식물 세포인지 동물 세포인지 쓰고, 그렇게 생각한 까닭을 세포 구조의 기호와 이름을 포함하여 서술하시오.

109 중

식물 세포는 그림과 같이 두 겹의 구조로 둘러싸여 있다.

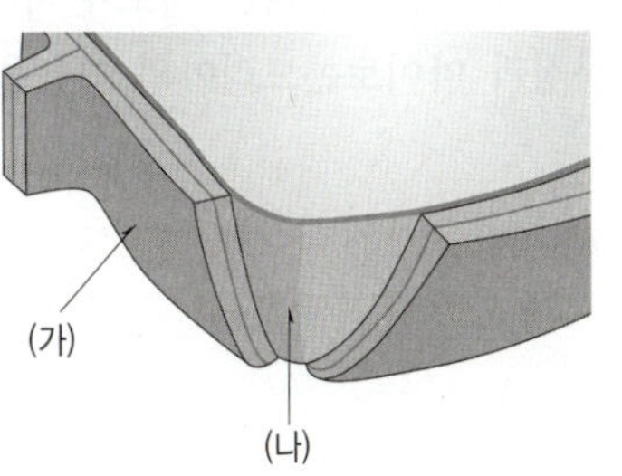

(1) (가)와 (나)의 이름을 각각 쓰시오.

(2) (가)와 (나)의 기능적 차이를 서술하시오.

110 중

다음은 세포를 빵 만드는 공장에 비유하여 세포를 이루는 두 세포 구조를 설명한 것이다.

- (가)는 공장의 출입문에 해당한다. 우리가 섭취한 음식물 속 영양소가 몸에 흡수되어 세포로 이동할 때 이것을 통과하여 세포 안으로 들어간다.
- (나)는 공장의 중앙 통제실에 해당한다. 중앙 통제실이 제품의 생산 과정을 조절하듯이, (나)는 세포의 모든 생명활동을 조절한다.

(1) (가)와 (나)에 해당하는 세포 구조의 이름을 각각 쓰시오.

(2) 위와 같이 세포를 공장에 비유할 때 에너지를 공급하는 발전기에 비유할 수 있는 세포 구조는 무엇인지 쓰고, 그 까닭을 서술하시오.

111 상

오른쪽 그림은 마이토콘드리아를
나타낸 것이다. 사람의 세포 하나
에는 마이토콘드리아가 평균 100
개 정도 있는데, 근육세포에는 수천 개가 있다. 근육세포에
있는 마이토콘드리아의 수가 다른 세포에 비해 많은 까닭을
근육세포의 특징과 마이토콘드리아의 기능을 관련지어 서
술하시오.

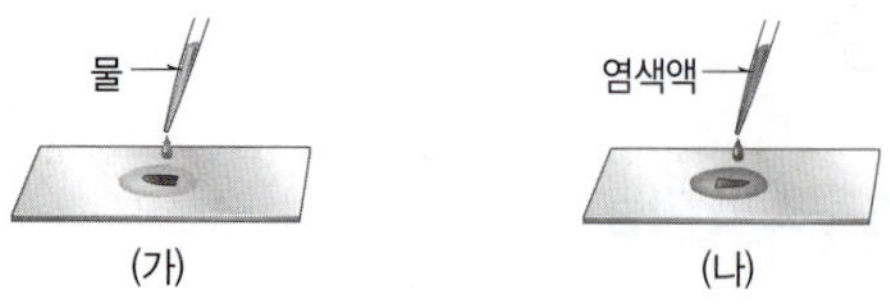

___

동물 세포와 식물 세포 관찰

빈출
112 하

오른쪽 그림은 식물의 잎을 현미경
으로 관찰한 모습이다. 초록색을 띤
알갱이처럼 보이는 세포소기관의
이름을 쓰고, 기능을 서술하시오.

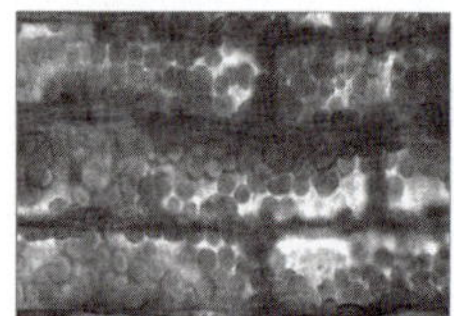

___

빈출
113 중

그림은 양파 표피세포와 입안 상피세포를 현미경으로 관찰
한 결과를 나타낸 것이다.

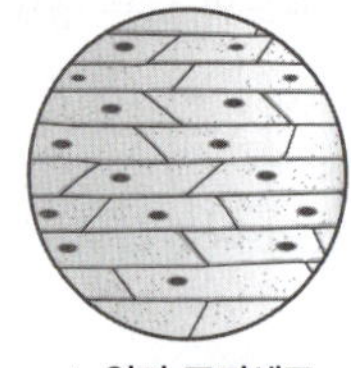

▲ 양파 표피세포   ▲ 입안 상피세포

위 세포에서 관찰할 수 있는 ㉠공통적인 세포 구조 2 가지
를 쓰고, ㉡두 세포 모양의 차이점을 세포 구조와 관련지어
서술하시오.

___

114 중

그림은 검정말잎의 현미경표본을 만들기 위해 검정말잎 반
쪽에 각각 물과 염색액을 떨어뜨리는 모습이다.

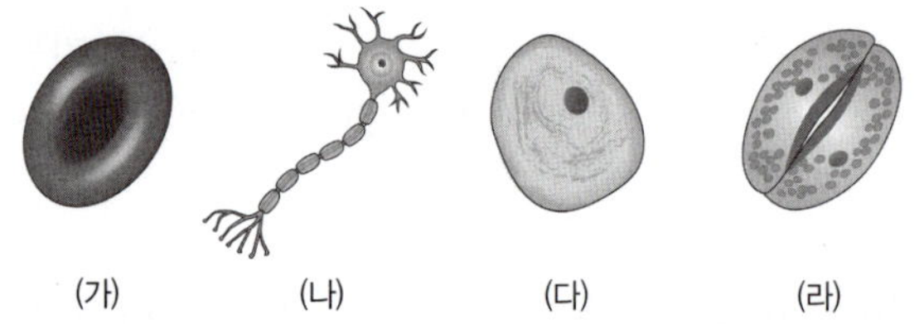

두 표본을 현미경으로 관찰했을 때 차이점을 서술하시오.

___

B 다양한 세포의 특징

빈출
115 하

그림은 여러 가지 세포를 나타낸 것이다.

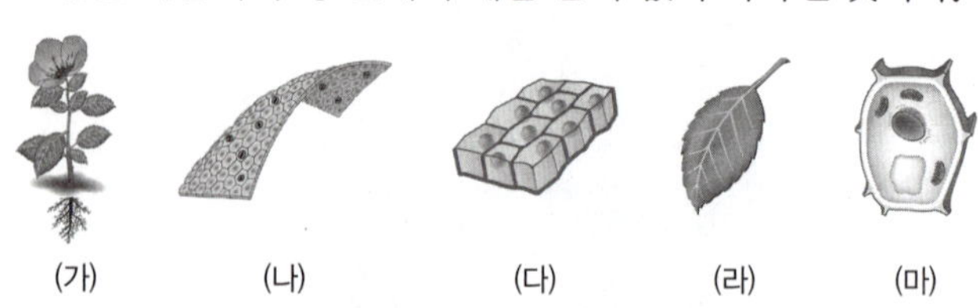

세포의 모양을 보고 (가)~(라) 중 신호를 전달하는 세포로
적합한 것을 고르고, 그렇게 생각한 까닭을 서술하시오.

___

C 생물의 구성 단계

빈출
116 중

그림은 식물의 구성 단계의 예를 순서 없이 나타낸 것이다.

(1) 식물의 구성 단계의 예를 작은 단계부터 순서대로 기호
로 쓰시오.

___

(2) ㉠(라)가 속하는 구성 단계의 이름을 쓰고, ㉡(라) 외에
이 구성 단계에 속하는 예를 2 가지 쓰시오.

117 중

그림은 식물과 동물의 각 구성 단계의 예를 나타낸 것이다.

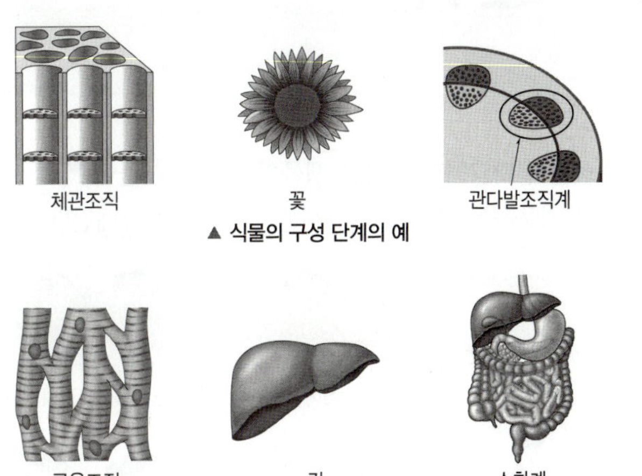

(1) 식물의 구성 단계의 3 가지 예를 작은 단계부터 순서대로 나열하시오.

(2) 동물의 구성 단계의 3 가지 예 중에서 식물의 구성 단계에는 없는 것을 쓰고, 그것이 속하는 구성 단계의 이름을 쓰시오.

118 중

다음은 세포와 생물의 구성에 대한 설명이다.

> 생물 중에는 하나의 세포로 이루어진 (　　　)도 있고, 여러 개의 세포로 이루어진 다세포생물도 있다. (　　　)은/는 모든 생명활동이 하나의 세포에서 일어나고 다세포생물은 모양과 기능이 다른 여러 가지 세포들이 모여 생명활동을 한다. 다세포생물에서는 다양한 ㉠구성 단계들이 서로 긴밀히 연관되어 유기적인 작용을 하면서 생물을 이룬다.

(1) 위 글의 (　　　) 안에 들어갈 공통된 단어를 쓰시오.

(2) ㉠에서 식물의 구성 단계와 동물의 구성 단계를 각각 서술하시오.

119 중

그림은 식물과 동물에서 많은 세포가 모여 개체가 될 때까지의 구성 단계를 비교하여 나타낸 것이다.

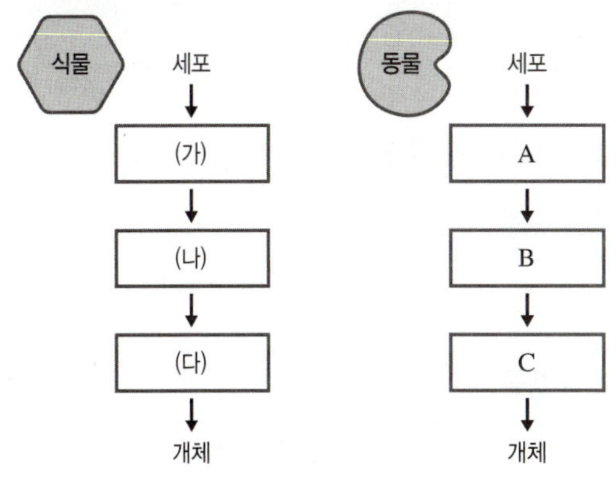

(1) 식물의 구성 단계 (가)~(다)와 동물의 구성 단계 A~C에서 같은 구성 단계의 이름이 들어가는 것을 모두 찾아 짝 지으시오.

(2) (1)을 바탕으로 식물의 구성 단계가 동물의 구성 단계와 어떻게 다른지 서술하시오.

120 상

다음은 세포가 모여 개체를 이루기까지 생물의 구성 단계와 그에 대한 설명이고, 이 중 잎살세포가 무궁화가 되기까지의 예를 정리한 것이다.

구성 단계	설명	예
세포	식물을 구성하는 기본 단위	잎살세포
조직	㉠	울타리조직
㉡	여러 조직이 모여 일정한 기능을 수행	㉢
기관	여러 ㉡이 모여 일정한 형태를 이루고 특정 기능을 수행	잎
개체	여러 기관이 모여 이루어진 독립된 개체	무궁화

(1) ㉠에 들어갈 알맞은 설명을 쓰시오.

(2) ㉡에 들어갈 구성 단계의 이름을 쓰시오.

(3) ㉢에 들어갈 알맞은 예를 쓰시오.

03 생물다양성과 분류

A 생물다양성과 변이

1 생물다양성

(1) ❶[______]: 어떤 지역에 살고 있는 생물의 다양한 정도 ➡ 생태계의 다양함, 생물 종류의 다양함, 같은 종류의 생물 사이에서 나타나는 특징의 다양함을 포함한다.

(2) **생물다양성 결정 기준**   생태계가 다양하면 생물의 종류도 많아진다.
- 생태계가 다양할수록 생물다양성이 높다.┘
- 한 생태계에 살고 있는 생물의 ❷[___]가 많고, 여러 종류의 생물이 고르게 분포할수록 생물다양성이 높다.
- 같은 종류의 생물 사이에서 나타나는 특징이 다양할수록 생물다양성이 높다.

2 변이와 생물다양성

(1) **변이**: 같은 종류의 생물 사이에서 나타나는 서로 다른 특징
- 변이의 예

▲ 바지락의 껍데기 무늬와 색깔이 조금씩 다르다.

▲ 얼룩말의 줄무늬가 조금씩 다르다.

▲ 코스모스의 꽃 색깔이 다양하다.

- 변이는 생물의 생존에 영향을 줄 수 있다. ➡ 변이가 다양하면 급격한 환경 변화에도 살아남는 생물이 있어 멸종할 위험이 낮다.
- 환경이 달라지면 생존에 유리한 변이도 달라진다.

(2) **환경과 생물다양성**: 생물은 빛, 온도, 물, 먹이 관계 등의 환경에 ❸[___]하여 살아간다. ➡ 생물이 환경에 적응❶하면서 변이의 차이가 점점 커져 서로 다른 종류의 무리로 나누어질 수 있다.

<예> 북극여우와 사막여우, 갈라파고스제도에 사는 핀치

갈라파고스제도에 사는 핀치

▲ 선인장이 많은 섬에 사는 핀치는 부리가 길고 뾰족하다.

▲ 크고 단단한 씨앗이 많은 섬에 사는 핀치는 부리가 크고 두껍다.

▲ 곤충이 많은 섬에 사는 핀치는 부리가 작고 가냘프다.

➡ 한 종류의 핀치가 먹이 환경이 서로 다른 섬에 적응하여 살면서 부리의 생김새가 다른 여러 종류의 핀치가 되었다.

(3) **생물이 다양해지는 과정**   생물의 변이와 생물이 ❹[___]에 적응하는 과정을 통해 생물의 종류가 다양해진다.

변이	한 종류의 생물 무리에는 다양한 변이가 있다.
↓	
환경에 적응	그 무리에서 환경에 알맞은 변이를 지닌 생물이 더 많이 살아남아 자손을 남긴다. ➡ 자손에게 특징이 전해진다.
↓	
생물이 다양해짐	이 과정이 오랜 시간 동안 반복되면 원래의 생물과 다른 새로운 종류의 생물이 나타날 수 있다.

B 생물의 분류

1 생물분류   일정한 기준에 따라 생물을 비슷한 종류의 무리로 나누는 것

(1) **생물분류 기준**: 생물의 고유한 특징을 기준으로 분류한다.
<예> 몸의 생김새, 광합성 여부, 번식 방법 등

(2) **생물분류 목적**
- 생물 사이의 가깝고 먼 관계를 알 수 있다.
- 새로 발견된 생물이 어느 무리에 속하는지 판단할 수 있다.
- 수많은 종류의 생물을 체계적으로 연구할 수 있어 생물다양성을 이해하는 데 도움이 된다.

2 ❺[___]: 자연 상태에서 짝짓기를 하여 번식이 가능한 자손을 낳을 수 있는 생물 무리 ➡ 생물분류의 기본 단위이다.

3 생물의 분류 단계

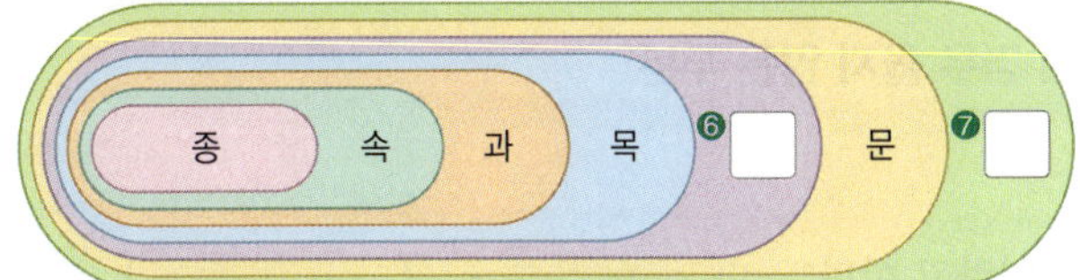

(1) 여러 종이 모여 하나의 속을 이룬다.
(2) 같은 속에 속하는 생물은 모두 같은 과에 속한다.
(3) 계에서 종으로 갈수록 점점 더 세부적으로 나누어진다.
(4) 작은 분류 단위에 같이 속해 있을수록 가까운 관계이다.

C 생물의 5계

생물을 5계로 분류할 때는 핵의 유무, 세포벽의 유무, 세포 수, 광합성 여부 등이 중요한 분류 기준이 된다.

5계	특징
원핵 생물계	• 세포에 핵이 없는 단세포생물이다. • 세포에 세포벽이 있다. • 대부분 광합성을 하지 않지만, 광합성을 하는 것도 있다. └ 남세균(염주말) 예 대장균, 젖산균, 포도상구균, 남세균(염주말), 충치균
⑧ ☐☐ 생물계	• 세포에 핵이 있는 생물 중 균계, 식물계, 동물계에 속하지 않는 생물 무리이다. • 대부분 단세포생물이지만, 다세포생물도 있다. • 세포에 세포벽이 있는 것도 있고, 없는 것도 있다. • 기관이 발달하지 않았다. • 먹이를 먹는 생물도 있고, 광합성을 하는 생물도 있다. └ 미역, 김, 다시마 예 • 단세포생물: 짚신벌레, 아메바, 유글레나 • 다세포생물: 미역, 김, 다시마, 파래
⑨ ☐☐	• 세포에 핵이 있다. • 대부분 다세포생물이지만, 단세포생물도 있다. • 세포에 세포벽이 있다. └ 효모 • 대부분 몸이 실 모양의 균사로 이루어져 있다. • 광합성을 하지 못하고, 죽은 생물이나 배설물을 분해하여 양분을 얻는다. 예 느타리버섯, 표고버섯, 송이버섯, 푸른곰팡이, 기는줄기뿌리곰팡이, 효모
식물계	• 세포에 핵이 있는 다세포생물이다. • 세포에 세포벽이 있다. • 대부분 뿌리, 줄기, 잎과 같은 기관이 발달하였다. • ⑩ ☐☐☐을 하여 스스로 양분을 만든다. 예 진달래, 해바라기, 고사리, 은행나무, 소나무, 장미, 개나리, 우산이끼
동물계	• 세포에 핵이 있는 다세포생물이다. • 세포에 세포벽이 없다. • 대부분 몸에 기관이 발달하였고, 운동성이 있다. • 다른 생물을 먹어서 양분을 얻는다. 예 해파리, 지렁이, 달팽이, 나비, 말, 호랑이

기출 PICK

🖉 기출 PICK A-1

생물다양성 비교

구분	(가)	(나)
지역	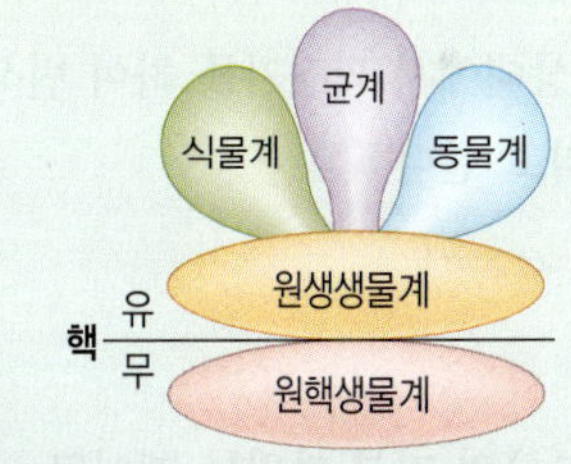	
생물 수	10 그루	10 그루
생물 종류	5 종류	2 종류
생물 분포	여러 종류가 고르게 분포한다.	한 종류가 대부분을 차지한다.

• (가) 지역이 (나) 지역보다 생물의 종류가 많고, 여러 종류가 고르게 분포한다. ➡ (가) 지역이 (나) 지역보다 생물다양성이 높다.

🖉 기출 PICK B-3

생물의 분류 단계

종 < 속 < 과 < 목 < 강 < 문 < 계

• 생물분류의 기본 단위: 종

🖉 기출 PICK C

생물의 5계

구분	핵(핵막)	세포벽	광합성	세포 수
원핵생물계	없다.	있다.		단세포
원생생물계	있다.			단세포, 다세포
균계	있다.	있다.	안 한다.	대부분 다세포
식물계	있다.	있다.	한다.	다세포
동물계	있다.	없다.	안 한다.	다세포

용어

❶ **적응**(適 알맞다, 應 응하다): 환경에 따라 생물의 구조와 기능, 생활 습성 등이 변하는 현상

답 ❶ 생물다양성 ❷ 종류 ❸ 적응 ❹ 환경 ❺ 종 ❻ 강 ❼ 계 ❽ 원생 ❾ 균계 ❿ 광합성

OX로 개념 확인

♦ 개념에 대한 설명이 옳으면 ○, 옳지 않으면 ×로 쓰고, ×인 경우 옳지 않은 부분에 밑줄을 긋고 옳은 문장으로 고쳐 보자.

121 어떤 지역에 살고 있는 생물의 다양한 정도를 생물다양성이라고 한다. ( )

122 한 종류의 생물 사이에서 특징이 다양한 것은 생물다양성과 관련이 없다. ( )

123 무당벌레 겉날개의 무늬가 다양한 것은 변이의 예이다. ( )

124 생물은 변이가 다양할수록 환경에 적응하기 어렵다. ( )

125 생물의 변이와 생물이 환경에 적응하는 과정을 통해 생물의 종류가 다양해진다. ( )

126 자연 상태에서 짝짓기를 하여 번식이 가능한 자손을 낳을 수 있는 생물 무리를 종이라고 한다. ( )

127 생물분류의 기본 단위는 계이고, 가장 큰 단위는 종이다. ( )

128 세포에 핵이 없는 생물 무리를 원생생물계라고 한다. ( )

129 식물계에 속하는 생물은 세포에 세포벽이 있다. ( )

130 균계에 속하는 생물에는 푸른곰팡이, 대장균 등이 있다. ( )

난이도별 필수 기출

A 생물다양성과 변이

생물다양성

★빈출 131 하

다음은 생물다양성의 세 가지 범주에 대한 설명이다.

> (가) 어떤 사람의 눈동자 색깔은 검은색이지만, 어떤 사람은 갈색이고, 어떤 사람은 푸른색이다.
> (나) 습지에는 붕어, 미꾸라지, 수련, 도마뱀 등 다양한 생물이 살고 있다.
> (다) 우리나라에는 깊은 숲도 있고, 넓은 갯벌도 있고, 큰 바다도 있다.

(가)~(다)에 해당하는 생물다양성을 옳게 짝 지은 것은?

① (가) – 생태계의 다양함
② (가) – 생물 종류의 다양함
③ (나) – 생태계의 다양함
④ (나) – 생물 종류의 다양함
⑤ (다) – 같은 종류의 생물 사이에서 나타나는 특징의 다양함

★빈출 132 중

이 문제에서 볼 수 있는 보기는 多

생물다양성에 대한 설명으로 옳지 <u>않은</u> 것을 모두 고르면? (2 개)

① 어떤 지역에 살고 있는 생물의 다양한 정도를 말한다.
② 생물의 종류가 다양할수록 생물다양성이 높다.
③ 여러 종류의 생물이 고르게 분포할 때 생물다양성이 높다.
④ 한 지역에 한 종류의 생물이 많이 살고 있으면 생물다양성이 높다.
⑤ 생물다양성은 지역에 따라 차이가 있다.
⑥ 생태계가 다양한 정도는 생물다양성을 결정하는 기준에 해당한다.
⑦ 같은 종류에 속하는 생물의 특징이 다양할 때 생물이 멸종할 가능성이 높다.
⑧ 생태계가 다양하면 생물의 종류는 많아진다.

133 중

그림은 생물다양성의 세 가지 범주를 나타낸 것이다.

이에 대한 설명으로 옳은 것을 〈보기〉에서 모두 고른 것은?

> 〈 보기 〉
> ㄱ. 쥐의 털색이 다른 것은 생물 종류의 다양함에 해당한다.
> ㄴ. 한 종류의 생물이 많을 때보다 다양한 종류의 생물이 분포할 때 생물다양성이 높다.
> ㄷ. 두 생태계가 인접한 지역은 생물다양성이 높다.

① ㄱ   ② ㄴ   ③ ㄷ
④ ㄱ, ㄴ   ⑤ ㄴ, ㄷ

134 중

그림은 (가)와 (나) 지역에 서식하고 있는 나무의 종류를 각각 나타낸 것이다.

(가)   (나)

이에 대한 설명으로 옳은 것을 〈보기〉에서 모두 고른 것은?

> 〈 보기 〉
> ㄱ. (가)에 사는 나무의 종류는 5 가지이다.
> ㄴ. (가)와 (나)에 사는 나무의 개체수는 같다.
> ㄷ. 생물다양성은 (가)와 (나)에서 동일하다.

① ㄱ   ② ㄴ   ③ ㄷ
④ ㄱ, ㄴ   ⑤ ㄱ, ㄷ

135 (상)

표는 (가)와 (나) 지역의 생물 종류 a~e의 개체수를 나타낸 것이고, 그래프는 생물다양성에 따른 전염병 발병률의 변화 추이를 나타낸 것이다.

종류	(가)	(나)
a	22	9
b	17	12
c	28	0
d	17	78
e	16	1

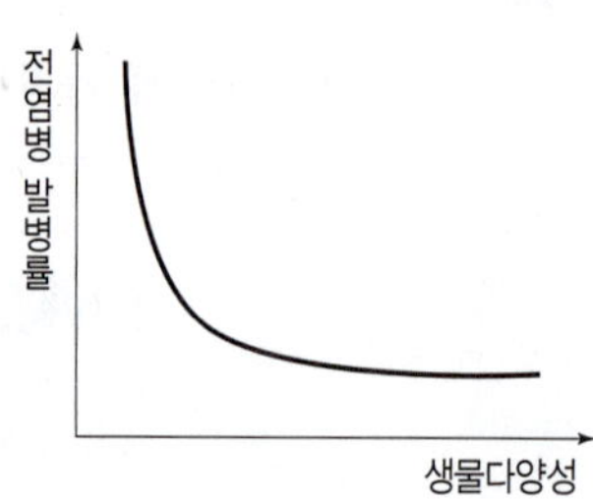

이에 대한 설명으로 옳은 것을 〈보기〉에서 모두 고른 것은?

〈 보기 〉
ㄱ. (나) 지역이 (가) 지역보다 생물의 종류가 많다.
ㄴ. 생물다양성은 (가) 지역이 (나) 지역보다 높다.
ㄷ. (가) 지역은 (나) 지역에 비해 전염병 발병률이 낮다.

① ㄱ 　　② ㄴ 　　③ ㄷ
④ ㄱ, ㄴ 　　⑤ ㄴ, ㄷ

변이와 생물다양성

136 (하)

환경과 생물다양성에 대한 설명으로 옳은 것을 〈보기〉에서 모두 고른 것은?

〈 보기 〉
ㄱ. 생물은 빛, 온도, 물, 먹이 관계 등 환경에 적응하여 살아간다.
ㄴ. 환경에 알맞은 변이를 지닌 생물이 더 많이 살아남아 자손을 남긴다.
ㄷ. 생물의 변이와 생물이 환경에 적응하는 과정은 생물이 다양해진 원인이 아니다.

① ㄱ 　　② ㄷ 　　③ ㄱ, ㄴ
④ ㄴ, ㄷ 　　⑤ ㄱ, ㄴ, ㄷ

---

137 (중) 빈출

변이에 대한 설명으로 옳지 않은 것은?

① 변이가 다양할수록 생물다양성이 높다.
② 변이는 생물의 생존에 영향을 미칠 수 있다.
③ 변이는 같은 종류의 생물 사이에서 나타나는 서로 다른 특징이다.
④ 고래와 상어의 호흡 방법이 다른 것은 변이의 예에 해당한다.
⑤ 변이가 다양한 생물은 환경이 급격하게 바뀌었을 때 환경에 적응하여 살아남을 확률이 높다.

138 (중)

변이에 대한 설명으로 옳은 것을 〈보기〉에서 모두 고른 것은?

〈 보기 〉
ㄱ. 환경이 달라지면 생존에 유리한 변이도 달라진다.
ㄴ. 생물이 다양해진 것은 변이와 관련이 없다.
ㄷ. 생물이 환경에 적응하면서 변이의 차이가 점점 커질 수 있다.
ㄹ. 같은 종 내에서 변이는 항상 동일하게 나타난다.

① ㄱ, ㄴ 　　② ㄱ, ㄷ 　　③ ㄴ, ㄷ
④ ㄴ, ㄹ 　　⑤ ㄷ, ㄹ

139 (중) 빈출　　이 문제에서 볼 수 있는 보기는 多

변이에 해당하지 않는 것을 모두 고르면? (2 개)

① 사람마다 피부색이 조금씩 다르다.
② 무궁화의 꽃 색깔이 조금씩 다르다.
③ 떡갈나무 잎의 크기와 모양이 다양하다.
④ 바지락 껍데기의 무늬와 색깔이 다양하다.
⑤ 얼룩말의 털 무늬와 간격이 조금씩 다르다.
⑥ 고양이, 삵, 살쾡이의 생김새가 서로 다르다.
⑦ 진달래와 개나리의 잎의 구조가 서로 비슷하다.
⑧ 같은 부모에게서 태어난 고양이의 털 무늬가 다르다.

★빈출 140 중

그림은 북극여우와 사막여우를 나타낸 것이다.

▲ 북극여우

▲ 사막여우

이에 대한 설명으로 옳은 것을 〈보기〉에서 모두 고른 것은?

〈 보기 〉
ㄱ. 다른 종류의 생물이 서로 비슷한 환경에 적응한 예이다.
ㄴ. 북극여우는 기온이 낮고 눈이 많이 오는 환경에 적응한 것이다.
ㄷ. 사막여우의 큰 귀는 외부에 열을 방출하기에 유리하다.
ㄹ. 북극여우는 몸집이 커서 열의 손실을 줄이기에 유리하다.

① ㄱ, ㄷ 　② ㄱ, ㄹ 　③ ㄴ, ㄷ
④ ㄱ, ㄴ, ㄹ 　⑤ ㄴ, ㄷ, ㄹ

★빈출 141 중

다음은 생물이 다양해지는 과정에 대한 설명이다.

한 종류의 생물 무리에는 다양한 (㉠)이/가 있고, 그 무리에서 (㉡)에 알맞은 변이를 지닌 생물이 더 많이 살아남아 자손을 남긴다. 이 과정이 오랜 시간 (㉢)되면 원래의 생물과 다른 새로운 종류의 생물이 나타날 수 있다.

㉠~㉢에 들어갈 내용을 옳게 짝 지은 것은?

	㉠	㉡	㉢
①	구조	환경	변이
②	구조	번식	적응
③	변이	환경	반복
④	변이	번식	반복
⑤	환경	구조	변이

★빈출 142 중

다음은 핀치의 종류가 다양해진 과정을 순서 없이 나타낸 것이다.

(가) 부리의 모양과 크기에 변이가 있는 한 종류의 핀치 무리가 있었다.
(나) 오랜 시간이 지나면서 각각 크고 두꺼운 부리를 가진 새로운 종류의 핀치와 길고 뾰족한 부리를 가진 새로운 종류의 핀치가 되었다.
(다) 핀치 무리의 일부는 크고 단단한 씨앗이 많은 섬에, 다른 일부는 선인장이 많은 섬에 살게 되었다.
(라) 크고 단단한 씨앗이 많은 섬에서는 크고 두꺼운 부리를 가진 핀치가 더 많이 살아남았고, 선인장이 많은 섬에서는 길고 뾰족한 부리를 가진 핀치가 더 많이 살아남았다.

핀치의 종류가 다양해진 과정을 순서대로 나열한 것은?

① (가) – (나) – (다) – (라)
② (가) – (다) – (나) – (라)
③ (가) – (다) – (라) – (나)
④ (라) – (가) – (나) – (다)
⑤ (라) – (다) – (나) – (가)

143 중

그림은 갈라파고스제도의 여러 섬에 사는 핀치의 다양한 부리 모양을 나타낸 것이다.

(가)

(나)

(다)

핀치의 부리 모양이 다양해진 까닭으로 가장 적절한 것은?

① 천적의 종류가 다양하기 때문이다.
② 새마다 각각 조상이 다르기 때문이다.
③ 서식지의 기온이 서로 다르기 때문이다.
④ 다양한 변이를 지닌 핀치가 서로 다른 먹이 환경에 적응하였기 때문이다.
⑤ 많이 사용하는 기관은 발달하고, 사용하지 않는 기관은 퇴화하였기 때문이다.

그림은 목이 긴 거북 무리가 나타난 과정을 순서 없이 나타낸 것이다.

이에 대한 설명으로 옳은 것은?

① 목이 긴 거북 무리가 나타난 과정은 (나) → (다) → (가) 순으로 진행된다.
② 변이를 지닌 생물이 환경에 적응하는 과정이다.
③ 거북 무리는 처음에는 변이가 없었지만, 환경에 적응하면서 변이가 나타났다.
④ 키가 큰 선인장이 많은 섬에서는 목이 짧은 거북이 살아남기에 더 유리하였다.
⑤ 이 과정이 한 번 반복되어 오늘날과 같이 목이 긴 종류의 거북이 나타났다.

145 ⓒ

그림은 핀치의 종류가 다양해지는 과정을 나타낸 것이다.

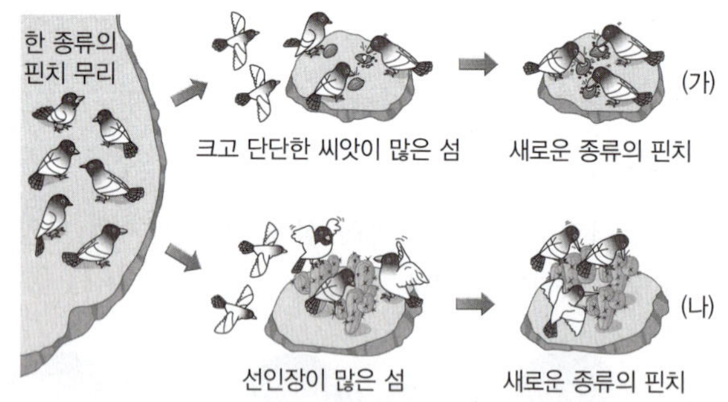

이에 대한 설명으로 옳은 것을 〈보기〉에서 모두 고른 것은?

〈보기〉
ㄱ. 핀치가 새로운 섬으로 날아가면서 핀치 무리에 변이가 생겼다.
ㄴ. 먹이를 먹기에 알맞은 변이를 지닌 핀치가 더 많이 살아남아 자손을 남겼다.
ㄷ. 오랜 세월이 지나 (가)와 (나) 섬의 핀치는 서로 다른 종류가 되어 생물다양성이 증가하였다.

① ㄱ ② ㄴ ③ ㄷ
④ ㄱ, ㄴ ⑤ ㄴ, ㄷ

146 ⓢ

〈보기〉에서 생물의 다양한 모습과 생물에 영향을 미친 환경 요인을 옳게 짝 지은 것의 개수는?

〈보기〉
ㄱ. 소라 껍데기 뿔의 발달 정도 – 물살의 세기
ㄴ. 핀치의 부리 모양과 크기의 차이 – 먹이의 종류
ㄷ. 북극여우와 사막여우의 몸집과 귀 크기의 차이 – 기온
ㄹ. 말레이곰과 북극곰의 몸집 크기와 털 길이 차이 – 천적의 종류

① 0 개 ② 1 개 ③ 2 개
④ 3 개 ⑤ 4 개

147 ⓢ

다음은 어떤 한 종류의 새 집단에서 나타난 부리 크기 변화에 대한 자료이다.

• 그림은 가뭄 전후 새의 부리 크기에 따른 개체수를 나타낸 것이다.
• 가뭄 전에는 새들이 먹기 좋은 작고 연한 씨앗이 풍부했지만, 가뭄 후에는 씨앗의 전체 양이 줄어들고 크고 딱딱한 씨앗이 많아졌다.

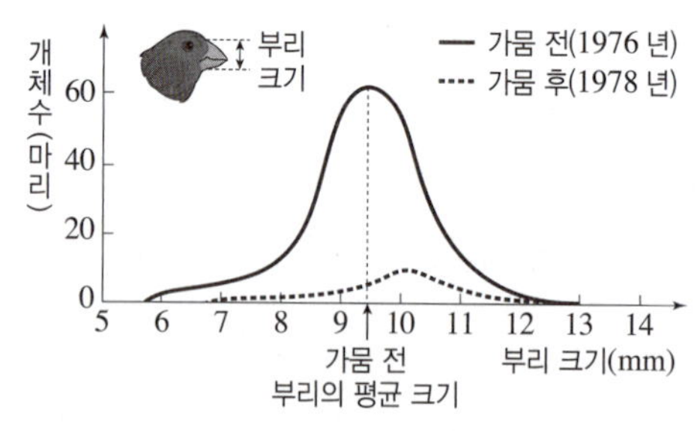

이에 대한 설명으로 옳은 것을 〈보기〉에서 모두 고른 것은?

〈보기〉
ㄱ. 가뭄 전에 부리 크기에 대한 변이가 있었다.
ㄴ. 가뭄 전후 새의 개체수에는 차이가 없다.
ㄷ. 가뭄 전보다 가뭄 후에 부리의 평균 크기가 작아졌다.
ㄹ. 가뭄이 일어나 부리가 큰 새가 환경에 적응하기 유리하였을 것이다.

① ㄱ, ㄴ ② ㄱ, ㄹ ③ ㄴ, ㄷ
④ ㄴ, ㄹ ⑤ ㄷ, ㄹ

B 생물의 분류

148 

생물을 분류하는 데 기준이 되는 생물의 고유한 특징이 아닌 것은?

① 사는 곳
② 번식 방법
③ 광합성 여부
④ 생물의 구조
⑤ 세포의 구조

149

생물의 분류 단계를 옳게 나열한 것은?

① 계 < 문 < 강 < 목 < 과 < 속 < 종
② 계 < 문 < 강 < 목 < 속 < 과 < 종
③ 종 < 속 < 과 < 목 < 강 < 계 < 문
④ 종 < 속 < 과 < 목 < 강 < 문 < 계
⑤ 종 < 속 < 강 < 목 < 과 < 문 < 계

150

그림은 가상 생물 A~E의 모습을 나타낸 것이다.

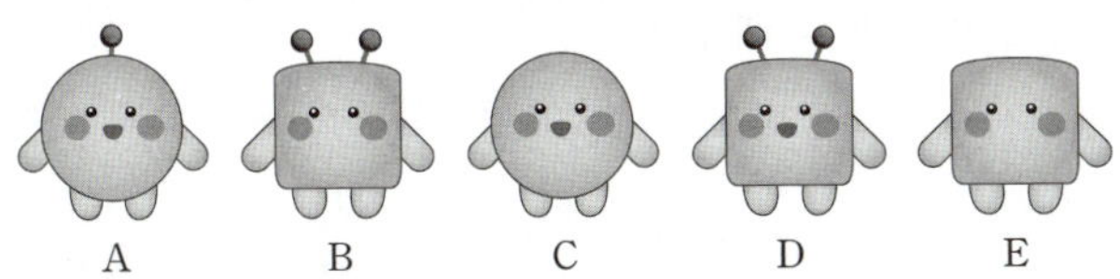

가상 생물을 (가)로 나눈 후 A, C, D를 다시 (나)로 나누었을 때 각각의 분류 기준을 옳게 짝 지은 것은?

(가) A, C, D / B, E
(나) A, C / D

	(가)	(나)
①	입의 유무	더듬이 개수
②	입의 유무	몸통의 모양
③	더듬이 유무	입의 유무
④	몸통의 모양	더듬이 개수
⑤	더듬이 유무	몸통의 모양

151

이 문제에서 볼 수 있는 보기는 多

생물분류에 대한 설명으로 옳지 않은 것을 모두 고르면? (2개)

① 생물의 고유한 특징에 따라 생물을 분류할 수 있다.
② 생물분류 기준에는 번식 방법, 몸의 생김새 등이 있다.
③ 생물분류의 목적은 생물을 경제적으로 활용하기 위함이다.
④ 생물을 분류하면 생물 사이의 가깝고 먼 관계를 알 수 있다.
⑤ 생물을 분류하면 새롭게 발견된 생물이 어느 무리에 속하는지 판단할 수 있다.
⑥ 생물을 분류하면 수많은 종류의 생물을 체계적으로 연구하는 데 도움이 된다.
⑦ 생물의 고유한 특징을 기준으로 생물을 분류하면 사람마다 결과가 다르게 나올 수 있다.

152

종에 대한 설명으로 옳은 것은?

① 생물을 분류하는 가장 큰 단위이다.
② 자연 상태에서 짝짓기를 하여 번식이 가능한 자손을 낳을 수 있는 생물 무리이다.
③ 생김새가 비슷하면 같은 종이다.
④ 비슷한 특징을 지닌 종을 모아 과로 분류한다.
⑤ 짝짓기를 하여 자손을 낳을 수 있으면 같은 종이다.

153

다음은 생물종을 조사한 자료를 나타낸 것이다.

- 말과 당나귀 사이에서 태어난 노새는 새끼를 낳을 수 없다.
- 진돗개와 풍산개 사이에서 태어난 풍진개는 새끼를 낳을 수 있다.
- 테리어와 불도그 사이에서 태어난 불테리어는 새끼를 낳을 수 있다.

이에 대한 설명으로 옳은 것을 〈보기〉에서 모두 고른 것은?

〈 보기 〉

ㄱ. 말과 당나귀는 새끼를 낳을 수 있으므로 같은 종이다.
ㄴ. 진돗개와 풍산개는 생김새가 비슷하지만 서로 다른 종이다.
ㄷ. 테리어와 불도그는 같은 종이다.
ㄹ. 같은 종 사이에서 태어난 자손은 번식 능력이 있다.

① ㄱ, ㄴ
② ㄱ, ㄹ
③ ㄴ, ㄷ
④ ㄴ, ㄹ
⑤ ㄷ, ㄹ

154 중

다음은 생물의 분류 단계를 나타낸 것이다.

> (가) → 속 → 과 → (나) → 강 → 문 → (다)

이에 대한 설명으로 옳은 것을 〈보기〉에서 모두 고른 것은?

〈 보기 〉
ㄱ. (가)는 종이다.
ㄴ. 같은 (나)에 속하는 생물은 모두 같은 (가)에 속한다.
ㄷ. (가)보다 (다)가 더 큰 분류 단위이다.
ㄹ. (다)보다 (가)에 포함되는 생물의 종류가 많다.

① ㄱ, ㄴ   ② ㄱ, ㄷ   ③ ㄴ, ㄷ
④ ㄴ, ㄹ   ⑤ ㄷ, ㄹ

155 중 이 문제에서 볼 수 있는 보기는 多

생물의 분류 단계에 대한 설명으로 옳지 <u>않은</u> 것을 모두 고르면? (2 개)

① 생물을 분류하는 기본 단위는 종이다.
② 과는 속보다 상위 분류 단계이다.
③ 하나의 문에는 여러 개의 계가 있다.
④ 같은 문에 속하는 생물은 모두 같은 강에 속한다.
⑤ 같은 속에 속한 생물이라도 같은 종에 속하지 않을 수 있다.
⑥ 비슷한 특징을 지닌 속을 모아 더 큰 분류 단계인 과로 묶는다.
⑦ 같은 강에 속하는 생물은 특징에 따라 여러 목으로 분류할 수 있다.
⑧ 계에서 종으로 갈수록 생물이 더 세부적으로 나누어진다.

156 상 

표는 개, 호랑이, 고양이의 분류 단계 중 일부를 나타낸 것이다.

목	과	속	종
식육목	개과	개속	개
식육목	고양이과	표범속	호랑이
식육목	고양이과	고양이속	고양이

이에 대한 설명으로 옳은 것을 〈보기〉에서 모두 고른 것은?

〈 보기 〉
ㄱ. 개와 호랑이는 같은 강에 속한다.
ㄴ. 고양이와 개는 다른 문에 속한다.
ㄷ. 호랑이는 고양이보다 개와 더 가까운 관계이다.
ㄹ. 종 → 속 → 과 → 목의 단계로 갈수록 포함되는 생물의 종류가 많아진다.

① ㄱ, ㄴ   ② ㄱ, ㄹ   ③ ㄴ, ㄷ
④ ㄴ, ㄹ   ⑤ ㄷ, ㄹ

C 생물의 5계

157 하

생물을 5계로 분류했을 때 각 계에 속하는 생물의 예를 <u>잘못</u> 짝 지은 것은?

① 균계 — 표고버섯
② 식물계 — 미역
③ 동물계 — 해파리
④ 원생생물계 — 짚신벌레
⑤ 원핵생물계 — 대장균

158 하

다음은 생물의 5계 중 하나에 대한 설명이다.

> • 세포에 핵이 있다.
> • 균계, 식물계, 동물계 중 어디에도 속하지 않는 생물 무리이다.

이 생물계에 속하는 생물로 옳은 것은?

① 나비   ② 효모   ③ 아메바
④ 젖산균   ⑤ 고사리

159 중

다음은 여러 생물을 두 무리로 분류한 결과이다.

> (가) 고양이, 기는줄기뿌리곰팡이, 충치균
>
> (나) 해바라기, 다시마

생물을 (가)와 (나)로 분류한 기준으로 옳은 것은?

① 세포의 수
② 핵의 유무
③ 광합성 여부
④ 세포벽의 유무
⑤ 기관의 발달 여부

빈출 160 중

이 문제에서 볼 수 있는 보기는 多

다음은 여러 생물을 두 무리로 분류한 결과이다.

> (가) 대장균, 젖산균

> (나) 푸른곰팡이, 효모, 느타리버섯

이에 대한 설명으로 옳은 것을 모두 고르면? (2 개)

① (가)는 균계이다.
② (나)는 원생생물계이다.
③ (가)와 (나)에 속하는 생물 모두 세포에 세포벽이 있다.
④ 짚신벌레는 (가)에 속하는 생물이다.
⑤ (가)와 (나)를 구분하는 기준은 핵의 유무이다.
⑥ (나)는 광합성을 하는 생물 무리이다.

161 중

그림은 여러 생물의 모습을 나타낸 것이다.

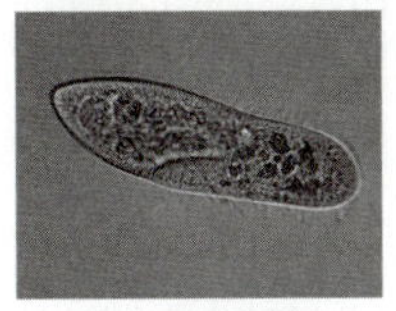
▲ 짚신벌레

▲ 미역

▲ 표고버섯

이에 대한 설명으로 옳지 <u>않은</u> 것은?

① 모두 세포에 핵이 있다.
② 짚신벌레는 단세포생물이다.
③ 짚신벌레는 다른 생물을 먹어서 양분을 얻는다.
④ 미역은 뿌리, 줄기, 잎이 발달하였다.
⑤ 표고버섯은 몸이 실 모양의 균사로 이루어져 있다.

빈출 162 중

그림은 생물의 5계를 나타낸 것이다.

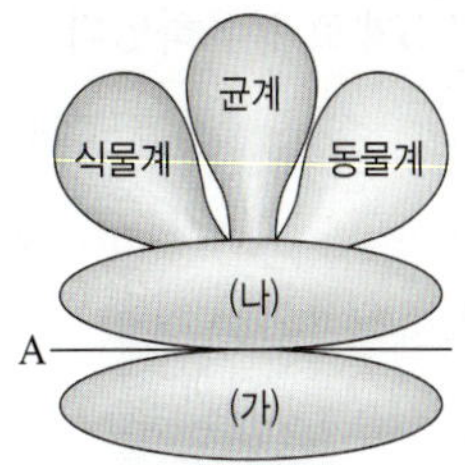

이에 대한 설명으로 옳은 것을 〈보기〉에서 모두 고른 것은?

〈 보기 〉

> ㄱ. (가)는 원생생물계, (나)는 원핵생물계이다.
> ㄴ. 분류 기준 A는 핵의 유무이다.
> ㄷ. (나)에 속하는 생물은 기관이 발달하지 않았다.
> ㄹ. (가)와 (나) 모두 단세포생물 무리이다.

① ㄱ, ㄴ
② ㄱ, ㄹ
③ ㄴ, ㄷ
④ ㄴ, ㄹ
⑤ ㄷ, ㄹ

빈출 163 중

표는 5계의 특징을 정리하여 나타낸 것이다.

구분	핵	광합성	세포 수
A	×	○, ×	단세포
B	○	㉠	단세포, 다세포
C	○	×	대부분 다세포
식물계	○	○	㉡
동물계	○	×	다세포

이에 대한 설명으로 옳지 <u>않은</u> 것은?

① A는 원핵생물계로, 세포에 세포벽이 있다.
② B는 원생생물계로, 죽은 생물을 분해하여 양분을 얻는다.
③ C는 균계로, 대부분 몸이 균사로 이루어져 있다.
④ ㉠은 '○, ×'이다.
⑤ ㉡은 '다세포'이다.

그림과 같은 분류 기준에 따라 아메바, 송이버섯, 충치균, 해파리, 은행나무를 5계로 분류하였다.

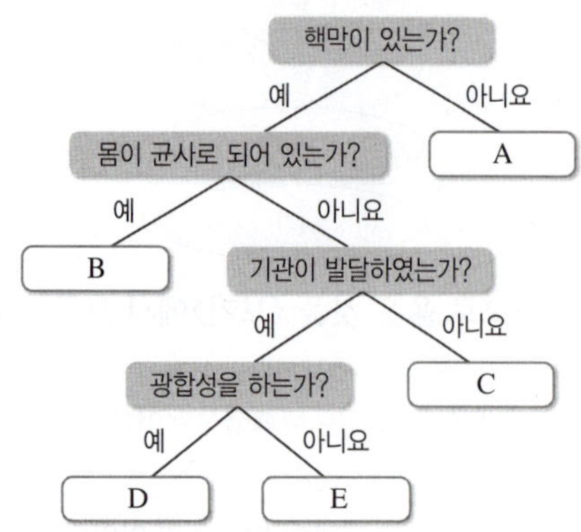

이에 대한 설명으로 옳지 <u>않은</u> 것은?

① A는 원핵생물계로, 충치균이 속한다.

② B는 균계로, 세포에 세포벽이 있다.

③ 송이버섯은 C에 속한다.

④ 은행나무는 D에 속하며, 뿌리, 줄기, 잎과 같은 기관이 발달하였다.

⑤ 해파리는 E에 속하며, 다세포생물이다.

165 (상)

그림은 달팽이, 진달래, 아메바의 공통점과 차이점을 나타 낸 것이다.

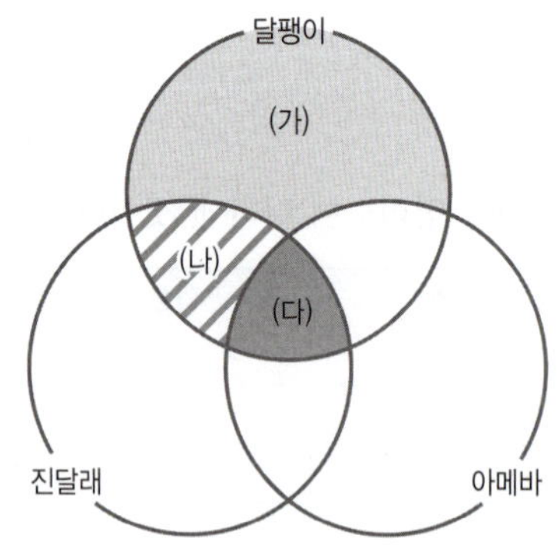

이에 대한 설명으로 옳은 것을 〈보기〉에서 모두 고른 것은?

〈 보기 〉
ㄱ. (가) – 다른 생물을 먹어서 양분을 얻는다.
ㄴ. (나) – 기관이 발달하였다.
ㄷ. (다) – 다세포생물이다.

① ㄱ   ② ㄴ   ③ ㄷ
④ ㄱ, ㄴ   ⑤ ㄴ, ㄷ

  이 문제에서 볼 수 있는 보기는 多

그림은 생물의 5계를 나타낸 것이다.

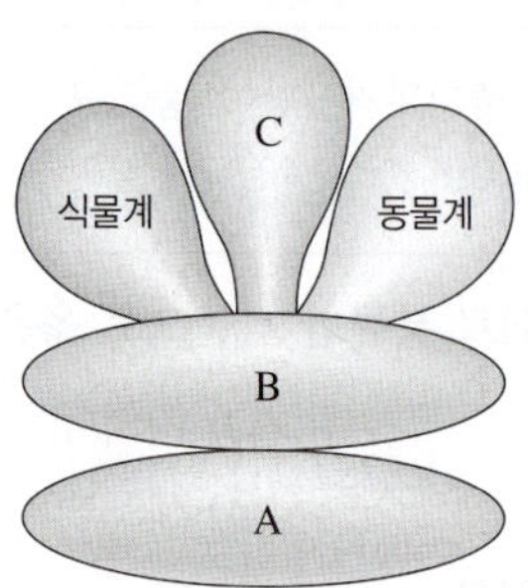

이에 대한 설명으로 옳지 <u>않은</u> 것을 모두 고르면? (2 개)

① A에 속하는 생물로는 젖산균, 염주말 등이 있다.

② B에는 단세포생물도 있고, 다세포생물도 있다.

③ B와 식물계에는 광합성을 하는 생물이 있다.

④ C에 속하는 생물은 세포에 세포벽이 없다.

⑤ C에 속하는 생물은 죽은 생물이나 배설물을 분해하여 양분을 얻는다.

⑥ 미역, 김, 파래는 식물계에 속하는 생물이다.

⑦ B, C, 동물계에 속하는 생물은 모두 세포에 핵이 있다.

⑧ C와 동물계는 세포벽의 유무로 구분할 수 있다.

그림은 여러 생물을 몇 가지 기준에 따라 분류한 결과를 나 타낸 것이다.

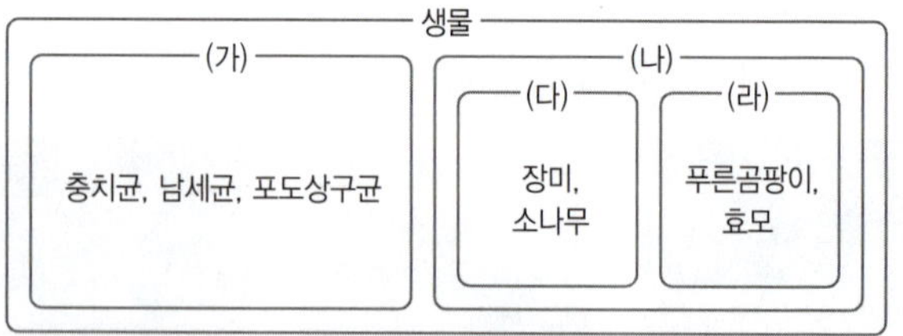

이에 대한 설명으로 옳은 것을 〈보기〉에서 모두 고른 것은?

〈 보기 〉
ㄱ. (가)와 (라)에는 광합성을 하는 생물이 없다.
ㄴ. (나)에 포함되는 생물은 모두 다세포생물이다.
ㄷ. (다)와 (라)의 분류 기준은 광합성 여부이다.

① ㄱ   ② ㄴ   ③ ㄷ
④ ㄱ, ㄷ   ⑤ ㄴ, ㄷ

난이도별 **서술형** 필수 기출

상 3문항
중 8문항
하 4문항

A 생물다양성과 변이

168 하

그림은 서로 다른 지역 (가)와 (나)의 모습을 나타낸 것이다.

(가) (나)

(1) (가)와 (나) 중 생물다양성이 더 높은 것을 쓰시오.

(2) (1)과 같이 생각한 까닭을 생물다양성의 결정 기준 2 가지를 포함하여 서술하시오.

169 하

그림은 무당벌레 겉날개의 무늬와 색깔이 조금씩 다른 모습을 나타낸 것이다.

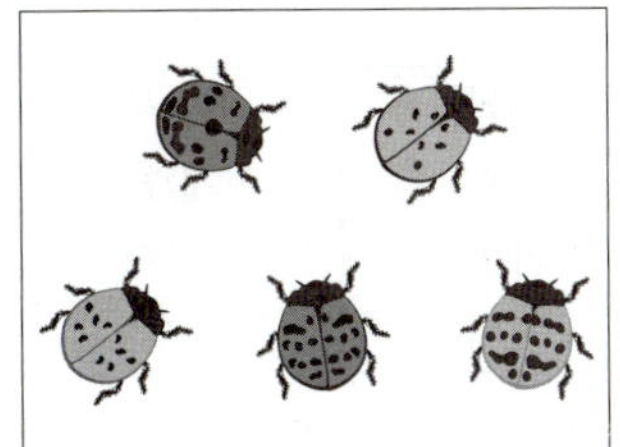

(1) 이와 같은 생물의 특징을 무엇이라고 하는지 쓰시오.

(2) (1)과 같은 생물의 예를 2 가지 서술하시오.

170 중

그림은 사는 지역에 따라 생김새가 다른 여우의 모습을 나타낸 것이다.

▲ 북극여우 ▲ 사막여우

북극여우와 사막여우의 생김새가 다른 점을 쓰고, 각각의 환경에서 유리한 까닭을 서술하시오.

171 중

다음은 한 학생이 갈라파고스제도에 살고 있는 핀치의 종류가 다양해지는 과정을 조사하여 순서 없이 나타낸 것이다.

> (가) 씨앗이 많은 섬에서는 크고 단단한 부리를 가진 새가 살아남았고, 선인장이 많은 섬에서는 가늘고 뾰족한 부리를 가진 새가 살아남았다.
> (나) 오랜 시간이 지나면서 각각 크고 단단한 부리를 가진 새로운 종류의 새와 가늘고 뾰족한 부리를 가진 새로운 종류의 새가 되었다.
> (다) 새의 일부는 크고 딱딱한 씨앗이 많은 섬에, 다른 일부는 선인장이 많은 섬에 살게 되었다.
> (라) 원래 핀치의 부리 모양은 모두 같았다.

(1) 핀치의 종류가 다양해지는 과정을 순서대로 나열하시오.

(2) (가)~(라) 중 조사한 내용이 잘못된 것을 고르고, 그 까닭을 서술하시오.

172 ⓒ

그림은 환경이 다른 섬 (가)와 (나)에 살고 있는 거북의 모습이다.

(가)　　　　　　　　(나)

(가)와 (나)에 살고 있는 거북 무리의 목 길이가 다른 까닭을 변이 및 환경과 관련지어 서술하시오.

173 ⓢ

그림 (가)와 (나)는 서로 다른 깊이의 물속에서 발견된 소라이다.

- 물 깊이가 얕은 곳은 깊은 곳보다 비교적 물살이 세다.
- 소라 껍데기에 뿔이 많을수록 물살에 잘 떠내려가지 않는다.

(가)　　　　　　　　(나)

물 깊이가 얕은 곳에서 흔히 발견되는 소라는 어떤 것인지 쓰고, 그 까닭을 서술하시오.

174 ⓢ

오른쪽 그림은 전 세계 바나나의 90 % 이상을 차지하는 캐번디시바나나이다. 변이가 거의 없는 이 바나나만 계속 재배할 경우 어떤 문제가 생길 수 있  는지 바나나의 멸종 가능성을 포함하여 서술하시오.

B 생물의 분류

빈출
175 ⓗ

말과 당나귀 사이에서 태어난 노새는 번식 능력이 없다. 말과 당나귀가 같은 종인지 다른 종인지 쓰고, 그 까닭을 종의 뜻을 포함하여 서술하시오.

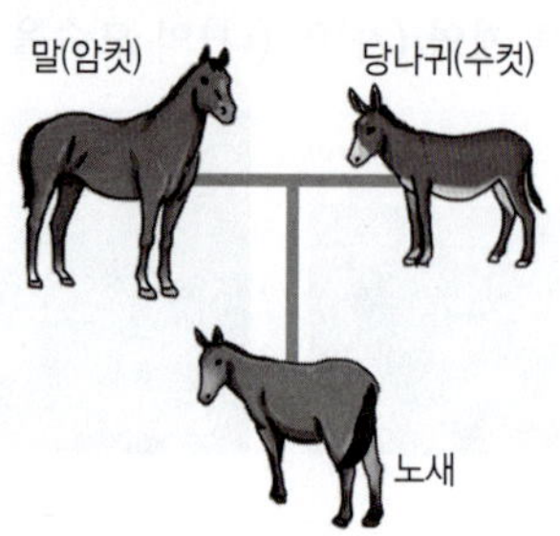

176 ⓗ

다음 자료를 보고, 갈매기와 박쥐 중 다람쥐와 더 가까운 관계에 있는 동물을 쓰고, 그렇게 생각한 까닭을 서술하시오.

갈매기는 알을 낳고, 박쥐와 다람쥐는 새끼를 낳는다.

빈출
177 ⓒ

표는 늑대, 여우, 개의 분류 단계 중 일부를 나타낸 것이다.

강	포유강	㉡	포유강
목	식육목	식육목	식육목
과	㉠	개과	개과
속	개속	여우속	개속
종	늑대	여우	개

(1) ㉠, ㉡에 알맞은 말을 쓰시오.

(2) 늑대는 여우와 개 중 어떤 동물과 더 가까운 관계인지 쓰고, 그 까닭을 서술하시오.

C 생물의 5계

178 중

그림은 생물을 5계로 분류한 것이다.

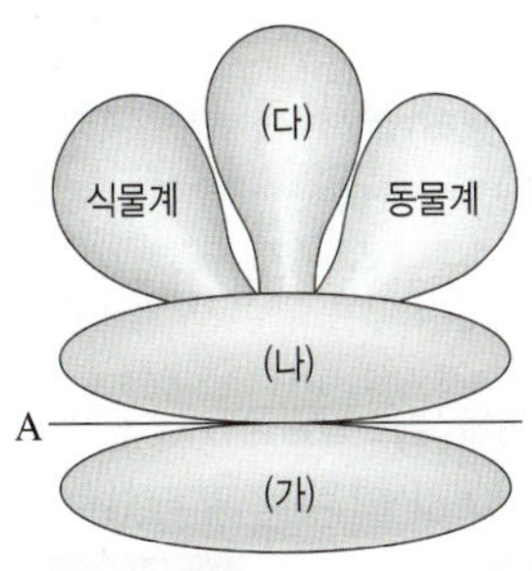

(1) (가), (나), (다)에 해당하는 계의 이름을 쓰시오.

___

(2) 분류 기준 A가 무엇인지 쓰고, A에 따른 각 생물계의 특징을 서술하시오.

___

(3) (다)에 속하는 생물을 2 가지 쓰시오.

___

179 중

그림은 5계 중 서로 다른 계에 속하는 두 생물의 모습을 나타낸 것이다.

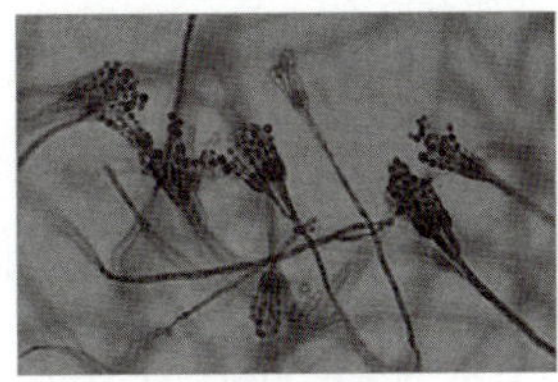

▲ 푸른곰팡이   ▲ 달팽이

(1) 두 생물의 공통점을 2 가지 서술하시오.

___

(2) 두 생물의 차이점을 2 가지 서술하시오.

___

180 중

동물계와 식물계에 속하는 생물의 차이점을 (가)와 (나)를 기준으로 각각 설명하시오.

> (가) 양분을 얻는 방식
> (나) 세포벽의 유무

___

181 중

그림은 여러 생물을 계 수준에서 분류한 것이다.

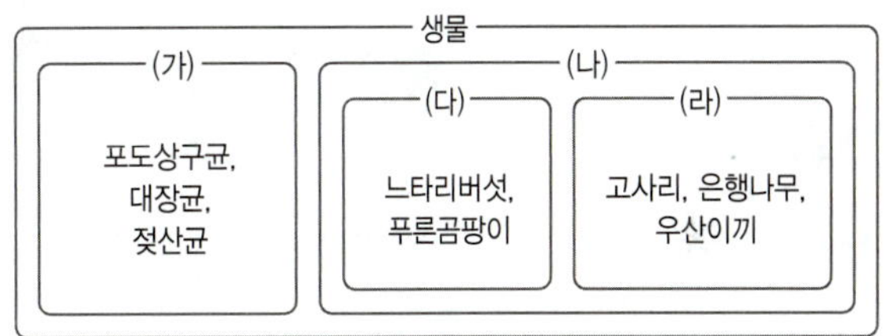

(1) (다), (라) 외에 (나)에 속하는 2 가지 계의 이름을 쓰시오.

___

(2) (가)와 (나)를 분류하는 기준과 (다)와 (라)를 분류하는 기준을 서술하시오.

___

182 상

다음은 여러 가지 생물을 나타낸 것이다.

> 다시마, 고사리, 개나리, 미역, 해바라기

(1) 위 생물을 원생생물계와 식물계로 분류하시오.

___

(2) (1)에서 원생생물계로 분류한 생물들을 식물계로 분류하지 않은 까닭을 서술하시오.

___

생물다양성보전

A 생물다양성보전의 필요성

1 생물다양성과 먹이 관계
생물다양성이 높을수록 생태계가 안정적으로 유지된다.

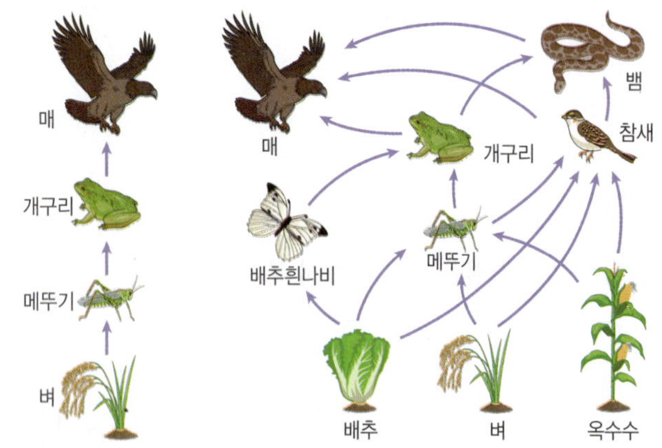

생물다양성이 낮은 생태계	• 먹이그물이 ❶[ ][ ]하다. • 어떤 생물이 사라지면 그 생물을 먹이로 하는 생물도 멸종❶될 위험이 크다. • 생태계가 쉽게 파괴된다. 예 개구리가 멸종되면 매도 함께 멸종될 가능성이 높다.
생물다양성이 높은 생태계	• 먹이그물이 ❷[ ][ ]하다. • 어떤 생물이 사라져도 먹이 관계에서 사라진 생물을 대신할 수 있는 생물이 있다. • 생태계가 안정적으로 유지된다. 예 개구리가 멸종되어도 매는 참새나 뱀을 잡아 먹으며 살 수 있다.

2 생물다양성이 주는 혜택
(1) 생활에 필요한 재료 제공

❸[ ][ ] 벼	식량으로 이용한다. 예 벼, 보리, 밀 등
섬유 목화	옷의 원료로 이용한다. 예 목화(면섬유), 누에고치(비단) 등
목재 편백나무	건축 및 산업용 재료로 이용한다. 예 편백나무(목재), 닥나무(한지) 등
의약품 푸른곰팡이	의약품의 원료로 이용한다. 예 주목나무(항암제의 원료), 푸른곰팡이(항생제의 원료) 등

(2) **발명 아이디어 제공**: 생물의 생김새에서 아이디어를 얻어 유용한 도구를 발명한다.
예 밸크로, 도로 반사판, 소형비행기 등

(3) **삶의 풍요로움 제공**: 맑은 공기, 깨끗한 물, 비옥한 토양 등을 제공하며, 휴식과 여가 활동을 위한 공간이 된다.

3 생명의 가치
(1) 생물은 그 자체로 소중한 가치를 지닌다.
(2) 모든 생물은 생태계 구성원으로서 지구에서 살아갈 권리가 있다.
➡ 생물다양성을 보전하는 것은 그 자체로 중요하다.

B 생물다양성 감소 원인과 유지 방안

1 생물다양성 감소 원인 ➞ 대부분 인간의 활동과 밀접한 관련이 있다.

서식지 파괴	• 생물다양성이 감소하는 가장 심각한 원인이다. • 인간의 지나친 자연 개발로 생물의 서식지가 파괴되면서 서식지를 잃은 생물이 사라질 수 있다. 예 열대우림 파괴, 숲 파괴 등
❹[ ][ ]	• 인간이 생물을 무분별하게 잡는 것이다. • 남획❷을 하면 특정 생물이 사라질 수 있다. 예 대륙사슴, 고래, 큰바다사자, 나팔고둥 등의 남획
외래종 유입	• ❺[ ][ ][ ]: 원래 살던 곳을 벗어나 새로운 곳에서 자리를 잡고 사는 생물 • 일부 외래종은 토종 생물의 생존을 위협하여 사라지게 할 수 있다. 예 가시박, 큰입배스, 뉴트리아, 유리알락하늘소 등
환경오염	대기, 물, 토양 등의 환경이 오염되면, 환경오염에 약한 생물이 쉽게 사라질 수 있다. 예 바다에 버려진 쓰레기 등

<table>
<tr><td>기후 변화</td><td>기후 변화로 기온과 수온이 상승하고 서식 환경이 달라지면, 기존 서식지에 더 이상 살기 어려워진 생물이 쉽게 사라질 수 있다.
예 수온 상승으로 죽어가는 산호, 빙하가 녹아 멸종 위기에 처한 북극곰 등</td></tr>
</table>

서식지파괴

남획

외래종 유입

환경오염

기후 변화

2 생물다양성 유지 방안

(1) ⑥[ ] 차원

- 재활용품 분리배출 하기
- 플라스틱 사용 줄이기
- 일회용품 대신 다회용품 사용하기
- 야생 동물 기르지 않기
- 자연환경 보호하기
- 나무 심기
- 쓰레기 줍기
- 가까운 거리는 걸어가기

(2) 사회적·국가적 차원

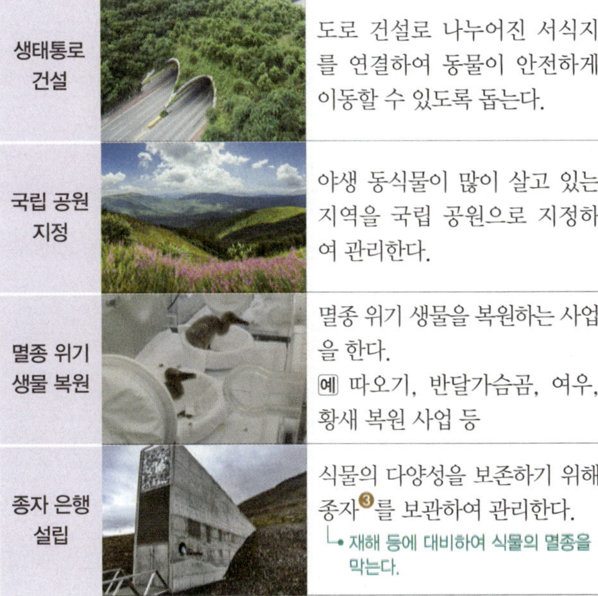

생태통로 건설	도로 건설로 나누어진 서식지를 연결하여 동물이 안전하게 이동할 수 있도록 돕는다.
국립 공원 지정	야생 동식물이 많이 살고 있는 지역을 국립 공원으로 지정하여 관리한다.
멸종 위기 생물 복원	멸종 위기 생물을 복원하는 사업을 한다. 예 따오기, 반달가슴곰, 여우, 황새 복원 사업 등
종자 은행 설립	식물의 다양성을 보존하기 위해 종자❸를 보관하여 관리한다. ↳ 재해 등에 대비하여 식물의 멸종을 막는다.

(3) ⑦[ ] 차원: 국제 사회에서 여러 가지 협약을 맺고 실행한다.

- 생물다양성협약
- 람사르협약 → 물새 서식지로서 특히 국제적으로 중요한 습지에 관한 협약
- 야생 동식물 종의 국제 거래에 관한 협약(CITES)
  ↳ 무질서한 국제 거래 및 포획을 금지한다.

기출 PICK A-1

생물다양성과 먹이 관계

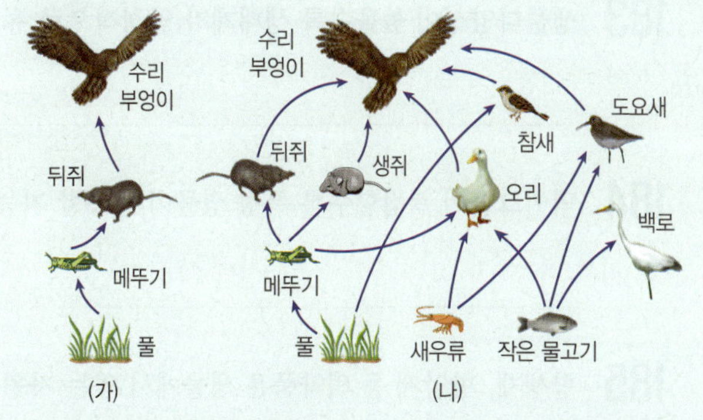

구분	생물다양성	먹이그물	멸종 가능성	생태계
(가)	낮다.	단순하다.	높다.	쉽게 파괴된다.
(나)	높다.	복잡하다.	낮다.	안정적이다.

→ 생물다양성이 높을수록 생태계가 안정적으로 유지된다.

기출 PICK B-1

생물다양성 감소 원인

- 서식지파괴 → 생물다양성을 감소시키는 가장 심각한 원인
- 남획
- 외래종 유입
- 환경오염
- 기후 변화

기출 PICK B-2

사회적·국가적 차원에서의 생물다양성 유지 방안

- 생태통로 건설
- 국립 공원 지정
- 멸종 위기 생물 복원
- 종자 은행 설립

용어

❶ **멸종**(滅 멸망하다, 種 종족): 생태계에서 특정 생물종이 사라지는 것
❷ **남획**(濫 지나치다, 獲 얻다): 인간이 생물을 지나치게 잡는 것
❸ **종자**(種 씨, 子 자식): 식물의 씨 또는 씨앗

답 ❶ 단순 ❷ 복잡 ❸ 식량 ❹ 남획 ❺ 외래종 ❻ 개인적
❼ 국제적

OX로 개념 확인

◆ 개념에 대한 설명이 옳으면 ○, 옳지 않으면 ×로 쓰고, ×인 경우 옳지 않은 부분에 밑줄을 긋고 옳은 문장으로 고쳐 보자.

183 생물다양성이 높을수록 생태계가 안정적으로 유지된다. (　　　)

____

184 먹이그물이 복잡할수록 특정 생물이 멸종할 가능성이 높다. (　　　)

____

185 항생제, 항암제 등 의약품은 생물에서 얻는 자원이 아니다. (　　　)

____

186 생물의 생김새를 모방하여 새로운 제품을 만들 수 있다. (　　　)

____

187 생물다양성이 보전된 생태계에서 맑은 공기, 깨끗한 물을 얻을 수 있다. (　　　)

____

188 모든 생물은 생태계 구성원으로서 지구에서 살아갈 권리가 있다. (　　　)

____

189 인간이 생물을 무분별하게 잡는 것을 남획이라고 한다. (　　　)

____

190 생물다양성을 감소시키는 가장 심각한 원인은 환경오염이다. (　　　)

____

191 생물다양성보전을 위한 개인적 차원의 활동에는 재활용품 분리배출 하기, 나무 심기 등이 있다. (　　　)

____

192 멸종 위기 생물을 지정하고 복원 사업을 진행하는 것은 국제적 차원에서 생물다양성을 보전하기 위한 노력이다. (　　　)

____

난이도별 필수 기출

상 5 문항
중 15 문항
하 5 문항

A 생물다양성보전의 필요성

193 (하)

생물다양성이 잘 보전된 생태계에서 얻을 수 있는 혜택으로 옳지 <u>않은</u> 것은?

① 밀, 보리 등의 식량을 얻는다.
② 질병을 치료할 의약품을 얻는다.
③ 과거에 없던 새로운 질병을 얻는다.
④ 산이나 바닷가에서 여가 활동을 즐길 수 있다.
⑤ 섬유나 목재 등 생활에 필요한 물건을 만드는 재료를 얻는다.

194 (하)

우리 생활에 이용되는 여러 가지 생물 자원과 생물로부터 얻는 혜택을 <u>잘못</u> 짝 지은 것은?

	생물 자원	혜택
①	누에	비단
②	목화	면섬유
③	닥나무	한지
④	편백나무	식량
⑤	주목나무	의약품

★빈출 195 (중)

생물다양성과 먹이 관계에 대한 설명으로 옳지 <u>않은</u> 것은?

① 생물다양성이 높을수록 먹이그물이 복잡하다.
② 생물다양성이 높을수록 생태계가 안정적이다.
③ 먹이그물이 복잡할수록 생태계평형이 잘 유지된다.
④ 먹이그물이 단순할수록 특정 생물이 멸종할 가능성이 낮다.
⑤ 먹이그물이 복잡한 생태계에서는 어떤 생물이 사라져도 생태계가 쉽게 파괴되지 않는다.

196 (중)

그림은 어떤 생태계의 먹이 관계를 나타낸 것이다.

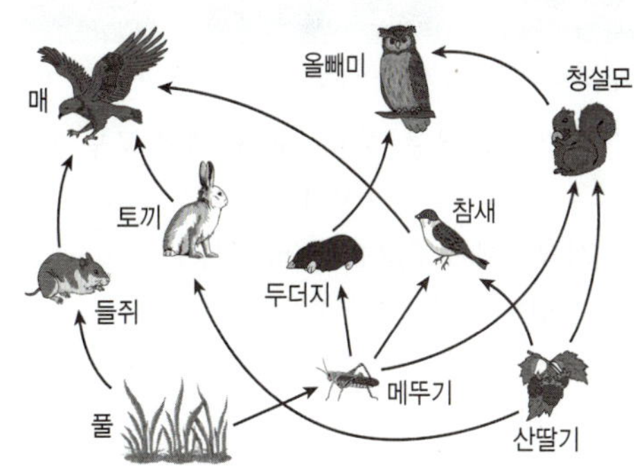

이에 대한 설명으로 옳은 것은?

① 매가 사라지면 생태계가 안정된다.
② 먹이그물이 단순하여 생태계가 쉽게 파괴될 수 있다.
③ 참새의 수가 증가하면 메뚜기의 수는 일시적으로 감소할 것이다.
④ 들쥐가 멸종하면 매도 멸종하게 될 것이다.
⑤ 산딸기가 사라지더라도 토끼의 개체수에는 변화가 없다.

★빈출 197 (중)

이 문제에서 볼 수 있는 보기는 多

그림은 두 종류의 생태계 (가)와 (나)를 나타낸 것이다.

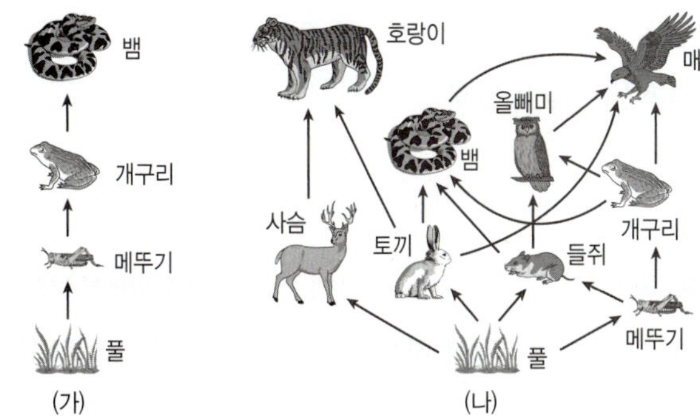

이에 대한 설명으로 옳지 <u>않은</u> 것을 모두 고르면? (2 개)

① (가)는 (나)보다 먹이그물이 단순하다.
② (가)는 (나)보다 생물다양성이 낮다.
③ (나)는 (가)보다 생태계가 안정적으로 유지된다.
④ (가)에서 메뚜기가 사라지면 개구리도 함께 멸종될 가능성이 높다.
⑤ (나)에서 들쥐가 사라지면 올빼미도 함께 멸종될 가능성이 높다.
⑥ 개구리가 사라지면 (가)와 (나)에서 모두 뱀이 사라질 것이다.
⑦ (나)에서는 토끼가 사라져도 먹이 관계에서 대신하는 생물이 있어 생태계가 안정적이다.

198 종

그림은 다양한 생물의 모습을 나타낸 것이다.

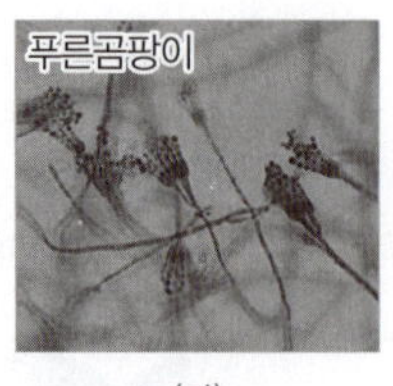

(가)   (나)   (다)

이에 대한 설명으로 옳은 것을 〈보기〉에서 모두 고른 것은?

〈 보기 〉
ㄱ. (가)에서 인간에게 중요한 식량을 얻는다.
ㄴ. (나)를 모방하여 밸크로를 창안하였다.
ㄷ. (다)와 같은 미생물은 인간에게 긍정적인 영향을 미치지 못한다.

① ㄱ   ② ㄴ   ③ ㄱ, ㄴ
④ ㄱ, ㄷ   ⑤ ㄱ, ㄴ, ㄷ

199 종

다음 설명은 생물다양성이 우리에게 주는 혜택 중 어느 것에 해당하는가?

주목나무 껍질에서 추출한 물질로 항암제를 개발하였다.

① 식량   ② 목재
③ 섬유   ④ 의약품
⑤ 발명 아이디어 제공

 200 종

이 문제에서 볼 수 있는 보기는 多

생물다양성을 보전해야 하는 까닭으로 옳지 않은 것을 모두 고르면? (2 개)

① 생물의 종류를 제한하기 위해서
② 생물은 그 자체로 소중하기 때문에
③ 생태계를 안정적으로 유지하기 위해서
④ 생활에 필요한 다양한 자원을 얻을 수 있어서
⑤ 희귀한 동물을 애완용으로 기를 수 있기 때문에
⑥ 휴가와 여가 활동을 위한 공간을 제공하기 때문에
⑦ 모든 생물은 생태계의 구성원으로서 인간과 함께 살아갈 권리가 있기 때문에
⑧ 생물다양성이 잘 보전된 생태계는 맑은 공기, 비옥한 토양을 제공하기 때문에
⑨ 생물의 생김새나 생활 모습을 보고 아이디어를 얻어 유용한 도구를 만들 수 있어서

201 종

이 문제에서 볼 수 있는 보기는 多

생물다양성이 주는 혜택에 대한 설명으로 옳지 않은 것을 모두 고르면? (2 개)

① 목화는 옷감의 원료가 된다.
② 숲은 이산화 탄소의 양을 증가시킨다.
③ 주목나무에서 항암제의 원료를 얻었다.
④ 편백나무에서 원료를 얻어 항생제를 개발하였다.
⑤ 고양이의 눈에서 아이디어를 얻어 도로 반사판을 만들었다.
⑥ 팔각 열매의 추출물로 항바이러스제인 타미플루를 만들었다.
⑦ 계곡의 깨끗한 물과 공기는 우리의 몸과 마음을 건강하게 한다.

202 상

그림은 두 종류의 생태계 (가)와 (나)를 나타낸 것이다.

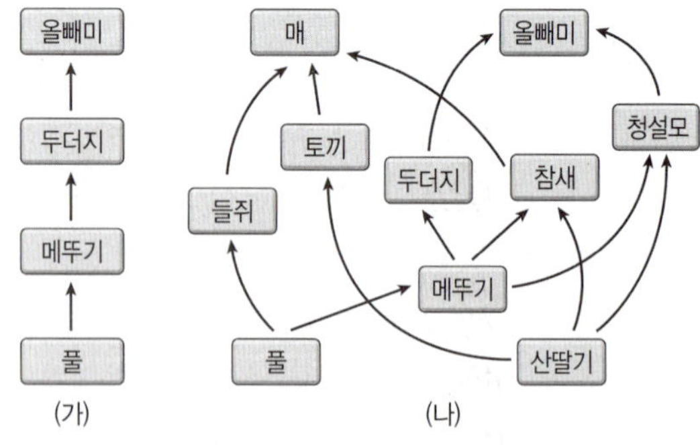

(가)와 (나)에서 '두더지'가 사라졌을 때 예상되는 변화로 옳은 것을 〈보기〉에서 모두 고른 것은?

〈 보기 〉
ㄱ. (가)에서 풀의 양이 증가한다.
ㄴ. (나)에서 메뚜기의 개체수는 감소한다.
ㄷ. (가)와 (나)에서 모두 올빼미의 개체수가 감소한다.

① ㄱ   ② ㄴ   ③ ㄷ
④ ㄱ, ㄴ   ⑤ ㄱ, ㄷ

203 ⑤

그림 (가)와 (나)는 어떤 지역의 하천 생태계에 나일농어가 유입되기 전과 후의 먹이 관계를 나타낸 것이다.

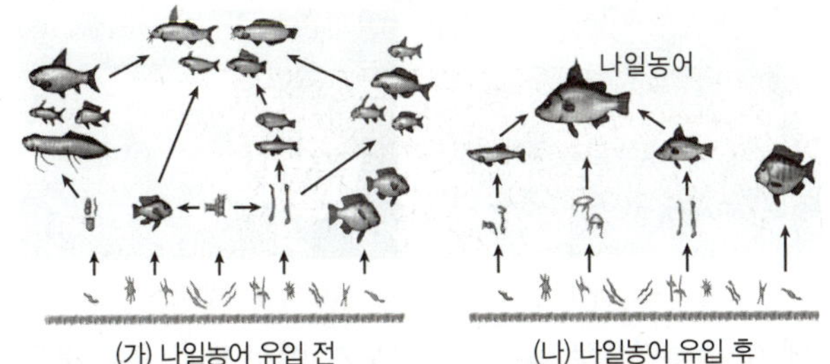

이에 대한 설명으로 옳은 것을 〈보기〉에서 모두 고른 것은?

― 보기 ―
ㄱ. 나일농어가 유입된 후 생물다양성이 감소하였다.
ㄴ. 이 지역에는 나일농어의 천적이 없다.
ㄷ. (가)보다 (나)의 생태계가 더 안정적으로 유지된다.
ㄹ. 하천 생태계의 생물다양성을 높이기 위해서는 외래종이 많이 들어와야 한다.

① ㄱ, ㄴ ② ㄱ, ㄷ ③ ㄴ, ㄷ
④ ㄴ, ㄹ ⑤ ㄷ, ㄹ

204 ⑤

다음은 미국의 한 국립 공원에서 일어난 사건이다.

1926 년 미국의 한 국립 공원에서 늑대 무리가 가축을 습격하는 사건이 일어났다. 가축의 피해가 크자 목축업자는 늑대를 사냥하여 모두 없앴다. 그러자 초식 동물인 엘크의 수가 급증하였고, 엘크의 먹이인 식물의 수가 급격히 줄어들면서 비버와 새들도 같이 자취를 감추었다.

이에 대한 설명으로 옳은 것을 〈보기〉에서 모두 고른 것은?

― 보기 ―
ㄱ. 인간의 활동은 생물다양성에 큰 영향을 미치지 않는다.
ㄴ. 여러 생물은 먹이그물로 연결되어 서로 영향을 주고받는다.
ㄷ. 어느 생물종의 멸종은 다른 생물종에 연쇄적으로 영향을 미칠 수 있다.

① ㄱ ② ㄴ ③ ㄷ
④ ㄱ, ㄴ ⑤ ㄴ, ㄷ

B 생물다양성 감소 원인과 유지 방안

★빈출
205 ⑤

생물다양성을 감소하게 하는 원인으로 보기 어려운 것은?

① 남획 ② 환경오염
③ 서식지파괴 ④ 기후 변화
⑤ 보호 구역 지정

★빈출
206 ⑤

이 문제에서 볼 수 있는 보기는 ⑤

생물다양성을 보전하기 위한 방법으로 옳지 <u>않은</u> 것을 모두 고르면? (2 개)

① 외래종을 제거한다.
② 쓰레기를 분리배출 한다.
③ 국립 공원을 지정하여 보호한다.
④ 농수로에 개구리 사다리를 설치한다.
⑤ 기르던 외래종을 무단으로 방류한다.
⑥ 작물 재배를 위해 농약을 많이 살포한다.

207 ⑤

생물다양성보전을 위한 국제적 차원의 노력으로 옳은 것은?

① 멸종 위기 생물 지정
② 종자 은행 설립 및 관리
③ 야생 생물 보호 및 관리법 제정
④ 환경 보전의 중요성 알리는 캠페인 진행
⑤ 야생 동식물 종의 국제 거래에 관한 협약 실천

208 중

생물다양성을 감소시키는 요인이 <u>아닌</u> 것은?

① 바다에 쓰레기를 마구 버린다.
② 열대우림을 개발하여 목재를 얻는다.
③ 작물 재배를 위해 농약을 많이 살포한다.
④ 도로로 분리된 산에 생태통로를 건설한다.
⑤ 촘촘한 그물로 다양한 물고기를 마구 잡는다.

209 중

생물다양성과 보전에 대한 설명으로 옳은 것을 〈보기〉에서 모두 고른 것은?

〈 보기 〉
ㄱ. 생물다양성이 감소하면 인간의 생활에도 영향을 미친다.
ㄴ. 서식지파괴는 생물종의 감소에 크게 영향을 미치지 않는다.
ㄷ. 인간에게 해로운 생물은 선택적으로 멸종시키는 것이 좋다.
ㄹ. 자동차와 공장의 매연은 생물다양성 감소에 영향을 미친다.

① ㄱ, ㄷ   ② ㄱ, ㄹ   ③ ㄴ, ㄷ
④ ㄴ, ㄹ   ⑤ ㄷ, ㄹ

210 중

표는 생물다양성을 감소시키는 여러 가지 원인을 나타낸 것이다.

(가)	바닷물의 온도가 높아지면서 전 세계의 많은 산호가 죽어가고 있다.
(나)	도로를 건설하기 위해 숲을 파괴한다.
(다)	큰입배스는 다른 생물을 지나치게 많이 잡아먹어 토종 생물의 생존을 위협한다.

(가)~(다)에 해당하는 원인을 옳게 짝 지은 것은?

	(가)	(나)	(다)
①	남획	환경오염	서식지파괴
②	남획	환경오염	기후 변화
③	서식지파괴	외래종 유입	남획
④	기후 변화	서식지파괴	외래종 유입
⑤	기후 변화	서식지파괴	남획

211 중

그림은 우리나라에 서식하고 있는 외래종의 모습을 나타낸 것이다.

▲ 뉴트리아   ▲ 큰입배스

이에 대한 설명으로 옳은 것을 〈보기〉에서 모두 고른 것은?

〈 보기 〉
ㄱ. 원래 살던 곳을 벗어나 다른 곳에서 사는 생물이다.
ㄴ. 천적이 없어 대량으로 번식하여 토종 생물의 생존을 위협한다.
ㄷ. 우리나라에 정착하여 생물다양성을 증가시켜 생태계를 안정적으로 유지시켰다.

① ㄱ   ② ㄴ   ③ ㄱ, ㄴ
④ ㄱ, ㄷ   ⑤ ㄱ, ㄴ, ㄷ

212 중

그림은 생물다양성을 감소시키는 여러 가지 원인들을 나타낸 것이다.

▲ 산림 파괴   ▲ 해양 생물의 남획   ▲ 가시박

이에 대한 설명으로 옳은 것을 〈보기〉에서 모두 고른 것은?

〈 보기 〉
ㄱ. 산림 파괴와 같은 서식지파괴는 생물다양성을 감소시키는 가장 심각한 원인이다.
ㄴ. 남획은 과도한 생물종의 수를 줄여 생태계를 안정시킨다.
ㄷ. 가시박은 자라면서 주변 식물을 뒤덮어 식물의 광합성을 방해한다.

① ㄱ   ② ㄴ   ③ ㄷ
④ ㄱ, ㄷ   ⑤ ㄴ, ㄷ

213 ^중

그림은 도로 위에 생태통로를 설치한 모습을 나타낸 것이다.

이에 대한 설명으로 옳은 것을 〈보기〉에서 모두 고른 것은?

〈보기〉

ㄱ. 환경오염에 대비하기 위한 방법이다.
ㄴ. 끊어진 생태계를 연결하여 야생 생물이 이동할 수 있도록 돕는 구조물이다.
ㄷ. 외래종의 유입을 막는 데 도움이 된다.

① ㄱ ② ㄴ ③ ㄷ
④ ㄱ, ㄴ ⑤ ㄱ, ㄷ

214 ^중

이 문제에서 볼 수 있는 보기는 多

생물다양성 유지를 위한 실천 방안으로 옳은 것을 모두 고르면? (2 개)

① 희귀종을 집으로 데려가 잘 보살핀다.
② 갯벌을 없애고 생태체험장을 건설한다.
③ 멸종 위기 생물을 복원하여 자연으로 돌려보낸다.
④ 우수한 품종의 작물 한 가지만 대규모로 재배한다.
⑤ 종자 은행을 설립하여 다양한 식물의 씨앗을 관리한다.
⑥ 생물다양성을 높이기 위해 국가 간 생물의 이동을 자유롭게 한다.

215 ^중

다음은 생물다양성을 보전하기 위한 여러 가지 활동이다.

• 멸종 위기 생물을 지정한다.
• 생물을 불법으로 잡거나 정해진 한도 이상 잡지 못하도록 법률을 마련한다.

이 활동의 의도로 가장 옳은 것은?

① 외래종을 관리한다.
② 서식지파괴를 막는다.
③ 환경오염을 예방한다.
④ 기후 변화를 예방한다.
⑤ 야생 생물의 남획을 막는다.

216 ^상

그림은 도로 건설로 인한 서식지의 변화를 나타낸 것이다.

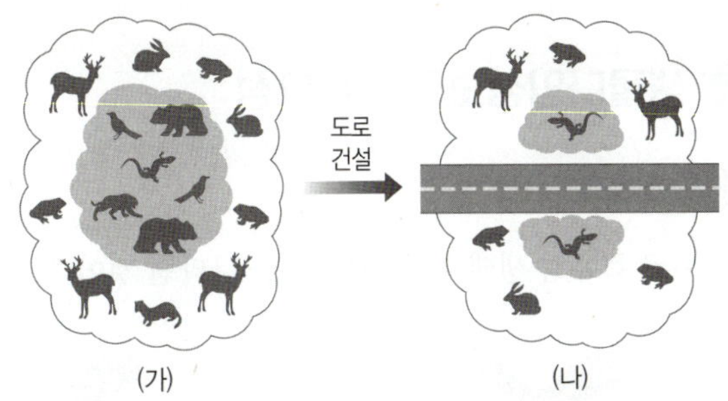

이에 대한 설명으로 옳은 것을 〈보기〉에서 모두 고른 것은?

〈보기〉

ㄱ. 서식지의 가장자리보다 중심지에서 생물다양성이 더 많이 감소하였다.
ㄴ. 도로 건설로 생물의 서식지가 분리되면 생물종이 다양해진다.
ㄷ. (가)보다 (나)에서 생물의 개체수가 많다.
ㄹ. 보존되는 서식지의 면적이 넓을수록 생물의 종류가 많아진다.

① ㄱ, ㄴ ② ㄱ, ㄹ ③ ㄴ, ㄷ
④ ㄴ, ㄹ ⑤ ㄷ, ㄹ

217 ^상

다음은 어느 기사 중 일부를 발췌한 것이다.

양서류를 멸종시킬 뻔 한 무당개구리의 비밀

중남미에 사는 무당개구리는 화려한 무늬로 인기를 얻어 전세계로 수출되었다. 하지만 무당개구리에 있던 항아리곰팡이가 전세계로 퍼지면서, 항아리곰팡이에 면역력이 없는 양서류의 피부를 막아 많은 양서류들을 죽게 만들었다.

이와 가장 관련 깊은 생물다양성 감소 원인은?

① 남획 ② 환경오염
③ 서식지파괴 ④ 기후 변화
⑤ 외래종 유입

A 생물다양성보전의 필요성

218 하

그림은 두 종류의 생태계 (가)와 (나)를 나타낸 것이다.

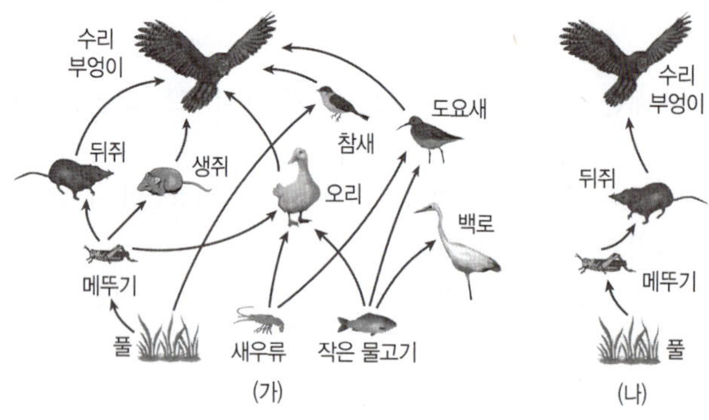

(1) (가)와 (나) 중 생물다양성이 더 높은 것을 쓰시오.

(2) (가)와 (나) 중 뒤쥐가 멸종하였을 때 수리부엉이도 같이 멸종할 가능성이 높은 생태계를 쓰고, 그렇게 생각한 까닭을 서술하시오.

219 중

다음은 보툴리눔 독소에 대한 설명이다.

> 세균이 만드는 보툴리눔 독소를 이용하면 눈꺼풀에 경련이 일어나는 환자를 치료할 수 있다.

이와 관련하여 생물다양성을 보전해야 하는 까닭을 서술하시오.

220 중

생물다양성이 보전된 생태계에서 인간은 다양한 혜택을 얻는다. 인간이 생물다양성으로부터 얻는 혜택을 2 가지 서술하시오.

221 중

다음 설명에서 강조되는 생물다양성에서 얻는 혜택은 무엇인지 쓰고, 이와 같은 예시를 1 가지 서술하시오.

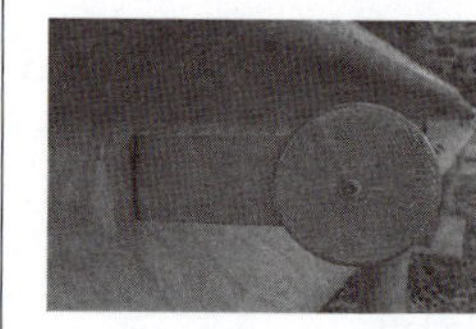

> 그림은 어둠 속에서 빛을 반사하여 길을 밝혀주는 도로 반사판이다. 이는 고양이의 눈이 빛을 반사하는 특징을 모방하여 만들어졌다.

222 상

다음은 숲에 대한 자료이다.

> 숲을 이루는 식물들은 잎에서 물을 증발시켜 주변의 기온을 낮추고, 광합성을 하여 대기 중의 이산화 탄소의 농도를 낮추며, 산소의 농도를 높인다.

이와 같은 숲에서 우리가 얻을 수 있는 혜택을 2 가지 서술하시오.

B 생물다양성 감소 원인과 유지 방안

223 하

다음은 북극곰과 관련된 포스터이다.

북극곰이 멸종되지 않도록, 개인이 생활 속에서 실천할 수 있는 생물다양성보전 활동을 2 가지 서술하시오.

____

____

224 중

다음은 뉴트리아에 대한 자료이다.

> '괴물 쥐'로 불리는 뉴트리아는 1980 년대에 남아메리카에서 사육용으로 수입되었다. 이후 일부가 야생에 버려지면서 낙동강 유역을 중심으로 무섭게 번식하여 우리나라 토착 생물을 위협하고 있다.

(1) 뉴트리아와 같은 외래종에는 어떤 것이 있는지 1 가지 쓰시오.

____

(2) ㉠외래종이 국내 생물다양성을 감소시키는 까닭과 ㉡이에 따른 대책을 서술하시오.

____

225 중

그림은 도로 위에 설치된 구조물이다.

(1) 이와 같은 구조물을 무엇이라고 하는지 쓰시오.

____

(2) 이 구조물은 생물다양성 감소 원인 중 무엇에 대한 대책인지 쓰고, 이 구조물의 역할을 서술하시오.

____

226 중

생물다양성을 유지하기 위해 사회적·국가적 차원에서 할 수 있는 활동을 2 가지 서술하시오.

____

____

227 상

다음은 대륙사슴에 관한 어느 기사 중 일부를 발췌한 것이다.

> 과거 우리나라에서는 대륙사슴의 녹용을 얻기 위해 대륙사슴을 무분별하게 사냥하였고, 현재 한반도에서는 거의 볼 수 없게 되었다. 대륙사슴은 현재 멸종 위기 야생 생물 Ⅰ급으로 지정되어 있다.

(1) 이와 관련이 깊은 생물다양성의 감소 원인을 쓰시오.

____

(2) (1)과 같은 생물다양성 감소 원인을 방지하기 위한 대책을 1 가지 서술하시오.

____

228

그림은 세포 구성 요소인 핵, 엽록체, 세포막을 어떤 기준에 따라 분류한 것이다.

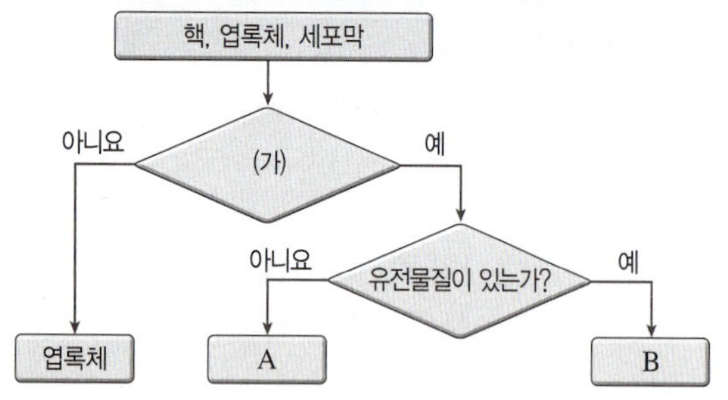

이에 대한 설명으로 옳은 것을 〈보기〉에서 모두 고른 것은?

───── 보기 ─────
ㄱ. '동물 세포에는 없고, 식물 세포에는 있는가?'는 (가)에 해당한다.
ㄴ. A는 세포 안팎으로 물질이 드나드는 것을 조절한다.
ㄷ. B는 생물이 살아가는 데 필요한 에너지를 만드는 세포소기관이다.

① ㄱ   ② ㄴ   ③ ㄷ
④ ㄱ, ㄴ   ⑤ ㄴ, ㄷ

229

그림은 각각 동물과 식물의 구성 단계의 예를 순서대로 나타낸 것이다.

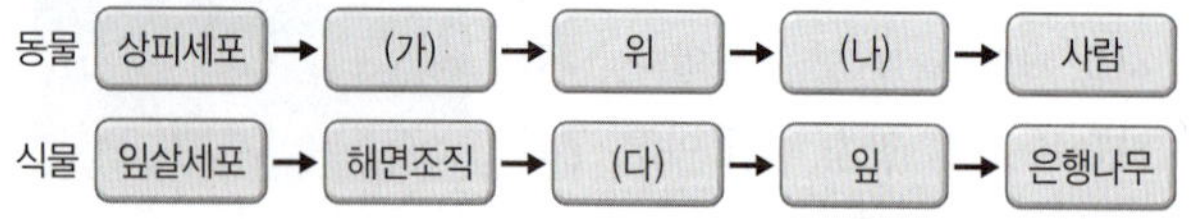

이에 대한 설명으로 옳은 것을 〈보기〉에서 모두 고른 것은?

───── 보기 ─────
ㄱ. (가)는 조직에 해당한다.
ㄴ. 소화계는 (나)에 해당한다.
ㄷ. 동물의 작은창자는 식물의 (다)와 같은 구성 단계에 해당한다.

① ㄱ   ② ㄷ   ③ ㄱ, ㄴ
④ ㄴ, ㄷ   ⑤ ㄱ, ㄴ, ㄷ

230

다음은 적혈구 모형 만들기 활동을 나타낸 것이다.

적혈구는 우리 몸의 좁은 혈관을 통과하며 온몸으로 산소를 운반하는 세포이다.

[과정]
가. 아래 그림과 같이 두 종류의 적혈구 모형을 만든다.

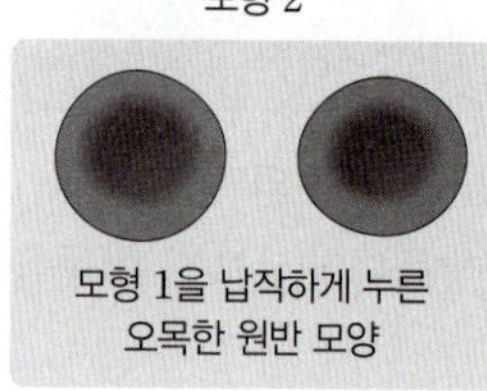

나. 모형 1과 2를 각각 구부려본다.
다. 모형 1과 2를 각각 쌓아본다.

[결과]
모형 2가 더 잘 구부려지고, 더 잘 쌓인다.

이 실험을 통해 알 수 있는 사실로 가장 적절한 것은?

① 생물을 구성하는 세포의 형태는 다양하다.
② 세포는 생물을 이루는 구조적 기본 단위이다.
③ 생물의 몸은 여러 개의 세포로 구성되어 있다.
④ 세포는 각각의 기능을 수행하기에 적합한 형태로 되어 있다.
⑤ 세포는 생김새와 기능이 다양하지만 기본 구조는 비슷하다.

231

생물다양성의 의미에 포함되는 예가 <u>아닌</u> 것은?

① 무당벌레 겉날개의 무늬와 색깔이 다양하다.
② 숲에 참새, 버섯, 이끼 등 다양한 종류의 생물이 살고 있다.
③ 하나의 생태계 안에 여러 종류의 생물이 고르게 분포하고 있다.
④ 우리나라에는 습지, 숲, 바다, 강 등의 환경이 다양하다.
⑤ 환경에 적응하기에 알맞은 변이를 가진 생물이 잘 살아남는다.

232

그림은 한 섬에 사는 새 무리에 대한 설명이다.

이에 대한 설명으로 옳은 것을 〈보기〉에서 모두 고른 것은?

〈보기〉
ㄱ. 섬으로 날아가기 전 육지에 살던 새 무리의 부리에는 변이가 있었다.
ㄴ. 살아남기에 유리한지 불리한지는 환경에 의해 선택됨을 알 수 있다.
ㄷ. (가) 기간 동안 작고 가는 부리를 가진 새의 부리가 살면서 조금씩 크고 두껍게 변했다.

① ㄱ　　　　② ㄴ　　　　③ ㄷ
④ ㄱ, ㄴ　　　⑤ ㄴ, ㄷ

233

그림은 검정말과 파래를 나타낸 것이다.

▲ 검정말

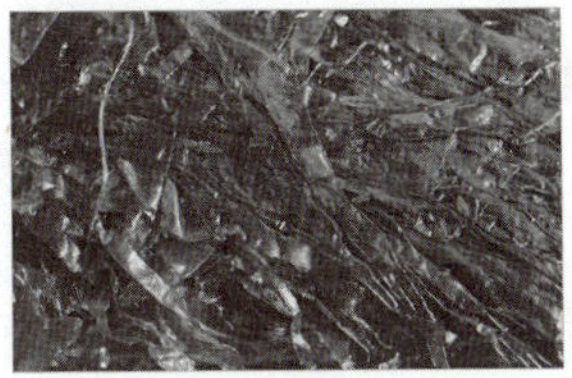

▲ 파래

두 생물의 특징을 아래 그림과 같이 구분했을 때 ㉠에 해당하는 것으로 옳은 것은?

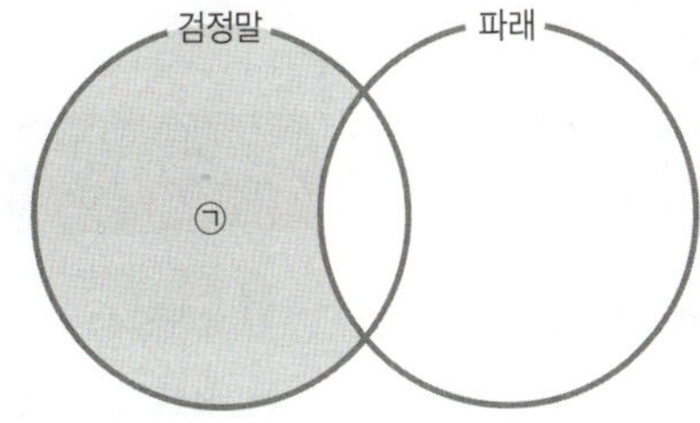

① 광합성을 한다.
② 운동성이 없다.
③ 다세포생물이다.
④ 기관이 발달해 있다.
⑤ 뚜렷하게 구별되는 핵이 있다.

234

그림은 생물 고유의 특징을 기준으로 생물을 분류했을 때 같은 특징을 공유하는 생물이다.

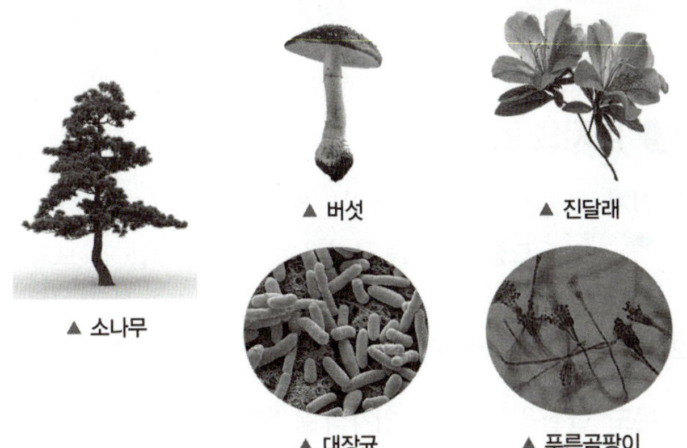

위 생물들이 공유하는 생물 고유의 특징으로 옳은 것을 〈보기〉에서 모두 고른 것은?

〈보기〉
ㄱ. 육지에 살고 있다.
ㄴ. 세포벽이 있다.
ㄷ. 스스로 양분을 만든다.
ㄹ. 다세포생물이다.

① ㄴ　　　　② ㄱ, ㄷ　　　　③ ㄱ, ㄹ
④ ㄱ, ㄴ, ㄷ　　　⑤ ㄴ, ㄷ, ㄹ

235

표는 1800 년부터 200 년 간 사람에 의해 개발된 땅의 비율과 생태계에서 멸종된 종의 비율을 나타낸 것이다.

연대	사람에 의해 개발된 땅의 비율(%)	생태계에서 멸종된 종의 비율(%)
1800	7.6	1.8
1900	16.9	4.9
2000	39.3	13.6

이와 관련된 설명으로 옳지 <u>않은</u> 것은?

① 200 년 간 사람에 의해 개발된 땅의 넓이는 증가했다.
② 사람에 의한 땅의 개발은 생물다양성을 감소시킨다.
③ 인간이 자연을 개발하는 과정에서 서식지파괴가 일어날 수 있다.
④ 200 년 간 개발된 땅의 비율이 증가한 만큼 멸종된 종의 비율도 일정하게 증가하였다.
⑤ 생태통로 설치와 보호 구역 지정은 땅의 개발로 인한 종의 멸종을 감소시키는 방안이 될 수 있다.

05 온도와 열의 이동

A 입자와 온도

1 입자 물질은 눈으로 볼 수 없는 작은 입자로 구성되어 있다.
(1) **❶[ ][ ] 모형**: 물질을 구성하는 입자는 둥근 공 모양의 간단한 모형으로 나타낸다.
(2) 입자는 가만히 있지 않고 끊임없이 스스로 움직인다.

2 온도 물질을 구성하는 입자의 움직임이 활발한 정도
(1) **온도의 단위**: ℃(섭씨도) 등 → 절대 온도의 단위인 K(켈빈)도 많이 사용한다.
(2) **온도에 따른 입자의 움직임과 입자 사이의 거리**

구분	온도가 높을수록	온도가 낮을수록
입자의 움직임	활발하다.	❷[ ][ ][ ].
입자 사이의 거리	멀다.	가깝다.
입자 모형		

B 열평형❶

1 열 온도가 높은 물체에서 낮은 물체로 이동하는 에너지

2 ❸[ ][ ][ ]: 온도가 다른 두 물체가 접촉하였을 때 열이 이동하여 결국 두 물체의 온도가 같아진 상태
(1) 온도가 높은 물체에서 온도가 낮은 물체로 열이 이동하여 두 물체의 온도가 같아진다. 이동하는 열의 양을 열량이라고도 한다.

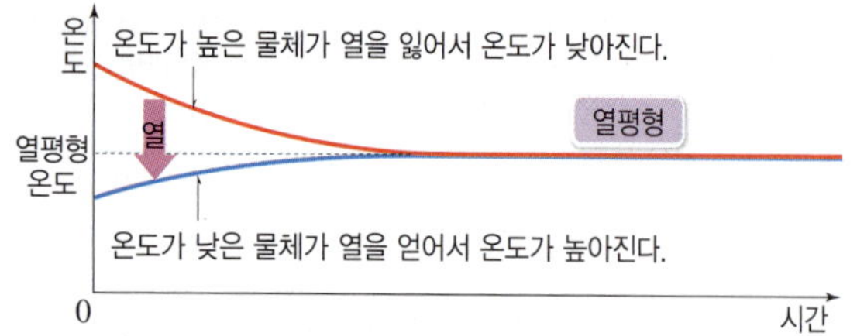

▲ 온도가 다른 두 물체의 온도 변화

(2) 온도가 높은 물체는 입자의 움직임이 둔해지고, 온도가 낮은 물체는 입자의 움직임이 활발해진다.

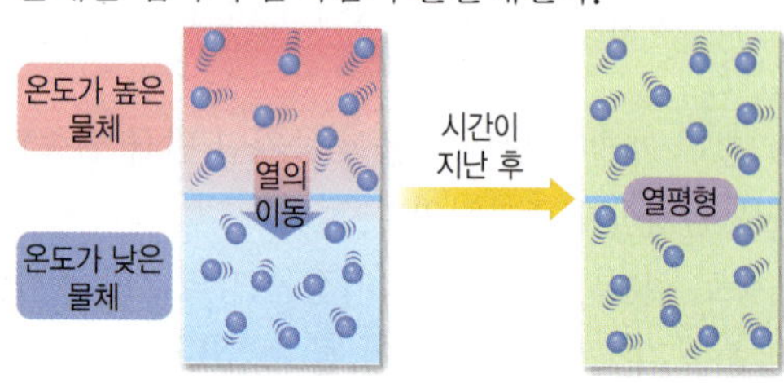

 찬물과 뜨거운 물의 온도 변화 측정

뜨거운 물이 담긴 알루미늄 컵을 찬물이 담긴 열량계에 넣고, 두 물의 온도 변화를 확인한다.

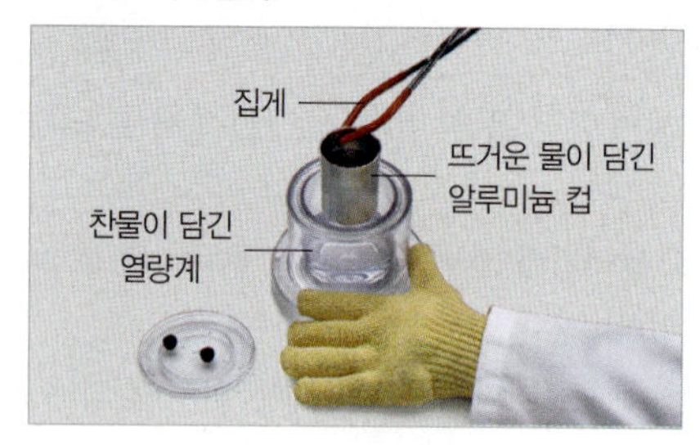

결과 및 정리

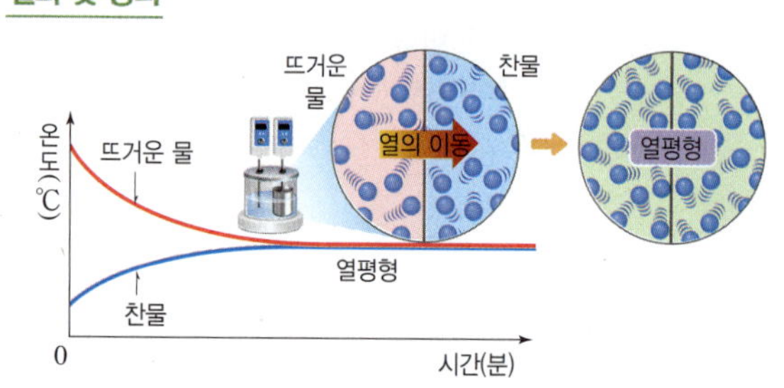

❶ 뜨거운 물의 온도는 낮아지고, 찬물의 온도는 높아진다. ➡ 뜨거운 물의 입자의 움직임이 둔해지고, 찬물의 입자의 움직임이 활발해진다.
❷ 충분한 시간이 지난 후 두 물의 온도가 같아진다. ➡ 열평형

3 열평형을 이용한 예 냉장고, 온도계, 찬물에 넣은 수박, 얼음 위에 올려놓은 생선 등

C 열이 이동하는 방식

1 전도 ❹[ ][ ]에서 물체를 구성하는 입자의 움직임이 이웃한 입자에 차례로 전달되어 열이 이동하는 방식
(1) **열이 전도되는 과정**

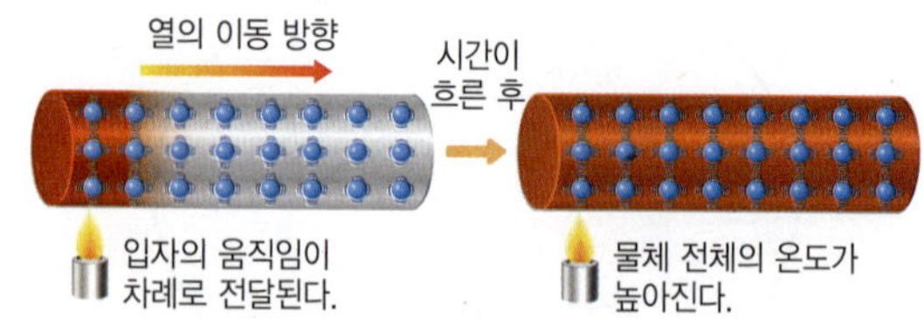

(2) 물질의 종류에 따라 열이 전도되는 정도가 다르다. ➡ 금속은 유리, 나무, 플라스틱보다 열을 더 빠르게 전도한다.
(3) **전도에 의한 현상**
• 냄비를 가열하면 바닥 부분부터 뜨거워진 뒤, 냄비 전체가 점차 뜨거워진다.
• 손난로를 쥐고 있으면 손을 따라 따뜻함이 전해진다.

플라스틱판과 금속판을 뜨거운 금속 추 위에 각각 올려 두고, 열화상 카메라로 두 판의 온도 변화를 확인한다.

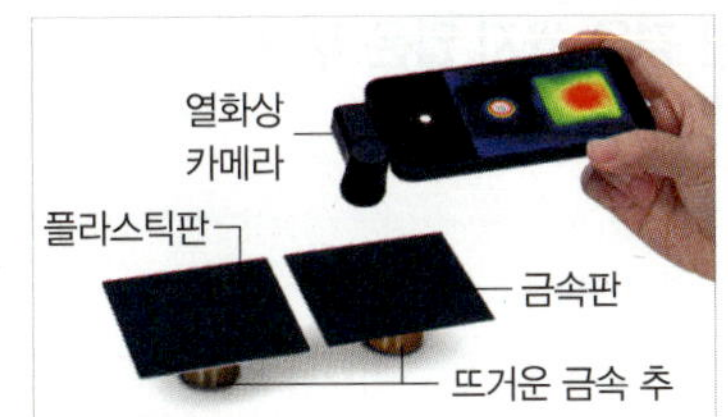

결과 및 정리

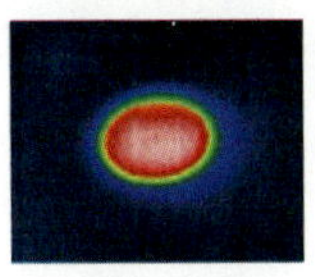
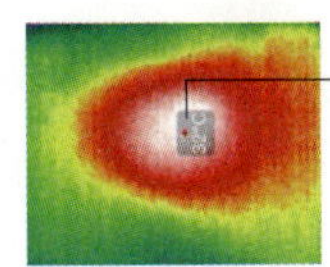

▲ 플라스틱판   ▲ 금속판

열이 금속 추에 접촉한 부분에서 그 주변으로 이동한다.

❶ 열은 판에서 전도의 형태로 이동한다.
❷ 플라스틱보다 금속에서 열의 전도가 더 빠르다.

2 대류 액체나 기체 물질을 구성하는 입자가 직접 이동하면서 열이 이동하는 방식

(1) **끓는 물의 대류 과정:** 뜨거워진 물 입자는 위로 올라가고, 차가운 물 입자는 아래로 내려간다.

(2) **대류에 의한 현상**
• 냉방기는 ⑤◻◻ 쪽에 설치해야 방 전체가 시원해진다.
• 난방기는 ⑥◻◻ 쪽에 설치해야 방 전체가 따뜻해진다.
• 에어프라이어는 가열한 공기의 대류를 이용하여 음식을 익힌다.

3 복사 물질을 거치지 않고 열이 직접 이동하는 방식

(1) **난로 열의 복사 과정:** 열이 물질의 도움 없이 직접 이동하여 난로 옆에서 따뜻함을 느낀다.

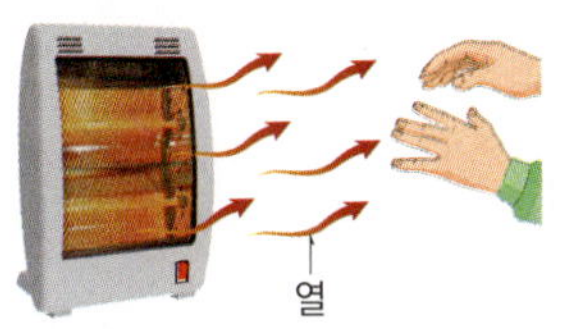

(2) **복사에 의한 현상**
• 햇볕에 있으면 태양에서 열이 직접 이동하여 따뜻하다.
• 그늘에 있으면 열이 차단되어 시원하다.
• 열화상❷ 카메라로 물체의 ⑦◻◻를 측정할 수 있다.

◆ **단열:** 물체와 물체 사이에서 열이 이동하지 못하게 막는 것

▲ 보온병의 단열

기출 PICK A-1

온도에 따른 입자의 움직임 차이 비교

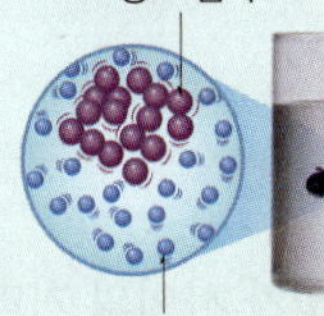

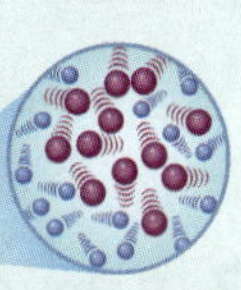

• 찬물보다 뜨거운 물에서 잉크가 더 빨리 퍼진다.
➡ 온도가 높을수록 입자의 움직임이 활발하다.

기출 PICK B-2

열평형 그래프 해석하기

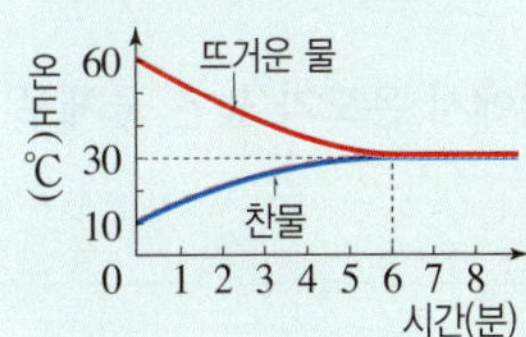

• 열평형에 도달한 시간: 6분
• 열평형 온도: 30 ℃
• 온도가 높은 물체에서 온도가 낮은 물체로 열이 이동한다.
• 뜨거울 물이 잃은 열량은 찬물이 얻은 열량과 같다.

기출 PICK C-1

열이 전도되는 빠르기 차이를 이용한 프라이팬

• 바닥 부분: 열을 빠르게 전달하도록 금속으로 만든다.
• 손잡이 부분: 열을 느리게 전달하도록 나무나 플라스틱으로 만든다.

기출 PICK C-1, 2, 3

전도, 대류, 복사의 비교

구분	전도	대류	복사
물질의 상태	고체	액체, 기체	물질을 거치지 않는다.
열 전달 방식	입자의 움직임이 전달된다.	입자가 직접 이동한다.	열이 직접 이동한다.

❶ **평형**(平 평평하다, 衡 저울대): 한쪽으로 기울지 않고 일정한 상태를 유지하는 것
❷ **열화상**(熱 덥다, 畵 그림, 像 모양): 복사열을 감지해서 다양한 색깔로 온도를 보여 주는 그림

답 ❶ 입자 ❷ 둔하다 ❸ 열평형 ❹ 고체 ❺ 위 ❻ 아래 ❼ 온도

OX로 개념 확인

♦ 개념에 대한 설명이 옳으면 ○, 옳지 않으면 ×로 쓰고, ×인 경우 옳지 않은 부분에 밑줄을 긋고 옳은 문장으로 고쳐 보자.

236 물질을 구성하는 입자는 정지해 있다. ( )

237 물질의 온도가 높을수록 입자 사이의 거리가 멀다. ( )

238 물체의 온도가 높을수록 물체를 구성하는 입자의 움직임이 둔하다. ( )

239 열은 온도가 낮은 물체에서 온도가 높은 물체로 이동한다. ( )

240 온도가 다른 두 물체를 접촉한 후 충분한 시간이 지나면 두 물체의 온도는 같아진다. ( )

241 고체에서는 주로 전도에 의해 열이 전달된다. ( )

242 전도는 입자가 직접 이동하며 열을 전달하는 방식이다. ( )

243 물질의 종류에 따라 열이 전도되는 정도가 다르다. ( )

244 물을 끓일 때 뜨거워진 물은 아래로 내려가고, 차가운 물은 위로 올라간다. ( )

245 난로에 가까이 있을 때 따뜻함을 느끼는 것은 대류와 관련된 현상이다. ( )

난이도별 **필수 기출**

상 5 문항
중 17 문항
하 10 문항

A 입자와 온도

246 하

다음은 입자의 움직임에 대한 설명이다.

> (㉠)은(는) 물질을 구성하는 입자의 움직임이 활발한 정도를 나타낸 것으로, (㉠)이(가) 낮을(적을)수록 입자의 움직임이 (㉡)하다.

㉠과 ㉡에 들어갈 말을 옳게 짝 지은 것은?

	㉠	㉡
①	열	활발
②	열	둔
③	온도	둔
④	온도	활발
⑤	열량	둔

247 하

물체의 온도가 높아질 때 물체를 구성하는 입자의 움직임과 입자 사이의 거리 변화를 옳게 짝 지은 것은?

	입자의 움직임	입자 사이의 거리
①	활발해진다.	멀어진다.
②	활발해진다.	가까워진다.
③	둔해진다.	멀어진다.
④	둔해진다.	가까워진다.
⑤	일정해진다.	멀어진다.

248 하 빈출

그림은 종류가 같고, 온도가 서로 다른 세 물질의 입자 모형을 나타낸 것이다.

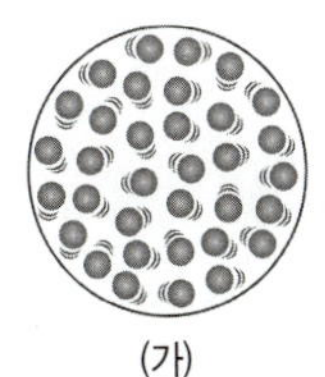 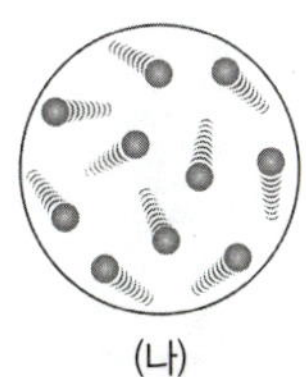 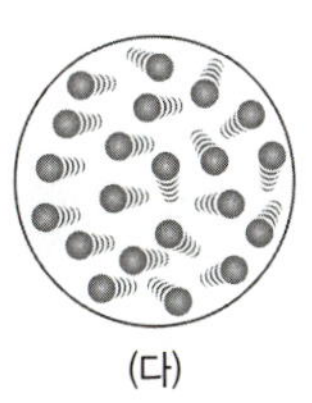

(가)~(다)의 온도를 옳게 비교한 것은?

① (가)>(나)>(다) ② (가)>(다)>(나)
③ (나)>(가)>(다) ④ (나)>(다)>(가)
⑤ (다)>(가)>(나)

249 중 빈출

이 문제에서 볼 수 있는 보기는 多

온도와 입자의 움직임에 대한 설명으로 옳지 <u>않은</u> 것을 모두 고르면? (2 개)

① 온도의 단위로는 ℃, K 등이 있다.
② 입자들은 끊임없이 스스로 움직이고 있다.
③ 입자의 움직임이 활발할수록 입자 사이의 거리가 멀다.
④ 물질을 구성하는 입자는 매우 작아서 입자 모형으로 나타낸다.
⑤ 물체의 온도가 높아지면 물체를 구성하는 입자들의 움직임이 활발해진다.
⑥ 물체의 온도가 높아지면 물체를 구성하는 입자의 개수가 많아진다.
⑦ 물체의 온도가 낮을수록 물체를 구성하는 입자 사이의 거리가 가깝다.
⑧ 물체의 온도가 낮을수록 입자의 크기가 작아진다.

250 중 빈출

그림은 종류가 같고, 온도가 다른 두 물질 (가)와 (나)의 입자 모형을 나타낸 모습이다.

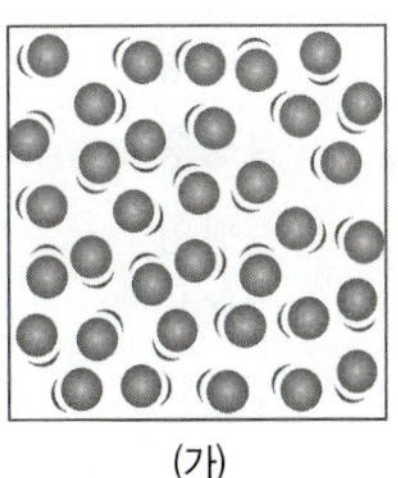 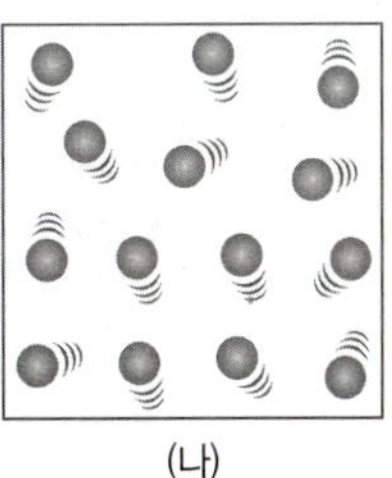

이에 대한 설명으로 옳지 <u>않은</u> 것은?

① (가)의 온도가 (나)의 온도보다 낮다.
② (가)에 열을 가하면 입자의 움직임이 둔해진다.
③ (나)는 (가)보다 입자의 움직임이 더 활발하다.
④ (나)는 (가)보다 입자 사이의 거리가 멀다.
⑤ 온도는 물질을 이루는 입자의 움직임이 활발한 정도를 나타낸다.

251 중

그림은 찬물과 뜨거운 물에 같은 양의 잉크를 동시에 떨어
뜨린 모습을 순서 없이 나타낸 것이다.

(가)　　　　　　(나)

이에 대한 설명으로 옳은 것을 〈보기〉에서 모두 고른 것은?

ㄱ. (가)에서는 잉크가 빨리 퍼지고, (나)에서는 잉크가 천천
　　히 퍼진다.
ㄴ. (가)를 구성하는 입자의 움직임은 (나)를 구성하는 입자의
　　움직임보다 둔하다.
ㄷ. (가)는 찬물이다.

① ㄱ　　　　　　② ㄴ　　　　　　③ ㄷ
④ ㄱ, ㄷ　　　　⑤ ㄴ, ㄷ

B　열평형

252 하

다음은 온도가 다른 두 물체가 접촉했을 때 일어나는 현상
에 대한 설명이다.

> 온도가 서로 다른 두 물체가 접촉하면, 열은 온도가 (㉠)
> 물체에서 온도가 (㉡) 물체로 이동하여 두 물체의 온도
> 가 같아지는 (㉢) 상태가 된다.

㉠~㉢에 들어갈 말을 옳게 짝 지은 것은?

	㉠	㉡	㉢
①	낮은	낮은	열평형
②	낮은	높은	열평형
③	높은	낮은	열평형
④	높은	높은	단열
⑤	낮은	높은	단열

253 하

물체 A~D의 온도가 각각 A는 10 ℃, B는 35 ℃, C는
5 ℃, D는 20 ℃이다. 물체 A~D 중 2 개의 물체를 접촉
시켰을 때 열의 이동 방향으로 옳지 <u>않은</u> 것은?

① A → B　　　② A → C　　　③ B → C
④ B → D　　　⑤ D → A

254 하

그림은 뜨거운 물과 찬물을 접촉시켰을 때 시간에 따른 온
도 변화를 측정하여 구간별로 나타낸 것이다.

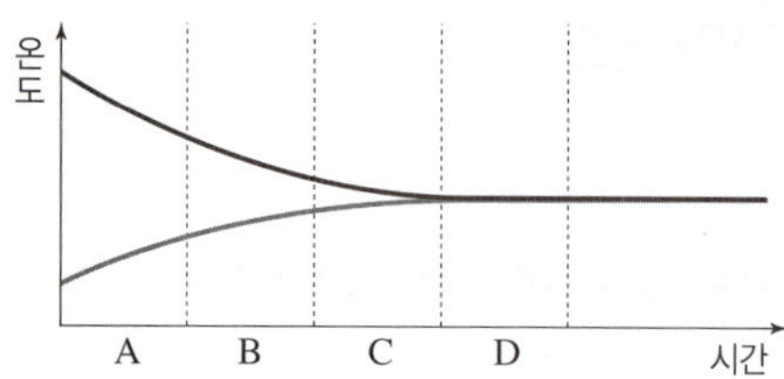

열평형이 이루어진 구간은?

① A　　　　　　② B　　　　　　③ C
④ D　　　　　　⑤ 없다.

★빈출

255 중　　　　　　　　　이 문제에서 볼 수 있는 보기는 多

온도와 열에 대한 설명으로 옳지 <u>않은</u> 것을 모두 고르면?

(2 개)

① 온도가 다른 두 물체가 접촉하면 열이 이동한다.
② 물체가 열을 얻으면 입자의 움직임이 활발해진다.
③ 열은 부피가 큰 물체에서 부피가 작은 물체로 이동한다.
④ 열은 온도가 높은 물체에서 낮은 물체로 이동하는 에너
　　지이다.
⑤ 열은 입자의 움직임이 둔한 물체에서 입자의 움직임이
　　활발한 물체로 이동한다.
⑥ 온도가 다른 두 물이 접촉했을 때 두 물이 각각 얻는 열
　　의 양과 잃는 열의 양이 같다.

256 중

그림은 온도가 다른 네 물체 A~D를 접촉했을 때 각 물체
사이에서 일어나는 열의 이동을 화살표로 나타낸 것이다.

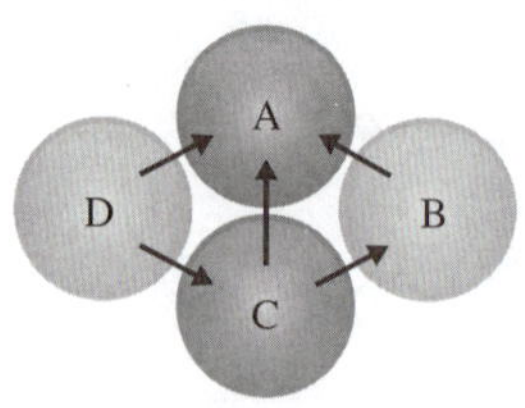

온도가 가장 높은 물체와 온도가 가장 낮은 물체를 순서대
로 옳게 짝 지은 것은?

① A, B　　　② B, C　　　③ B, D
④ C, A　　　⑤ D, A

257 중

오른쪽 그림과 같이 찬물이 담긴 열
량계에 뜨거운 물이 담긴 알루미늄
컵을 넣은 후, 시간에 따른 온도 변
화를 관찰하였더니 표와 같았다.

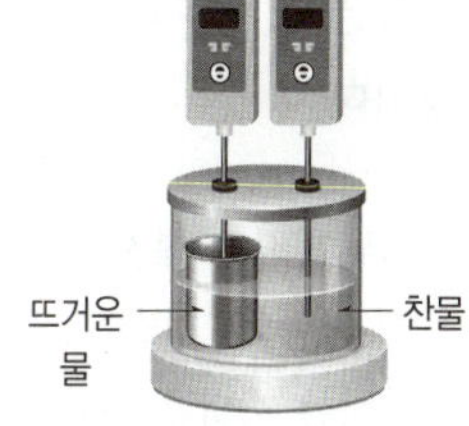

시간(분)	0	1	2	3	4	5
뜨거운 물의 온도(℃)	60	38	25	24	24	24
찬물의 온도(℃)	5	17	21	23	24	24

이에 대한 설명으로 옳은 것을 〈보기〉에서 모두 고른 것은?

〈 보기 〉
ㄱ. 두 물은 4 분 이후로 열평형을 이루었다.
ㄴ. 찬물을 구성하는 입자의 움직임은 둔해진다.
ㄷ. 2 분일 때 열은 찬물에서 뜨거운 물로 이동한다.
ㄹ. 6 분일 때 두 물의 온도가 같다.

① ㄱ, ㄴ ② ㄱ, ㄹ ③ ㄴ, ㄷ
④ ㄴ, ㄹ ⑤ ㄷ, ㄹ

258 중

그림은 온도가 높은 고체 A와 온도가 낮은 고체 B가 접촉
한 모습을 나타낸 것이다.

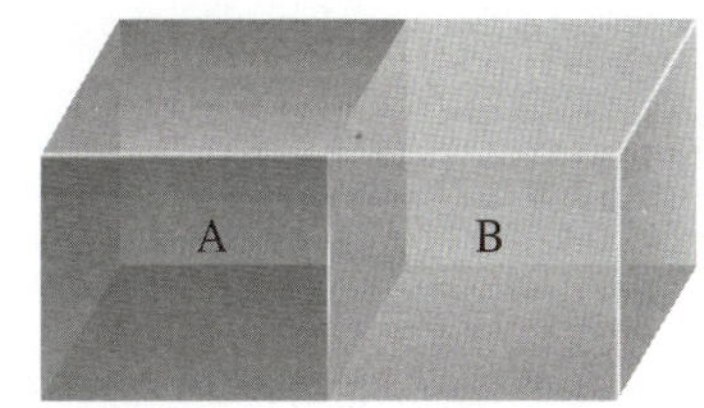

이에 대한 설명으로 옳은 것은? (단, 열은 A와 B 사이에서
만 이동한다.)

① A의 온도는 높아진다.
② A의 입자 운동이 더 활발해진다.
③ B에서 A로 열이 이동한다.
④ 시간이 지나면 A와 B는 열평형을 이룬다.
⑤ 시간이 지나면 A의 온도는 B의 온도보다 낮아진다.

259 중

열평형을 이용한 예로 옳지 않은 것은?

① 과일을 차가운 냉장고에 보관한다.
② 수박을 계곡물에 담가 시원하게 만든다.
③ 뜨거운 물에 삶은 달걀을 찬물에 넣어 식힌다.
④ 추운 겨울날 햇볕 아래에 있으면 따뜻함을 느낀다.
⑤ 굽고 있는 고기의 온도를 접촉식 온도계로 측정한다.

260 상

다음은 처음 온도가 다른 네 물체 A~D를 둘씩 접촉했더니
일어난 변화를 설명한 것이다.

• A와 접촉한 D의 온도가 점점 높아진다.
• B와 접촉한 D의 입자 운동이 점점 둔해진다.
• A와 접촉한 C의 열이 A로 이동한다.

A~D의 처음 온도를 옳게 비교한 것은?

① A>B>C>D ② B>A>D>C
③ C>A>D>B ④ C>D>A>B
⑤ D>C>B>A

261 상

이 문제에서 볼 수 있는 보기는 多

그림은 온도가 다른 두 물체 A, B가 접촉했을 때 시간에
따른 온도 변화를 나타낸 것이다.

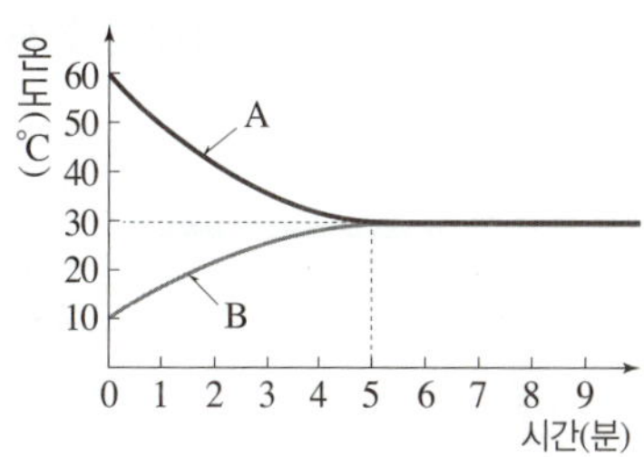

이에 대한 설명으로 옳지 않은 것을 모두 고르면? (2 개)

① 0~5 분까지 A는 열을 잃는다.
② 0~5 분까지 A에서 B로 열이 이동한다.
③ 1 분일 때 입자의 움직임은 B보다 A가 활발하다.
④ 0~5 분까지 A를 구성하는 입자의 움직임은 점점 활발
해진다.
⑤ B를 구성하는 입자 사이의 거리는 멀어진다.
⑥ 열평형에 도달했을 때 A와 B의 온도는 30 ℃이다.
⑦ A가 잃은 열량과 B가 얻은 열량은 다르다.

262 상

그림은 온도가 다른 물 A와 B를 비커와 수조에 각각 넣었을 때 물 입자의 움직임을 모형으로 나타낸 모습이다.

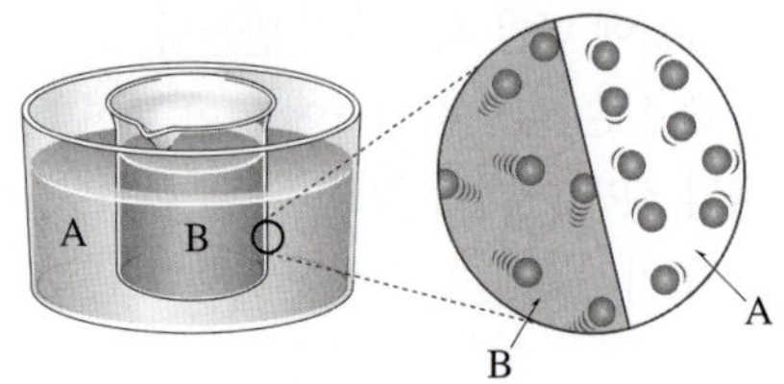

이에 대한 설명으로 옳은 것을 〈보기〉에서 모두 고른 것은? (단, 열은 A와 B 사이에서만 이동한다.)

〈 보기 〉
ㄱ. A의 온도가 B의 온도보다 낮다.
ㄴ. B를 구성하는 입자의 운동이 점점 활발해진다.
ㄷ. 시간이 지나면 A와 B를 구성하는 입자 사이의 거리가 같아진다.
ㄹ. 충분한 시간이 지나도 입자의 움직임이 활발한 정도는 A와 B가 서로 다르다.

① ㄱ, ㄴ ② ㄱ, ㄷ ③ ㄴ, ㄷ
④ ㄴ, ㄹ ⑤ ㄱ, ㄷ, ㄹ

C 열이 이동하는 방식

빈출

263 하

그림은 철 막대, 구리 막대, 유리 막대를 동시에 가열하는 모습을 나타낸 것이다.

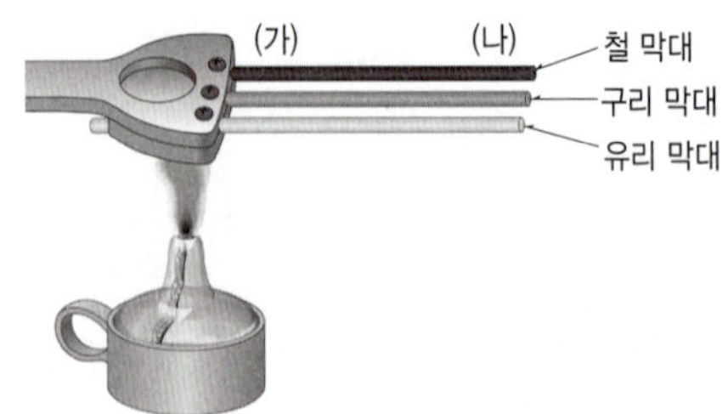

이에 대한 설명으로 옳은 것을 〈보기〉에서 모두 고른 것은?

〈 보기 〉
ㄱ. (가)에서 (나)로 열이 이동한다.
ㄴ. 막대를 구성하는 입자가 직접 이동하여 열을 전달한다.
ㄷ. 열은 철 막대보다 유리 막대에서 더 잘 이동한다.

① ㄱ ② ㄴ ③ ㄷ
④ ㄱ, ㄷ ⑤ ㄴ, ㄷ

264 하

다음은 열의 이동을 고려한 냉난방기 설치 방법에 대한 설명이다.

냉난방기를 설치할 때는 열의 이동 방식인 (㉠)를 고려해야 한다. 냉방기를 위쪽에 설치하고 난방기를 아래쪽에 설치하는 까닭은 차가운 공기는 (㉠) 이동하고, 따뜻한 공기는 (㉡) 이동하기 때문이다.

㉠~㉡에 들어갈 말을 옳게 짝 지은 것은?

	㉠	㉡	㉢
①	전도	위로	아래로
②	전도	아래로	위로
③	대류	위로	아래로
④	대류	아래로	위로
⑤	복사	위로	아래로

265 하

대류의 방식으로 열이 이동하는 현상을 〈보기〉에서 모두 고른 것은?

〈 보기 〉
ㄱ. 햇볕 아래에 있으면 몸이 따뜻해진다.
ㄴ. 에어컨을 천장에 설치하여 방 전체가 시원해지게 한다.
ㄷ. 에어프라이어는 가열한 공기를 이용하여 음식을 익힌다.

① ㄱ ② ㄴ ③ ㄷ
④ ㄱ, ㄷ ⑤ ㄴ, ㄷ

266 하

난로 옆에 있을 때 난로를 향한 쪽이 바로 따뜻해지는 것과 관련 있는 열의 이동 방식은?

① 냉각 ② 단열 ③ 대류
④ 복사 ⑤ 전도

267 중

열의 전도에 대한 설명으로 옳은 것을 〈보기〉에서 모두 고른 것은?

> ── 〈 보기 〉 ──
> ㄱ. 금속보다 나무에서 열이 더 빠르게 전도된다.
> ㄴ. 물질의 종류가 달라도 열이 전도되는 정도가 같다.
> ㄷ. 금속 막대의 한쪽 끝만 가열해도 다른 쪽 끝까지 뜨거워진다.

① ㄱ   ② ㄴ   ③ ㄷ
④ ㄱ, ㄷ   ⑤ ㄴ, ㄷ

★빈출 268 중

이 문제에서 볼 수 있는 보기는 多

오른쪽 그림은 금속 막대에서 열이 이동하는 과정을 나타낸 것이다. 이에 대한 설명으로 옳지 않은 것을 모두 고르면? (2개)

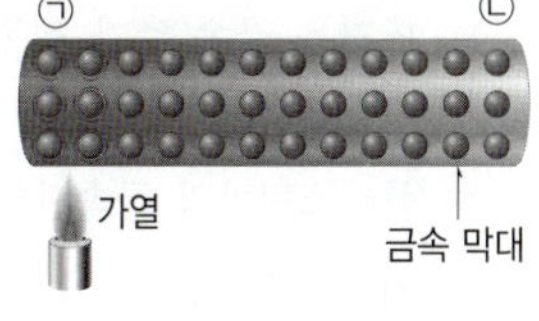

① 전도의 방식으로 열이 전달된다.
② 열을 받은 입자가 직접 이동하는 방식으로 열이 전달된다.
③ 가열한 ㉠ 부분은 입자의 움직임이 둔해진다.
④ ㉠ 부분의 입자의 움직임이 이웃한 입자에 차례로 전달된다.
⑤ ㉡ 부분의 입자의 움직임이 처음보다 활발해진다.
⑥ 손난로를 쥐고 있을 때 손이 따뜻해지는 것과 같은 방식으로 열이 이동한다.

269 중

오른쪽 그림과 같이 영수는 냄비의 금속 손잡이를 잡았다가 뜨거워서 냄비를 놓쳐 버렸다. 냄비의 손잡이가 뜨거워지는 것과 같은 열의 이동 방식에 의한 현상이 아닌 것은?

① 손난로를 쥐고 있으면 손이 따뜻해진다.
② 모닥불에 손을 가까이 하면 손이 따뜻해진다.
③ 뜨거운 국그릇에 넣어 둔 숟가락이 뜨거워진다.
④ 프라이팬을 가열하면 프라이팬 전체가 뜨거워진다.
⑤ 따뜻한 전기장판 위에 있으면 장판에 닿아 있는 옷을 따라 따뜻함이 전해진다.

★빈출 270 중

오른쪽 그림은 주전자에 담긴 물을 끓일 때 주전자 내부에서 일어나는 열의 이동을 나타낸 것이다. 이에 대한 설명으로 옳지 않은 것은?

① 대류의 방식으로 열이 이동한다.
② 물질의 도움 없이 열이 직접 이동한다.
③ 물 입자들이 직접 이동하면서 열을 전달한다.
④ 뜨거워진 물은 위로, 찬물은 아래로 이동한다.
⑤ 추운 겨울날 아래쪽에 설치한 난방기를 켜면 방 전체가 따뜻해지는 것과 관련이 있다.

★빈출 271 중

다음은 어떤 열의 이동 방식을 설명한 것이다.

> • 입자가 직접 이동하면서 열이 이동한다.
> • 에어프라이어가 가열한 공기를 이용하여 음식을 익히는 것과 관련이 있다.

이에 대한 설명으로 옳은 것은?

① 복사의 방식으로 열이 전달된다.
② 주로 고체에서 열이 이동하는 방식이다.
③ 물질을 구성하는 입자의 움직임이 이웃한 입자에 차례로 전달된다.
④ 이와 같은 열의 이동 방식으로 진공인 우주 공간에서도 열이 이동할 수 있다.
⑤ 물을 끓일 때 뜨거워진 물과 찬물이 골고루 섞여 물 전체가 데워지는 것과 관련 있다.

272 중

열이 어떤 물질의 도움 없이 직접 전달되는 방식과 관련 있는 것으로 옳은 것은?

① 방 안에 난로는 낮은 곳에 설치한다.
② 뜨거운 물이 담긴 컵의 손잡이를 만지면 따뜻하다.
③ 주전자를 가열하면 주전자 속 물 전체가 데워진다.
④ 냄비 바닥은 금속으로 만들고, 손잡이는 플라스틱으로 만든다.
⑤ 열화상 카메라로 물체를 촬영하면 물체의 온도를 측정할 수 있다.

273 ⊜

그림은 캠핑장에서 볼 수 있는 여러 가지 열의 이동 방식을 화살표로 나타낸 것이다.

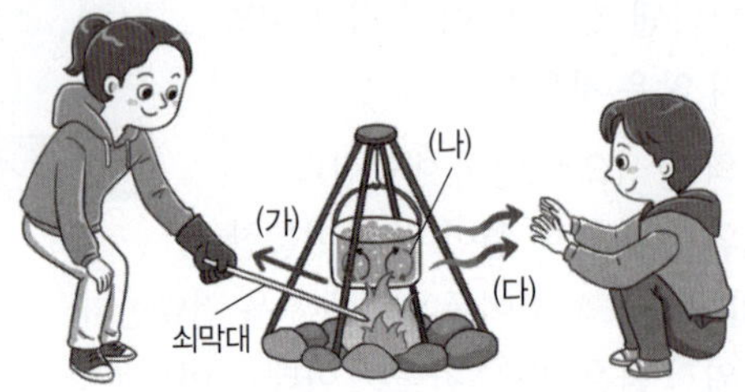

(가)~(다)에 해당하는 열의 이동 방식을 옳게 짝 지은 것은?

	(가)	(나)	(다)
①	전도	대류	복사
②	전도	복사	대류
③	대류	전도	복사
④	대류	복사	전도
⑤	복사	대류	전도

274 ⊜

열의 이동 방식과 생활 속 현상을 옳게 짝 지은 것은?

① 대류: 에어프라이어로 음식을 익힌다.
② 대류: 겨울철 햇볕 아래에 있으면 따뜻하다.
③ 복사: 뜨거운 물에 넣어 둔 금속 숟가락이 뜨거워진다.
④ 복사: 방 안에 에어컨을 켜 두면 방 전체가 시원해진다.
⑤ 전도: 물이 담긴 냄비의 아래쪽을 가열하면 물 전체가 뜨거워진다.

275 ⊜

열의 이동 방법에 대한 설명으로 옳지 않은 것은?

① 고체에서 물체를 구성하는 입자의 움직임이 이웃한 입자에 차례로 전달되어 열이 이동하는 방식은 전도이다.
② 액체나 기체 물질을 구성하는 입자가 직접 이동하면서 열이 이동하는 방식은 대류이다.
③ 물질을 거치지 않고 열이 직접 이동하는 방식은 복사이다.
④ 에어프라이어가 가열한 공기를 이용하여 음식을 익히는 것은 대류를 이용한 것이다.
⑤ 냄비의 바닥 부분을 금속으로 만드는 것은 복사를 이용한 것이다.

276 ⊝

그림 (가)는 뜨거운 금속 추 위에 플라스틱판과 금속판을 동시에 올려 둔 모습을, (나)는 플라스틱판과 금속판을 열화상 카메라로 촬영한 모습을 나타낸 것이다.

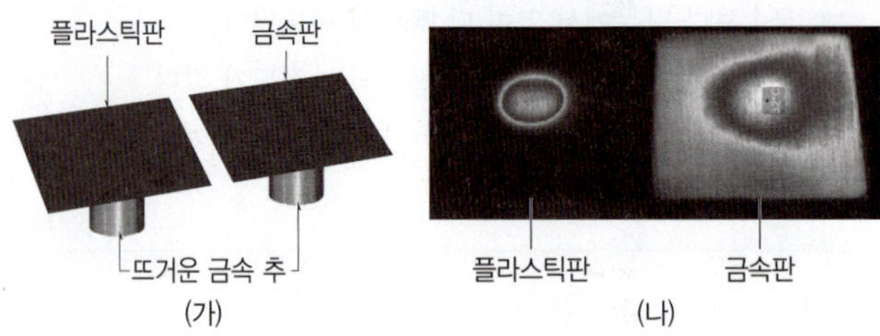

이에 대한 설명으로 옳은 것을 〈보기〉에서 모두 고른 것은? (단, 플라스틱판과 금속판의 중심 부분에 각각 뜨거운 금속 추가 접촉해 있다.)

〈 보기 〉
ㄱ. 플라스틱판과 금속판에서는 입자가 직접 이동하며 열을 전달한다.
ㄴ. 뜨거운 금속 추가 접촉한 부분에 있는 입자는 움직임이 활발해진다.
ㄷ. 플라스틱판과 금속판의 바깥 부분에서 중심 부분으로 열이 이동한다.
ㄹ. 금속판이 플라스틱판보다 열을 빠르게 전도한다.

① ㄱ, ㄴ   ② ㄱ, ㄷ   ③ ㄴ, ㄷ
④ ㄴ, ㄹ   ⑤ ㄷ, ㄹ

277 ⊝

그림 (가)~(다)는 다양한 방법으로 열이 이동하는 모습을 나타낸 것이다.

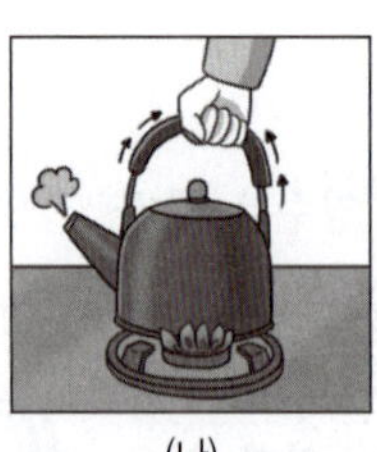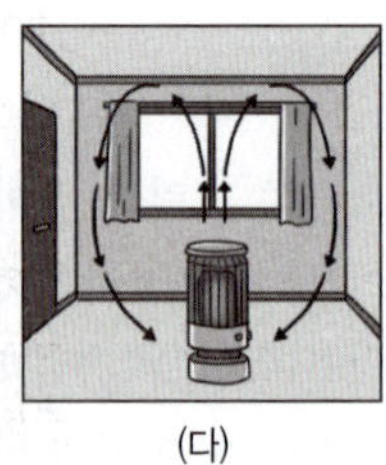

이에 대한 설명으로 옳은 것은?

① (가)는 대류의 방식으로 열이 이동한다.
② (나)는 열이 직접 이동하는 방식이다.
③ (나)는 물을 끓이면 물 전체가 뜨거워지는 것과 관련된 열의 이동 방식이다.
④ (다)는 입자가 직접 이동하면서 열이 이동하는 방식이다.
⑤ (다)는 전기장판에 닿아있는 손이 따뜻해지는 것과 관련된 열의 이동 방식이다.

난이도별 서술형 필수 기출

A 입자와 온도

278 하

그림 (가)~(다)는 온도가 다른 물체의 입자 운동을 모형으로 나타낸 것이다.

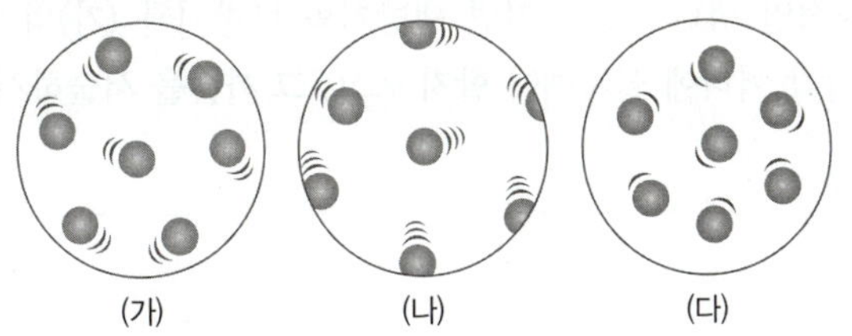

(가)~(다)의 온도를 등호 또는 부등호를 이용하여 비교하고, 그 까닭을 서술하시오.

279 중

그림 (가)는 물을 가열하기 전에 물을 구성하는 입자의 운동을 모형으로 나타낸 것이다. (나)에 이 물을 가열하였을 때 입자의 운동이 어떻게 변하는지 그리시오.

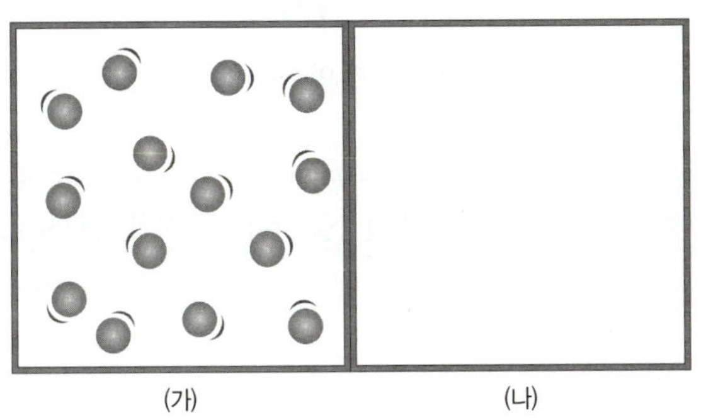

B 열평형

280 중

실온에 두었던 물을 냉장고에 넣었을 때, 물의 온도 변화를 입자의 움직임을 포함하여 서술하시오.

281 중

그림과 같이 온도가 다른 두 물체 A, B를 접촉시켰다. (단, 열은 A와 B 사이에서만 이동한다.)

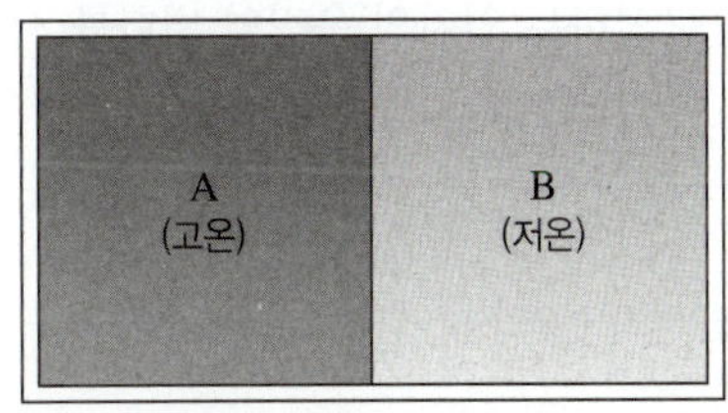

⑴ A와 B의 온도 변화를 열의 이동을 포함하여 서술하시오.

⑵ A와 B를 구성하는 입자의 움직임 변화를 각각 서술하시오.

282 중

체온을 측정할 때는 입으로 체온계를 문 상태로 충분히 기다린 뒤에 측정해야 한다. 그 까닭을 열평형을 포함하여 서술하시오.

283 상

그림은 온도가 다른 두 물체 A, B를 접촉시켰을 때 시간에 따른 온도 변화를 나타낸 것이다.

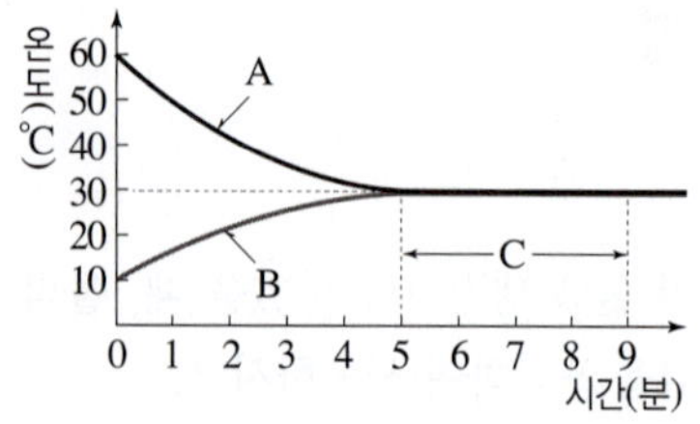

(1) A와 B 사이에서 열이 이동하는 방향을 화살표로 나타내고, 그 까닭을 서술하시오.

____

____

(2) C와 같은 상태를 무엇이라고 하는지 쓰시오.

____

____

(3) A와 B를 구성하는 입자의 움직임 변화를 서술하시오.

____

____

C 열이 이동하는 방식

284 하

그림과 같이 프라이팬의 바닥은 금속으로 만들지만, 손잡이는 나무로 만드는 까닭을 서술하시오.

____

____

285 하

그림과 같이 방 안의 (가) 또는 (나)에 냉방기와 난방기를 설치하려고 한다.

효율적인 냉난방을 하려면 냉방기와 난방기를 (가)와 (나) 중 각각 어디에 설치해야 할지 쓰고, 그 까닭을 서술하시오.

• 냉방기: _______________________________

____

• 난방기: _______________________________

____

286 중

오른쪽 그림과 같이 뜨거운 물이 담긴 플라스크 위에 투명 필름을 얹고 찬물이 든 플라스크를 뒤집어 놓았다. 투명 필름을 제거하였을 때 두 물의 변화를 쓰고, 그 까닭을 서술하시오.

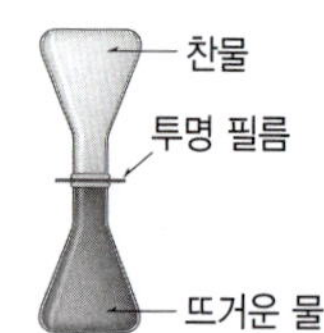

____

____

287 중

그림은 열을 전달하는 방식을 책을 교실 뒤로 전달하는 방법에 비유한 것이다.

(1) (가), (나), (다)에 알맞은 열의 이동 방법을 쓰시오.

____

(2) (가), (나), (다)와 관련된 현상을 각각 1가지씩 서술하시오.

____

288 상

다음은 어떤 학생의 일기이다.

> 오늘은 친구들과 농구를 했다. (가) 뜨거운 햇볕이 내리쬐어서 너무 더웠다. 농구를 하고 나니 너무 더워서 (나) 얼음을 사서 팔에 계속 대고 있었더니 얼음이 다 녹아서 물처럼 변했다. 그리고 집에 돌아와서 잠이 들었다.

(1) (가)에서 일어나는 열의 이동 방식을 쓰고, 그 방법을 서술하시오.

(2) (나)에서 팔과 얼음 사이의 열의 이동 방향을 화살표로 나타내시오.

> 팔 (　　　) 얼음

289 상

그림과 같이 추운 겨울에 금속 의자와 나무 의자에 두 사람이 앉아 있다.

(1) 금속 의자와 나무 의자의 온도를 비교하시오.

(2) 나무 의자에 앉을 때보다 금속 의자에 앉을 때 더 차갑게 느껴지는 까닭을 서술하시오.

290 상

그림은 물이 든 냄비를 가열할 때 열의 이동 방식을 나타낸 것이다.

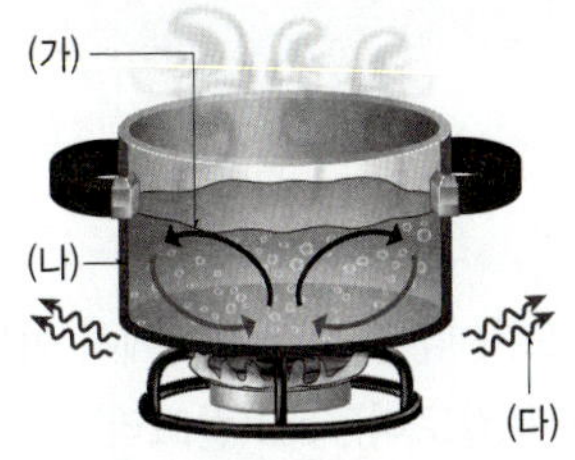

(1) (가)에 알맞은 열의 이동 방법을 쓰고, 그 현상을 서술하시오.

(2) (나)에 알맞은 열의 이동 방법을 쓰고, 그 현상을 서술하시오.

(3) (다)에 알맞은 열의 이동 방법을 쓰고, 그 현상을 서술하시오.

291 상

그림은 따뜻한 물이 담긴 보온병의 내부 구조를 나타낸 것이다. 보온병의 이중벽 사이에 진공 층을 두는 까닭을 열의 이동을 포함하여 서술하시오.

06 비열

A 비열

1 ❶[ ][ ] 온도가 다른 물질 사이에서 이동하는 열의 양

(1) 단위: kcal(킬로칼로리), cal(칼로리) 등

(2) **1 kcal**: 물 1 kg의 온도를 1 ℃ 높이는 데 필요한 열량

(3) **열량, 질량, 온도 변화 사이의 관계**

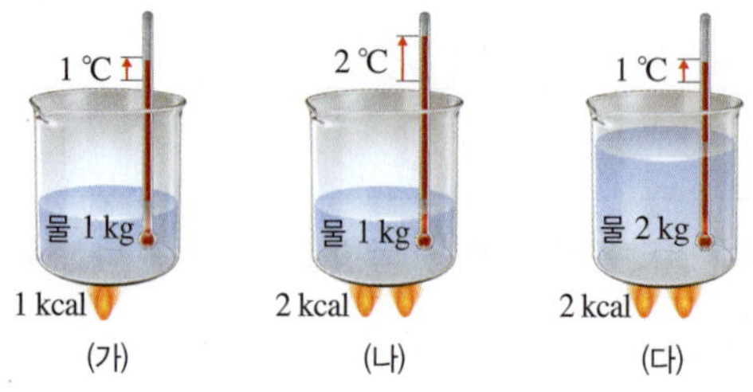

(가)와 (나) 비교	물질의 질량이 같을 때 물질에 가한 열량이 ❷[ ][ ][ ][ ] 물질의 온도 변화가 크다. → 온도 변화가 열량에 비례한다. (열량∝온도 변화)
(가)와 (다) 비교	물질의 온도 변화가 같을 때 물질의 질량이 클수록 물질에 가한 열량이 많다. → 질량과 열량이 비례한다. (열량∝질량)
(나)와 (다) 비교	물질에 가한 열량이 같을 때 물질의 질량이 클수록 온도 변화가 ❸[ ][ ]. → 질량과 온도 변화가 반비례한다. (질량∝$\dfrac{1}{\text{온도 변화}}$)

2 비열 어떤 물질 1 kg의 온도를 1 ℃ 높이는 데 필요한 열량

(1) 단위: kcal/(kg·℃) 등

(2) **물의 비열**: ❹[ ] kcal/(kg·℃) → 물 1 kg의 온도를 1 ℃ 높이는 데 필요한 열량은 1 kcal이다.

(3) **비열과 온도 변화의 관계**

- 질량이 같은 물질을 같은 온도만큼 높일 때 비열이 클수록 필요한 열량이 많다.
- 질량이 같은 물질에 같은 열량을 가할 때 비열이 클수록 온도 변화가 작다.

3 비열의 특징

(1) **물질의 특성**: 비열은 물질마다 다르므로 물질을 구별하는 특성이 된다. → 같은 물질이면 비열이 같다.

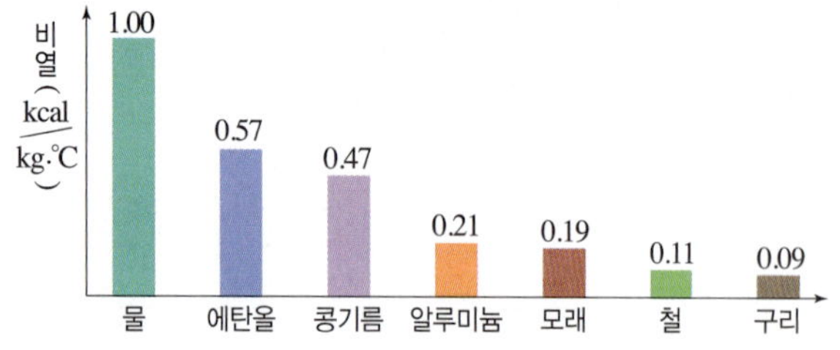

→ 비열: 물＞에탄올＞콩기름＞알루미늄＞모래＞철＞구리

(2) **비열이 큰 물질과 작은 물질**: 비열이 큰 물질은 온도가 잘 변하지 않고, 비열이 작은 물질은 온도가 잘 변한다.

[예] 물은 다른 물질에 비해 비열이 매우 커서 온도가 잘 변하지 않는다.

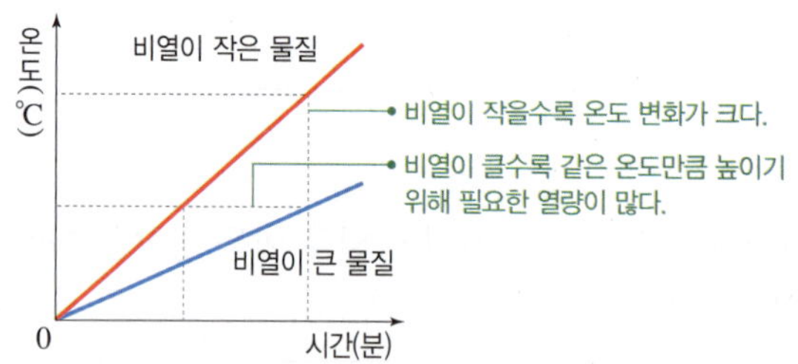

▲ 질량이 같은 물질을 가열할 때 온도 변화

(3) **비열(c), 열량(Q), 질량(m), 온도 변화(t)의 관계**

$$\text{열량} = \text{비열} \times \text{질량} \times \text{온도 변화}$$
$$Q = cmt \;\;\Rightarrow\;\; c = \frac{Q}{mt}$$

탐구 | **여러 가지 액체의 비열 비교**

질량이 같은 물과 식용유를 같은 가열 장치로 가열하면서 물과 식용유의 온도를 확인한다.

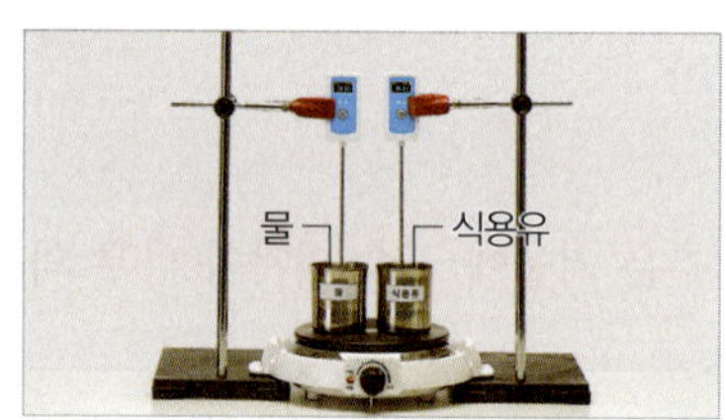

결과 및 정리

시간(분)	0	1	2	3	4	5
물의 온도(℃)	10	16	23	28	35	40
식용유의 온도(℃)	10	26	41	55	71	85

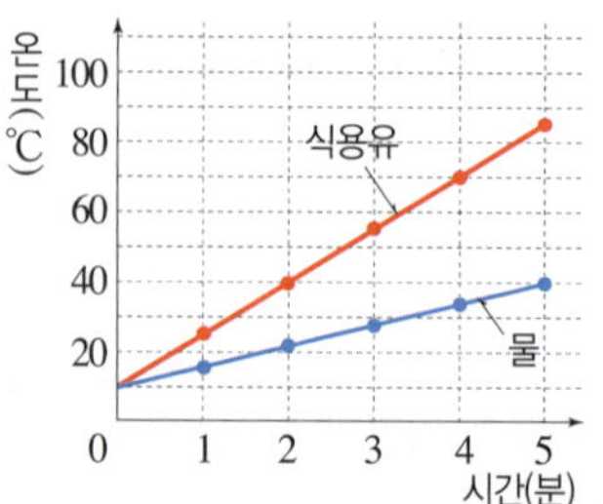

→ 같은 시간 동안 가열할 때 식용유의 온도 변화가 물의 온도 변화보다 크다.

❶ 같은 열량을 가할 때 온도 변화는 식용유가 물보다 크다.

❷ 같은 온도만큼 높일 때 필요한 열량은 물이 식용유보다 많다.

→ 비열의 크기: 식용유 ❺[ ] 물

1 비열에 의한 현상

(1) 사람의 몸에 있는 물은 비열이 커서 체온을 일정하게 유지하는 데 도움을 준다.

(2) 낮에는 모래가 바닷물보다 뜨겁지만 밤에는 모래가 바닷물보다 ⑥☐☐☐.

개념 **더** 알아보기

♦ **해안 지역에서 부는 바람**: 낮에는 해풍이 불고, 밤에는 육풍이 분다.

• 낮에 해풍이 부는 원리

비열이 작은 육지의 온도가 바다의 온도보다 빨리 높아진다.(①) → 따뜻한 육지의 공기가 위로 올라간다.(②) → 빈 자리로 바다의 공기가 이동하여 해풍이 분다.(③)
바다에서 육지로 부는 바람

• 밤에 육풍이 부는 원리

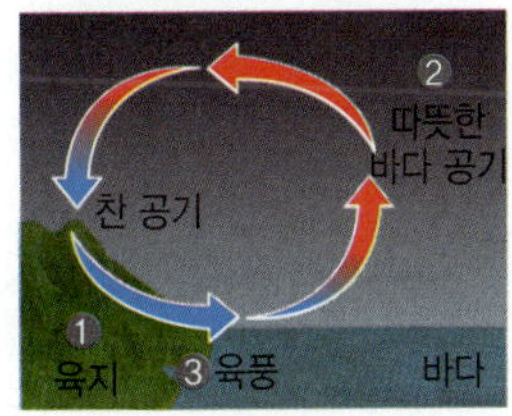

비열이 작은 육지의 온도가 바다의 온도보다 빨리 낮아진다.(①) → 따뜻한 바다의 공기가 위로 올라간다.(②) → 빈 자리로 육지의 공기가 이동하여 육풍이 분다.(③)
육지에서 바다로 부는 바람

2 비열의 활용
비열이 큰 물질은 온도가 잘 변하지 않고, 비열이 작은 물질은 온도가 빠르게 잘 변한다.

비열이 큰 물질을 활용한 예	• 자동차 엔진이 너무 뜨거워지는 것을 막기 위해 냉각수❶로 물을 넣는다. • 찜질 팩이 따뜻한 상태를 오래 유지하도록 따뜻한 물을 넣는다. • 음식을 오랫동안 따뜻하게 유지해야 할 때는 비열이 큰 뚝배기를 사용한다. • 한옥을 지을 때 비열이 큰 나무를 이용하여 여름에는 시원하고, 겨울에는 따뜻하다. • 열이 많이 발생하는 대용량 정보 저장 장치를 비열이 높은 바닷물 속에 보관하여 온도를 일정하게 유지한다. • 비열이 큰 바다나 하천의 물을 끌어와서 사용하는 냉난방 시설을 건물에 설치한다.
비열이 작은 물질을 활용한 예	• 온수관이 ❼☐☐☐ 따뜻해지면서 바닥에 열을 전달한다. • 프라이팬이 빠르게 뜨거워지면서 음식을 익힌다. • 음식을 빠르게 익혀야 할 때는 비열이 작은 구리 냄비를 사용한다.

기출 PICK A-3

여러 가지 물질의 비열 표

물질	철	모래	콩기름	에탄올
비열	0.11	0.19	0.47	0.57

[단위: kcal/(kg·°C)]

• 물질에 가한 열량과 물질의 질량이 같을 때 물질의 온도 변화: 철>모래>콩기름>에탄올
• 물질의 질량이 같을 때 같은 온도만큼 높이는 데 필요한 열량: 에탄올>콩기름>모래>철

질량이 같고 비열이 다른 여러 가지 물질을 가열할 때 온도 변화 그래프

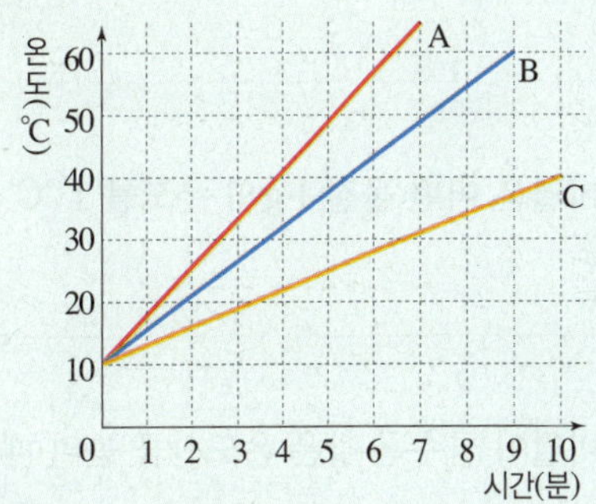

• 그래프의 기울기: A>B>C
 ➡ 같은 열량을 가할 때 온도 변화: A>B>C
• 같은 온도만큼 높이기 위해 가열한 시간: C>B>A
 ➡ 같은 온도만큼 높이는 데 필요한 열량: C>B>A
• 비열의 크기: C>B>A

질량이 같고 비열이 다른 물질을 가열할 때 처음 온도와 나중 온도를 나타낸 표

물질	처음 온도(°C)	나중 온도(°C)	온도 변화(°C)
A	20	45	25
B	20	60	40

• 온도 변화=나중 온도−처음 온도 ➡ 온도 변화: B>A
• 물질에 가한 열량과 물질의 질량이 같을 때, 물질의 온도 변화가 클수록 비열이 작다. ➡ 비열: A>B

기출 PICK B-2

비열의 활용 예

• 비열이 큰 물질을 활용한 예: 냉각수, 찜질 팩, 뚝배기, 한옥
• 비열이 작은 물질을 활용한 예: 온수관, 프라이팬 바닥, 구리 냄비

용어

❶ 냉각수(冷 차가울, 却 물리칠, 水 물): 높은 열을 내는 기계를 차갑게 식히는 데 쓰는 물

답 ❶ 열량 ❷ 많을수록 ❸ 작다 ❹ 1 ❺ < ❻ 차갑다 ❼ 빠르게

OX로 개념 확인

♦ 개념에 대한 설명이 옳으면 ○, 옳지 않으면 ×로 쓰고, ×인 경우 옳지 않은 부분
에 밑줄을 긋고 옳은 문장으로 고쳐 보자.

292 열량은 온도가 다른 물질 사이에서 이동하는 열의 양이다. ( )

293 물 1 kg의 온도를 10 °C 높이는 데 1 kcal의 열량이 필요하다. ( )

294 물질에 가한 열량이 같을 때 물질의 질량이 클수록 온도 변화가 크다. ( )

295 비열은 어떤 물질 1 g의 온도를 1 °C 높이는 데 필요한 열량이다. ( )

296 비열이 클수록 같은 온도만큼 높일 때 필요한 열량이 많다. ( )

297 비열이 클수록 온도를 높이는 데 많은 열량이 필요하므로 온도가 잘 변한다. ( )

298 물은 다른 물질에 비해 비열이 큰 편이다. ( )

299 비열은 질량과 반비례한다. ( )

300 낮에는 모래의 온도가 바닷물의 온도보다 높다. ( )

301 냉각수로 물을 넣는 것은 비열이 작은 물질을 활용한 예이다. ( )

난이도별 **필수 기출**

상 6 문항
중 12 문항
하 7 문항

A 비열

열량

302 하

물 5 kg의 온도를 30 ℃ 높이는 데 필요한 열량은 몇 kcal 인가?

① 5 kcal ② 10 kcal ③ 30 kcal
④ 50 kcal ⑤ 150 kcal

303 중

이 문제에서 볼 수 있는 보기는 多

열량에 대한 설명으로 옳지 <u>않은</u> 것을 모두 고르면? (2 개)

① 열량의 단위로는 cal, kcal 등을 사용한다.
② 열량은 온도가 다른 두 물체 사이에서 이동하는 열의 양이다.
③ 1 kcal는 물 1 kg의 온도를 1 ℃ 높이는 데 필요한 열량이다.
④ 질량이 같지만 종류가 다른 두 물질에 같은 열량을 가했을 때 온도 변화는 같다.
⑤ 질량이 다른 두 물을 같은 열량으로 가열할 때 물의 질량이 작으면 온도가 더 크게 변한다.
⑥ 같은 시간 동안 같은 세기의 불꽃으로 가열했을 때 물질이 얻은 열량은 물질의 질량이 작을수록 크다.

304 중

빈출

그림과 같이 물 100 g과 300 g이 담겨 있는 비커를 각각 다른 가열 장치로 가열하였더니 두 물의 온도 변화가 같았다.

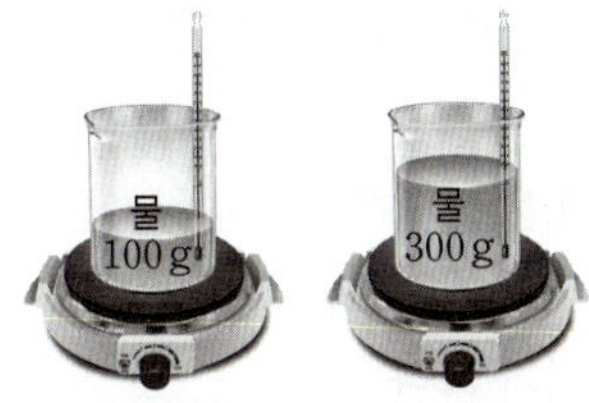

물 100 g에 가한 열량이 30 kcal일 때, 물 300 g에 가한 열량은 몇 kcal인가?

① 1 kcal ② 10 kcal ③ 30 kcal
④ 90 kcal ⑤ 100 kcal

305 상

그림은 물을 가열하는 모습을 나타낸 것이다.

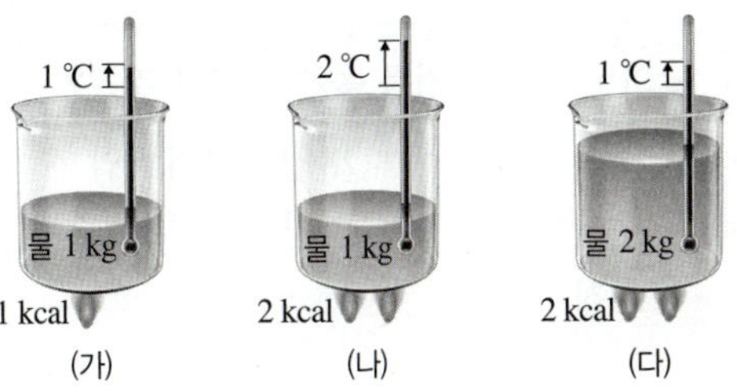

이에 대한 설명으로 옳은 것을 〈보기〉에서 모두 고른 것은?

보기
ㄱ. (가)와 (나)를 비교하면 물질의 질량이 같을 때 물질에 가한 열량이 많을수록 물질의 온도 변화가 크다는 것을 알 수 있다.
ㄴ. (나)와 (다)를 비교하면 물질에 가한 열량이 같을 때 물질의 질량이 클수록 온도 변화가 크다는 것을 알 수 있다.
ㄷ. (가)와 (다)를 비교하면 물질의 온도 변화가 같을 때 물질의 질량이 클수록 물질에 가한 열량이 많다는 것을 알 수 있다.

① ㄱ ② ㄴ ③ ㄷ
④ ㄱ, ㄷ ⑤ ㄴ, ㄷ

비열

306 하

표는 여러 가지 물질의 비열을 나타낸 것이다.

물질	물	에탄올	콩기름	철	구리
비열	1.00	0.57	0.47	0.11	0.09

[단위: kcal/(kg·℃)]

물질 중 같은 질량에 같은 열량을 가할 때 온도 변화가 가장 큰 물질은?

① 물 ② 에탄올 ③ 콩기름
④ 철 ⑤ 구리

307 하

표는 질량이 같은 철, 납, 구리에 같은 열량을 가할 때 처음 온도와 나중 온도를 나타낸 것이다.

물질	철	납	구리
처음 온도(℃)	20	20	20
나중 온도(℃)	39	86	43

철, 구리, 납의 비열의 크기를 옳게 비교한 것은?

① 철>납>구리
② 철>구리>납
③ 납>철>구리
④ 납>구리>철
⑤ 구리>납>철

308 하

다음은 물질의 비열과 온도 변화에 대한 설명이다.

> 물질의 질량이 같을 때 물질의 비열이 클수록 물질의 온도를 높이는 데 필요한 열량이 (㉠) 때문에, 같은 열량을 가해도 온도 변화가 (㉡).

㉠과 ㉡에 들어갈 말을 옳게 짝 지은 것은?

	㉠	㉡
①	많기	작다
②	많기	크다
③	적기	작다
④	적기	크다
⑤	일정하기	일정하다

309 하

질량이 1 kg인 물질에 20 kcal의 열을 가했더니 온도가 20 ℃ 높아졌다면 이 물질의 비열은?

① 0.1 kcal/(kg·℃)
② 0.2 kcal/(kg·℃)
③ 1 kcal/(kg·℃)
④ 2 kcal/(kg·℃)
⑤ 10 kcal/(kg·℃)

310 중

비열에 대한 설명으로 옳지 않은 것을 모두 고르면? (2 개)

① 물의 비열은 1 kcal/(kg·℃)이다.
② 비열이 큰 물질은 온도가 쉽게 잘 변하지 않는다.
③ 비열은 물질 1 kg을 1 ℃ 높이는 데 필요한 열량이다.
④ 물질의 종류에 상관없이 액체의 비열은 모두 동일하다.
⑤ 물질에 가하는 열량이 많아지면 물질의 비열은 변한다.
⑥ 겉보기 성질이 비슷한 철과 알루미늄은 비열을 이용하여 구별할 수 있다.
⑦ 같은 질량을 같은 온도만큼 높이는 데 필요한 열량은 비열이 큰 물질이 비열이 작은 물질보다 많다.

311 중

그림은 여러 가지 물질의 비열의 크기를 비교하여 나타낸 것이다.

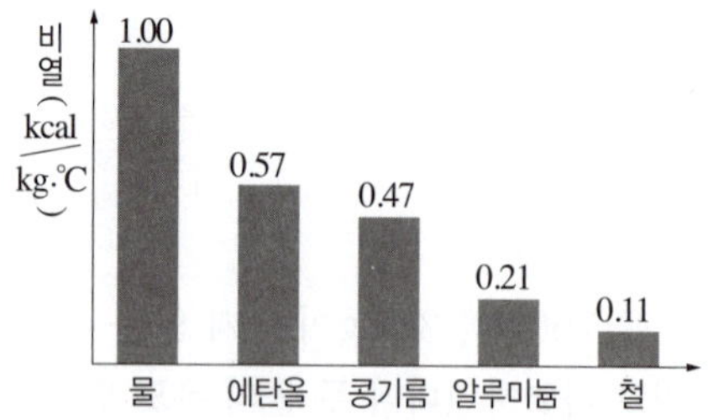

이에 대한 설명으로 옳지 않은 것은?

① 콩기름의 비열은 알루미늄의 비열보다 크다.
② 같은 질량일 때 온도가 가장 잘 변하지 않는 물질은 물이다.
③ 같은 질량을 같은 시간 동안 가열할 때 콩기름이 에탄올보다 온도 변화가 크다.
④ 물질 1 kg의 온도를 1 ℃ 높이는 데 필요한 열량이 가장 적은 물질은 철이다.
⑤ 질량이 같은 에탄올과 철에 같은 열량을 가할 때 에탄올의 온도가 더 빠르게 높아질 것이다.

★빈출 312 중

그림과 같이 물 50 g과 식용유 50 g을 같은 가열 장치로 가열할 때 처음 온도와 5 분 후의 온도가 표와 같았다.

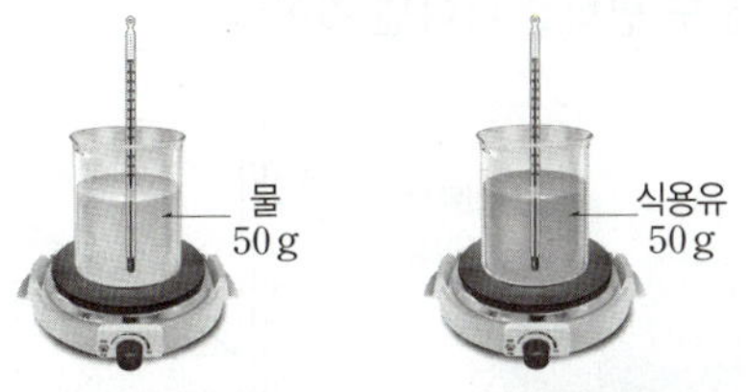

물질	처음 온도(℃)	5 분 후 온도(℃)
물	10	25
식용유	10	70

이에 대한 설명으로 옳지 <u>않은</u> 것은?

① 물보다 식용유의 온도가 잘 변한다.

② 물의 비열이 식용유의 비열보다 크다.

③ 같은 열량을 가하면 식용유의 온도가 물의 온도보다 크게 변한다.

④ 같은 온도의 물과 식용유를 냉장고에 넣으면 식용유의 온도가 더 빨리 낮아진다.

⑤ 같은 질량의 물과 식용유의 온도를 각각 1 ℃씩 높이려면 식용유에 더 많은 열량을 가해야 한다.

★빈출 313 중

표는 질량이 같은 물질 A~D를 같은 가열 장치로 5 분 동안 가열할 때 처음 온도와 5 분 후의 온도를 나타낸 것이다.

물질	처음 온도(℃)	5 분 후 온도(℃)
A	10	70
B	10	25
C	10	40
D	10	65

이에 대한 설명으로 옳은 것을 모두 고르면? (2 개)

① A의 온도 변화가 제일 작다.

② B의 비열이 A의 비열보다 크다.

③ 5 분 동안 A~D에 가해진 열량은 모두 다르다.

④ 같은 온도까지 높이는 데 필요한 열량은 B가 A보다 많다.

⑤ C와 D에 같은 열량을 가할 때 D의 온도가 더 느리게 올라간다.

⑥ 같은 온도의 A와 D를 냉각시키면 D가 더 빨리 식을 것이다.

★빈출 314 중

그림은 질량이 같은 물질 A와 B를 같은 가열 장치로 가열할 때 시간에 따른 온도 변화를 나타낸 것이다.

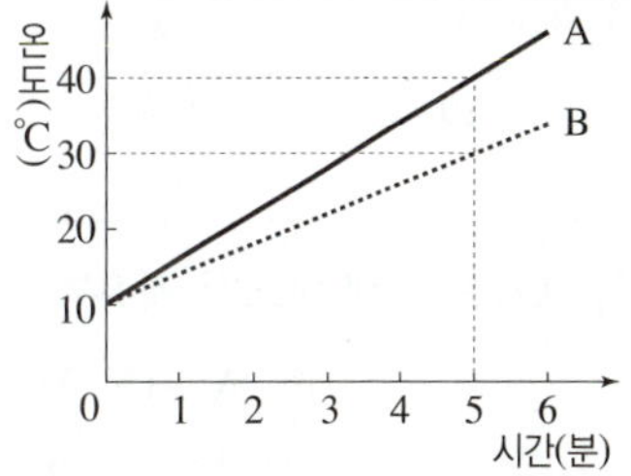

이에 대한 설명으로 옳은 것을 모두 고른 것은? (2 개)

① 비열은 B가 A보다 작다.

② A와 B는 같은 종류의 물질이다.

③ 같은 시간 동안 A의 온도 변화가 B보다 크다.

④ A와 B의 질량이 증가하면 비열도 증가할 것이다.

⑤ 5 분 동안 A가 얻은 열량은 B가 얻은 열량과 같다.

⑥ 같은 온도만큼 높이기 위해 B가 A보다 더 적은 열량이 필요하다.

315 중

질량이 같은 두 물질 A와 B에 각각 100 kcal의 열량을 가했더니 A의 온도는 10 ℃가 높아졌고, B의 온도는 20 ℃가 높아졌다. A의 비열은 B의 비열의 몇 배인가?

① $\frac{1}{2}$ 배 　② 1 배 　③ 2 배

④ 5 배 　⑤ 10 배

316 상

10 ℃의 콩기름 500 g의 온도를 20 ℃ 높이는 데 필요한 열량은 몇 kcal인가? (단, 콩기름의 비열은 0.47 kcal/(kg·℃)이다.)

① 0.47 kcal 　② 4.7 kcal 　③ 47 kcal

④ 94 kcal 　⑤ 470 kcal

317 🔼상

표는 세 가지 액체를 동일한 시간 동안 같은 열량을 가해서 액체의 온도 변화를 측정한 실험 결과를 나타낸 것이다.

물질	A	B	C
질량(g)	20	100	250
온도 변화(℃)	5	10	2

A~C의 비열의 크기를 옳게 비교한 것은?

① A>B>C
② A>C>B
③ B>A>C
④ B>C>A
⑤ C>A>B

318 🔼상

다음은 물과 식용유를 가열하면서 온도 변화를 측정한 실험을 나타낸 것이다.

[실험 과정]

(가) 금속 비커에 같은 질량의 물과 식용유를 각각 넣고, 온도 센서를 장치한다.

(나) 금속 비커를 가열하면서 물과 식용유의 온도 변화를 측정한다.

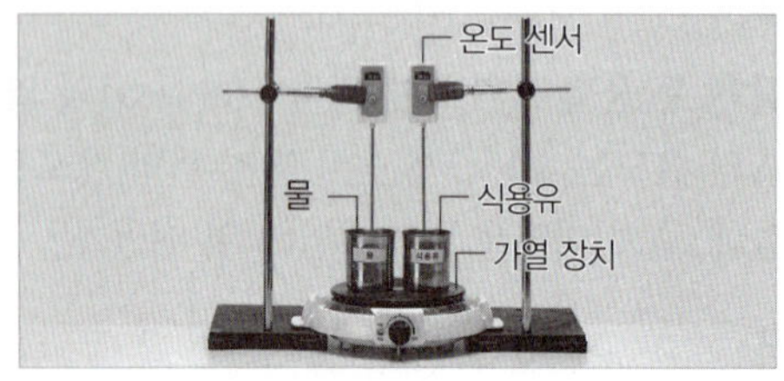

[실험 결과]

시간(분)	0	1	2	3	4	5
물의 온도(℃)	10	16	23	28	35	40
식용유의 온도(℃)	10	26	41	55	71	85

이 실험에 대한 설명으로 옳은 것을 〈보기〉에서 모두 고른 것은?

〈 보기 〉
ㄱ. 물의 비열이 식용유의 비열보다 크다.
ㄴ. 물의 질량이 2 배가 되면 비열도 2 배가 된다.
ㄷ. 같은 온도만큼 높이는 데 필요한 열량은 물이 식용유보다 많다.

① ㄱ
② ㄴ
③ ㄷ
④ ㄱ, ㄷ
⑤ ㄴ, ㄷ

319 🔼상

그림 (가)는 질량이 200 g인 물과 식용유를 동일한 가열 장치로 가열하는 모습이고, (나)는 가열한 시간에 따른 물과 식용유의 온도 변화를 나타낸 것이다.

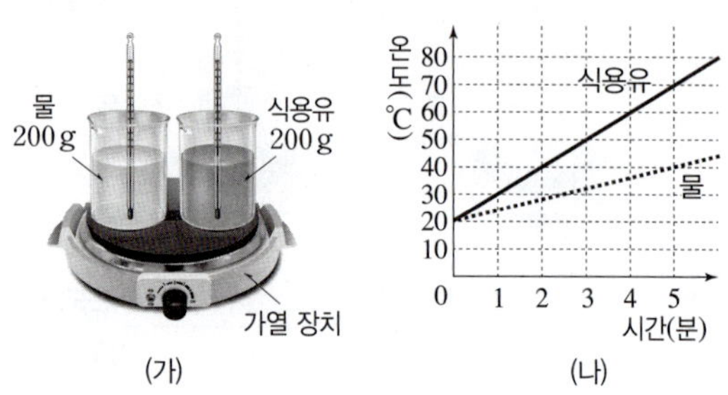

이에 대한 설명으로 옳은 것을 〈보기〉에서 모두 고른 것은?

〈 보기 〉
ㄱ. 식용유의 비열은 물의 0.4 배이다.
ㄴ. 같은 온도까지 높이는 데 필요한 열량은 식용유가 물보다 많다.
ㄷ. 5 분 동안 물에 가해진 열량이 4 kcal였다면 식용유의 비열은 4 kcal/(kg·℃)이다.

① ㄱ
② ㄴ
③ ㄷ
④ ㄱ, ㄷ
⑤ ㄴ, ㄷ

B 비열의 활용

320 🔽하

여름철 같은 시간 동안 햇빛을 받으면 모래의 온도는 바닷물의 온도보다 높다. 그 까닭으로 옳은 것은?

① 모래가 고체이기 때문이다.
② 모래에 더 많은 열량을 가하기 때문이다.
③ 바닷물에 더 많은 열량을 가하기 때문이다.
④ 모래의 비열이 바닷물보다 작기 때문이다.
⑤ 모래의 비열이 바닷물보다 크기 때문이다.

321 (하)

다음은 찌개를 담는 뚝배기에 대한 설명이다.

> 찌개를 오랫동안 따뜻하게 먹기 위해서는 금속 냄비보다 뚝배기에 끓이는 것이 좋다. 왜냐하면 뚝배기는 비열이 (㉠) 온도가 잘 (㉡) 때문이다.

㉠과 ㉡에 들어갈 말로 옳게 짝 지은 것은?

	㉠	㉡
①	커서	변하기
②	커서	변하지 않기
③	작아서	변하기
④	작아서	변하지 않기
⑤	일정해서	변하기

322 (중)

비열에 대한 현상이나 활용하는 예로 옳은 것은?

① 찜질 팩에는 비열이 작은 물질을 넣는 것이 좋다.
② 밤에는 모래의 온도가 바닷물의 온도보다 높다.
③ 난방용 온수관이 빠르게 따뜻해지면서 바닥에 열을 전달한다.
④ 사람의 몸에 있는 물이 체온을 빠르게 변화하는 데 도움을 준다.
⑤ 자동차 엔진의 냉각수로 비열이 작은 물을 사용하여 빠르게 뜨거워지게 한다.

323 (중)

오른쪽 그림은 자동차에 냉각수를 넣고 있는 모습을 나타낸 것이다. 이에 대한 설명으로 옳은 것을 〈보기〉에서 모두 고른 것은?

> ──〈 보기 〉──
> ㄱ. 냉각수는 비열이 작은 물질을 사용하는 것이 좋다.
> ㄴ. 냉각수로 사용하는 물은 온도 변화가 작다.
> ㄷ. 엔진이 빠르게 뜨거워지는 것을 막기 위해서 냉각수를 사용한다.

① ㄱ   ② ㄴ   ③ ㄷ
④ ㄱ, ㄷ   ⑤ ㄴ, ㄷ

324 (중)

비열이 큰 물질과 비열이 작은 물질을 활용한 예를 옳게 짝 지은 것은?

	비열이 큰 물질	비열이 작은 물질
①	냉각수	찜질 팩, 프라이팬
②	냉각수, 찜질 팩	뚝배기
③	냉각수, 뚝배기	프라이팬
④	뚝배기, 프라이팬	냉각수
⑤	찜질 팩, 프라이팬	뚝배기

325 (중)

다음은 물질의 비열의 활용하는 예를 설명한 것이다.

> • 찜질 팩은 비열이 (㉠) 물을 넣어 따뜻한 상태를 오래 유지한다.
> • 프라이팬은 비열이 (㉡) 물질로 만들어서 프라이팬이 빠르게 뜨거워지면서 음식을 익힌다.
> • 한옥은 비열이 (㉢) 나무로 집을 지어 여름에는 시원하고, 겨울에는 따뜻하도록 만든다.

㉠~㉢에 들어갈 말을 옳게 짝 지은 것은?

	㉠	㉡	㉢
①	큰	작은	큰
②	큰	작은	작은
③	큰	큰	큰
④	작은	큰	작은
⑤	작은	작은	큰

326 (상)

그림은 낮에 해안가에서 바람이 부는 과정을 나타낸 것이다.

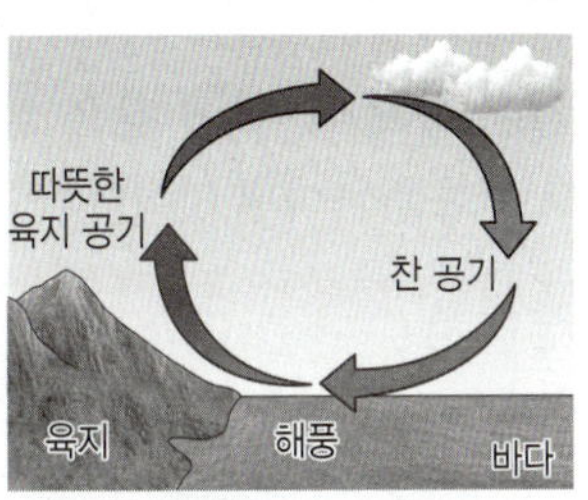

이에 대한 설명으로 옳은 것을 〈보기〉에서 모두 고른 것은?

> ──〈 보기 〉──
> ㄱ. 바다의 공기가 육지 쪽으로 이동하며 해풍이 분다.
> ㄴ. 육지의 비열이 바다의 비열보다 크다.
> ㄷ. 바다가 육지보다 온도가 빨리 높아진다.
> ㄹ. 밤이 되면 육지의 온도가 바다의 온도보다 빨리 낮아진다.

① ㄱ, ㄴ   ② ㄱ, ㄹ   ③ ㄴ, ㄷ
④ ㄱ, ㄷ, ㄹ   ⑤ ㄴ, ㄷ, ㄹ

A 비열

327 하
빈출

그림은 질량이 같은 물과 식용유에 같은 양의 열량을 가했을 때 시간에 따른 온도 변화를 나타낸 것이다.

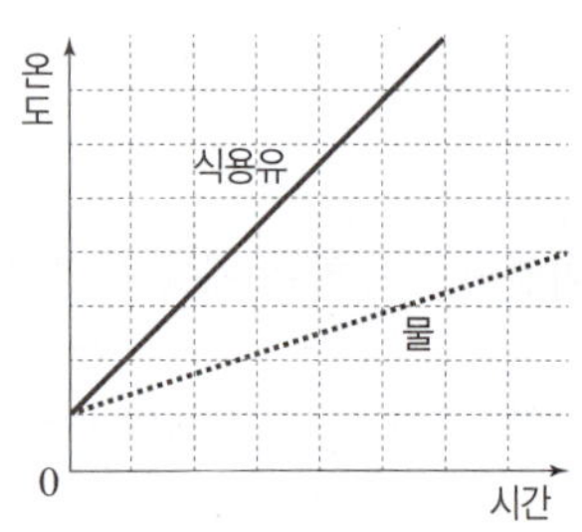

물과 식용유 중 비열이 더 큰 물질은 무엇인지 쓰고, 그 까닭을 서술하시오.

____

____

328 중

질량이 10 kg인 어떤 물질의 온도를 5 °C 높이기 위해 10 kcal의 열량을 가하였다. 이 물질의 비열은 몇 kcal/(kg·°C)인지 풀이 과정과 함께 구하시오.

____

329 중
빈출

그림은 질량이 같은 물체 A~C에 같은 열량을 가했을 때 시간에 따른 온도 변화를 나타낸 것이다.

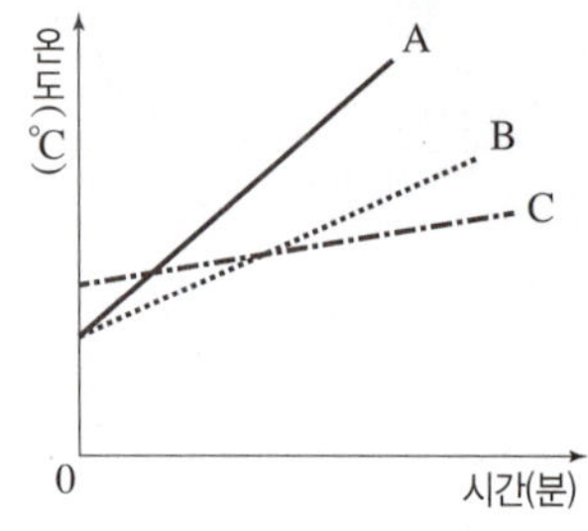

A~C의 비열을 부등호를 이용하여 비교하고, 그 까닭을 서술하시오.

____

____

330 상

표는 질량이 같은 세 물질 A, B, C에 같은 열량을 가했을 때 처음 온도와 나중 온도를 나타낸 것이다.

물질	처음 온도(°C)	나중 온도(°C)
A	30	70
B	20	40
C	50	90

(1) A~C 중에서 비열이 가장 큰 물질을 쓰고, 그 까닭을 서술하시오.

____

____

(2) A~C 중에서 같다고 추측되는 물질이 있으면 쓰고, 그 까닭을 서술하시오.

____

____

331 상

오른쪽 그림은 질량이 같은 두 물질 A, B에 같은 양의 열량을 가했을 때 시간에 따른 온도 변화를 나타낸 것이다.

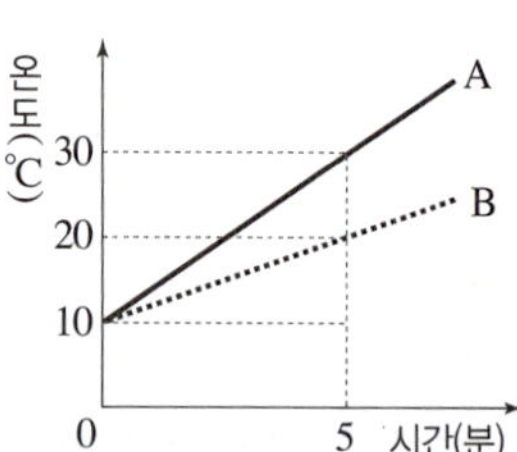

(1) B의 비열은 A의 비열의 몇 배인지 쓰고, 그 까닭을 서술하시오.

____

____

(2) 5분 동안 가해진 열량이 100 kcal이고 B의 질량이 5 kg일 때, B의 비열은 몇 kcal/(kg·°C)인지 풀이 과정과 함께 구하시오.

____

B 비열의 활용

332 하

사람의 몸에 있는 물은 체온을 일정하게 유지하는 데 도움을 준다. 그 까닭을 물의 비열과 관련지어 서술하시오.

---

333 하

그림과 같이 찌개를 먹을 때 뚝배기를 사용하는 까닭을 비열을 포함하여 서술하시오.

---

334 하

표는 여러 가지 물질의 비열을 나타낸 것이다.

물질	물	콩기름	모래
비열	1.00	0.47	0.19

[단위: kcal/(kg·℃)]

이 중 찜질 팩에 넣었을 때 가장 오랫동안 따뜻함을 유지할 수 있는 물질을 쓰고, 그 까닭을 서술하시오.(단, 찜질팩에 넣는 물질의 질량과 온도는 같다.)

---

335 중

그림 (가)는 육지 위에 있는 집의 모습을 나타낸 것이고, (나)는 바다 위에 지은 집의 모습을 나타낸 것이다.

(가)　　　　　(나)

(가)와 (나)에서 하루 동안 태양으로부터 받은 열량이 같다면 낮과 밤의 기온 차이가 더 큰 곳은 어느 곳인지 쓰고, 그 까닭을 서술하시오.

---

336 상

다음은 밤에 해안 지역에서 육풍이 부는 까닭에 대한 설명이다.

> 밤에는 모래가 있는 육지의 온도가 물이 있는 바다의 온도보다 빨리 낮아진다. 이때 상대적으로 따뜻한 바다의 공기가 위로 올라가고 빈 자리로 육지의 공기가 이동하여 육풍이 분다.

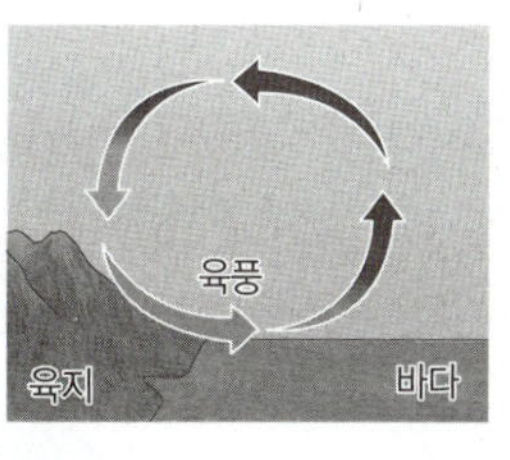

(1) 낮이 되면 바다와 육지의 온도는 어떻게 변할지 물과 모래의 비열과 관련지어 서술하시오.

---

(2) 낮에는 해안 지역에서 바람이 어느 방향으로 불지 바다와 육지의 온도와 관련지어 서술하시오.

---

07 열팽창

A 열팽창

1 열팽창

(1) **열팽창**: 물질의 온도가 ❶ [ ][ ]질 때 물질의 길이 또는 부피가 늘어나는 현상

(2) **입자의 움직임과 열팽창**

물질의 온도가 높아진다.

↓

입자의 움직임이 활발해진다.

↓

입자 사이의 거리가 ❷ [ ][ ][ ].

↓

물질의 부피가 팽창한다.

(3) **고체, 액체, 기체의 열팽창**: 고체, 액체, 기체 모두 온도가 높아지면 부피가 늘어나는 열팽창을 한다.

고체의 열팽창	긴 막대 모양의 물체를 가열하면 길이와 부피가 모두 늘어난다. 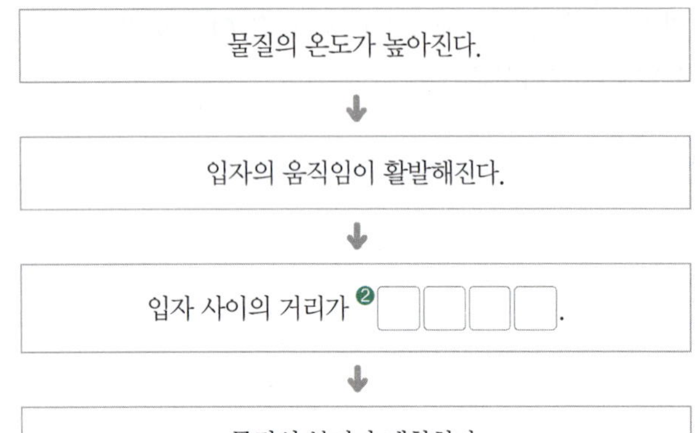
액체의 열팽창	유리관을 꽂은 삼각 플라스크에 액체를 넣고 가열하면 액체의 부피가 팽창하여 유리관을 따라 ❸ [ ][ ][ ]. 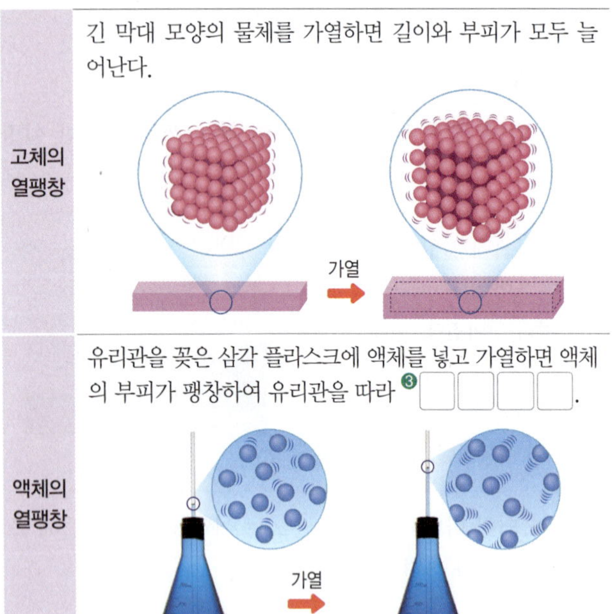
기체의 열팽창	풍선 속 기체를 가열하면 기체의 부피가 팽창하여 풍선이 팽팽하게 부풀어 오른다. 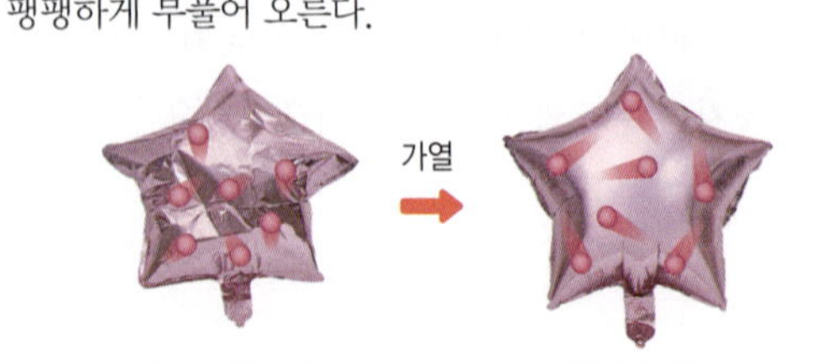

2 열팽창 정도

(1) **온도와 열팽창**: 물질의 온도가 높아질수록 열팽창 정도가 크다.

(2) **열팽창 정도**: 고체나 액체는 물질의 종류에 따라 열팽창 정도가 ❹ [ ][ ][ ]. → 일반적으로 열팽창 정도는 기체 > 액체 > 고체 순으로 크다.

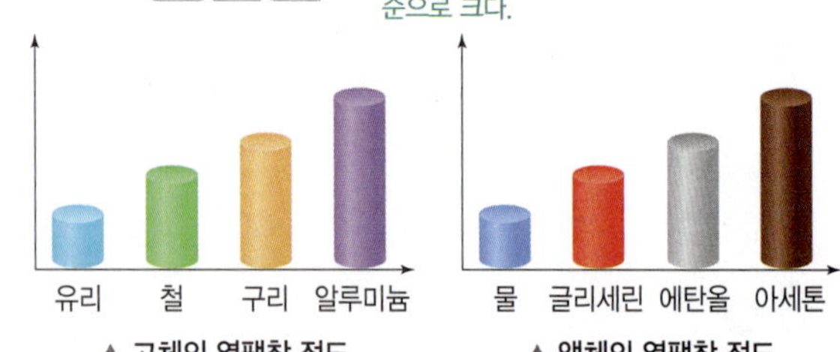

 알루미늄박과 종이의 열팽창 정도 비교

알루미늄박에 종이를 붙인 알루미늄 테이프 2 개를 스탠드에 반대 방향으로 걸어 가열하며 변화를 비교한다.

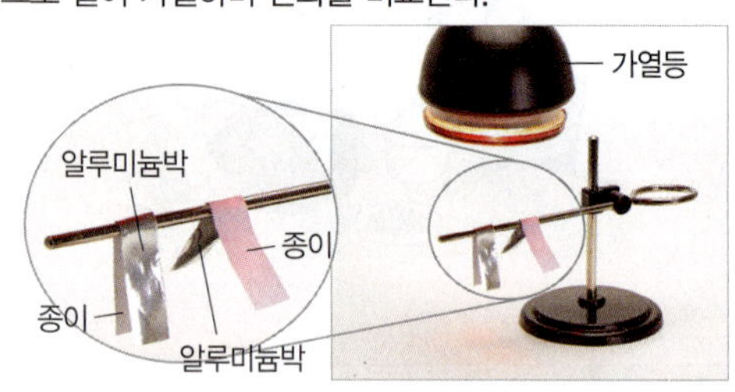

결과 및 정리

❶ 알루미늄박이 바깥을 향한 경우 알루미늄 테이프가 오므라들고, 종이가 바깥을 향한 경우 알루미늄 테이프가 벌어진다.

❷ 알루미늄박이 종이 쪽으로 휘어진다.
→ 열팽창 정도: 알루미늄 ❺ [ ] 종이

 여러 가지 액체의 열팽창 정도 비교

수조 안에 같은 부피의 물과 에탄올을 각각 채운 삼각 플라스크를 넣고 수조에 뜨거운 물을 부어 유리관에 올라온 액체의 높이 변화를 비교한다.

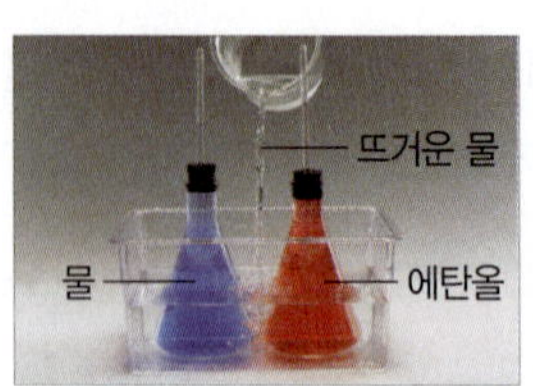

결과 및 정리

❶ 액체의 온도가 높아지면서 유리관 속 액체가 열팽창한다.

❷ 유리관 속 액체의 높이 변화: 에탄올 > 물
→ 열팽창 정도: 에탄올 > 물

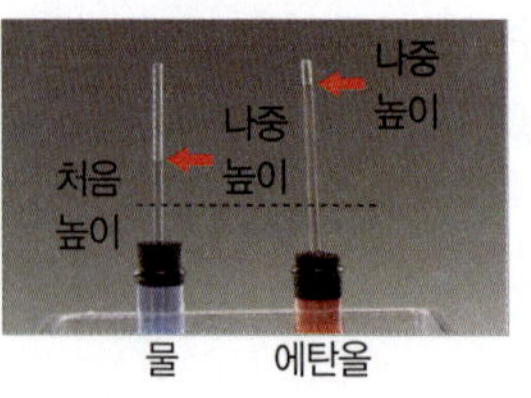

B 열팽창의 활용

1 바이메탈[1] 열팽창 정도가 ⑥[ ][ ] 두 금속을 붙여 놓은 장치

(1) 바이메탈의 특성: 온도가 높아지면 열팽창 정도가 큰 금속이 열팽창 정도가 작은 금속 쪽으로 휘어진다.

(2) 바이메탈의 활용: 전기 회로에 바이메탈을 연결하여 온도 조절 장치에 사용

- 바이메탈이 휘어지면서 끊어진 회로가 연결되거나, 연결된 회로가 끊어지게 한다.
- 예 화재경보기, 전기 주전자, 전기다리미, 토스터 등

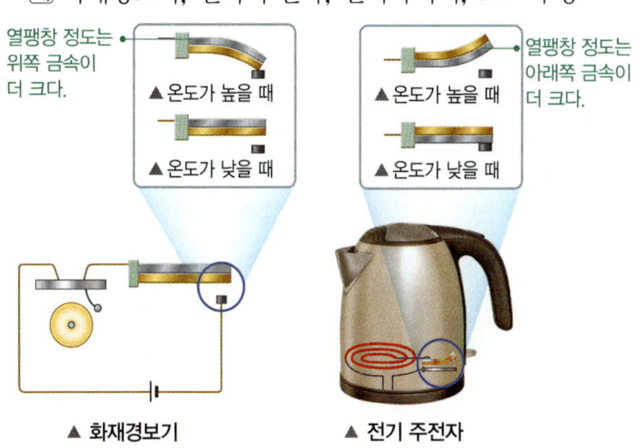

2 열팽창을 활용하는 예

- 다리가 휘거나 갈라지는 것을 막기 위해 다리의 이음매[2]에 틈을 둔다.
- 기차선로에 틈을 만들어 여름철에 기차선로가 휘는 것을 막는다.
- 가스관, 송유관은 중간에 구부러진 부분을 만들어 열팽창에 의한 사고를 예방한다.
- 열팽창 정도가 ⑦[ ][ ] 내열 유리[3]를 사용하여 열팽창으로 변형되는 것을 막는다.
- 전깃줄은 여름에는 늘어지고, 겨울에는 팽팽해진다.
- 알코올 온도계 속 액체는 온도가 높아지면 액체가 가리키는 눈금이 올라간다.
- 유리병의 뚜껑이 안 열릴 때 뜨거운 물을 부으면 열린다.
- 에펠탑의 높이가 여름에는 높아지고, 겨울에는 낮아진다.
- 철근과 콘크리트의 열팽창 정도가 비슷하여 건물이 열팽창의 영향을 적게 받는다.
- 충치를 치료한 자리에 넣는 충전재는 치아와 열팽창 정도가 비슷한 재료를 사용한다.

기출 PICK

기출 PICK A-2

액체 A, B, C의 부피 변화 비교

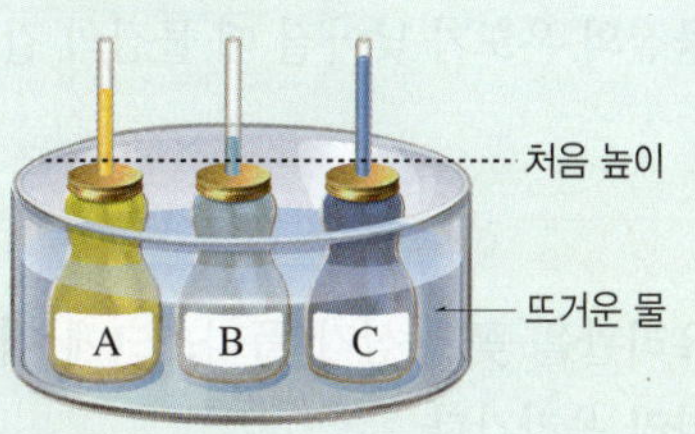

- 열은 뜨거운 물에서 A, B, C로 이동한다.
- 시간이 충분히 지난 후 뜨거운 물과 A, B, C는 열평형을 이룬다.
- 액체의 나중 높이: C>A>B
- 열팽창 정도: C>A>B

기출 PICK B-1

서로 다른 금속 A, B, C를 2개씩 붙여 만든 바이메탈

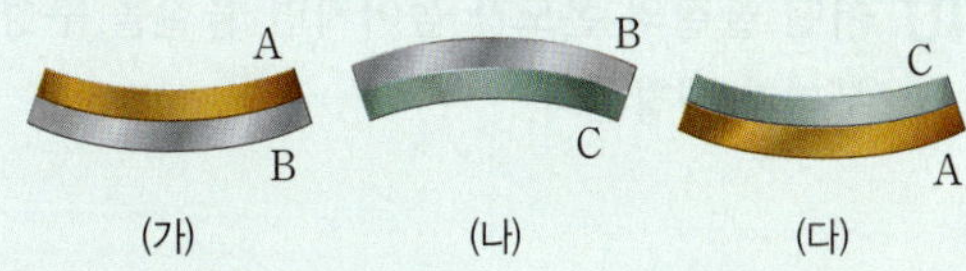

- (가)에서 열팽창 정도 비교: B>A
- (나)에서 열팽창 정도 비교: B>C
- (다)에서 열팽창 정도 비교: A>C
- → 열팽창 정도는 B>A>C 순으로 크다.

바이메탈을 이용한 화재경보기의 구조

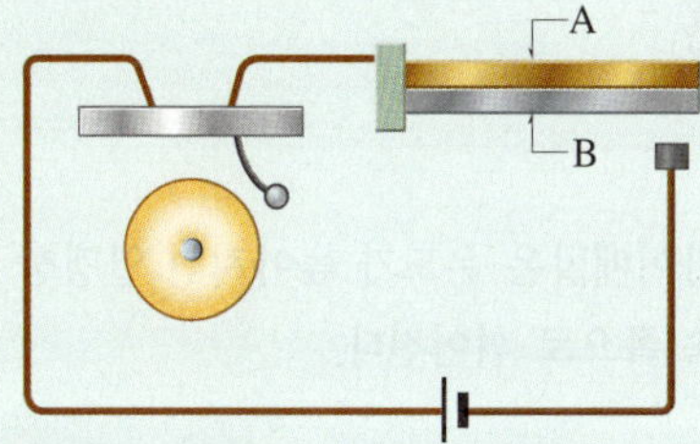

- 화재가 발생하면 바이메탈의 온도가 높아진다. → 바이메탈이 B 쪽으로 휘어진다. → 회로가 연결된다. → 화재경보기가 작동한다.
- 열팽창 정도는 A가 B보다 크다.

용어

❶ **바이메탈(bimetal)**: 바이메탈의 바이(bi)는 2개라는 뜻이다.
❷ **이음매**: 두 물체를 이은 자리
❸ **내열 유리(耐 견디다, 熱 덥다, 유리)**: 급격한 온도 변화에도 잘 깨어지지 않는 유리

답 ❶ 높아 ❷ 멀어진다 ❸ 올라간다 ❹ 다르다 ❺ > ❻ 다른 ❼ 작은

OX로 개념 확인

◆ 개념에 대한 설명이 옳으면 ○, 옳지 않으면 ×로 쓰고, ×인 경우 옳지 않은 부분에 밑줄을 긋고 옳은 문장으로 고쳐 보자.

337 물질의 온도가 낮아질 때 물질의 길이가 늘어난다. ( )

338 유리관을 꽂은 삼각 플라스크에 액체를 가득 넣고 가열하면 액체가 유리관을 따라 올라간다. ( )

339 물질의 온도가 높아질수록 열팽창 정도가 작다. ( )

340 어떤 물질의 온도가 높아지면 물질을 구성하는 입자 사이의 거리가 멀어지며 부피가 팽창한다. ( )

341 고체나 액체는 물질의 종류에 따라 열팽창 정도가 다르다. ( )

342 바이메탈은 열팽창 정도가 같은 두 금속을 붙여 놓은 장치이다. ( )

343 바이메탈은 온도가 높아지면 열팽창 정도가 큰 금속이 열팽창 정도가 작은 금속 쪽으로 휘어진다. ( )

344 여름에 열팽창으로 기차선로가 휘는 것을 막기 위해 기차선로에 틈을 만든다. ( )

345 철근과 콘크리트의 열팽창 정도는 다르게 만든다. ( )

346 조리 도구를 만들 때 사용하는 내열 유리는 열팽창 정도가 커야 한다. ( )

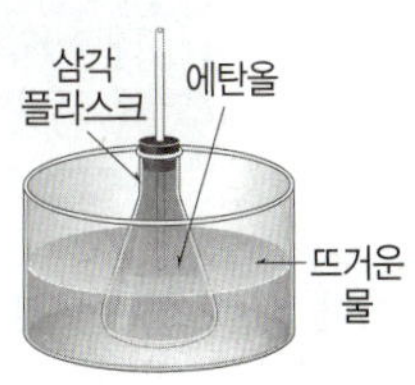

난이도별 필수 기출

상 5 문항
중 11 문항
하 8 문항

A 열팽창

347 하

다음은 열팽창에 대한 설명이다.

> 물체에 열을 가하면 물체를 구성하는 입자의 움직임이 (㉠)
> 해지면서 입자 사이의 거리가 (㉡)지기 때문에 부피가
> (㉢)한다.

㉠~㉢에 들어갈 말로 옳게 짝 지은 것은?

	㉠	㉡	㉢
①	둔	멀어	팽창
②	둔	가까워	수축
③	활발	멀어	팽창
④	활발	가까워	수축
⑤	활발	멀어	수축

★빈출
348 하 · 이 문제에서 볼 수 있는 보기는 多

물체의 온도가 높아질 때 물체의 부피가 팽창하는 까닭으로
옳은 것을 모두 고르면? (2 개)

① 물체를 구성하는 입자의 수가 증가하기 때문이다.
② 물체를 구성하는 입자의 크기가 커지기 때문이다.
③ 물체를 구성하는 입자의 질량이 증가하기 때문이다.
④ 물체를 구성하는 입자의 종류가 달라지기 때문이다.
⑤ 물체를 구성하는 입자의 모양이 달라지기 때문이다.
⑥ 물체를 구성하는 입자의 운동이 활발해지기 때문이다.
⑦ 물체를 구성하는 입자 사이의 거리가 멀어지기 때문이다.

349 하

금속 막대를 가열했을 때 나타나는 현상으로 옳은 것을 〈보기〉
에서 모두 고른 것은?

> ─〈 보기 〉─
> ㄱ. 금속 막대의 온도가 높아진다.
> ㄴ. 금속 막대를 이루는 입자의 움직임이 활발해진다.
> ㄷ. 금속 막대가 수축한다.

① ㄱ　　　　② ㄴ　　　　③ ㄱ, ㄴ
④ ㄱ, ㄷ　　　⑤ ㄱ, ㄴ, ㄷ

350 하

오른쪽 그림과 같이 삼각 플라스크에
에탄올을 가득 채우고 유리관을 꽂은
뒤, 뜨거운 물이 담긴 수조에 넣었다.
이에 대한 설명으로 옳은 것을 〈보기〉
에서 모두 고른 것은?

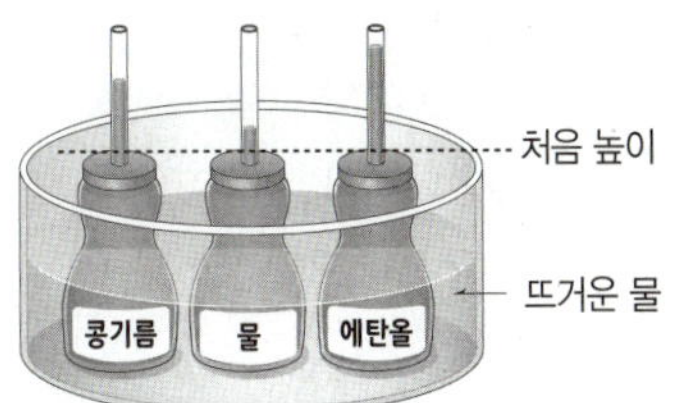

> ─〈 보기 〉─
> ㄱ. 에탄올의 부피가 팽창한다.
> ㄴ. 유리관에 있는 에탄올의 높이는 일정하다.
> ㄷ. 에탄올을 구성하는 입자의 움직임이 활발해진다.

① ㄱ　　　　② ㄴ　　　　③ ㄷ
④ ㄱ, ㄷ　　　⑤ ㄴ, ㄷ

★빈출
351 하

그림은 같은 부피의 콩기름, 물, 에탄올을 같은 용기에 넣
고, 뜨거운 물이 담긴 수조에 넣었을 때 부피 변화를 나타낸
모습이다.

콩기름, 물, 에탄올의 열팽창 정도를 옳게 비교한 것은?

① 물 > 콩기름 > 에탄올　　② 물 > 에탄올 > 콩기름
③ 에탄올 > 콩기름 > 물　　④ 에탄올 > 물 > 콩기름
⑤ 콩기름 > 물 > 에탄올

★빈출
352 중 · 이 문제에서 볼 수 있는 보기는 多

열팽창에 대한 설명으로 옳지 않은 것을 모두 고르면? (2 개)

① 물질의 온도가 높아지면 물질의 길이나 부피가 늘어나는
　현상이다.
② 물질의 온도가 높아지면 물질을 구성하는 입자의 수가
　증가하며 일어나는 현상이다.
③ 물질의 온도가 높아지면 물질을 구성하는 입자의 움직임
　이 활발해지고, 입자 사이의 거리가 멀어진다.
④ 온도 변화가 클수록 열팽창 정도가 크다.
⑤ 열팽창은 기체에서도 일어난다.
⑥ 고체나 액체는 물질의 종류가 달라도 열팽창 정도가 같다.

353 _중

그림은 어떤 고체에 열을 가했을 때 고체가 열팽창하는 것을 입자 모형으로 나타낸 것이다.

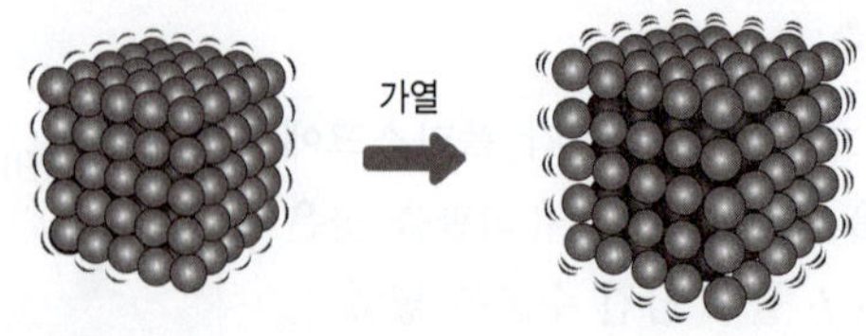

이에 대한 설명으로 옳은 것을 〈보기〉에서 모두 고른 것은?

> ─〈 보기 〉─
> ㄱ. 고체를 구성하는 입자의 움직임이 활발해진다.
> ㄴ. 고체를 구성하는 입자 사이의 거리가 평균적으로 가까워진다.
> ㄷ. 고체는 물질의 종류에 관계없이 열팽창하는 정도가 같다.

① ㄱ   ② ㄴ   ③ ㄱ, ㄴ
④ ㄱ, ㄷ   ⑤ ㄱ, ㄴ, ㄷ

354 _중

그림은 크기가 동일한 두 개의 플라스크에 같은 부피의 액체 A, B를 넣고 뜨거운 물에 넣었더니, 각각의 부피가 증가한 모습을 나타낸 것이다.

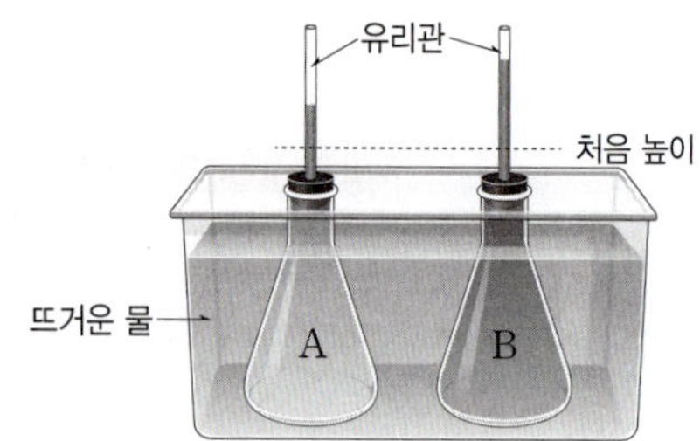

이를 통해 알 수 있는 사실은?

① 질량은 A보다 B가 더 크다.
② 비열은 A보다 B가 더 크다.
③ 열팽창 정도는 A보다 B가 더 크다.
④ 전도는 B보다 A에서 잘된다.
⑤ 얻은 열량이 B보다 A가 더 크다.

355 _중

그림은 같은 부피의 에탄올과 물이 담긴 삼각 플라스크를 수조에 넣고 뜨거운 물을 부었더니, 유리관 속 액체의 높이가 변한 모습을 나타낸 것이다.

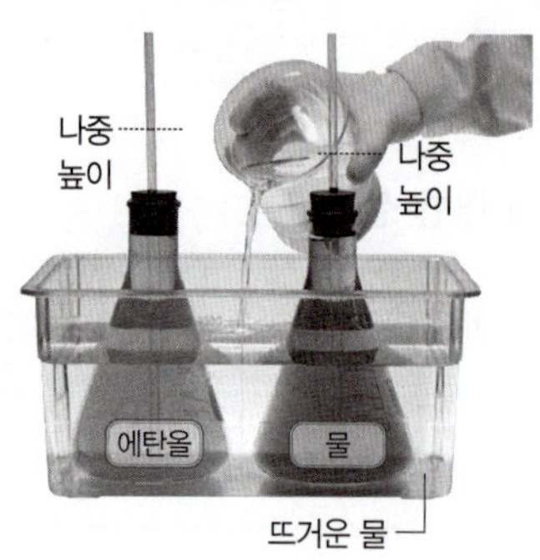

이에 대한 설명으로 옳은 것은?

① 액체는 온도가 높아지면 부피가 줄어든다.
② 에탄올과 물 모두 유리관을 따라 높이가 낮아진다.
③ 에탄올과 물 모두 입자 사이의 거리가 가까워진다.
④ 액체의 종류에 따라 열팽창 정도가 다르다는 것을 알 수 있다.
⑤ 열팽창 정도는 물이 에탄올보다 크다.

356 _중

그림은 알루미늄박과 종이를 붙여서 만든 알루미늄 테이프를 스탠드에 걸고 가열하기 전과 가열한 후의 모습을 나타낸 것이다.

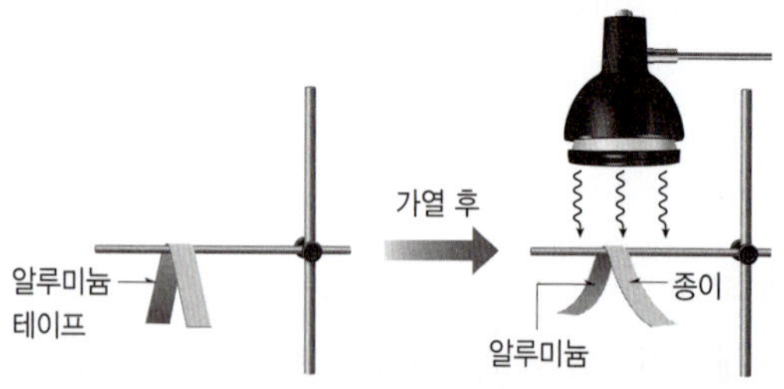

이에 대한 설명으로 옳은 것을 〈보기〉에서 모두 고른 것은?

> ─〈 보기 〉─
> ㄱ. 가열 후 알루미늄을 구성하는 입자의 움직임은 활발해진다.
> ㄴ. 알루미늄박이 종이 쪽으로 휘어진다.
> ㄷ. 열팽창 정도는 종이가 알루미늄보다 크다.

① ㄱ   ② ㄴ   ③ ㄷ
④ ㄱ, ㄴ   ⑤ ㄴ, ㄷ

357 상

그림은 금속 공이 금속 고리에 꽉 끼어 고리를 통과하지 못하는 모습을 나타낸 것이다.

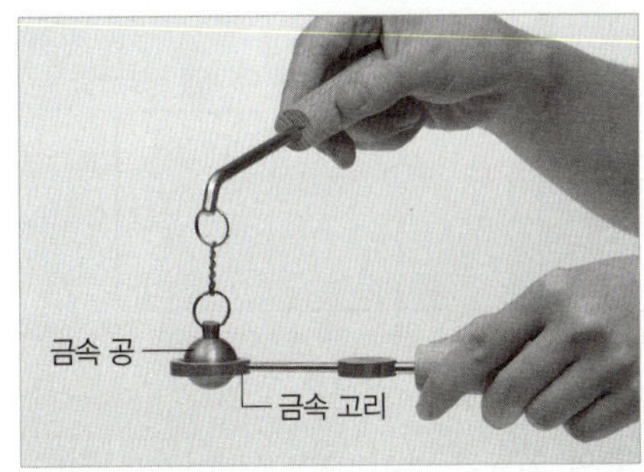

이 금속 공을 금속 고리에 통과시키기 위한 방법으로 옳은 것은?

① 금속 공을 가열한다.
② 금속 고리를 가열한다.
③ 금속 고리를 찬물에 넣는다.
④ 금속 공과 금속 고리를 동시에 가열한다.
⑤ 금속 공과 금속 고리를 동시에 찬물에 넣는다.

358 상

그림은 같은 길이의 서로 다른 금속 막대 A, B, C의 끝을 각각 눈금 0을 가리키는 세 바늘에 연결한 후 동시에 가열하였더니 바늘이 오른쪽으로 돌아간 모습을 나타낸 것이다.

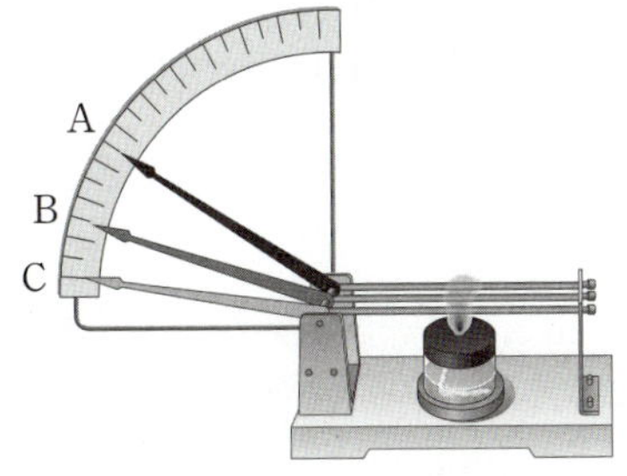

이에 대한 설명으로 옳은 것을 〈보기〉에서 모두 고른 것은?

〈 보기 〉
ㄱ. 열팽창 정도는 C>B>A 순으로 크다.
ㄴ. 금속 막대 A에 가한 열량이 제일 크다.
ㄷ. 금속 막대 A, B, C는 서로 다른 물질이다.
ㄹ. 온도가 높아지면 금속 막대를 이루는 입자 사이의 거리는 멀어진다.

① ㄱ, ㄴ　　　② ㄱ, ㄷ　　　③ ㄴ, ㄷ
④ ㄱ, ㄹ　　　⑤ ㄷ, ㄹ

359 빈출 상

그림은 네 개의 둥근바닥 플라스크에 같은 부피의 네 가지 액체를 넣고 뜨거운 물에 넣었더니, 각각의 부피가 증가한 모습을 나타낸 것이다.

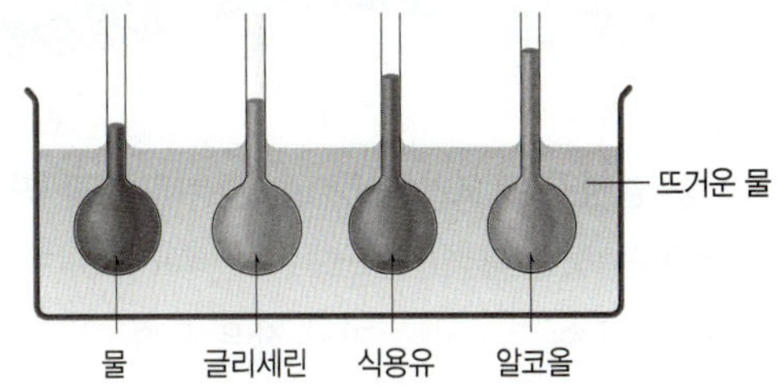

이에 대한 설명으로 옳은 것을 〈보기〉에서 모두 고른 것은?

〈 보기 〉
ㄱ. 열팽창 정도는 알코올>식용유>글리세린>물이다.
ㄴ. 알코올의 높이가 가장 높은 것은 질량이 가장 많이 증가했기 때문이다.
ㄷ. 열이 플라스크에서 수조에 담긴 뜨거운 물로 이동한다.
ㄹ. 충분한 시간이 지나면 물, 글리세린, 식용유, 알코올의 온도는 같아진다.

① ㄱ, ㄴ　　　② ㄱ, ㄹ　　　③ ㄴ, ㄷ
④ ㄴ, ㄹ　　　⑤ ㄷ, ㄹ

B 열팽창의 활용

바이메탈

360 하

오른쪽 그림은 금속 A, B를 붙여 만든 바이메탈의 모습을 나타낸 것이다.

바이메탈을 가열하여 온도가 높아진 모양을 나타낸 것으로 옳은 것은? (단, 열팽창 정도는 B가 A보다 크다.)

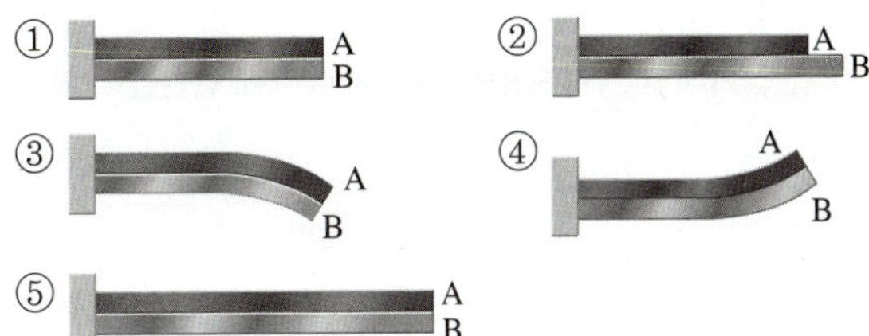

361  중

그림 (가)~(다)는 서로 다른 금속 A, B, C를 2개씩 붙여 바이메탈을 만든 후 가열한 모습이다.

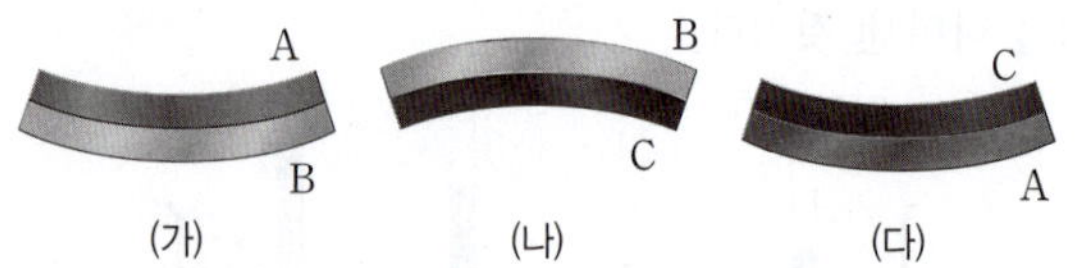

A~C 중 열팽창 정도가 가장 큰 금속과 가장 작은 금속을 옳게 짝 지은 것은?

	가장 큰 금속	가장 작은 금속
①	A	B
②	A	C
③	B	A
④	B	C
⑤	C	B

362 중

그림은 전기다리미의 온도 조절 장치에서 바이메탈을 이용한 모습을 나타낸 것이다.

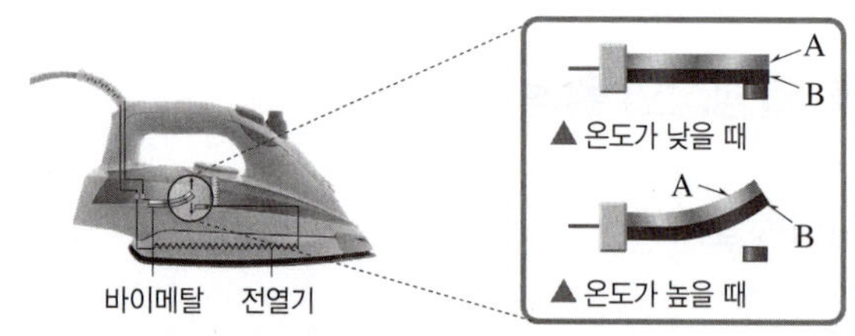

이에 대한 설명으로 옳은 것을 〈보기〉에서 모두 고른 것은?

〈 보기 〉
ㄱ. 온도가 높아지면 바이메탈에 있는 두 금속 A, B의 길이가 길어진다.
ㄴ. 바이메탈의 온도가 올라갈 때 금속 A가 금속 B보다 더 길어진다.
ㄷ. 온도가 높아지면 바이메탈이 휘어져 다리미 전원을 차단한다.

① ㄱ ② ㄴ ③ ㄱ, ㄴ
④ ㄱ, ㄷ ⑤ ㄱ, ㄴ, ㄷ

363 상

그림은 바이메탈을 이용한 자동 온도 조절 장치의 구조를 나타낸 것이다. (열팽창 정도는 금속 B가 금속 A보다 크다.)

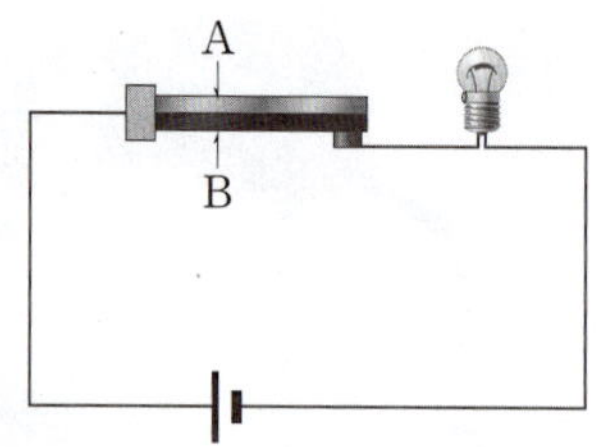

이에 대한 설명으로 옳은 것은?

① 바이메탈의 온도가 낮아지면 전원이 차단된다.
② 온도가 높아지면 바이메탈이 B 쪽으로 휘어진다.
③ 금속 A와 금속 B의 열팽창 정도가 비슷할수록 더 많이 휜다.
④ 이와 관련된 자동 온도 조절 장치를 사용하는 예로는 토스트기가 있다.
⑤ 온도가 높아지면 금속 A와 금속 B를 구성하는 입자의 움직임이 둔해진다.

열팽창을 활용하는 예

364 하

오른쪽 그림과 같이 금속으로 만든 기차선로에 틈을 만드는 까닭과 관련된 것은?

① 대류 ② 복사 ③ 비열
④ 전도 ⑤ 열팽창

365 하

철로 만든 에펠탑이 여름에는 높이가 높아지고, 겨울에는 높이가 낮아진다. 그 까닭은?

① 에펠탑을 구성하는 입자의 크기가 커지기 때문이다.
② 에펠탑을 구성하는 입자의 개수가 많아지기 때문이다.
③ 에펠탑을 구성하는 입자의 종류가 달라지기 때문이다.
④ 에펠탑을 구성하는 입자의 움직임이 활발해지기 때문이다.
⑤ 에펠탑을 구성하는 입자 사이의 거리가 가까워지기 때문이다.

366 중

금속으로 만든 병뚜껑이 열리지 않을 때 병뚜껑에 뜨거운 물을 부으면 잘 열린다. 이에 대한 설명으로 옳은 것을 〈보기〉에서 모두 고른 것은?

―〈 보기 〉―
ㄱ. 병뚜껑의 부피가 수축한다.
ㄴ. 병뚜껑을 구성하는 입자의 움직임이 활발해진다.
ㄷ. 병뚜껑을 구성하는 입자 사이의 거리는 가까워진다.

① ㄱ ② ㄴ ③ ㄷ
④ ㄱ, ㄴ ⑤ ㄴ, ㄷ

367 중 빈출

이 문제에서 볼 수 있는 보기는 多

열팽창을 활용하는 예로 옳지 않은 것을 모두 고르면? (2 개)
① 열팽창 정도가 비슷한 철근과 콘크리트로 건물을 만든다.
② 가스관의 중간에 구부러진 부분을 만들어 사고를 예방한다.
③ 전기 주전자가 과열되는 것을 막기 위해 바이메탈을 사용한다.
④ 열팽창 정도가 작은 내열 유리를 사용한 조리 도구로 요리한다.
⑤ 음식을 오랫동안 따뜻하게 유지하기 위해 뜨거운 돌판 위에 올려놓는다.
⑥ 물과 식용유를 같이 가열하면 물보다 식용유의 온도가 더 빠르게 높아진다.
⑦ 알코올 온도계 속 액체는 온도가 높아지면 액체가 가리키는 눈금이 올라간다.

368 중

오른쪽 그림은 사고를 예방하기 위해 가스관 중간에 구부러진 부분을 만든 모습이다. 이와 관련된 현상으로 옳은 것을 〈보기〉에서 모두 고른 것은?

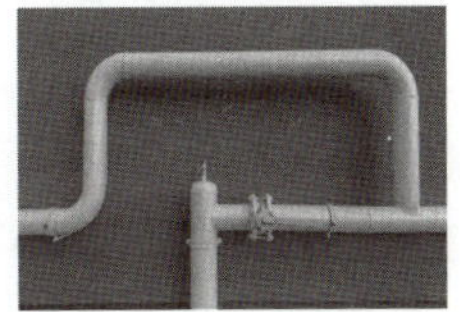

―〈 보기 〉―
ㄱ. 다리의 이음매 부분에 틈을 만든다.
ㄴ. 안경테는 열팽창 정도가 큰 물질로 만들어 모양이 항상 유지되도록 한다.
ㄷ. 충치를 치료한 자리에 넣는 충전재는 치아와 열팽창 정도가 다른 재료를 사용한다.

① ㄱ ② ㄴ ③ ㄱ, ㄴ
④ ㄱ, ㄷ ⑤ ㄱ, ㄴ, ㄷ

369 중

그림 (가)와 (나)는 여름과 겨울에 나타나는 전선의 모습을 순서 없이 나타낸 것이다.

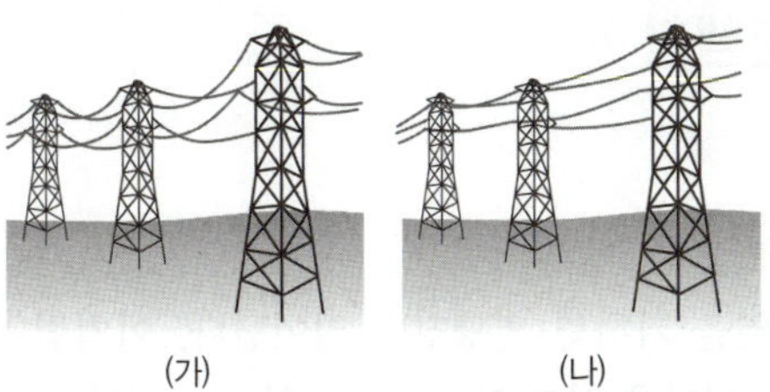

(가)   (나)

이에 대한 설명으로 옳은 것을 〈보기〉에서 모두 고른 것은?

―〈 보기 〉―
ㄱ. (가)와 (나)에서 생기는 차이는 열팽창으로 인해 생기는 현상이다.
ㄴ. (가)는 겨울의 모습이고, (나)는 여름의 모습이다.
ㄷ. (나)에서 전선을 구성하는 입자 사이의 거리는 (가)에서보다 멀다.

① ㄱ ② ㄴ ③ ㄱ, ㄷ
④ ㄴ, ㄷ ⑤ ㄱ, ㄴ, ㄷ

370 상

오른쪽 그림과 같이 알코올 온도계를 물에 넣고, 물을 가열하였더니 온도계의 눈금이 올라갔다. 이에 대한 설명으로 옳은 것을 〈보기〉에서 모두 고른 것은?

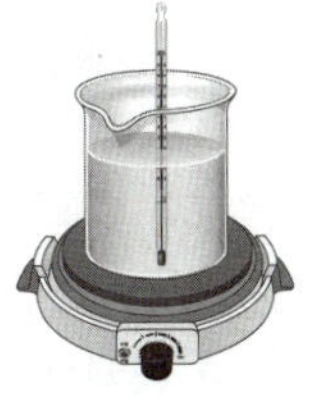

―〈 보기 〉―
ㄱ. 온도계 속 알코올이 열팽창한다.
ㄴ. 온도계 속 알코올의 부피가 줄어든다.
ㄷ. 온도계 속 알코올 입자 사이의 거리가 멀어진다.
ㄹ. 온도계에 열팽창 정도가 작은 액체를 넣어야 한다.

① ㄱ, ㄴ ② ㄱ, ㄷ ③ ㄴ, ㄷ
④ ㄴ, ㄹ ⑤ ㄷ, ㄹ

A 열팽창

371 하

고체에 열을 가하면 열팽창이 일어난다. 이처럼 열팽창이 일어나는 까닭을 입자 사이의 거리와 관련지어 서술하시오.

---

372 하

그림은 네 개의 용기에 같은 부피의 네 가지 액체를 넣고 뜨거운 물에 넣었더니, 각각의 액체의 높이가 높아진 모습을 나타낸 것이다.

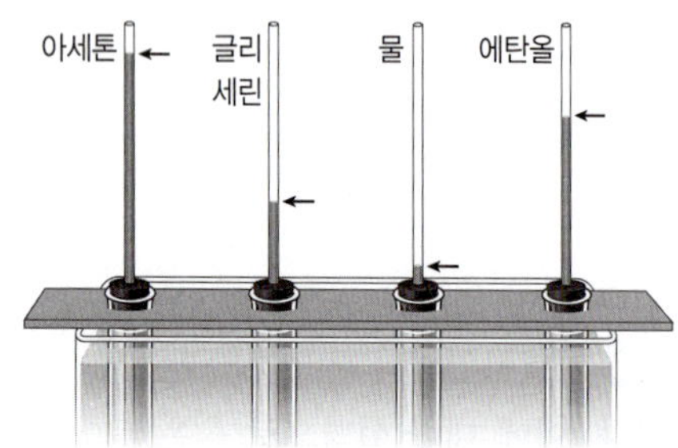

(1) 아세톤, 글리세린, 물, 에탄올 중에 열팽창 정도가 가장 큰 액체를 쓰시오.

---

(2) 유리관 속 액체의 높이가 모두 다른 까닭을 서술하시오.

---

373 중

그림과 같이 같은 부피의 액체 A, B, C를 같은 병에 넣고, 뜨거운 물이 담긴 수조에 넣었을 때 각 액체의 부피가 달라졌다.

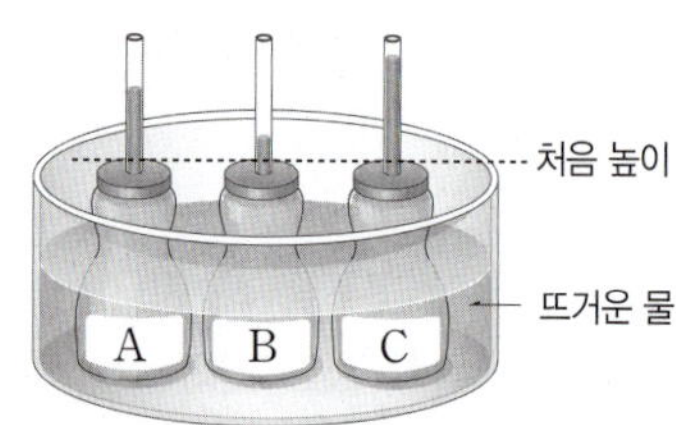

A, B, C의 열팽창 정도를 부등호를 이용하여 비교하고, 그 까닭을 서술하시오.

---

374 상

그림 (가)는 길이가 같은 철, 구리, 알루미늄 막대를 동시에 가열하는 열팽창 실험 장치의 모습을, (나)는 5 분 뒤에 각 금속 막대와 연결된 바늘이 회전한 모습을 나타낸 것이다.

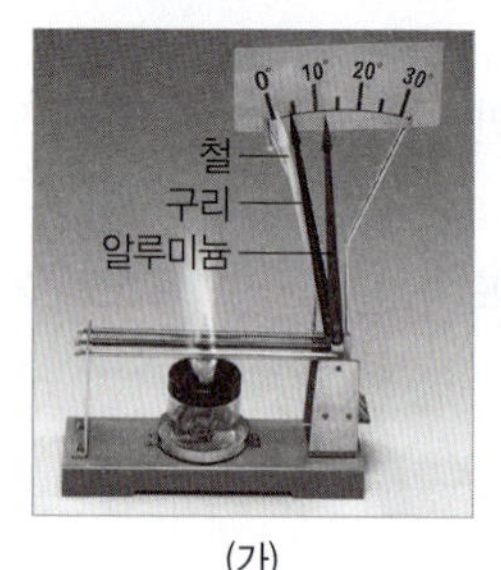

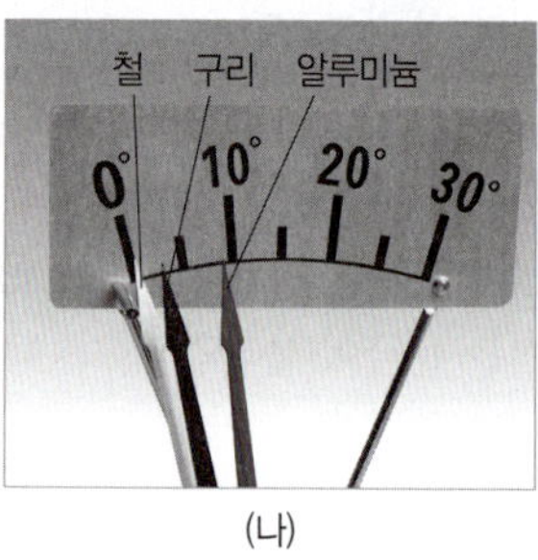

(가)   (나)

철, 구리, 알루미늄의 열팽창 정도를 부등호를 이용하여 비교하고, 그 까닭을 서술하시오.

B 열팽창의 활용

375 하

기차선로나 다리의 이음매 부분에 틈을 만드는 까닭을 여름, 열팽창을 포함하여 서술하시오.

---

376 하

금속으로 된 유리병의 뚜껑이 꽉 닫혀 있어서 잘 열리지 않을 때가 있다. 이 금속 뚜껑을 쉽게 열 수 있는 방법을 열팽창과 관련지어 서술하시오.

★빈출 377 중

그림 (가)는 서로 다른 금속 A, B, C를 2개씩 붙여 바이메탈을 만든 모습을, (나)는 이 바이메탈을 가열한 후의 모습을 나타낸 것이다.

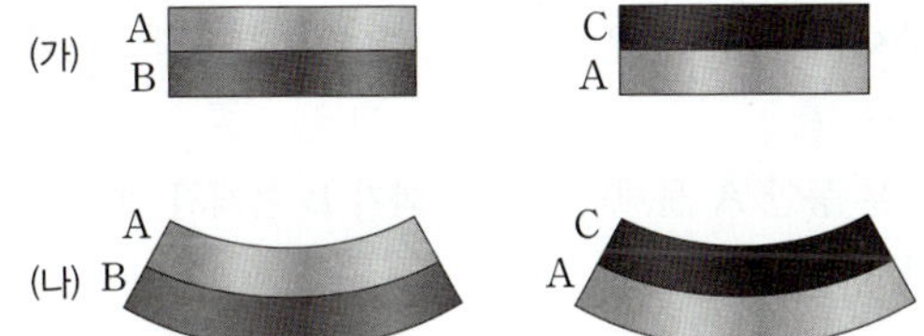

금속 A, B, C의 열팽창 정도를 부등호를 이용하여 비교하고, 그 까닭을 서술하시오.

---

378 중

그림과 같이 어떤 쇠고리에 쇠구슬을 통과시켰더니 쇠구슬의 중간 부분이 쇠고리에 걸려 통과하지 못하였다.

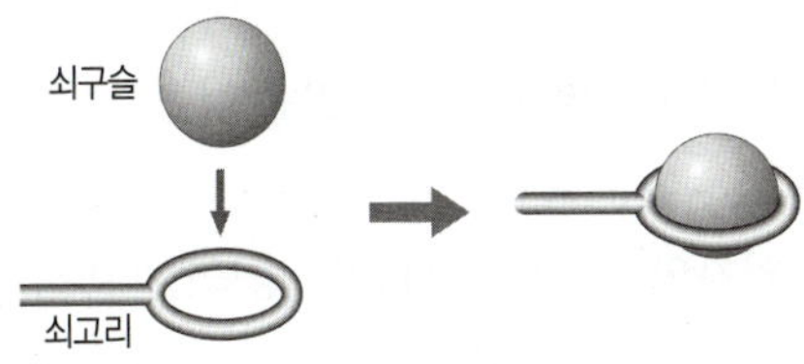

쇠구슬을 통과시키기 위해 쇠고리에 무엇을 해야 하는지 서술하시오.

★빈출 379 상

그림은 바이메탈을 이용한 화재경보기가 작동했을 때의 모습을 나타낸 것이다.

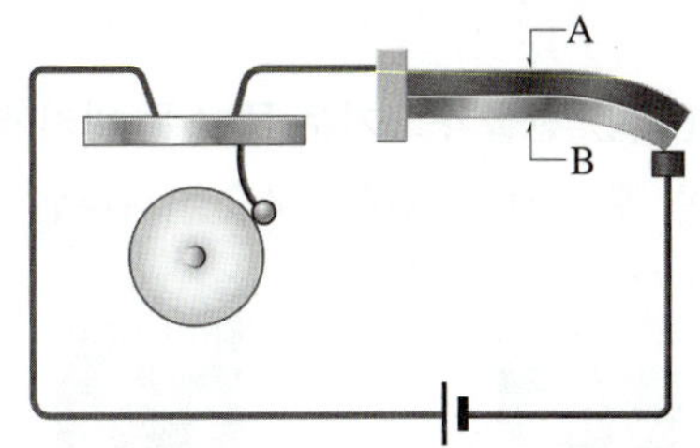

(1) 금속 A와 B 중 열팽창 정도가 더 큰 금속을 쓰고, 그 까닭을 서술하시오.

---

(2) 바이메탈을 이용한 화재경보기가 작동하는 원리를 서술하시오.

---

380 상

그림과 같이 음료수 병을 보면 음료수가 가득 들어 있지 않고 약간 빈 공간이 있다.

음료수 병을 가득 채우지 않는 까닭을 열팽창을 포함하여 서술하시오.

381

그림 (가)와 (나)는 찬물과 뜨거운 물이 든 비커에 잉크를 동시에 떨어뜨린 후 잉크가 퍼지는 모습을 나타낸 것이다.

(가)   (나)

이에 대한 설명으로 옳은 것을 〈보기〉에서 모두 고른 것은?

〈보기〉
ㄱ. (가)는 뜨거운 물이 든 비커이다.
ㄴ. (가)보다 (나)에서 잉크가 더 빠르게 퍼진다.
ㄷ. (가)보다 (나)에서 물을 구성하는 입자의 움직임이 느리다.
ㄹ. (가)와 (나)에 설탕을 넣으면 (나)에서 더 빠르게 녹는다.

① ㄴ   ② ㄱ, ㄹ   ③ ㄴ, ㄹ
④ ㄷ, ㄹ   ⑤ ㄱ, ㄴ, ㄹ

382

그림 (가)는 만두를 찔 때 사용하는 찜기의 모습을, (나)는 채소를 볶을 때 사용하는 프라이팬의 모습을 나타낸 것이다.

 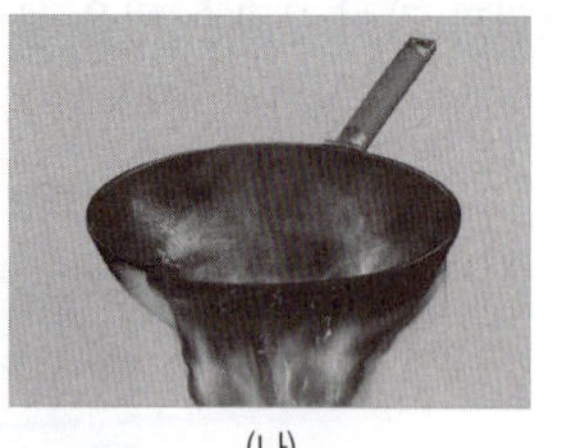

(가)   (나)

(가)와 (나)의 조리 기구를 이용하여 음식을 조리할 때 주로 이용한 열의 이동 방법을 옳게 짝 지은 것은?

	(가)	(나)		(가)	(나)
①	대류	복사	②	대류	전도
③	복사	대류	④	복사	전도
⑤	전도	대류			

383

그림과 같이 온도가 서로 다른 두 물체 A, B를 접촉시켰더니 두 물체의 온도 변화가 그래프와 같이 나타났다.

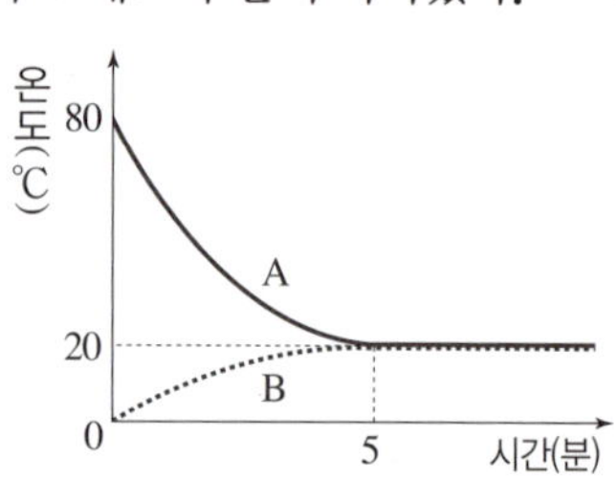

이에 대한 설명으로 옳은 것을 〈보기〉에서 모두 고른 것은? (단, 열은 A, B 사이에서만 이동한다.)

〈보기〉
ㄱ. 열은 A에서 B로 이동한다.
ㄴ. 시간이 지날수록 이동하는 열의 양은 늘어난다.
ㄷ. 입자 A의 움직임은 느려지고, 입자 B의 움직임이 활발해진다.
ㄹ. 5 분 동안 A 물체의 열량 변화가 B 물체의 열량 변화보다 3 배 많다.

① ㄱ, ㄴ   ② ㄱ, ㄷ   ③ ㄴ, ㄹ
④ ㄱ, ㄴ, ㄹ   ⑤ ㄱ, ㄷ, ㄹ

384

온도와 열에 대한 설명으로 옳지 <u>않은</u> 것은?
① 열은 온도가 높은 곳에서 낮은 곳으로 이동한다.
② 온도는 입자의 움직임이 활발한 정도를 나타낸 것이다.
③ 물체의 온도가 높아지면 물체를 구성하는 입자 사이의 거리가 멀어진다.
④ 열이 이동하여 두 물체의 온도가 같아진 상태를 열량이라고 한다.
⑤ 알루미늄박은 복사로 일어나는 열의 전달을 막는 데 효과적이다.

385

그래프는 질량이 같은 물질 A와 B를 같은 열량으로 가열하면서 온도를 측정한 결과를 나타낸 것이다.

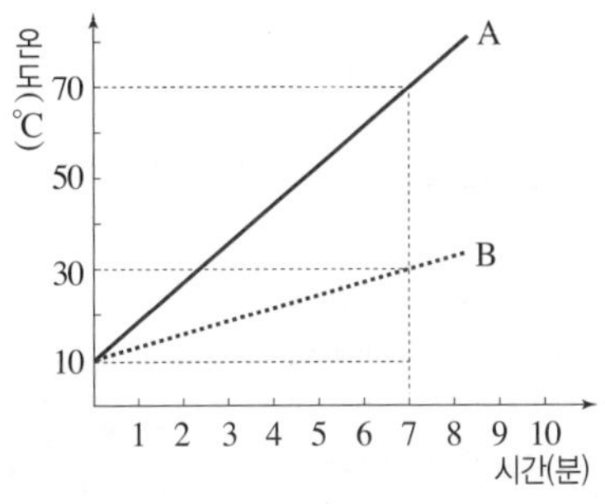

이에 대한 설명으로 옳은 것은?

① 비열은 B가 A보다 3 배 크다.
② 7 분 동안 A가 받은 열량은 B의 3 배이다.
③ 같은 시간 동안 온도 변화가 큰 물질은 B이다.
④ A의 온도 변화는 A가 얻은 열량에 반비례한다.
⑤ 동일한 질량 A와 B를 냉각시키면 B가 빠르게 냉각된다.

386

표는 여러 가지 물질의 비열을 나타낸 것이다.

물질	A	B	C	D
비열 (kcal/(kg·°C))	1.00	0.25	0.40	0.20

이에 대한 설명으로 옳은 것은?

① 물질의 질량이 다르면 물질의 비열도 다르다.
② A~D 중 냉각수로 사용하기 좋은 물질은 D이다.
③ 질량과 온도 변화가 같을 때 가장 많은 열량이 필요한 물질은 A이다.
④ 물질 C 200 g의 온도를 10 °C 높이기 위해서는 4 kcal의 열량이 필요하다.
⑤ 물질의 질량과 가한 열량이 같을 때 온도 변화가 가장 큰 물질은 A이다.

387

그림은 서로 다른 물질을 같은 양만큼 넣은 삼각 플라스크의 입구를 막은 후 60 °C의 온도를 유지하는 수조에 넣고 일정 시간이 흘렀을 때의 모습을 나타낸 것이다.

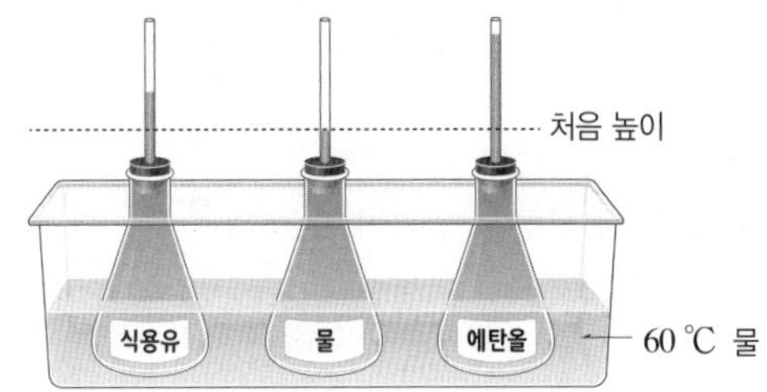

이에 대한 설명으로 옳은 것은?

① 에탄올에서 수조로 열이 이동했다.
② 에탄올의 열팽창 정도가 가장 작다.
③ 식용유를 구성하는 입자의 움직임이 둔해졌다.
④ 열팽창은 액체에서만 일어나므로 삼각 플라스크의 크기는 일정하다.
⑤ 물질에 열을 같은 열량을 가했을 때 물질에 따른 열팽창 정도를 알아보는 실험이다.

388

그림은 서로 다른 금속을 붙여서 만든 장치의 온도가 상승했을 때 장치가 변화하는 모습을 나타낸 것이다.

이에 대한 설명으로 옳은 것을 〈보기〉에서 모두 고른 것은?

〈 보기 〉

ㄱ. 구리가 철보다 열팽창 정도가 작다.
ㄴ. 그림과 같은 장치를 바이메탈이라고 한다.
ㄷ. 처음 상태에서 냉각시키면 위쪽으로 휘어진다.
ㄹ. 위 장치가 더 적은 온도 상승에서도 쉽게 휘어지게 하기 위해서는 철 대신 열팽창 정도가 더 큰 금속을 사용한다.

① ㄱ, ㄷ　　　② ㄱ, ㄹ　　　③ ㄴ, ㄷ
④ ㄷ, ㄹ　　　⑤ ㄱ, ㄴ, ㄹ

08 입자의 운동

A 확산

1 확산 물질을 구성하는 입자가 스스로 ❶☐☐하여 주변으로 퍼져 나가는 현상 → 입자는 모든 방향으로 운동한다.

2 확산의 예

(1) **액체에서의 확산 현상:** 따뜻한 물에 티백을 넣으면 차가 우러나며 고르게 퍼져 나간다. → 차 입자와 물 입자가 스스로 끊임없이 운동하여 서로 섞이기 때문

탐구 잉크의 확산

물이 반 정도 들어 있는 페트리 접시에 푸른색 잉크를 1 방울~2 방울 떨어뜨리고 잉크의 모습을 관찰한다.

결과 및 정리

물 전체가 점차 잉크 색으로 변한다. → 잉크 입자가 스스로 운동하여 물속으로 퍼져 나가면서 물과 고르게 섞이기 때문

(2) **기체에서의 확산 현상:** 실험실 한 지점에서 향수를 뿌리면 향수를 뿌린 곳에서 가까운 사람부터 먼 사람까지 향수 냄새를 맡을 수 있는 사람이 점차 늘어난다. → 향수 입자가 공기 중으로 ❷☐☐하여 주변으로 퍼져 나가기 때문

└ 확산은 진공에서도 일어날 수 있으며, 확산을 방해하는 다른 입자가 없으므로 확산이 더 잘 일어난다.

탐구 아세트산의 확산

① 페트리 접시에 BTB 용액을 일정한 간격으로 1 방울 떨어뜨린 다음, 페트리 접시 가운데에 식초를 1 방울~2 방울 떨어뜨린다.

② 뚜껑을 덮고 페트리 접시 안에서 일어나는 변화를 관찰한다.

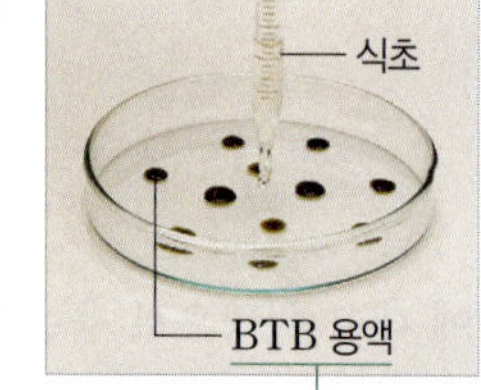

식초에 들어 있는 아세트산과 같은 산성 물질과 만나면 노랗게 변한다.

결과 및 정리

식초를 떨어뜨린 지점에서 가까이 있는 BTB 용액부터 색이 노랗게 변한다. → 식초에 들어 있는 아세트산 입자가 스스로 운동하여 모든 방향으로 확산하기 때문

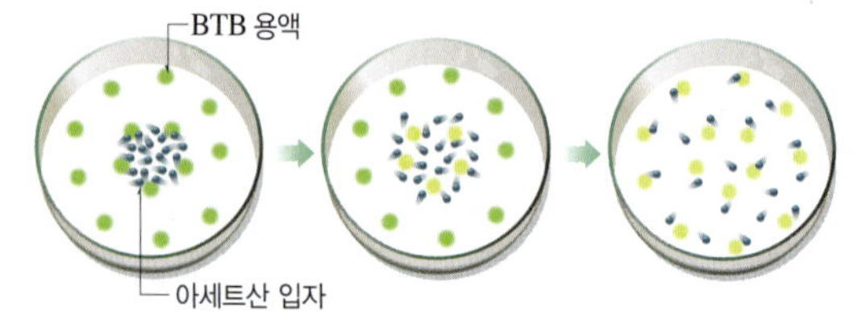

(3) **우리 주변에서 볼 수 있는 확산 현상**

- 떨어뜨린 식초가 냉면 전체에 퍼져 신맛이 난다.
- 탐지견이 냄새를 맡아 마약이나 폭발물 등을 찾는다.
- 빵 가게 안으로 들어가지 않아도 갓 구워 낸 빵 냄새를 맡을 수 있다.
- 물에 음료수 원액❶을 부으면 저어 주지 않아도 색깔이 서서히 퍼져 나간다.

B 증발

1 증발 물질을 구성하는 입자가 스스로 운동하여 액체 표면에서 ❸☐☐로 변하는 현상

2 증발의 예

(1) **물의 증발 현상:** 어항 속 물이 시간이 지나면서 조금씩 줄어든다. → 물 ❹☐에 있는 물 입자가 스스로 끊임없이 운동하여 공기 중으로 날아가기 때문

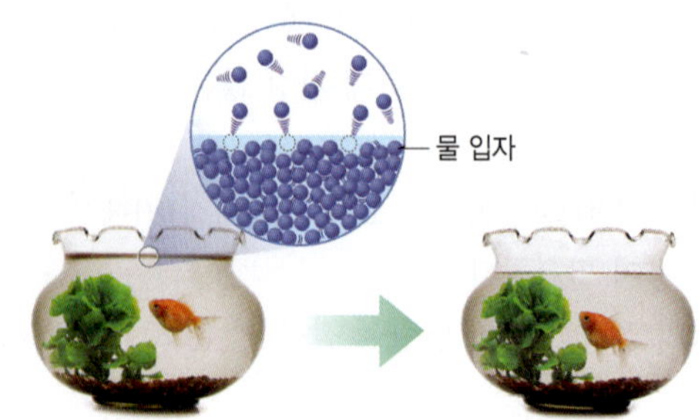

① 전자저울에 거름종이를 올린 페트리 접시를 놓고 영점을 맞춘다.
② 거름종이에 아세톤을 1 방울~2 방울 떨어뜨린 뒤 거름종이에 떨어뜨린 아세톤의 흔적과 질량 변화를 관찰한다.

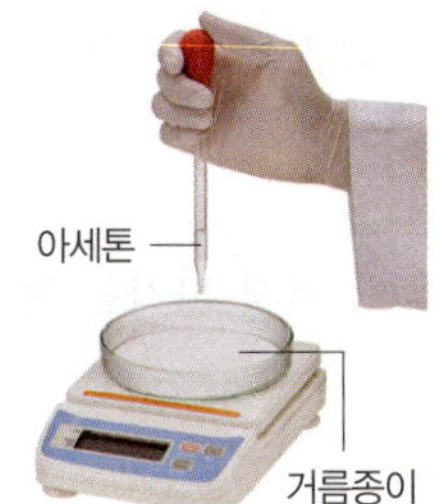

결과 및 정리

거름종이에 떨어뜨린 아세톤의 흔적이 서서히 사라지면서 질량[2]이 점점 줄어든다. ➡ 액체 상태의 아세톤 입자가 스스로 운동하여 기체가 되어 공기 중으로 날아가기 때문 → 시간이 지나면 멀리서도 아세톤 냄새를 맡을 수 있다.

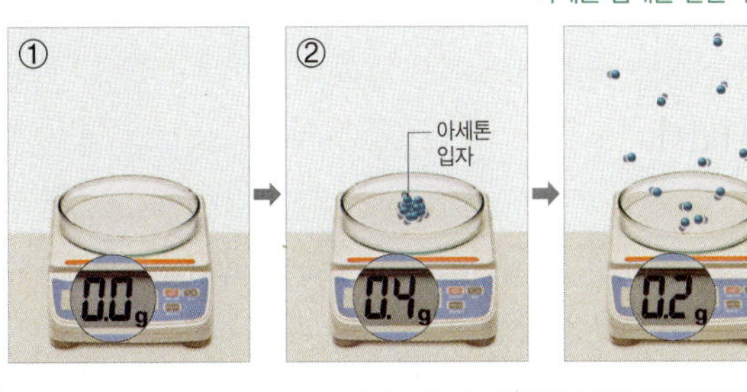

(2) **우리 주변에서 볼 수 있는 증발 현상**
- 젖은 빨래가 서서히 마른다.
- 염전에서 바닷물을 증발시켜 소금을 얻는다.
- 빵을 꺼내 놓으면 빵 표면이 말라서 딱딱해진다.

C 입자의 운동

1 입자의 운동

(1) **확산과 증발이 일어나는 까닭**: 물질을 구성하는 입자가 스스로 끊임없이 운동하기 때문 → 입자가 운동할 때 입자의 종류, 크기, 질량은 변하지 않는다.

(2) **향수의 확산과 증발 현상**: 향수병의 뚜껑을 연 채로 방에 놓아두면 향기가 방 전체를 가득 채운다. ➡ 향수 입자가 스스로 운동하여 향수 표면에서 ⑤[　　]하고, 공기 중으로 ⑥[　　]하기 때문 → 온도가 높을수록 입자 운동이 활발하여 확산과 증발이 잘 일어난다.

◆ **끓음**: 액체 표면과 내부에서 액체가 기체로 변하는 현상으로, 외부로부터 열을 받기 때문에 일어난다. → 액체가 끓기 시작하는 온도 이상에서만 일어난다.

◆ **증발이 잘 일어나는 조건**

온도	습도	바람	표면적
높을수록	낮을수록	강할수록	넓을수록

◆ **입자 운동으로 일어나는 현상이 아닌 것**
- 난로 주변이 따뜻하다.
- 노랫소리가 멀리 퍼진다.
- 물은 위에서 아래로 떨어진다.

아세트산의 확산 실험

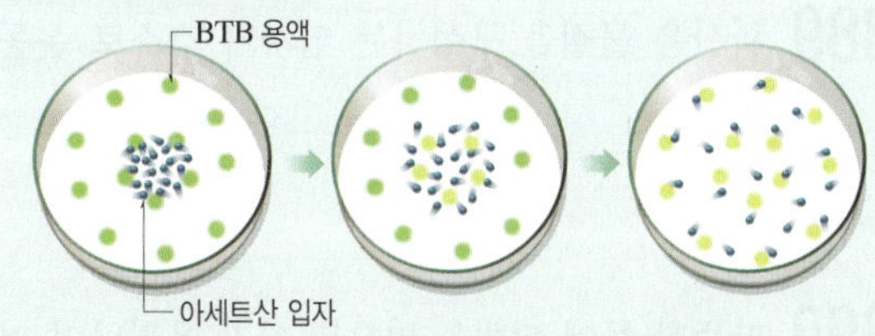

실험 결과	식초를 떨어뜨린 지점과 가까이 있는 BTB 용액부터 색이 노랗게 변한다.
BTB 용액이 노랗게 변한 까닭	식초에 들어 있는 아세트산 입자가 스스로 운동하여 모든 방향으로 확산하기 때문

아세톤의 증발 실험

실험 결과	거름종이에 떨어뜨린 아세톤의 흔적이 서서히 사라지면서 질량이 점점 줄어든다.
질량이 줄어드는 까닭	액체 상태의 아세톤 입자가 스스로 운동하여 기체가 되어 공기 중으로 날아가기 때문

향수의 확산과 증발 현상

향수의 양이 줄어드는 까닭	향수 입자가 스스로 운동하여 향수 표면에서 증발하기 때문
향기가 방 전체를 가득 채운 까닭	향수 입자가 스스로 운동하여 공기 중으로 확산하기 때문
확산과 증발이 일어나는 까닭	물질을 구성하는 입자가 스스로 끊임없이 운동하기 때문

❶ **원액**(原 근원, 液 진): 가공하거나 물 등을 넣지 않은 원래의 액체
❷ **질량**(蒸 찔, 發 필): 물질이 가지고 있는 고유의 양

답 ❶ 운동 ❷ 운동 ❸ 기체 ❹ 표면 ❺ 증발 ❻ 확산

OX로 개념 확인

◆ 개념에 대한 설명이 옳으면 ○, 옳지 않으면 ×로 쓰고, ×인 경우 옳지 않은 부분
에 밑줄을 긋고 옳은 문장으로 고쳐 보자.

389 확산은 물질을 구성하는 입자가 스스로 운동하여 주변으로 퍼져 나가는 현상
이다. ( )

390 따뜻한 물에 티백을 넣으면 차가 우러나며 퍼져 나가는 것은 물 입자는 운동하
지 않지만 차 입자가 운동하여 서로 섞이기 때문이다. ( )

391 물에 잉크를 떨어뜨리면 잉크 입자가 아래 방향으로만 퍼져 나간다. ( )

392 빵 가게 안으로 들어가지 않아도 갓 구워 낸 빵 냄새를 맡을 수 있는 것은 확산
으로 설명할 수 있다. ( )

393 액체 표면과 내부에서는 입자의 운동으로 증발이 일어난다. ( )

394 아세톤을 떨어뜨린 거름종이가 점점 가벼워지는 까닭은 기체 아세톤이 액체로
되면서 아세톤 입자가 증발하기 때문이다. ( )

395 떨어뜨린 식초가 냉면 전체에 퍼져 신맛이 나는 것은 증발로 설명할 수 있다. ( )

396 확산과 증발은 물질을 구성하는 입자가 스스로 끊임없이 운동하기 때문에 일
어나는 현상이다. ( )

397 향수병의 뚜껑을 오래 열어두어도 향수의 양은 줄어들지 않는다. ( )

398 젖은 빨래가 마르는 것은 물질을 구성하는 입자가 스스로 끊임없이 운동하기
때문에 일어나는 현상이다. ( )

난이도별 **필수 기출**

상 7 문항
중 17 문항
하 6 문항

A 확산

399 하

향초를 피우면 잠시 후 방 전체에서 향기가 나는 까닭으로 가장 적절한 것은?

① 공기가 있기 때문
② 온도가 낮기 때문
③ 압력이 높기 때문
④ 향기 입자가 중력 방향으로 운동하기 때문
⑤ 향기 입자가 스스로 운동하여 방 전체로 퍼져 나가기 때문

400 하

오른쪽 그림과 같이 물이 반 정도 들어 있는 페트리 접시에 푸른색 잉크를 1 방울 떨어뜨렸다. 충분한 시간이 지난 뒤 페트리 접시 안의 상태를 모형으로 옳게 나타낸 것은?

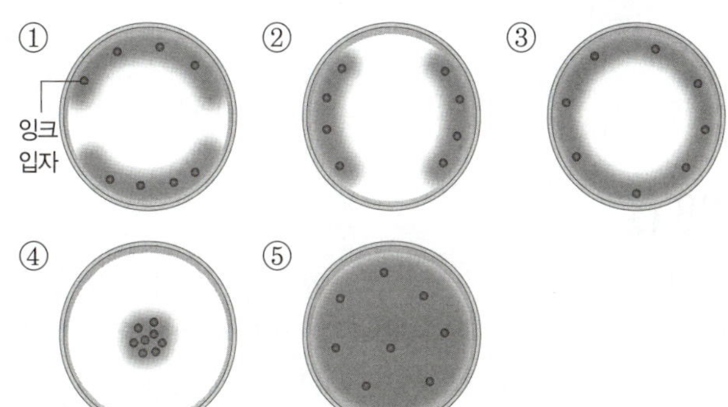

401 하 빈출

확산의 예로 옳은 것은?

① 가뭄에 논바닥이 마른다.
② 감을 말려 곶감을 만든다.
③ 물이 끓으면 물의 양이 점점 줄어든다.
④ 물걸레로 닦아 둔 교실 바닥이 마른다.
⑤ 물에 붉은색 색소를 넣으면 물 전체가 붉은색으로 변한다.

402 중

물질을 구성하는 입자가 스스로 운동하여 주변으로 퍼져 나가는 현상에 대한 설명으로 옳지 <u>않은</u> 것은?

① 기체 속에서도 일어난다.
② 온도가 높을수록 잘 일어난다.
③ 입자는 모든 방향으로 운동한다.
④ 열을 가했을 때 일어나는 현상이다.
⑤ 파스를 붙인 사람 주변에서 파스 냄새가 나는 것과 같은 원리이다.

403 중 빈출

이 문제에서 볼 수 있는 보기는 多

확산에 대한 설명으로 옳은 것을 모두 고르면? (2 개)

① 모든 방향으로 일어난다.
② 바람이 불 때만 일어나는 현상이다.
③ 온도가 낮을수록 확산이 잘 일어난다.
④ 확산이 일어나면 입자의 크기가 점점 작아진다.
⑤ 액체의 표면에서 액체가 기체로 변하는 현상이다.
⑥ 공기가 없으면 입자가 운동하지 못하므로 확산이 일어나지 않는다.
⑦ 물질을 구성하는 입자가 스스로 끊임없이 운동하기 때문에 일어난다.

404 중 빈출

오른쪽 그림과 같이 물이 들어 있는 삼각 플라스크에 푸른색 잉크를 1 방울 떨어뜨렸다. 이에 대한 설명으로 옳은 것은?

① 물속 잉크 입자의 개수가 점점 늘어난다.
② 잉크 입자는 아래 방향으로만 퍼져 나간다.
③ 잉크 입자가 스스로 운동하여 물 전체로 퍼져 나간다.
④ 잉크를 조심스럽게 물에 떨어뜨리면 잉크 입자는 운동하지 않는다.
⑤ 삼각 플라스크 바닥 쪽에 잉크를 천천히 넣으면 시간이 지나도 잉크가 아래쪽에서만 머물러 있다.

그림은 향수병 마개를 열어 놓았을 때 향수 냄새가 퍼지는 현상을 입자 모형으로 나타낸 것이다.

이에 대한 설명으로 옳은 것은?

① 향수 입자는 한 방향으로 퍼져 나간다.
② 공기가 없으면 향수 입자는 퍼져 나가지 않는다.
③ 향수 입자가 공기를 구성하는 다른 입자로 변한다.
④ 시간이 지나면 멀리서도 향수 냄새를 맡을 수 있다.
⑤ 향수병을 시원한 곳에 두면 향수 입자가 더 빨리 퍼져 나간다.

406 중

그림과 같이 교실의 한 지점에서 학급 구성원 중 1 명이 향수를 뿌리고, 다른 사람들은 모두 눈을 감은 상태로 향수 냄새를 맡은 즉시 손을 드는 실험을 하였다.

이 실험 결과로 옳은 것을 〈보기〉에서 모두 고른 것은?

> **보기**
> ㄱ. 시간이 지나면 모든 사람이 손을 든다.
> ㄴ. 향수를 뿌린 지점에서 가장 가까운 사람부터 손을 든다.
> ㄷ. 교실의 온도를 낮춘 뒤 같은 실험을 하면 손을 드는 사람이 없다.

① ㄱ   ② ㄷ   ③ ㄱ, ㄴ
④ ㄱ, ㄷ   ⑤ ㄴ, ㄷ

오른쪽 그림과 같이 BTB 용액을 페트리 접시에 일정한 간격으로 떨어뜨리고, 페트리 접시의 가운데에 식초를 1 방울 떨어뜨린 뒤 뚜껑을 덮었다. 이에 대한 설명으로 옳지 않은 것을 모두 고르면? (2 개)

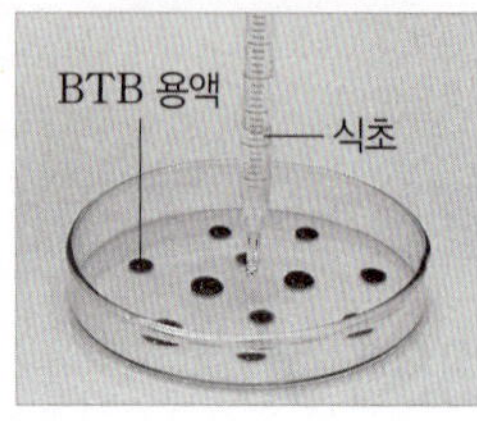

① 아세트산 입자는 모든 방향으로 퍼져 나간다.
② BTB 용액의 색깔은 동시에 노랗게 변한다.
③ 아세트산의 확산에 의해 BTB 용액의 색깔이 변한다.
④ 이 현상으로 입자가 스스로 운동하고 있다는 것을 알 수 있다.
⑤ 진공 상태에서 같은 실험을 하면 BTB 용액의 색깔이 변하지 않는다.
⑥ BTB 용액을 노랗게 변화시키는 물질은 식초에 들어 있는 아세트산이다.
⑦ 고깃집 근처에서 고기 굽는 냄새가 나는 현상은 이 실험과 같은 원리로 설명할 수 있다.

408 중

그림과 같이 여러 가지 색깔의 초콜릿을 페트리 접시에 일정한 간격으로 놓고, 초콜릿의 반이 잠길 만큼 따뜻한 물을 부었더니 초콜릿의 색소가 물에 녹아 퍼져 나간다.

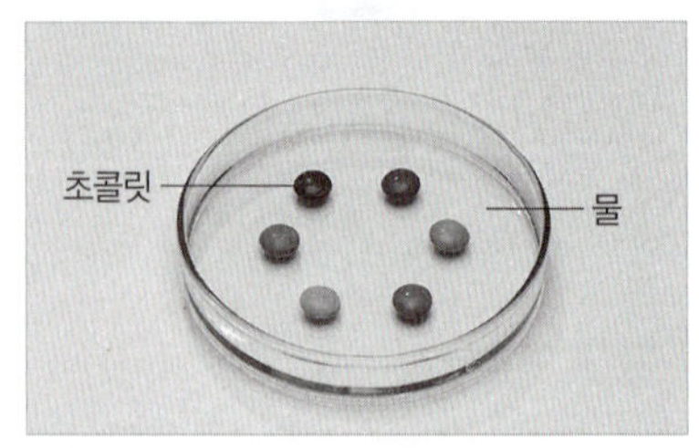

이와 같은 종류의 현상이 아닌 것은?

① 탐지견이 냄새를 맡아 폭발물을 찾는다.
② 손에 바른 손 소독제가 줄어들다가 사라진다.
③ 뜨거운 물에 티백을 넣으면 차 성분이 퍼져 나간다.
④ 울창한 숲길을 걸으면 피톤치드 냄새를 맡을 수 있다.
⑤ 물에 시럽을 넣으면 잠시 후 물 전체에서 단맛이 난다.

409 ^상

그림은 찬물과 뜨거운 물이 들어 있는 비커에 같은 양의 잉크를 동시에 떨어뜨렸을 때 잉크가 퍼지는 모습을 순서 없이 나타낸 것이다.

(가)　　　　　　　　(나)

이에 대한 설명으로 옳은 것을 〈보기〉에서 모두 고른 것은?

> **〈 보기 〉**
> ㄱ. (가)는 뜨거운 물이 든 비커이다.
> ㄴ. 잉크 입자의 운동은 (가)보다 (나)에서 더 둔하다.
> ㄷ. 두 비커에서 잉크가 퍼지는 현상은 확산과 관련이 있다.

① ㄴ　　　　　② ㄷ　　　　　③ ㄱ, ㄴ
④ ㄱ, ㄷ　　　　⑤ ㄴ, ㄷ

410 ^상

다음은 확산 현상에 대하여 반 친구들의 토론 내용을 정리한 것이다.

> • 리안: 부엌에서 나는 음식 냄새를 방에서도 맡을 수 있는 것은 확산으로 설명할 수 있어.
> • 서이: 냄새를 구성하는 입자가 움직이지 않지만, 바람 때문에 멀리까지 퍼져 나가는 거야.
> • 은유: 멀리서도 냄새를 맡을 수 있는 현상으로 입자가 정지해 있지 않고 스스로 끊임없이 운동한다는 것을 알 수 있어.
> • 예나: 온도가 높을수록 입자 운동이 활발해지므로 확산이 더 잘 일어나.
> • 태호: 만약 진공 상태였다면 입자가 다른 입자의 방해를 받지 않으므로 확산이 더 잘 일어날 거야.

옳지 <u>않은</u> 내용을 말한 친구는 누구인가?

① 리안　　　　② 서이　　　　③ 은유
④ 예나　　　　⑤ 태호

411 ^상

그림과 같이 페트리 접시의 가운데에 식초를 묻힌 솜을 놓고 푸른색 리트머스 종이를 일정한 간격으로 컵 안쪽 벽면에 붙인 플라스틱 컵으로 덮었더니 식초를 묻힌 솜과 가까운 푸른색 리트머스 종이부터 붉은색으로 변하였다.

이에 대한 설명으로 옳은 것을 〈보기〉에서 모두 고른 것은? (단, 푸른색 리트머스 종이는 식초에 들어 있는 아세트산과 만나면 붉은색으로 변한다.)

> **〈 보기 〉**
> ㄱ. 아세트산 입자의 확산을 관찰할 수 있다.
> ㄴ. 아세트산 입자가 위쪽으로만 운동한다는 것을 알 수 있다.
> ㄷ. 주위의 온도를 높이면 실험 결과가 더 느리게 나올 것이다.
> ㄹ. 푸른색 리트머스 종이의 색깔이 변하는 까닭은 아세트산 입자가 리트머스 종이와 만났기 때문이다.

① ㄱ, ㄴ　　　　② ㄱ, ㄹ　　　　③ ㄴ, ㄷ
④ ㄴ, ㄹ　　　　⑤ ㄷ, ㄹ

B 증발

★빈출
412 ^하 

다음 현상 중 나머지 넷과 <u>다른</u> 것은?

① 풀잎에 맺힌 이슬이 사라진다.
② 손등에 바른 알코올이 사라진다.
③ 마약 탐지견이 냄새로 마약을 찾는다.
④ 머리 말리개로 젖은 머리카락을 말린다.
⑤ 비가 온 뒤 운동장에 고여 있던 물이 마른다.

413 하

전자저울에 거름종이를 올린 페
트리 접시를 놓고 영점을 맞춘 다
음, 오른쪽 그림과 같이 거름종
이에 손 소독제를 2 회~3 회 뿌
린 뒤 질량을 측정하였다. 시간
이 지남에 따라 저울의 숫자가 줄
어드는 까닭으로 옳은 것은?

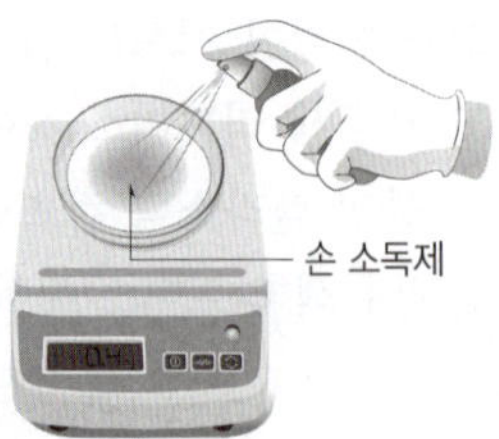

① 손 소독제 입자의 크기가 작아졌기 때문
② 손 소독제 입자의 종류가 달라졌기 때문
③ 손 소독제 입자의 질량이 줄어들었기 때문
④ 손 소독제 입자가 스스로 운동하여 증발하였기 때문
⑤ 손 소독제 입자가 거름종이에 스며들어 사라지기 때문

빈출 414 중

오른쪽 그림은 입자 운동에 의
해 나타나는 어떤 현상을 모형
으로 나타낸 것이다. 이에 대한
설명으로 옳은 것을 〈보기〉에
서 모두 고른 것은?

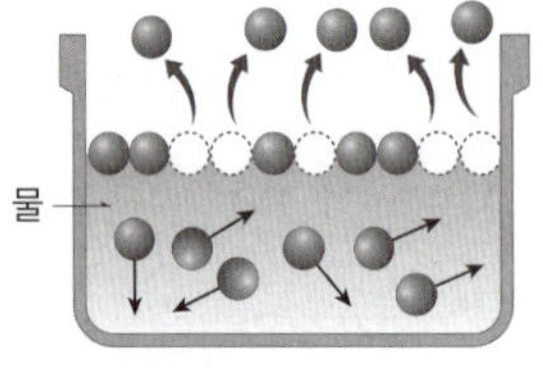

---〈 보기 〉---

ㄱ. 물에서만 일어나는 현상이다.
ㄴ. 액체가 기체로 변하는 현상이다.
ㄷ. 열을 가해 주지 않으면 일어나지 않는다.

---

① ㄱ　　　　② ㄴ　　　　③ ㄷ
④ ㄱ, ㄴ　　　⑤ ㄴ, ㄷ

빈출 415 중

그림은 어항 속 물의 표면에서 일어나는 현상을 모형으로 나
타낸 것이다.

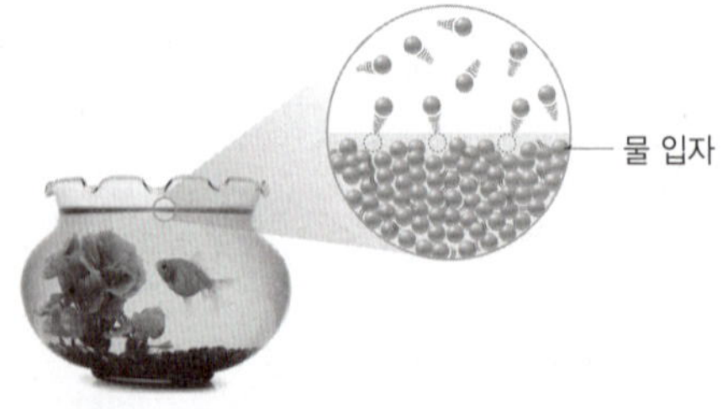

이에 대한 설명으로 옳지 않은 것은?

① 모든 온도에서 일어난다.
② 액체가 증발하는 현상이다.
③ 액체 표면과 내부에서 끊임없이 일어난다.
④ 젖은 빨래가 마르는 현상과 같은 원리이다.
⑤ 시간이 지날수록 어항 속의 물이 점점 줄어든다.

빈출 416 중

이 문제에서 볼 수 있는 보기는 多

전자저울에 거름종이를 올린 페트리 접시를 놓고 영점을 맞
춘 다음, 그림과 같이 거름종이에 아세톤을 몇 방울 떨어뜨
렸다.

이에 대한 설명으로 옳은 것을 모두 고르면? (2 개)

① 아세톤의 상태는 기체에서 액체로 변한다.
② 시간이 지나면 멀리서도 아세톤 냄새를 맡을 수 있다.
③ 시간이 지나도 저울의 숫자는 변하지 않는다.
④ 시간이 지날수록 아세톤 입자의 질량이 줄어든다.
⑤ 아세톤 입자가 스스로 운동하여 공기 중으로 날아간다.
⑥ 실험실의 온도와 습도가 높을수록 실험 결과는 더 빨리
　나타난다.
⑦ 시간이 지나도 거름종이에 남아 있는 아세톤 입자의 개
　수는 같다.

417 중

다음 글의 ㉠~㉤에 들어갈 말로 옳지 않은 것은?

전자저울에 거름종이를 올린 페트리 접시를 놓고 영점을 맞춘
다음, 거름종이에 젤 형태의 손 소독제를 조금 떨어뜨려 펴
바른 뒤 질량 변화를 관찰하였다. 시간이 지날수록 거름종이
위 손 소독제의 질량은 (㉠). 이는 손 소독제 (㉡)
에 있는 입자가 (㉢)가 되어 (㉣) 중으로 날아가기
때문이며, 이러한 현상을 (㉤)이라고 한다.

① ㉠ – 줄어든다　　　　② ㉡ – 내부
③ ㉢ – 기체　　　　　　④ ㉣ – 공기
⑤ ㉤ – 증발

418 ^중

그림은 에탄올을 떨어뜨린 거름종이에서 일어나는 현상을 모형으로 나타낸 것이다.

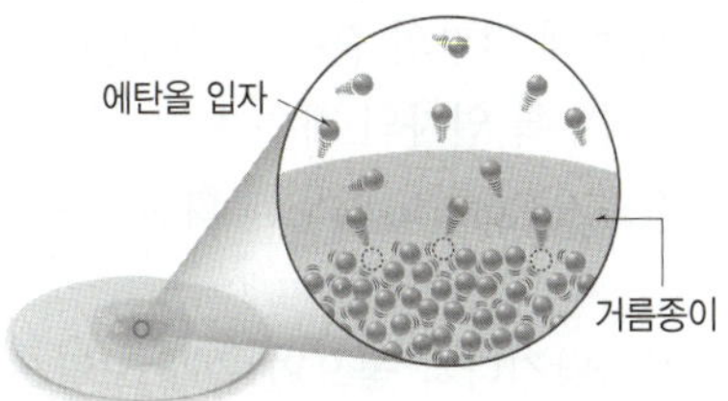

이와 같은 원리로 일어나는 현상으로 옳지 <u>않은</u> 것은?

① 과일을 말린다.
② 동물의 젖은 털을 바람으로 말린다.
③ 고추를 오래 보관하기 위해 햇빛에 말린다.
④ 비가 온 뒤 운동장에 고여 있는 물이 마른다.
⑤ 식초를 떨어뜨리면 냉면 전체에서 신맛이 난다.

419 ^중

증발이 잘 일어나기 위한 조건을 옳게 짝 지은 것은?

	온도	습도	바람
①	낮을수록	낮을수록	잘 불수록
②	낮을수록	높을수록	안 불수록
③	높을수록	낮을수록	잘 불수록
④	높을수록	낮을수록	안 불수록
⑤	높을수록	높을수록	안 불수록

420 ^상 이 문제에서 볼 수 있는 보기는 多

그림은 물에서 일어나는 두 가지 현상에서 물 입자의 운동을 모형으로 나타낸 것이다.

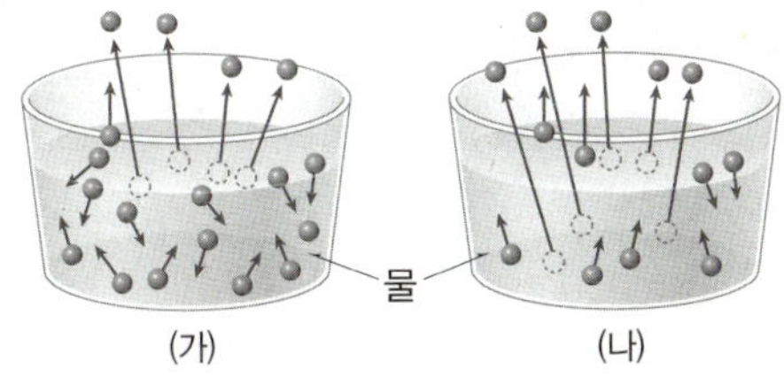

이에 대한 설명으로 옳지 <u>않은</u> 것은?

① (가)는 증발, (나)는 끓음을 모형으로 나타낸 것이다.
② (가)는 물 표면에서만 일어나고, (나)는 물 내부에서만 일어난다.
③ (가)는 모든 온도에서 일어나고, (나)는 액체가 끓기 시작하는 온도 이상에서만 일어난다.
④ (가)는 입자가 스스로 운동하기 때문에 일어나고, (나)는 액체가 끓기 시작하는 온도까지 가열해 주어야 일어난다.
⑤ (가)와 (나)에서 액체의 질량은 점점 줄어든다.
⑥ (가)와 (나)는 모두 액체가 기체로 변하는 현상이다.

421 ^상

오징어는 오래 보관하기 위해 말려서 보관한다. 오징어를 빨리 말릴 수 있는 방법으로 옳은 것을 〈보기〉에서 모두 고른 것은?

ㄱ. 여름철보단 겨울철에 말린다.
ㄴ. 오징어를 한 장씩 펼쳐서 말린다.
ㄷ. 오징어에 물을 뿌려 주면서 말린다.
ㄹ. 선풍기를 틀어 주변의 바람 세기를 강하게 해 준다.

① ㄱ, ㄴ   ② ㄱ, ㄷ   ③ ㄴ, ㄷ
④ ㄴ, ㄹ   ⑤ ㄷ, ㄹ

C 입자의 운동

422 ^하

다음 현상이 일어나는 공통적인 까닭은?

- 젖은 우산의 물기가 마른다.
- 물에 음료수 원액을 부으면 저어 주지 않아도 색깔이 서서히 퍼져 나간다.

① 물질을 구성하는 입자가 서로 밀어내기 때문
② 물질을 구성하는 입자의 질량이 다르기 때문
③ 물질을 구성하는 입자가 스스로 운동하기 때문
④ 물질을 구성하는 입자가 중력의 영향을 받기 때문
⑤ 물질을 구성하는 입자가 바람에 의해 이동하기 때문

423 ^중

확산과 증발에 대한 설명으로 옳은 것은?

① 확산은 한 방향으로만 일어난다.
② 증발은 액체 표면에서 일어나는 현상이다.
③ 증발은 낮은 온도에서는 일어나지 않는다.
④ 온도가 낮을수록 확산과 증발이 잘 일어난다.
⑤ 확산과 증발은 시간이 지나면 물질을 구성하는 입자가 사라지기 때문에 일어나는 현상이다.

424 중

다음은 주유소에서 라이터를 사용하면 안 되는 까닭을 설명한 것이다.

> 주유소에는 라이터를 사용하지 말라는 문구가 붙어있다. 그 까닭은 휘발성이 있는 기름이 액체 (㉠)에서 (㉡)하여 기체로 변하고, 기체 상태의 기름 입자가 공기 중으로 (㉢)하므로 라이터를 사용하면 화재 위험이 매우 높아지기 때문이다.

㉠~㉢에 들어갈 말을 옳게 짝 지은 것은?

	㉠	㉡	㉢
①	표면	증발	확산
②	표면	확산	증발
③	내부	증발	확산
④	내부	끓음	증발
⑤	전체	증발	확산

425 중

그림은 우리 주변에서 볼 수 있는 확산과 증발 현상이다.

(가) 모기향    (나) 젖은 빨래

(가)와 (나)에서 일어나는 현상과 각각 원리가 같은 것을 〈보기〉에서 모두 고른 것은?

> ── 보기 ──
> ㄱ. 폭포의 물이 아래로 떨어진다.
> ㄴ. 물에 떨어진 잉크가 점점 퍼진다.
> ㄷ. 손에 바른 손 소독제가 사라진다.
> ㄹ. 난로에 가까이 갈수록 따뜻해진다.
> ㅁ. 도시락 냄새가 교실 전체에 퍼진다.
> ㅂ. 물휴지를 꺼내 두었더니 물이 모두 말랐다.

	(가)	(나)		(가)	(나)
①	ㄱ, ㄹ	ㄴ, ㅁ	②	ㄴ, ㄷ	ㄱ, ㄹ
③	ㄴ, ㅁ	ㄷ, ㅂ	④	ㄷ, ㅂ	ㄴ, ㅁ
⑤	ㄹ, ㅁ	ㄱ, ㅂ			

426 중

입자의 운동에 대한 설명으로 옳은 것은?

① 확산이 일어날 때 입자의 종류가 변한다.
② 증발이 일어날 때 입자의 질량이 줄어든다.
③ 온도가 높아질수록 입자의 개수가 줄어든다.
④ 입자가 스스로 운동하기 때문에 확산과 증발 현상이 일어난다.
⑤ 고무줄을 잡아당겼다가 놓으면 원래 모양으로 되돌아가는 현상을 설명할 수 있다.

427 상

그림은 향수병의 뚜껑을 열었을 때의 모습을 입자 모형으로 나타낸 것이다.

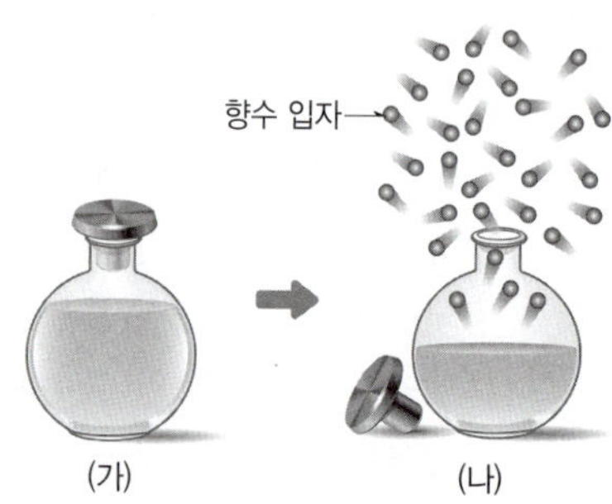

(가)   (나)

이에 대한 설명으로 옳지 <u>않은</u> 것을 모두 고르면? (2 개)

① (가)에서는 증발이 일어나지 않는다.
② (나)에서 향수병 밖에 있는 향수 입자는 액체 상태이다.
③ 향수 입자의 증발과 확산이 모두 일어난다.
④ 온도가 높아지면 향수 입자의 운동이 활발해진다.
⑤ 향수 입자가 스스로 운동하기 때문에 일어나는 현상이다.

428 상

다음은 입자의 운동에 의한 현상을 나타낸 것이다.

> • 여름철 화장실에서 냄새가 더 심하게 난다.
> • 햇빛이 강할수록 염전에서 소금을 더 많이 생산할 수 있다.

이 현상에서 공통적으로 입자의 운동에 영향을 미치는 요인은?

① 온도   ② 습도   ③ 바람
④ 표면적   ⑤ 입자의 질량

난이도별 [서술형] 필수 기출

A 확산

429 하

그림과 같이 물이 반 정도 들어 있는 페트리 접시의 가운데에 푸른색 잉크를 1 방울 떨어뜨렸다. 잉크 입자가 퍼져 나가는 모습을 입자 모형으로 나타내시오.

430 중

그림과 같이 교실의 한 지점에서 학급 구성원 중 1 명이 향수를 뿌리고, 다른 사람들은 모두 눈을 감은 상태로 향수 냄새를 맡은 즉시 손을 드는 실험을 하였다.

A~C가 손을 드는 순서를 차례대로 쓰고, 사람들이 손을 드는 까닭을 입자 운동과 관련지어 서술하시오.

431 중

그림과 같이 BTB 용액을 페트리 접시에 일정한 간격으로 떨어뜨리고, 페트리 접시의 가운데에 식초를 1 방울 떨어뜨린 뒤 뚜껑을 덮었다.

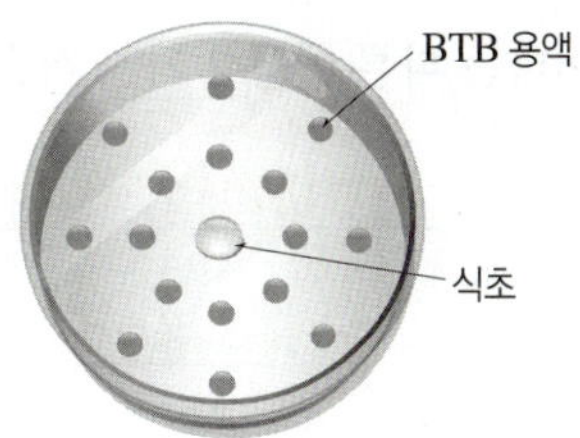

(1) 시간이 지남에 따라 어떤 변화가 나타나는지 서술하시오.

(2) (1)과 같은 변화가 나타나는 까닭을 서술하시오.

432 상

다음은 물에 잉크를 떨어뜨리는 실험에 대한 학생들의 대화이다.

학생 (가)	학생 (나)
물을 저어 주지 않으면 잉크가 퍼지지 않을 거야.	시간이 충분히 지나면 잉크가 물 전체로 퍼질 거야.
학생 (다)	**학생 (라)**
삼각 플라스크 바닥에 잉크를 떨어뜨리면 잉크 입자는 위쪽으로만 퍼질 거야.	잉크 입자가 물 입자와 고르게 섞이는 증발 현상을 관찰하는 실험이야.

제시한 내용이 옳은 학생을 고르고, 그렇게 생각한 까닭을 서술하시오.

B 증발

433 하

다음은 우리 생활 주변에서 일어나는 현상을 나타낸 것이다.

- 어항의 물이 점점 줄어든다.
- 이른 아침 풀잎에 맺힌 이슬이 한낮이 되면 사라진다.

같은 원리로 일어나는 다른 예를 <u>2 가지</u> 서술하시오.

434 중

전자저울에 거름종이를 올린 페트리 접시를 놓고 영점을 맞춘 다음, 그림과 같이 거름종이에 아세톤을 몇 방울 떨어뜨렸다.

(1) 시간이 지날수록 전자저울의 눈금은 어떻게 변하는지 서술하시오.

(2) 시간이 지날수록 거름종이에 떨어뜨린 아세톤이 마르는 까닭을 입자 운동과 관련지어 서술하시오.

435 중

빵을 꺼내 놓으면 빵이 말라서 딱딱해지는 까닭을 입자 운동과 관련지어 서술하시오.

436 상

젖은 머리카락은 머리 말리개를 사용하여 말린다. 다음 조건을 고려하여 젖은 머리카락을 빨리 말릴 수 있는 방법을 <u>2 가지</u> 서술하시오.

온도, 바람

C 입자의 운동

437 하

다음 현상들로 알 수 있는 사실을 서술하시오.

- 커피 향이 방 안 가득 퍼진다.
- 고추를 오래 보관하기 위해 햇빛에 말린다.

438 중

병에 담겨 있는 액체 방향제를 방 안에 놓아두었더니 잠시 후 방 안 전체에서 좋은 향기가 났다. 그 까닭을 확산 및 증발과 관련지어 서술하시오.

____

____

439 중

(가)~(라)는 확산과 증발 현상을 나타낸 것이다.

(가) 염전에서 소금을 얻는다.
(나) 마약 탐지견이 냄새로 마약을 찾는다.
(다) 손등에 알코올을 바르면 잠시 후 사라진다.
(라) 멀리 떨어진 곳에서도 음식 냄새를 맡을 수 있다.

(1) (가)~(라)가 일어나는 공통적인 까닭을 서술하시오.

____

____

(2) (가)~(라)를 확산과 증발로 구분하시오.

____

____

440 상

다음은 새집 증후군에 관련된 자료이다.

건물을 지을 때 사용되는 콘크리트, 접착제, 페인트 등에서 유해 물질이 나온다. 이 물질들은 새집 증후군을 일으킨다. 새집 증후군을 예방하기 위해서는 문과 창문을 모두 닫고 (가)고온으로 난방을 한 뒤 6 시간~10 시간 동안 유지한 다음, (나)닫아 두었던 문과 창문을 활짝 열고 1 시간~2 시간 환기한다. 이 과정을 5 회 이상 반복한다.

(1) (가)와 같이 고온으로 난방을 하는 까닭을 다음 용어를 모두 사용하여 서술하시오.

온도, 입자 운동, 증발

____

____

(2) (나)와 같이 문과 창문을 열어 환기하는 까닭을 입자 운동과 관련지어 서술하시오.

____

____

09 물질의 상태와 상태 변화

A 물질의 세 가지 상태

1 물질의 상태에 따른 특징

구분	❶	액체	❷
모양	일정하다.	일정하지 않다.	일정하지 않다.
부피	일정하다.	일정하다.	일정하지 않다.
흐르는 성질	없다.	있다.	있다.
압축되는 정도	압축되지 않는다	압축되지 않는다	쉽게 압축된다.
예	얼음, 돌 등	물, 주스 등	수증기, 산소 등

2 물질의 상태에 따른 입자 배열

구분	고체	❸	기체
입자 모형	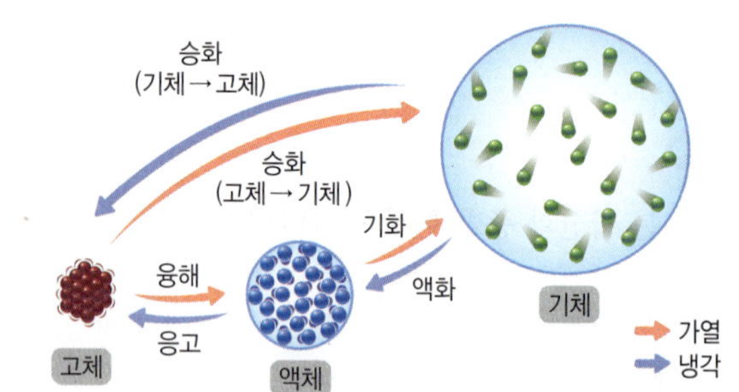		
입자 운동	매우 둔하게 운동한다. └ 제자리에서 진동한다.	비교적 활발하게 운동한다.	매우 활발하게 운동한다.
입자 배열	규칙적이다.	고체보다 불규칙하다.	매우 불규칙하다.
입자 사이의 거리	매우 가깝다.	비교적 가깝다.	매우 멀다.

힘을 가하면 쉽게 부피가 변한다.

3 물질의 상태에 따라 특징이 다른 까닭
물질을 구성하는 입자의 운동성, 배열, 입자 사이의 거리가 다르기 때문

B 물질의 상태 변화

1 상태 변화
물질이 한 가지 상태에서 다른 상태로 변하는 것

2 상태 변화의 종류와 예
(1) 가열할 때 일어나는 상태 변화: 융해, 기화, 승화(고체 → 기체)

융해 (고체 → 액체)	• 용광로에서 철이 녹아 쇳물이 된다. • 갓 구운 빵 위에 버터를 바르면 버터가 녹는다.
기화 (액체 → 기체)	• 젖은 빨래가 마른다. • 물이 끓어 수증기가 된다.
승화 (고체 → 기체)	• 냉동실에 넣어 둔 얼음이 조금씩 작아진다. • 기온이 영하일 때 그늘에 쌓여 있는 눈이 줄어든다.

증발과 끓음은 기화의 예이다.

(2) 냉각할 때 일어나는 상태 변화: 응고, 액화, 승화(기체 → 고체)

응고 (액체 → 고체)	• 겨울철에 계곡물이 언다. • 겨울철 처마 끝에 고드름이 생긴다.
액화 (기체 → 액체)	• 이른 새벽 풀잎에 이슬이 맺힌다. • 차가운 컵 표면에 물방울이 맺힌다.
승화 (기체 → 고체)	• 겨울철 나뭇잎에 서리가 생긴다. • 추운 겨울 유리창에 성에가 생긴다.

수증기가 얼어붙은 것

개념 더 알아보기

◆ 양초의 상태 변화
• 양초에 불을 붙이면 고체가 녹아 촛농이 된다. ➡ 융해(B)
• 촛농이 심지를 타고 올라가 심지 끝에서 기체가 되어 탄다. ➡ 기화(A)
• 촛농이 아래로 흘러내리다가 굳는다. ➡ 응고(C)

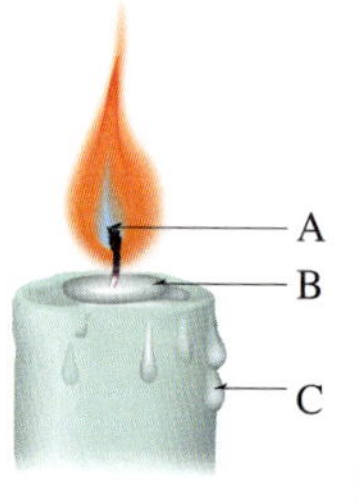

C 상태 변화와 입자 배열의 변화

1 물질의 상태 변화에 따른 입자 배열의 변화

구분	가열할 때	냉각할 때
상태 변화	융해, ❹ , 승화(고체 → 기체)	응고, ❺ , 승화(기체 → 고체)
입자 운동	활발해진다.	둔해진다.
입자 배열	불규칙하게 변한다.	규칙적으로 변한다.
입자 사이의 거리	멀어진다.	가까워진다.

2 물질의 상태가 변할 때 물질의 성질, 질량, 부피 변화
(1) 물질의 성질과 질량 변화: 변하지 않는다. ➡ 물질을 구성하는 입자의 종류, 크기, 개수가 변하지 않기 때문

(2) **물질의 부피 변화**: 변한다. ➡ 물질을 구성하는 입자 배열이 달라져 입자 사이의 거리가 달라지기 때문
　• 대부분의 물질: 고체 < 액체 ≪ 기체 순으로 부피 증가

융해, 기화, 승화(고체 → 기체)	응고, 액화, 승화(기체 → 고체)
부피 ❻ □□ ➡ 입자 사이의 거리가 멀어지기 때문	부피 ❼ □□ ➡ 입자 사이의 거리가 가까워지기 때문

　• 물: 물 < 얼음 ≪ 수증기 순으로 부피 증가 ➡ 물이 응고할 때 입자들이 육각형 모양으로 배열하면서 입자 사이의 공간이 커지기 때문

탐구　**상태 변화에 따른 성질 변화**

① 뜨거운 물이 들어 있는 비커 위에 얼음이 담긴 시계 접시를 올려놓고, 비커 안쪽과 시계 접시 아랫면을 관찰한다.
② 비커에 든 물과 시계 접시 아랫면에 생긴 액체 방울에 푸른색 염화 코발트 종이를 각각 대어 보고 색 변화를 관찰한다.
　└ 건조할 때에는 푸른색을 띠지만, 물을 흡수하면 붉은색으로 변한다.

결과 및 정리

푸른색 염화 코발트의 색깔 변화: 비커에 든 물과 시계 접시 아랫면에 생긴 액체 방울 모두 붉은색으로 변한다.
➡ 물질의 상태가 변해도 물질의 성질은 변하지 않는다.

탐구　**상태 변화에 따른 질량과 부피 변화**

① 크기가 작은 드라이아이스를 비닐 주머니에 넣고 입구를 밀봉한다.
　└ 이산화 탄소를 냉각한 고체
② 비닐 주머니를 밀폐 용기에 넣고 밀폐 용기의 질량을 측정한다.
③ 비닐 주머니 속 드라이아이스가 보이지 않을 때까지 기다린 뒤 밀폐 용기의 질량을 측정하고 비닐 주머니의 부피를 관찰한다.

결과 및 정리

❶ 질량 변화: 질량은 변하지 않는다.
❷ 부피 변화: 부피가 늘어난다. ➡ 비닐 주머니가 부풀어 오른다.

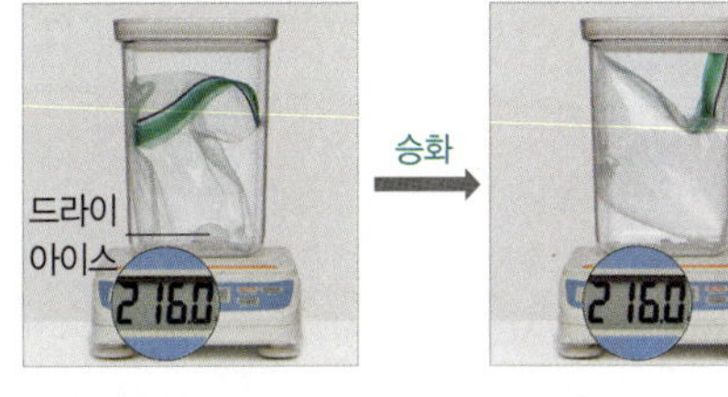

➡ 물질의 상태가 변할 때 물질의 질량은 변하지 않고, 부피는 변한다.

기출 PICK A-1

물질의 상태에 따른 모양과 부피 변화

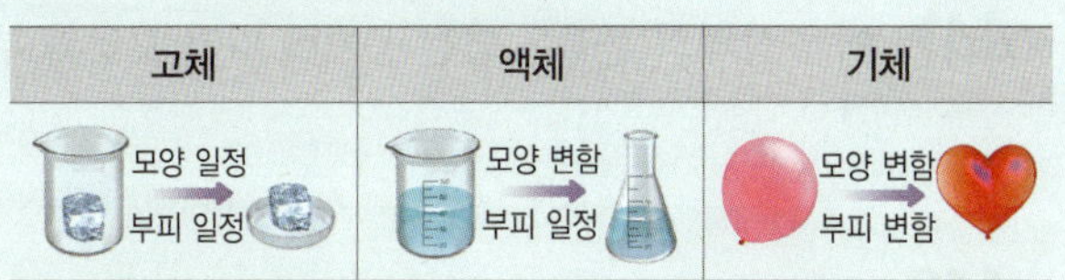

고체	액체	기체
모양 일정 부피 일정	모양 변함 부피 일정	모양 변함 부피 변함

기출 PICK C-1

상태 변화에 따른 입자 배열의 변화

가열할 때 일어나는 상태 변화	냉각할 때 일어나는 상태 변화
융해, 기화, 승화(고체 → 기체)	응고, 액화, 승화(기체 → 고체)

• 입자 운동이 활발해진다.	• 입자 운동이 둔해진다.
• 입자 배열이 불규칙하게 변한다.	• 입자 배열이 규칙적으로 변한다.
• 입자 사이의 거리가 멀어진다.	• 입자 사이의 거리가 가까워진다.

기출 PICK B-1, C-2

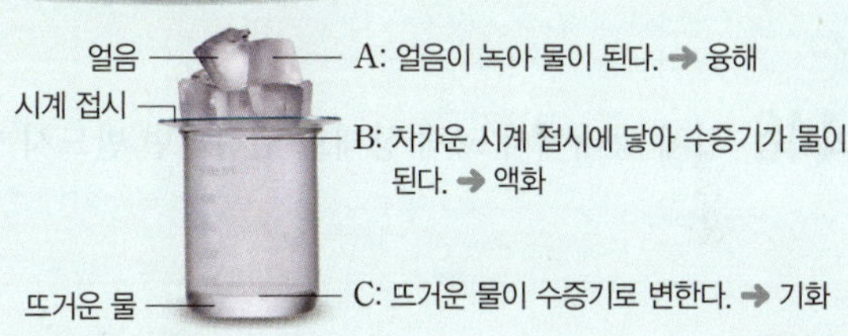

• A, B, C에 푸른색 염화 코발트를 대어 보면 모두 붉은색으로 변한다. ➡ 물질의 상태가 변해도 물질의 성질은 변하지 않는다.

기출 PICK C-1, 2

물질의 상태 변화 시 변하지 않는 것과 변하는 것

변하지 않는 것	변하는 것
• 입자의 종류 • 입자의 크기 • 입자의 개수	• 입자 운동 • 입자 배열 • 입자 사이 거리
물질의 성질과 질량이 변하지 않는다.	물질의 부피가 변한다.

답　❶ 고체　❷ 기체　❸ 액체　❹ 기화　❺ 액화　❻ 증가　❼ 감소

OX로 개념 확인

◆ 개념에 대한 설명이 옳으면 ○, 옳지 않으면 ×로 쓰고, ×인 경우 옳지 않은 부분에 밑줄을 긋고 옳은 문장으로 고쳐 보자.

441 액체 상태의 물질은 담는 용기에 따라 모양과 부피가 변한다. ( )

____

442 고체 상태의 물질은 입자가 제자리에서 진동할 뿐 자유롭게 움직일 수 없다. ( )

____

443 기체 상태의 물질은 입자 사이의 거리가 매우 멀기 때문에 힘을 가하면 쉽게 부피가 변한다. ( )

____

444 물질의 상태가 액체에서 기체로 변하는 현상을 액화, 기체에서 액체로 변하는 현상을 기화라고 한다. ( )

____

445 기온이 영하일 때 그늘에 쌓여 있는 눈이 줄어드는 현상은 융해로 설명할 수 있다. ( )

____

446 기체 상태에서 고체 상태로 변하려면 반드시 액체 상태를 거쳐야 한다. ( )

____

447 고체 상태의 물질이 승화할 때 입자 사이의 거리는 매우 멀어진다. ( )

____

448 일반적으로 응고가 일어날 때 입자 배열이 규칙적으로 변하고, 입자 사이의 거리가 가까워지므로 물질의 부피가 증가한다. ( )

____

449 물질의 상태가 변할 때 물질을 구성하는 입자의 종류와 개수가 변하지 않으므로 물질의 성질은 변하지 않는다. ( )

____

450 물질의 상태가 변할 때 물질의 질량은 변하지만, 물질의 부피는 변하지 않는다. ( )

____

난이도별 **필수 기출**

상 3 문항
중 21 문항
하 8 문항

A 물질의 세 가지 상태

451 하

물질의 세 가지 상태에 대한 설명으로 옳은 것은?

① 고체는 모양과 부피가 모두 일정하지 않다.
② 액체는 담는 용기에 따라 부피는 변하지만 모양은 변하지 않는다.
③ 기체는 모양과 부피가 일정하고 단단하다.
④ 액체와 기체는 흐르는 성질이 있다.
⑤ 고체와 액체는 외부에서 힘을 가하면 쉽게 부피가 변한다.

452 하

25 °C에서 다음과 같은 특징을 갖는 물질을 옳게 짝 지은 것은?

> • 모양은 일정하지 않지만 부피는 일정하다.
> • 흐르는 성질이 있다.

① 소금, 설탕, 질소
② 간장, 공기, 주스
③ 식초, 우유, 아세톤
④ 나무, 돌, 드라이아이스
⑤ 수소, 산소, 이산화 탄소

453 중

이 문제에서 볼 수 있는 보기는 多

표는 물질의 세 가지 상태의 특징을 나타낸 것이다.

상태	(가)	(나)	(다)
모양	일정하다.	변한다.	변한다.
부피	일정하다.	일정하다.	변한다.

이에 대한 설명으로 옳지 <u>않은</u> 것을 모두 고르면? (2 개)

① (가)는 고체 상태이다.
② (가)는 입자 배열이 가장 규칙적이다.
③ (나)는 흐르는 성질이 있다.
④ (나)는 입자 운동이 가장 활발하다.
⑤ (다)는 입자 사이의 거리가 가장 멀다.
⑥ 공기, 질소, 수증기는 (다)에 해당하는 물질이다.
⑦ 외부에서 힘을 가하면 (가)는 쉽게 부피가 변하지만, (다)는 부피가 변하지 않는다.

454 중

그림은 물질의 세 가지 상태를 분류하는 과정을 나타낸 것이다.

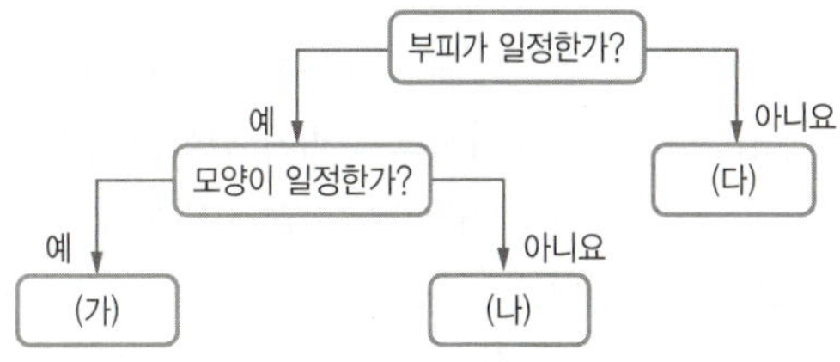

이에 대한 설명으로 옳은 것은?

① (가)는 입자 배열이 가장 불규칙하다.
② (나)는 쉽게 압축된다.
③ (다)는 입자가 매우 둔하게 운동한다.
④ (가)와 (나)는 흐르는 성질이 있다.
⑤ (다)는 (가)보다 입자 사이의 거리가 멀다.

455 중

오른쪽 그림은 컵에 얼음과 함께 탄산음료가 담긴 모습이다. 이에 대한 설명으로 옳은 것을 〈보기〉에서 모두 고른 것은?

> ─〈 보기 〉─
> ㄱ. 컵 안의 얼음은 고체 상태이다.
> ㄴ. 컵 안에는 고체, 액체, 기체 상태의 물질이 모두 존재한다.
> ㄷ. 컵 안에 있는 기포는 이산화 탄소이므로 기체 상태이다.

① ㄷ
② ㄱ, ㄴ
③ ㄱ, ㄷ
④ ㄴ, ㄷ
⑤ ㄱ, ㄴ, ㄷ

456 중

이 문제에서 볼 수 있는 보기는 多

오른쪽 그림과 같은 모형으로 나타낼 수 있는 물질의 상태가 갖는 특징으로 옳은 것을 모두 고르면? (2 개)

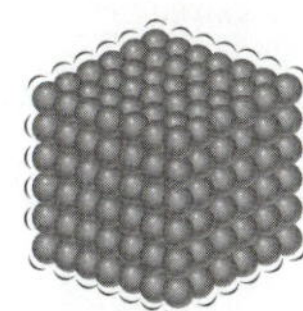

① 단단하고 흐르는 성질이 있다.
② 입자 사이의 거리가 매우 멀다.
③ 입자가 매우 활발하게 운동한다.
④ 담는 용기에 따라 모양과 부피가 변한다.
⑤ 외부에서 힘을 가해도 부피가 변하지 않는다.
⑥ 물질의 세 가지 상태 중에서 입자 배열이 가장 규칙적이다.

IV

457 (중)

이 문제에서 볼 수 있는 보기는 多

그림은 물질의 세 가지 상태를 입자 모형으로 나타낸 것이다.

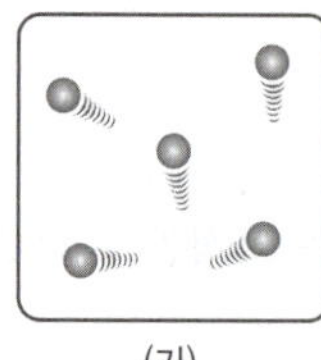 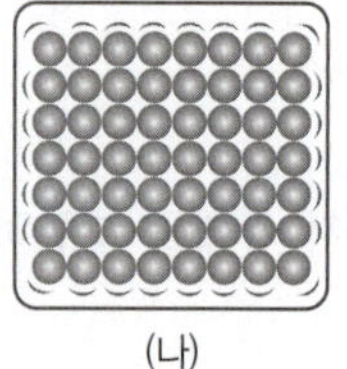 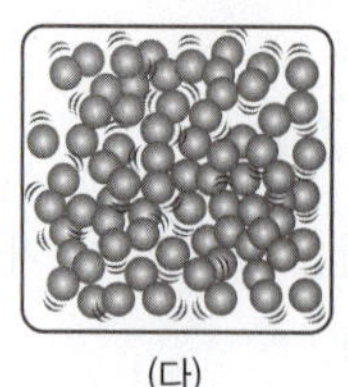

(가) (나) (다)

이에 대한 설명으로 옳은 것을 모두 고르면? (2 개)

① (가)는 담는 용기가 달라져도 부피가 변하지 않는다.
② (가)는 입자 사이의 거리가 매우 멀어 외부에서 힘을 가하면 쉽게 압축된다.
③ (나)는 입자가 운동하지 않는다.
④ (나)는 드라이아이스와 같은 상태의 입자 배열이다.
⑤ (다)는 모양과 부피가 일정하다.
⑥ (다)는 단단하고 흐르지 않는다.
⑦ 물질의 상태에 따라 특징이 다른 까닭은 입자의 크기가 다르기 때문이다.

458 (상)

다음은 물질의 세 가지 상태의 입자 운동을 비교하기 위한 실험으로, 둥근 모양의 과자 8 개를 각각 컵에 넣고 뚜껑을 닫은 다음 위아래로 움직였을 때의 모습을 관찰하였다.

(가) 이쑤시개로 서로 연결한 과자를 컵에 넣고 위아래로 천천히 움직인다.
(나) 과자를 컵에 넣고 위아래로 천천히 움직인다.
(다) 과자를 컵에 넣고 위아래로 세게 흔든다.

  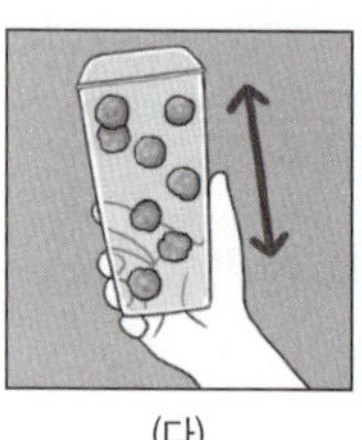

(가) (나) (다)

이에 대한 설명으로 옳은 것을 〈보기〉에서 모두 고른 것은?
(단, (가)~(다)는 각각 고체, 액체, 기체 중 하나이다.)

〈 보기 〉

ㄱ. (가)는 고체, (나)는 액체, (다)는 기체 상태를 표현한 것이다.
ㄴ. (가)~(다) 중 입자가 가장 자유롭게 움직이는 것은 (가)이다.
ㄷ. (나)와 같은 모형으로 나타낼 수 있는 물질은 담는 용기에 따라 모양이 변한다.
ㄹ. 입자 사이의 거리는 (다)<(나)<(가)이다.

① ㄱ, ㄴ   ② ㄱ, ㄷ   ③ ㄴ, ㄷ
④ ㄴ, ㄹ   ⑤ ㄷ, ㄹ

B 물질의 상태 변화

459 (하)

그림은 물질의 상태 변화를 나타낸 것이다.

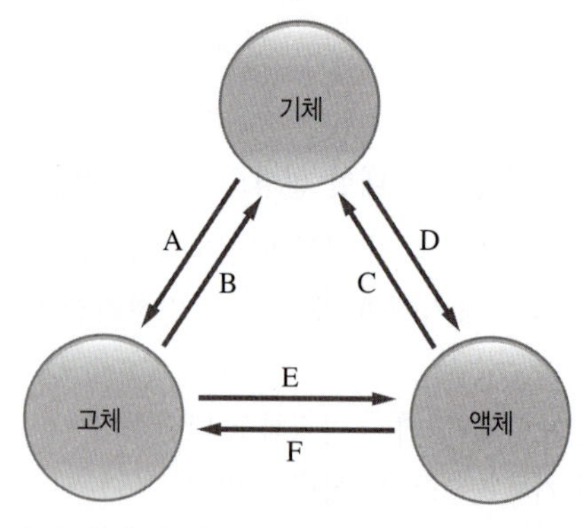

A~F와 상태 변화의 종류를 옳게 짝 지은 것은?

① A – 액화   ② B – 기화   ③ C – 승화
④ D – 응고   ⑤ E – 융해

460 (하)

기체에서 고체로의 승화의 예로 옳은 것은?

① 젖은 머리카락이 마른다.
② 추운 겨울 나뭇잎에 서리가 내린다.
③ 차가운 컵 표면에 물방울이 맺힌다.
④ 냉동실에 넣어 둔 얼음이 조금씩 작아진다.
⑤ 갓 구운 빵 위에 버터를 바르면 버터가 녹는다.

461 (하)

물질의 상태 변화와 상태 변화의 예를 옳게 짝 지은 것은?

① 기화 – 손에 뿌린 손 소독제가 마른다.
② 승화 – 이른 새벽 풀잎에 이슬이 맺힌다.
③ 액화 – 용광로에서 철이 녹아 쇳물이 된다.
④ 융해 – 겨울철에 지붕 끝에 고드름이 생긴다.
⑤ 응고 – 추운 겨울 그늘에 있던 눈사람이 녹은 흔적 없이 크기가 작아진다.

462 하

그림은 물질의 상태 변화를 나타낸 것이다.

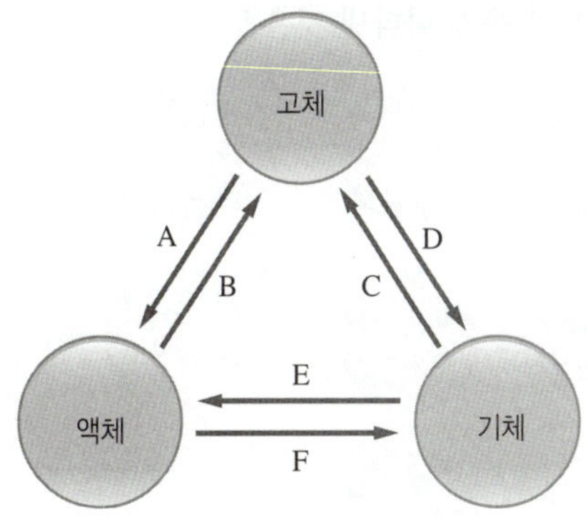

A~F와 상태 변화의 예를 옳게 짝 지은 것은?

① B – 쇳물이 식어 단단한 철이 된다.
② C – 컵 속 물의 양이 점점 줄어든다.
③ D – 이른 새벽 풀잎에 이슬이 맺힌다.
④ E – 봄이 되면 얼었던 강물이 녹는다.
⑤ F – 아이스크림을 포장할 때 함께 넣은 드라이아이스의
　　크기가 작아진다.

[463~464] 그림은 물질의 상태 변화를 나타낸 것이다.

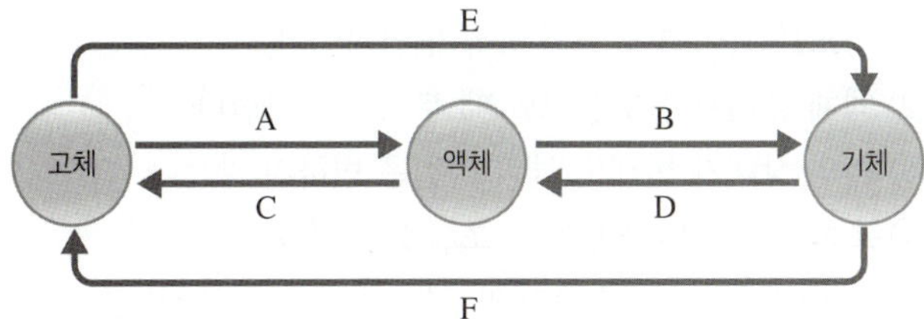

463 중

다음은 캔을 재활용하는 방법을 설명한 것이다.

> 철이나 알루미늄 캔을 용광로에서 높은 온도로 녹인 뒤 원하는
> 모양의 틀에 부어 식히면 새로운 금속 제품을 만들 수 있다.

이 방법에 이용된 상태 변화 2 가지를 옳게 짝 지은 것은?

① A, B　　　　② A, C　　　　③ B, D
④ C, D　　　　⑤ E, F

464 중

오른쪽 그림과 같이 주전자에 물을
넣고 가열하면 물이 끓을 때 김이
생긴다. 김이 생기는 것과 같은 종
류의 상태 변화는?

① A　　　② B　　　③ C
④ D　　　⑤ F

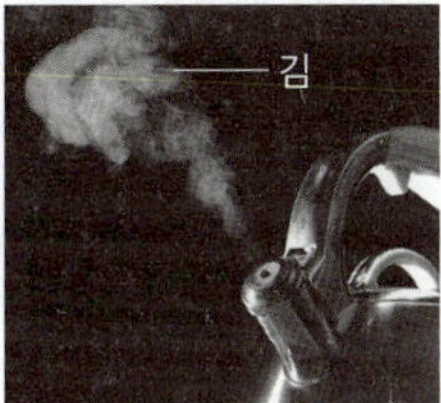

465 중

이 문제에서 볼 수 있는 보기는 多

그림은 물질의 상태 변화를 나타낸 것이다.

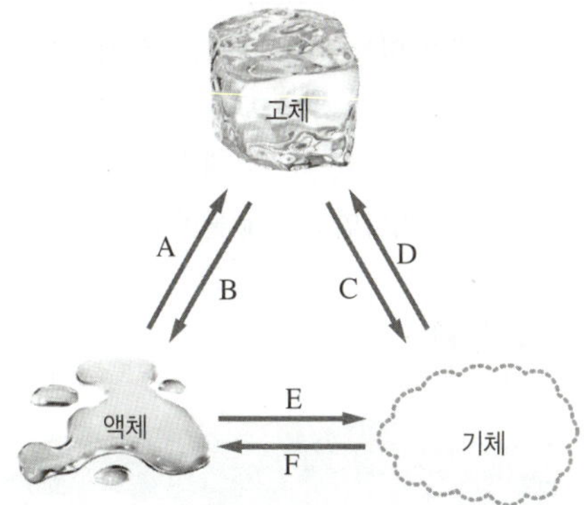

A~F와 관련된 현상에 대한 설명으로 옳은 것은?

① 냉동실 안쪽에 성에가 생기는 현상은 A이다.
② 날씨가 따뜻해지면 처마 끝에 있던 고드름이 녹아 흐르
　는 현상은 B이다.
③ 어항 속 물의 양이 점점 줄어드는 현상은 C이다.
④ 목욕탕 천장에 물방울이 맺히는 현상은 D이다.
⑤ 물이 담긴 페트병을 냉동실에 넣으면 어는 현상은 E
　이다.
⑥ 냉동실에 넣어 둔 얼음의 크기가 점점 작아지는 것은 F
　이다.

466 중

상태 변화의 종류가 나머지 넷과 다른 것은?

① 젖은 빨래가 마른다.
② 손에 뿌린 손 소독제가 마른다.
③ 물을 끓이면 물의 양이 줄어든다.
④ 염전에 가두었던 바닷물이 증발한다.
⑤ 옷장 속에 넣어 둔 나프탈렌(고체 방충제)의 크기가 점점
　작아진다.

467 중

이 문제에서 볼 수 있는 보기는 多

밑줄 친 물질의 상태 변화의 종류가 옳게 사용된 것은?

① 더운 여름날 아이스크림이 액화하여 녹는다.
② 이른 새벽 수증기가 융해하여 안개가 되었다.
③ 손바닥 위에 올려놓은 초콜릿이 응고하여 녹는다.
④ 추운 겨울 영하의 기온에서 언 명태가 승화하여 마른다.
⑤ 에탄올에 묻힌 솜으로 손등을 문지르면 알코올이 승화하여
　사라진다.
⑥ 수증기가 얼음물이 담긴 컵의 표면에 닿으면 기화하여
　물망울이 맺힌다.

다음은 사막에서 물을 얻는 방법을 설명한 것이다.

> 물기가 있는 모래가 있는 곳을 찾아 웅덩이를 파고, 웅덩이 가운데에 그릇을 놓아둔다. 그리고 비닐로 웅덩이를 덮은 다음 돌멩이를 얹어 비닐의 가운데가 아래로 처지게 한다. 장치를 설치한 뒤 하룻밤이 지나면 그릇에 물이 모인다.

이 방법에 이용된 상태 변화 2 가지를 옳게 짝 지은 것은?

① 융해, 기화
② 액화, 승화
③ 기화, 액화
④ 응고, 융해
⑤ 승화, 응고

 상태 변화와 입자 배열의 변화

469 ⓗ

그림은 물질의 상태 변화를 입자 모형으로 나타낸 것이다.

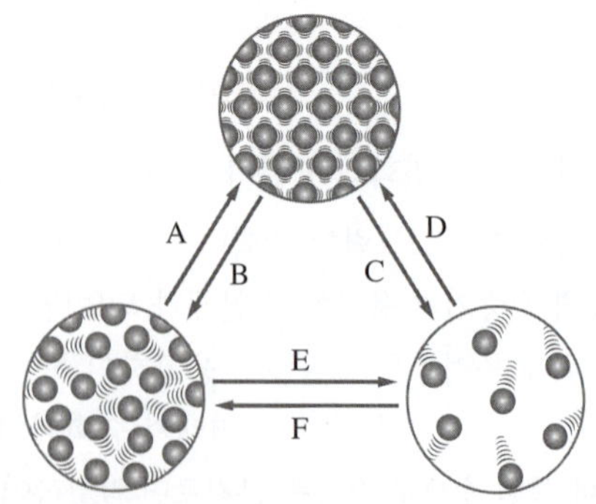

냉각할 때 일어나는 상태 변화를 옳게 짝 지은 것은?

① A, B, C
② A, D, F
③ B, C, E
④ B, C, F
⑤ C, D, F

---

470 ⓗ

차가운 음료수가 담긴 컵 표면에 물방울이 맺히는 현상을 입자 모형으로 옳게 나타낸 것은?

① 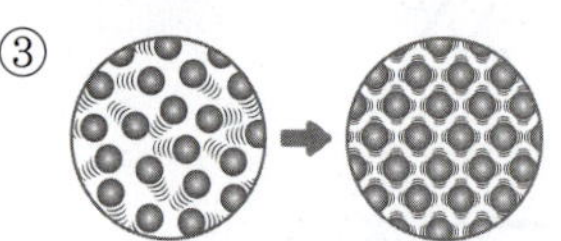
② 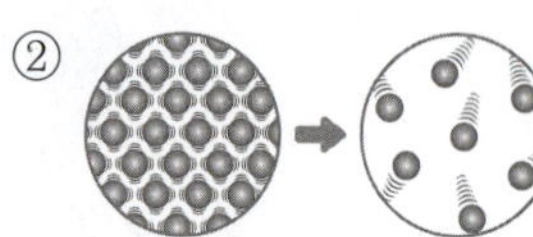
③ 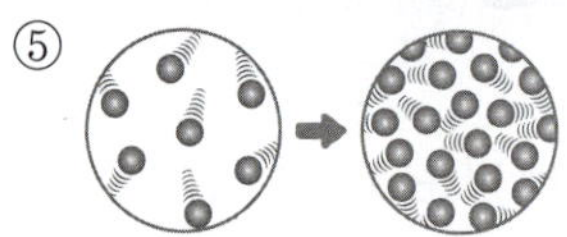
④ 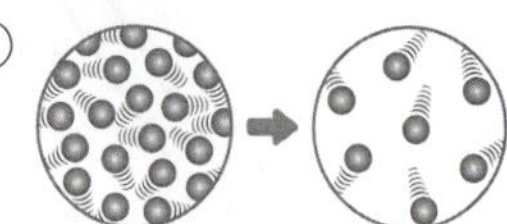
⑤

★ 빈출 471 ⓒ

물질의 상태 변화에 대한 설명으로 옳은 것은?

① 양초를 녹이면 입자의 종류가 달라진다.
② 액체 올리브유가 응고할 때 부피는 증가한다.
③ 물의 상태가 변해도 물의 성질은 변하지 않는다.
④ 초콜릿의 상태가 변하면 초콜릿의 질량도 변한다.
⑤ 드라이아이스가 승화할 때 입자 운동은 둔해진다.

472 ⓒ

다음의 변화가 일어나는 상태 변화의 예로 옳은 것은? (단, 물은 제외한다.)

> • 부피가 증가한다.
> • 입자 사이의 거리가 멀어진다.
> • 입자 배열이 불규칙하게 변한다.

① 이른 새벽 안개가 낀다.
② 고기 기름이 식으면 굳는다.
③ 웅덩이에 고인 물이 사라진다.
④ 겨울철 유리창에 성에가 생긴다.
⑤ 뜨거운 차를 마실 때 안경이 뿌옇게 흐려진다.

[473~474] 그림은 물질의 세 가지 상태를 입자 모형으로 나타낸 것이다.

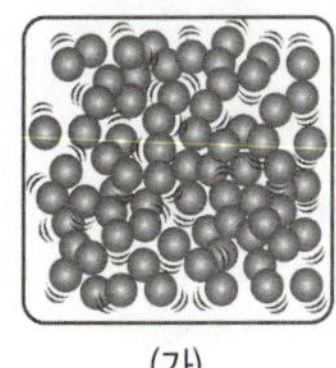 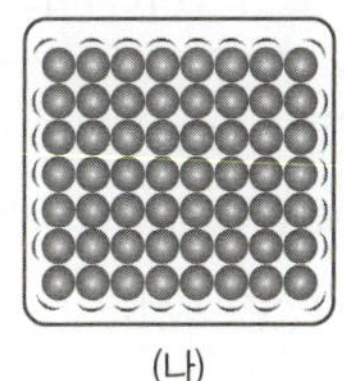 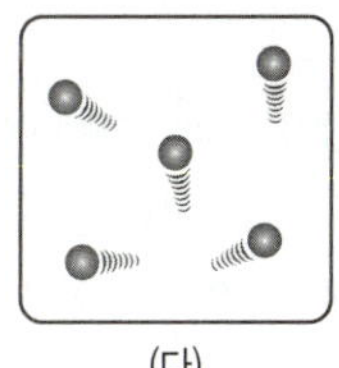

(가)   (나)   (다)

473 중

(가)에서 (다)로 변하는 상태 변화에 대한 설명으로 옳은 것을 〈보기〉에서 모두 고른 것은?

〈보기〉
ㄱ. 입자의 크기가 커진다.
ㄴ. 입자 운동이 활발해진다.
ㄷ. 물질의 부피가 늘어난다.
ㄹ. 찌개를 계속 끓이면 양이 줄어드는 현상을 같은 원리로 설명할 수 있다.

① ㄱ   ② ㄴ, ㄹ   ③ ㄷ, ㄹ
④ ㄱ, ㄴ, ㄷ   ⑤ ㄴ, ㄷ, ㄹ

474 중

(나)에서 (가)로 변하는 상태 변화의 예로 옳은 것은?

① 얼음 조각상이 녹는다.
② 겨울철 지붕 끝에 고드름이 생긴다.
③ 차가운 음료수 컵 주변에 물이 생긴다.
④ 젖은 우산을 펼쳐놓으면 물기가 마른다.
⑤ 추운 겨울 자동차 표면에 성에가 생긴다.

빈출
475 중

그림은 어떤 물질의 상태 변화 과정을 입자 모형으로 나타낸 것이다.

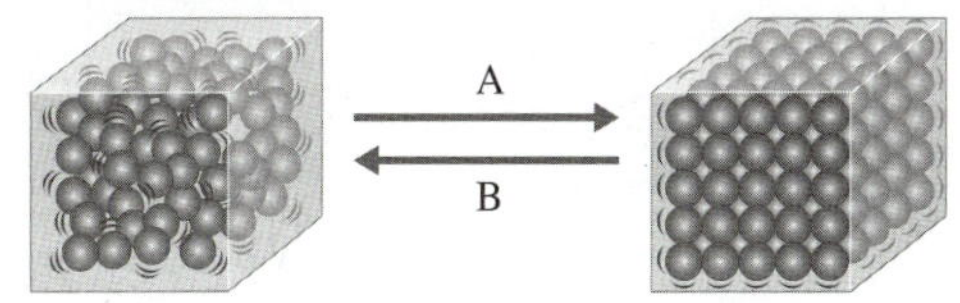

A와 B 과정에 대한 설명으로 옳은 것은? (단, 물은 제외한다.)

		A	B
①	상태 변화	융해	응고
②	입자 운동	활발해진다.	둔해진다.
③	입자 사이의 거리	가까워진다.	멀어진다.
④	물질의 질량	줄어든다.	늘어난다.
⑤	물질의 부피	늘어난다.	줄어든다.

476 중

그림은 수업 시간, 쉬는 시간, 하교 시간에 학생들의 모습을 각각의 세 가지 물질에 비유하여 표현한 것이다.

(가) 수업 시간   (나) 쉬는 시간   (다) 하교 시간

이에 대한 설명으로 옳지 않은 것은?

① (가)에서 (나)로 변하는 것을 융해라고 한다.
② (나)는 담는 용기에 따라 모양과 부피가 변한다.
③ (가)~(다) 중 입자가 가장 둔하게 운동하는 것은 (가)이다.
④ 과자 봉지 안에 들어 있는 질소는 (다)로 표현할 수 있다.
⑤ (다)에서 (나)로 변할 때 입자 사이의 거리가 가까워진다.

빈출
477 중

오른쪽 그림은 물질의 상태 변화를 입자 모형으로 나타낸 것이다. A~F와 상태 변화의 예를 옳게 짝 지은 것은?

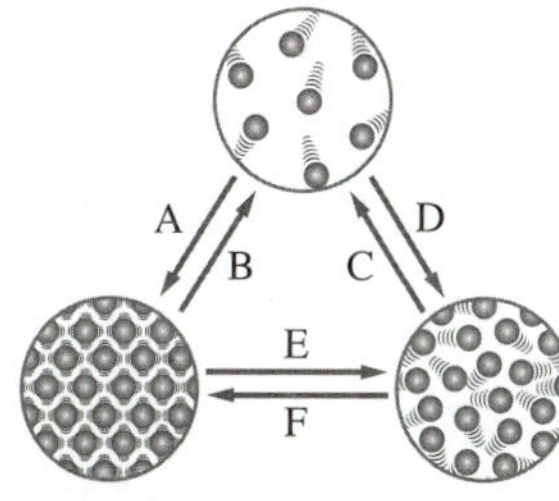

① A – 냉동실에 넣어 둔 물이 언다.
② B – 뜨거운 물 주위에 김이 생긴다.
③ C – 드라이아이스의 크기가 작아진다.
④ D – 겨울철 높은 산에서 나무에 상고대가 생긴다.
⑤ E – 갓 구운 빵 위에 치즈를 놓으면 치즈가 녹는다.

478 중

그림과 같이 뜨거운 물이 들어 있는 비커 위에 얼음이 담긴 시계 접시를 올려놓았다.

이에 대한 설명으로 옳은 것은?

① (가)에서는 응고가 일어난다.
② (나)에 맺힌 액체는 얼음이 융해하여 생긴 것이다.
③ (다)와 같은 상태 변화 시 입자 운동은 활발해진다.
④ (나), (다)와 같은 상태 변화 시 부피는 증가한다.
⑤ (가)~(다)에 푸른색 염화 코발트 종이를 갖다 대면 (가)와 (다)만 붉은색으로 변한다.

이 문제에서 볼 수 있는 보기는 多

그림과 같이 액체 올리브유의 질량을 측정하고 부피를 관찰한 다음, 올리브유를 냉각시켜 고체로 만든 뒤 다시 질량을 측정하고 부피를 관찰하였다.

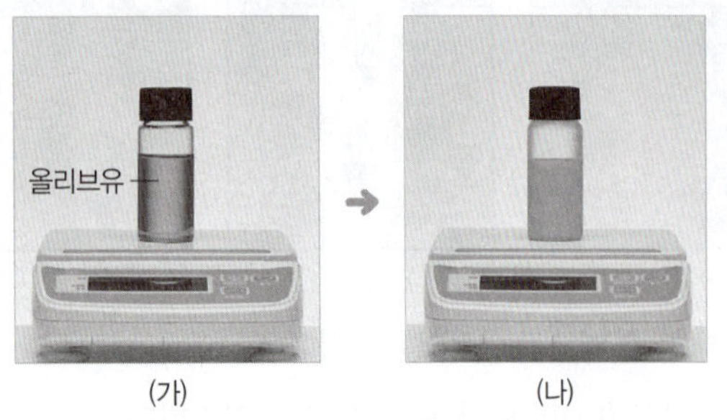

이에 대한 설명으로 옳지 <u>않은</u> 것을 모두 고르면? (2 개) (단, 올리브유는 실온에서 액체 상태이다.)

① 부피는 (가)＝(나)이다.
② (가)에서 (나)로 변하는 현상을 응고라고 한다.
③ (가)에서 (나)로 변하면 입자 배열은 규칙적으로 변한다.
④ (나)는 (가)보다 입자 사이의 거리가 가깝다.
⑤ (나)에서는 올리브유의 가운데 부분이 볼록해져 부피가 증가한다.
⑥ (나)를 따뜻한 물에 넣으면 다시 (가)와 같은 상태가 된다.
⑦ (가)와 (나)의 질량은 같다.

480 중

그림과 같이 크기가 작은 드라이아이스가 들어 있는 비닐 주머니를 밀폐 용기에 넣고 밀폐 용기의 질량을 측정한 다음, 비닐 주머니 속 드라이아이스가 보이지 않을 때까지 기다린 뒤 밀폐 용기의 질량을 측정하고 비닐 주머니의 부피를 관찰하였다.

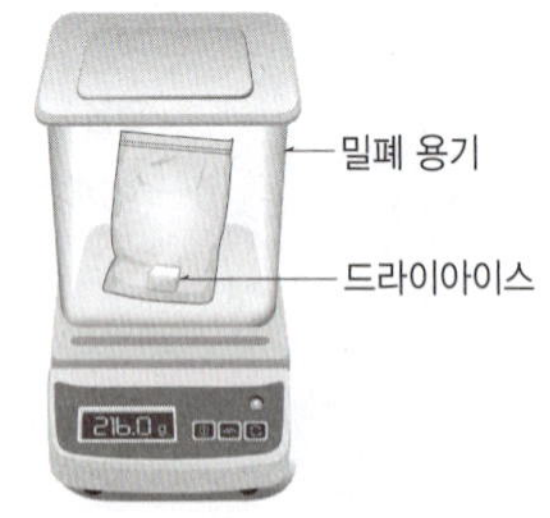

이에 대한 설명으로 옳지 <u>않은</u> 것은?

① 드라이이아이스가 승화한다.
② 비닐 주머니가 부풀어 오른다.
③ 밀폐 용기의 질량은 변화가 없다.
④ 드라이아이스를 구성하는 입자의 운동이 활발해진다.
⑤ 드라이아이스가 상태 변화 하면서 입자의 개수가 많아진다.

★빈출
481 중

다음은 아세톤의 상태 변화 실험이다.

> 삼각 플라스크에 아세톤 1 mL를 넣고 입구에 고무풍선을 씌운 다음 머리 말리개로 삼각 플라스크 바닥에 따뜻한 바람을 불어주었더니 아세톤이 사라졌다.

이와 같은 상태 변화가 일어날 때 변하지 <u>않는</u> 것을 〈보기〉에서 모두 고른 것은?

〈보기〉
ㄱ. 입자 배열
ㄴ. 입자 운동
ㄷ. 입자의 개수
ㄹ. 입자의 종류
ㅁ. 물질의 성질
ㅂ. 물질의 질량
ㅅ. 물질의 부피
ㅇ. 입자 사이의 거리

① ㄱ, ㄴ, ㄷ, ㄹ
② ㄱ, ㄴ, ㅅ, ㅇ
③ ㄴ, ㄷ, ㄹ, ㅁ
④ ㄷ, ㄹ, ㅁ, ㅂ
⑤ ㅁ, ㅂ, ㅅ, ㅇ

482 상

그림과 같이 비닐 주머니에 얼음 조각과 드라이아이스 조각을 각각 넣은 다음, 비닐 주머니에서 공기를 최대한 빼고 입구를 막았다.

이에 대한 설명으로 옳은 것을 〈보기〉에서 모두 고른 것은?

〈보기〉
ㄱ. (가)와 (나)에서는 모두 융해가 일어난다.
ㄴ. (가)와 (나) 모두 비닐 주머니의 부피는 변화가 없다.
ㄷ. (가)와 (나) 모두 상태 변화가 일어날 때 입자 운동은 활발해진다.

① ㄱ
② ㄷ
③ ㄱ, ㄴ
④ ㄱ, ㄷ
⑤ ㄴ, ㄷ

난이도별 서술형 필수 기출

A 물질의 세 가지 상태

483 하

표는 물질의 세 가지 상태의 특징을 나타낸 것이다.

상태	(가)	(나)	(다)
모양	변한다.	일정하다.	변한다.
부피	일정하다.	일정하다.	변한다.

(1) (가)~(다)에 해당하는 물질의 상태를 각각 쓰시오.

(2) 입자 사이의 거리와 입자 운동의 활발한 정도를 부등호를 사용하여 나타내시오.

• 입자 사이의 거리:

• 입자 운동의 활발한 정도:

484 하

물질의 상태에 따라 특징이 다르게 나타나는 까닭을 서술하시오.

485 중

오른쪽 그림과 같이 주사기에 공기를 넣고 고무마개로 입구를 막은 다음 피스톤을 누르면 피스톤이 밀려들어가면서 공기의 부피가 줄어든다. 그 까닭을 입자 사이의 거리와 관련지어 서술하시오.

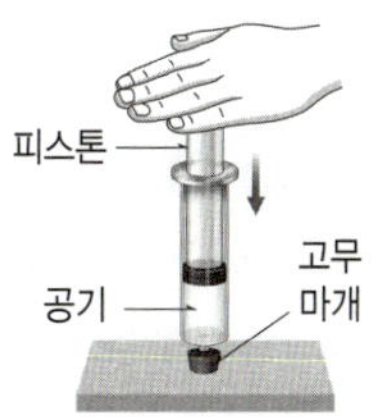

486 중

그림은 물질의 세 가지 상태를 입자 모형으로 나타낸 것이다.

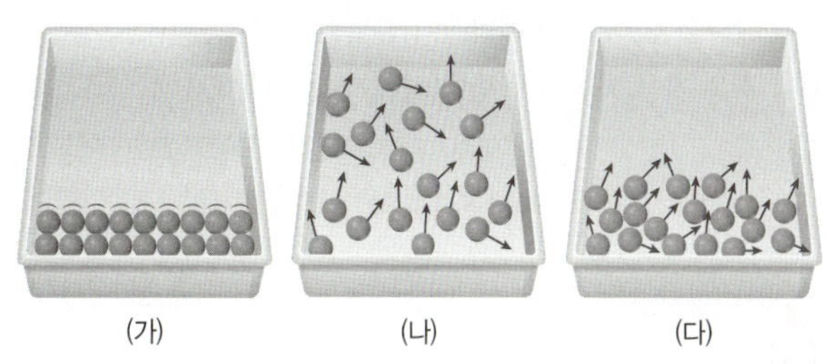

(가)~(다) 중 기체 상태를 고르고, 그렇게 생각한 까닭을 입자 배열, 입자 사이의 거리와 관련지어 서술하시오.

487 상

그림은 물질의 세 가지 상태를 분류하는 과정을 나타낸 것이다.

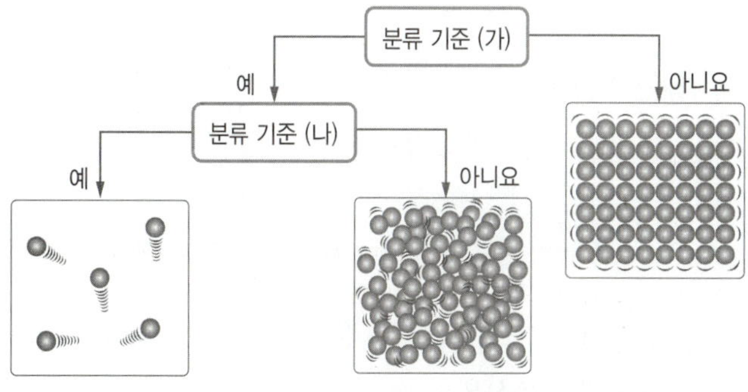

다음 용어를 활용하여 고체, 액체, 기체의 입자 모형이 분류되도록 분류 기준 (가)와 (나)를 각각 서술하시오.

• 흐르는 성질
• 담는 용기에 따른 부피 변화

얼음을 넣은 음료수를 유리컵에 담아 두면 잠시 후 컵의 표면에 물방울이 맺힌다. 이 과정을 상태 변화를 이용하여 서술하시오.

B 물질의 상태 변화

488 하

다음 현상과 관계있는 상태 변화의 종류를 각각 쓰시오.

> (가) 쇳물이 굳어져 단단한 철이 된다.
> (나) 알코올 솜의 액체 에탄올이 증발한다.
> (다) 추운 겨울 자동차 표면에 성에가 생긴다.

489 중

다음은 양초가 타는 과정을 설명한 것이다.

> 양초에 불을 붙이면 고체 양초가 녹아 촛농이 되고, 심지를 타고 올라간 촛농은 기체 상태가 되어 밝은 빛과 열을 내면서 탄다. 한편 아래로 흘러내린 촛농은 식어서 굳는다.

이 과정에서 상태 변화가 일어나는 곳을 모두 찾아 상태 변화의 종류를 쓰시오. (3 개)

---

490 중

그림과 같이 비닐 주머니에 얼음 조각과 드라이아이스 조각을 각각 넣은 다음, 비닐 주머니에서 공기를 최대한 빼고 입구를 막았다.

(1) (가)의 얼음과 (나)의 드라이아이스에서 일어나는 상태 변화를 각각 쓰시오.

(2) (가)의 얼음과 (나)의 드라이아이스에서 일어나는 상태 변화와 종류가 같은 상태 변화가 일어나는 현상을 각각 1 가지씩 서술하시오.

C 상태 변화와 입자 배열의 변화

492 중

그림은 물질의 상태 변화를 입자 모형으로 나타낸 것이다.

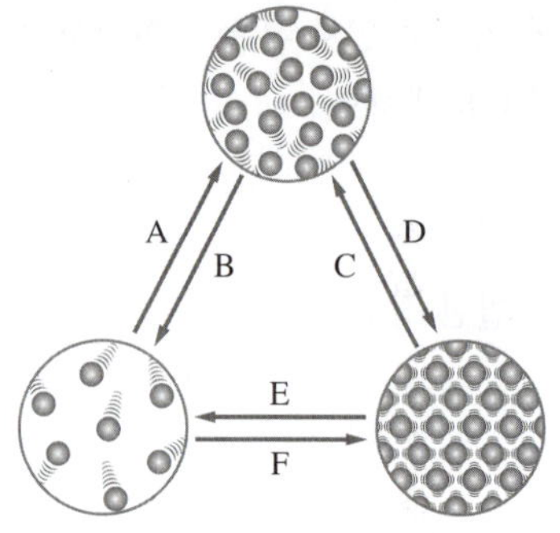

(1) A, C, F에서 일어나는 상태 변화를 각각 쓰시오.

(2) D에서 상태 변화가 일어날 때 나타나는 변화를 다음 용어를 모두 사용하여 서술하시오.

> 입자 운동, 입자 배열, 입자 사이의 거리

(3) A~F 중 상태 변화가 일어날 때 물질의 부피가 늘어나는 것을 모두 고르시오. (단, 물은 제외한다.)

---

493 중

팝콘은 옥수수 알갱이를 가열하여 만든다. 옥수수 알갱이가 팝콘이 될 때 크기가 커지는 까닭을 옥수수 알갱이 속 물의 상태가 변할 때 입자 배열의 변화로 서술하시오.

★빈출
494 중

그림과 같이 밀랍을 녹여 플라스틱 통에 담은 다음 질량을 측정하고, 녹인 밀랍이 든 플라스틱 통을 얼음물에 넣어 굳힌 다음 질량을 측정하였다.

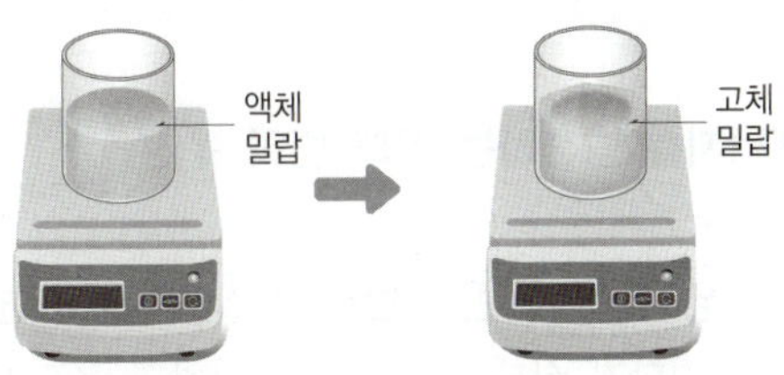

밀랍이 액체 상태에서 고체 상태로 될 때의 질량 변화를 쓰고, 그 까닭을 다음 용어를 모두 사용하여 서술하시오.

입자의 종류, 입자의 개수

495 중

그림 (가)는 고체 초콜릿을 중탕하여 녹이는 모습이고, (나)는 모양 틀에 액체 초콜릿을 붓는 모습이다.

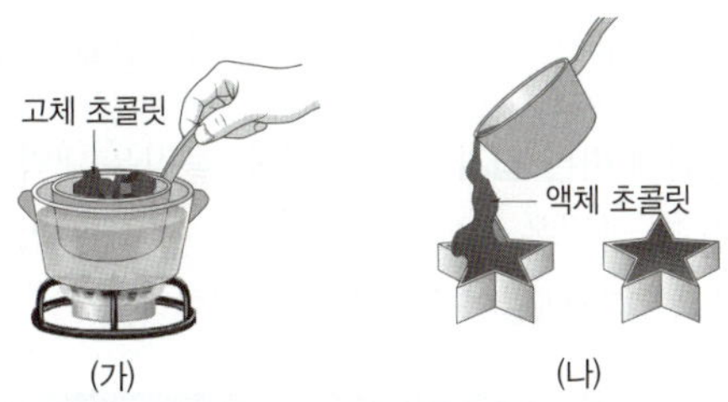

(가)와 (나)에서 일어나는 상태 변화를 각각 쓰고, 원하는 크기의 별 모양 초콜릿을 만들기 위해 별 모양 틀의 크기는 어떻게 만들어야 하는지 서술하시오.

496 중

유리컵에 드라이아이스를 넣고 컵 입구에 비누막을 만든 다음 가만히 두었더니 오른쪽 그림과 같이 비누막이 부풀어 올랐다. 이때 유리컵 안에서 일어나는 상태 변화를 쓰고, 비누막이 부풀어 오르는 까닭을 입자 사이의 거리와 관련지어 서술하시오.

497 상

물의 상태가 변해도 물의 성질이 변하지 않는다는 것을 확인할 수 있는 방법을 다음 준비물을 이용하여 서술하시오.

[준비물]
뜨거운 물, 얼음, 비커, 시계 접시, 푸른색 염화 코발트 종이

498 상

다음은 아세톤의 상태 변화 실험이다.

[실험 방법]
(가) 아세톤이 들어 있는 비닐 주머니를 감압 장치에 넣고 장치 속 공기를 뺀 뒤 감압 장치의 질량을 측정한다.
(나) 뜨거운 물이 담긴 수조에 감압 장치를 넣어 아세톤이 모두 기화하였을 때 다시 질량을 측정한다.

[실험 결과]
• 비닐 주머니가 부풀어 오른다.
• (가)와 (나)의 질량이 같다.

(1) 비닐 주머니가 부풀어 오른 상태를 입자 모형으로 나타내시오.

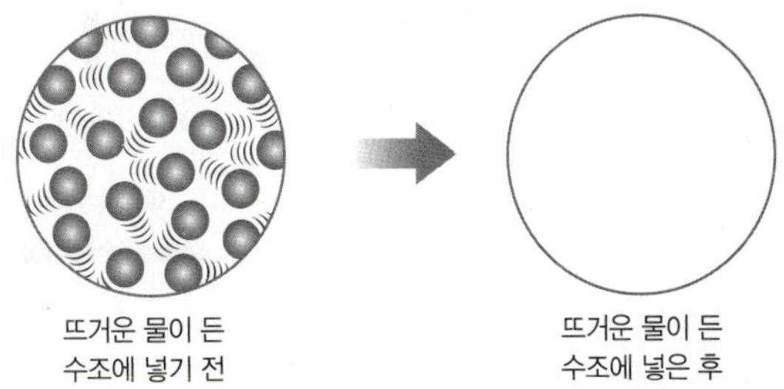

(2) 이 실험으로 알게 된 사실을 서술하시오.

10 상태 변화와 열에너지

A 열에너지를 흡수·방출하는 상태 변화

1 열에너지를 흡수하는 상태 변화 융해, ❶☐☐, 승화
(고체 → 기체)

(1) **물질을 가열할 때의 온도 변화**: 물질을 가열하면 온도가 점점 높아지다가 상태가 변하기 시작하면 온도가 일정하게 유지된다. ➡ 흡수한 열에너지가 상태 변화 하는 데 모두 사용되기 때문

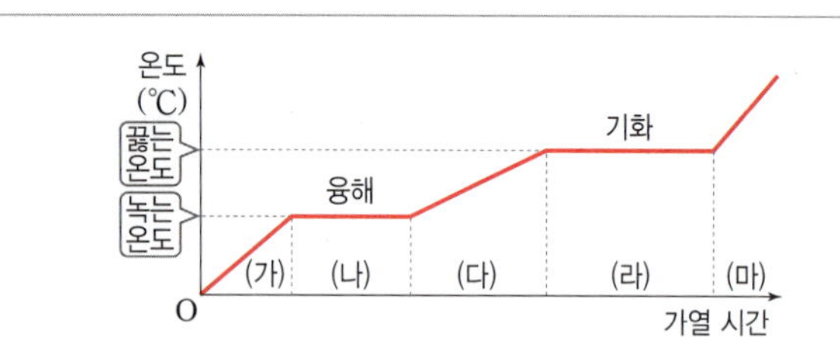

• 온도가 높아지는 구간: (가), (다), (마)
➡ 가해 준 열에너지가 온도를 높이는 데 사용된다.
• 온도가 일정한 구간: (나), (라)
➡ 가해 준 열에너지가 상태 변화 하는 데 사용된다.
• 두 가지 상태가 함께 존재하는 구간: (나), (라)
➡ (나)는 고체와 액체, (라)는 액체와 기체가 함께 존재한다.

(2) **상태 변화에 따른 입자 모형의 변화**: 물질을 가열하여 상태가 변할 때 물질은 열에너지를 ❷☐☐하여 입자 운동이 활발해지고 입자 배열이 불규칙하게 변한다.

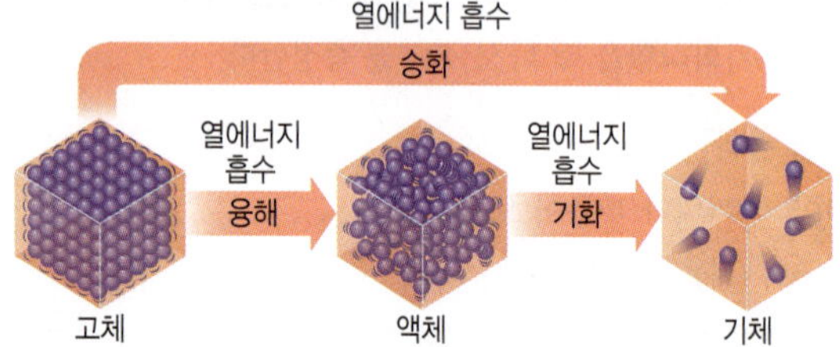

 물을 가열할 때의 온도 변화

① 삼각 플라스크에 증류수를 담고 끓임쪽❶을 넣은 다음, 온도계를 삼각 플라스크 속 증류수에 넣고 스탠드와 집게를 이용하여 고정한다.
② 가열 장치로 가열하면서 온도를 측정한다.

결과 및 정리

• 물을 가열하면 온도가 계속 높아지다가 100 ℃가 되면 일정하게 유지된다.
• 상태 변화가 일어나는 구간: 10 분~18 분

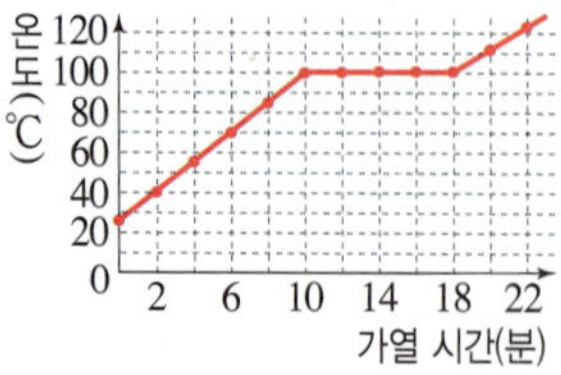

2 열에너지를 방출하는 상태 변화 응고, ❸☐☐, 승화
(기체 → 고체)

(1) **물질을 냉각할 때의 온도 변화**: 물질을 냉각하면 온도가 점점 낮아지다가 상태가 변하기 시작하면 온도가 일정하게 유지된다. ➡ 물질의 상태가 변하는 동안 열에너지를 방출하기 때문

• 온도가 낮아지는 구간: (가), (다), (마)
➡ 열에너지를 빼앗겨 온도가 낮아진다.
• 온도가 일정한 구간: (나), (라)
➡ 상태 변화 하면서 열에너지를 방출한다.
• 두 가지 상태가 함께 존재하는 구간: (나), (라)
➡ (나)는 기체와 액체, (라)는 액체와 고체가 함께 존재한다.

(2) **상태 변화에 따른 입자 모형의 변화**: 물질을 냉각하여 상태가 변할 때 물질은 열에너지를 ❹☐☐하여 입자 운동이 둔해지고 입자 배열이 규칙적으로 변한다.

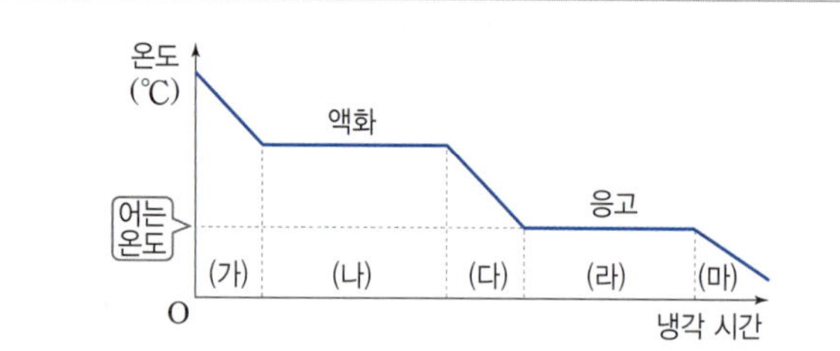

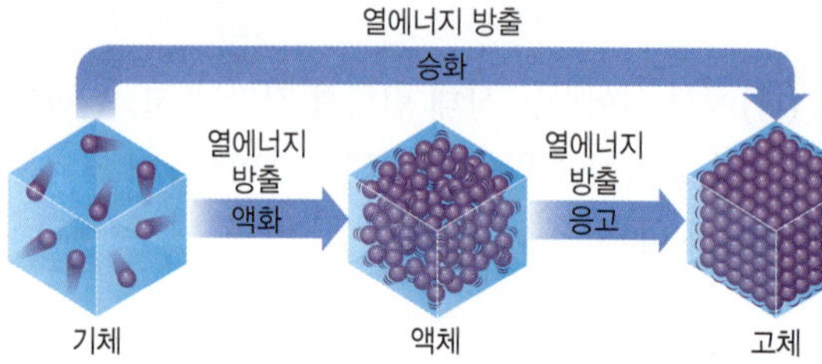

B 상태 변화 할 때 출입하는 열에너지의 이용

1 열에너지를 흡수하는 상태 변화 물질이 주위로부터 열에너지 흡수 ➡ 주위의 온도가 ❺☐아진다.

융해 (고체 → 액체)	• 얼음 조각상 옆에 있으면 시원하게 느껴진다. • 음료수에 얼음을 넣으면 얼음이 녹으면서 음료수가 시원해진다.
기화 (액체 → 기체)	• 더운 여름날 인공 안개 장치로 물을 뿌리면 시원해진다. • 운동 후 땀이 마를 때나 샤워를 한 후 몸에 물기가 있으면 춥게 느껴진다.
승화 (고체 → 기체)	• 아이스크림을 포장할 때 드라이아이스를 함께 넣으면 아이스크림이 잘 녹지 않는다.

2 열에너지를 방출하는 상태 변화 물질이 주위로 열에너지 방출 ➡ 주위의 온도가 ❻[　]아진다.

응고 (액체 → 고체)	• 이글루의 벽에 물을 뿌려 내부를 따뜻하게 한다. • 액체 파라핀에 손을 담갔다가 꺼내면 액체 파라핀이 응고하면서 손이 따뜻해진다.
액화 (기체 → 액체)	• 커피 기계의 스팀 분출 장치로 우유를 데운다. • 냉방이 잘 된 곳에 있다가 밖으로 나오면 후텁지근하게 느껴진다.
승화 (기체 → 고체)	• 겨울철 눈이 내릴 때 날씨가 포근해진다.

3 상태 변화를 이용한 냉방기와 난방기

(1) **에어컨**: 액체 냉매가 기화하면서 열에너지를 ❼[　][　]하여 주위의 온도가 낮아지는 원리를 이용한다.

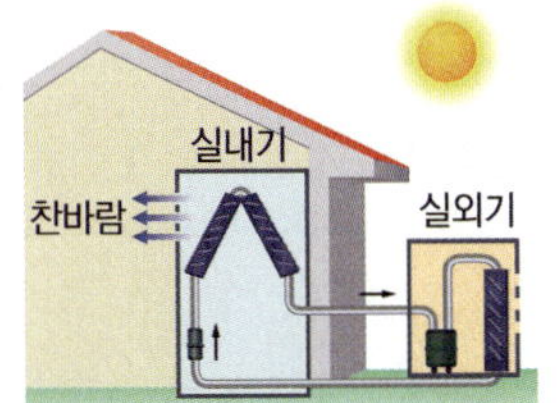

(2) **증기 난방기**: 수증기가 액화하면서 열에너지를 ❽[　][　]하여 주위의 온도가 높아지는 원리를 이용한다.

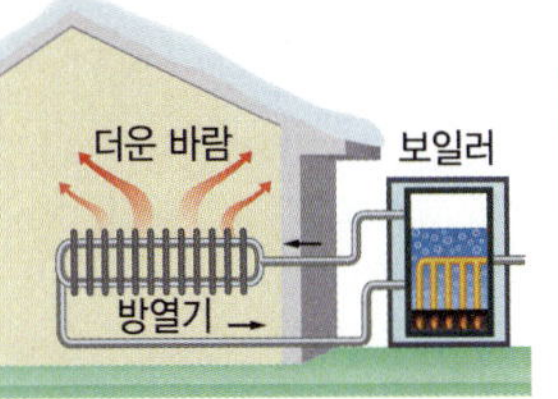

개념 더 알아보기

♦ **끓는점, 녹는점, 어는점**

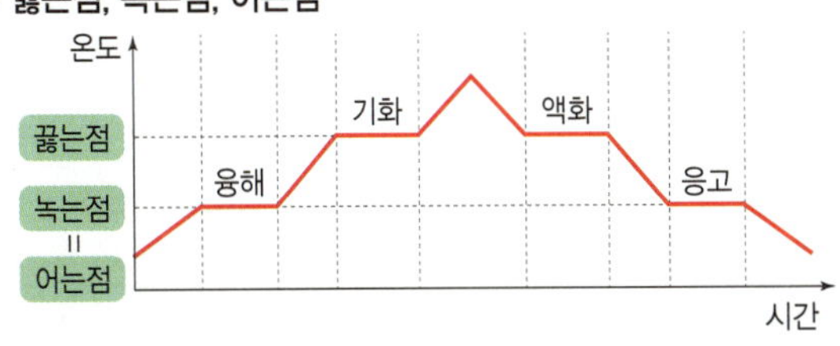

• **끓는점**: 액체가 기체로 기화할 때 일정하게 유지되는 온도
• **녹는점**: 고체가 액체로 융해할 때 일정하게 유지되는 온도
• **어는점**: 액체가 고체로 응고할 때 일정하게 유지되는 온도
  └ 같은 물질의 녹는점과 어는점은 서로 같다.

♦ **냉장고의 원리**

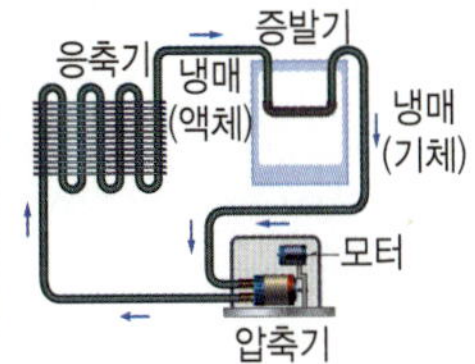

기출 PICK A-1

가열 곡선과 상태 변화

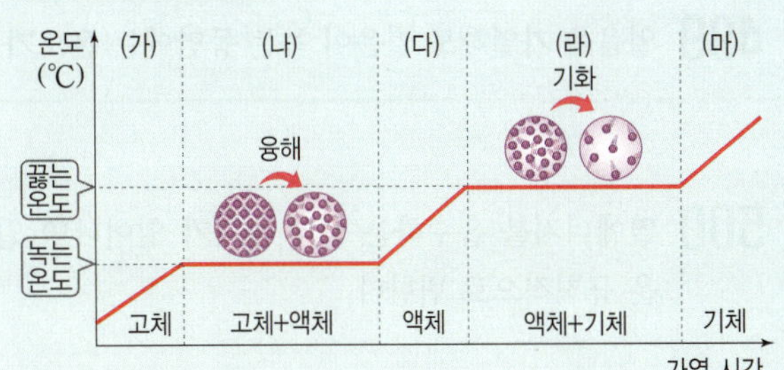

• 온도가 일정한 구간: (나), (라)
  ➡ 흡수한 열에너지가 상태 변화 하는 데 사용된다.
  ➡ 입자 운동이 활발해지고 입자 배열이 불규칙하게 변한다.

기출 PICK A-2

냉각 곡선과 상태 변화

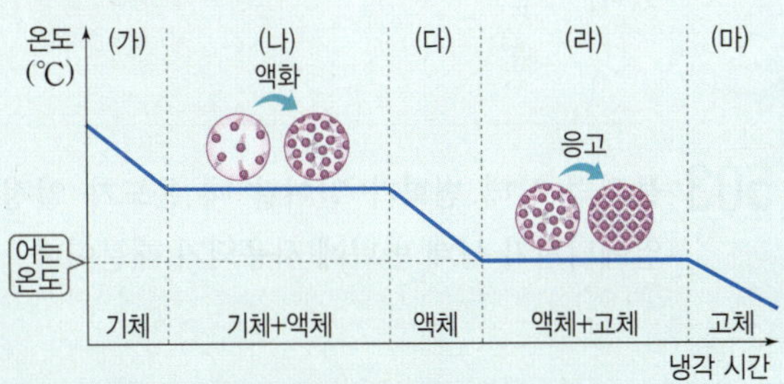

• 온도가 일정한 구간: (나), (라)
  ➡ 상태 변화 하면서 열에너지를 방출한다.
  ➡ 입자 운동이 둔해지고 입자 배열이 규칙적으로 변한다.

기출 PICK A-1, 2, B-1, 2

상태 변화와 열에너지의 출입

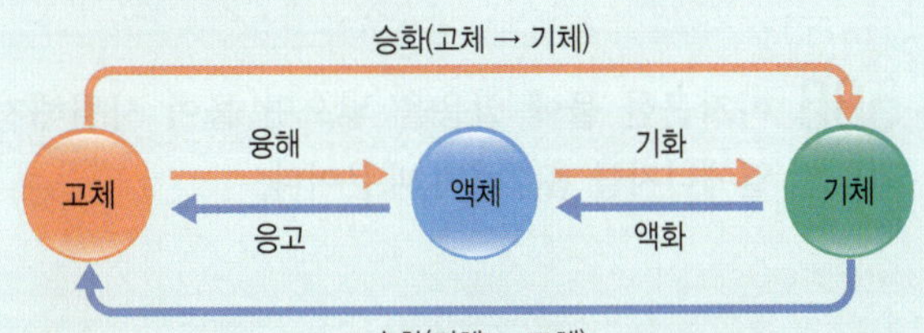

• 열에너지를 흡수하는 상태 변화: 융해, 기화, 승화(고체 → 기체)
• 열에너지를 방출하는 상태 변화: 응고, 액화, 승화(기체 → 고체)
• 주위의 온도가 낮아지는 상태 변화: 융해, 기화, 승화(고체 → 기체)
• 주위의 온도가 높아지는 상태 변화: 응고, 액화, 승화(기체 → 고체)

용어

❶ **끓임쪽**: 액체를 끓일 때 액체가 갑자기 끓어오르는 것을 막기 위해 넣는 돌이나 사기 조각

답 ❶ 기화 ❷ 흡수 ❸ 액화 ❹ 방출 ❺ 낮 ❻ 높 ❼ 흡수 ❽ 방출

OX로 개념 확인

♦ 개념에 대한 설명이 옳으면 ◯, 옳지 않으면 ×로 쓰고, ×인 경우 옳지 않은 부분
에 밑줄을 긋고 옳은 문장으로 고쳐 보자.

499 얼음을 가열해도 얼음이 녹는 동안에는 온도가 더 이상 높아지지 않는다. (   )

500 열에너지를 흡수하는 상태 변화가 일어나면 입자 운동은 둔해지고, 입자 배열
은 규칙적으로 변한다. (   )

501 기체에서 액체로 상태가 변하는 동안 물질의 온도는 점점 낮아진다. (   )

502 열에너지를 방출하는 상태 변화에는 응고, 기화, 고체에서 기체로의 승화가
있다. (   )

503 물질의 상태 변화가 일어날 때 온도가 일정하게 유지되는 까닭은 출입하는
열에너지가 상태 변화에 사용되기 때문이다. (   )

504 열에너지를 흡수하는 상태 변화가 일어날 때 주위의 온도가 높아진다. (   )

505 물질이 어는 동안 주위의 온도는 높아진다. (   )

506 미지근한 물에 얼음을 넣으면 물이 시원해지는 까닭은 얼음이 융해하면서
열에너지를 흡수하기 때문이다. (   )

507 아이스크림을 포장할 때 드라이아이스를 함께 넣으면 드라이아이스가 액화하면
서 열에너지를 방출하므로 아이스크림을 녹지 않게 해 준다. (   )

508 에어컨은 기체 냉매가 액체로 상태 변화 하면서 열에너지를 방출하여 집 안이
시원해진다. (   )

난이도별 **필수 기출**

상 4 문항
중 23 문항
하 8 문항

A 열에너지를 흡수·방출하는 상태 변화

509 하

얼음이 녹고 있는 동안에 일어나는 현상에 대한 설명으로 옳은 것을 〈보기〉에서 모두 고른 것은?

— 보기 —
ㄱ. 열에너지를 방출한다.
ㄴ. 입자의 운동이 활발해진다.
ㄷ. 얼음의 온도가 점점 높아진다.
ㄹ. 두 가지 상태가 함께 존재한다.

① ㄱ, ㄷ
② ㄴ, ㄹ
③ ㄷ, ㄹ
④ ㄱ, ㄴ, ㄷ
⑤ ㄱ, ㄴ, ㄹ

★빈출 510 하

그림은 어떤 고체 물질을 가열할 때 시간에 따른 온도 변화를 나타낸 것이다.

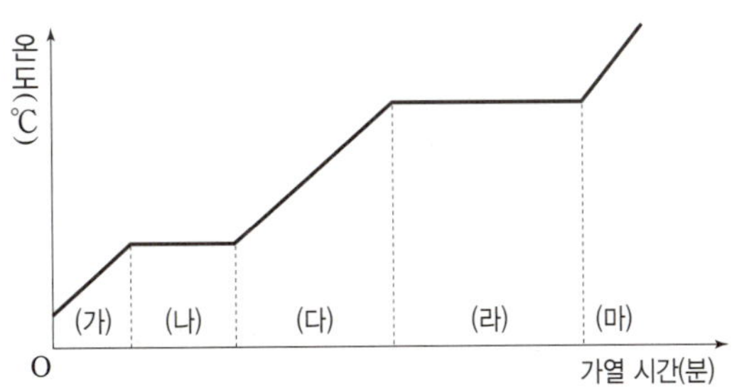

(가)~(마) 중 상태 변화가 일어나는 구간을 모두 고르면?

(2 개)

① (가)
② (나)
③ (다)
④ (라)
⑤ (마)

★빈출 511 하

오른쪽 그림은 어떤 액체 물질을 냉각할 때 시간에 따른 온도 변화를 나타낸 것이다. (가) 구간에서 온도가 일정하게 나타나는 까닭으로 옳은 것은?

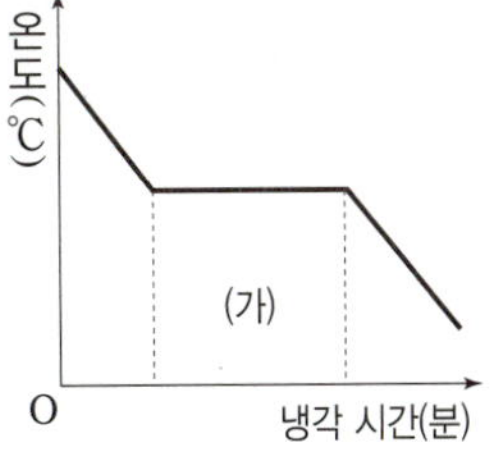

① 냉각을 중지하였기 때문
② 물질을 가열하였기 때문
③ 외부의 열을 차단하였기 때문
④ 물질이 열에너지를 흡수하였기 때문
⑤ 상태 변화 하는 동안 열에너지를 방출하였기 때문

512 하

오른쪽 그림과 같이 얼음이 들어 있는 삼각 플라스크를 물이 담긴 비커에 넣고 일정한 시간 간격으로 얼음의 온도를 측정하였다. 측정한 결과를 옳게 나타낸 것은?

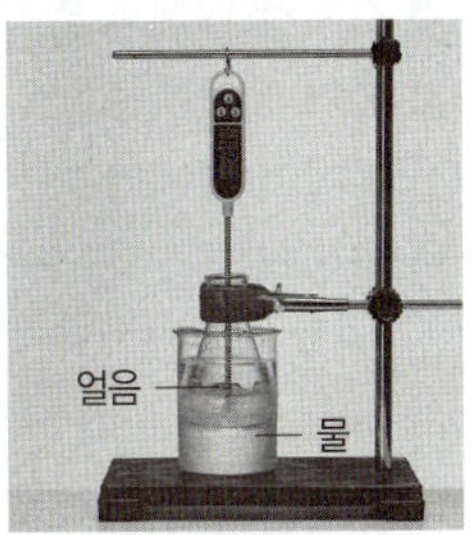

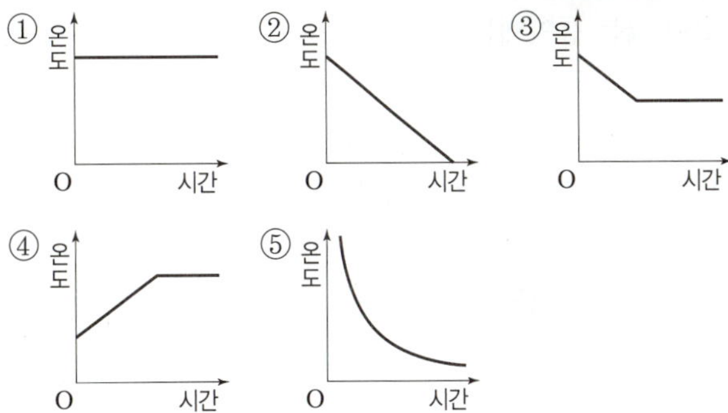

★빈출 513 하

그림은 물질의 상태 변화를 입자 모형으로 나타낸 것이다.

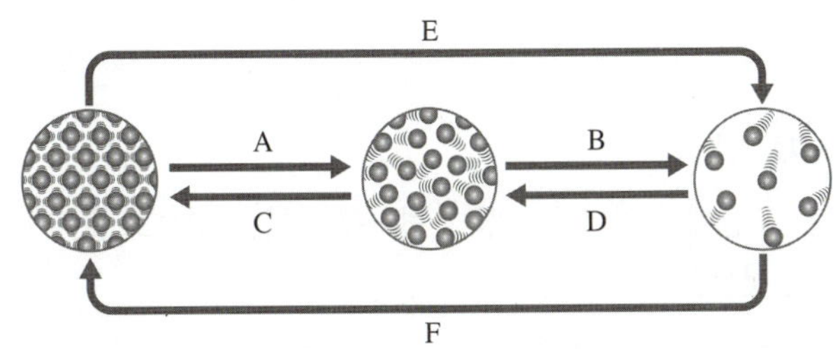

열에너지를 흡수하는 과정과 열에너지를 방출하는 과정을 옳게 짝 지은 것은?

	열에너지 흡수	열에너지 방출
①	A, B, C	D, E, F
②	A, B, E	C, D, F
③	B, C, F	A, D, E
④	C, D, E	A, B, F
⑤	C, D, F	A, B, E

상태 변화와 열에너지의 출입에 대한 설명으로 옳지 <u>않은</u> 것을 모두 고르면? (2 개)

① 상태 변화가 일어날 때에는 열에너지가 출입한다.

② 기체가 액체로 변할 때에는 열에너지를 방출한다.

③ 물이 응고하는 동안에는 온도가 일정하게 유지된다.

④ 물질이 열에너지를 흡수하면 항상 온도가 높아진다.

⑤ 열에너지를 흡수하는 상태 변화는 응고, 액화, 승화 (기체 → 고체)이다.

⑥ 열에너지를 방출하는 상태 변화가 일어나면 입자 배열이 규칙적으로 변한다.

⑦ 물이 끓는 동안에는 액체 상태인 물과 기체 상태인 수증 기가 함께 존재한다.

[515~516] 오른쪽 그림은 어떤 고체 물질을 가열할 때 시간에 따른 온도 변화를 나타낸 것이 다.

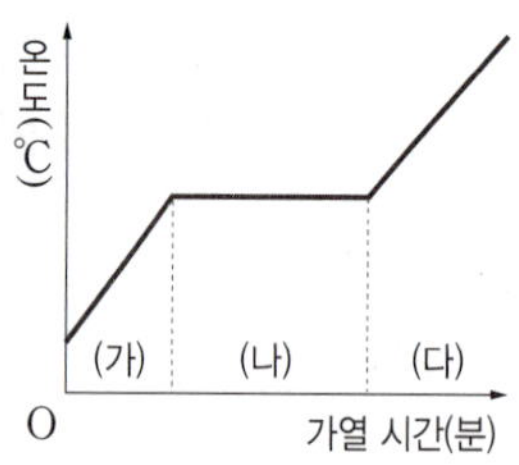

515 중

이에 대한 설명으로 옳은 것을 〈보기〉에서 모두 고른 것은?

> ━〈 보기 〉━
> ㄱ. (가) 구간에서는 고체 상태로만 존재한다.
> ㄴ. (가) 구간보다 (다) 구간에서 입자 운동이 더 둔하다.
> ㄷ. (다) 구간에서 입자 배열은 매우 규칙적이다.
> ㄹ. (다) 구간에 존재하는 물질은 모양은 일정하지 않지만 부 피는 일정하다.

① ㄱ, ㄴ   ② ㄱ, ㄹ   ③ ㄷ, ㄹ
④ ㄱ, ㄴ, ㄷ   ⑤ ㄴ, ㄷ, ㄹ

516 중

(나) 구간에서 일어나는 상태 변화를 입자 모형으로 옳게 나 타낸 것은?

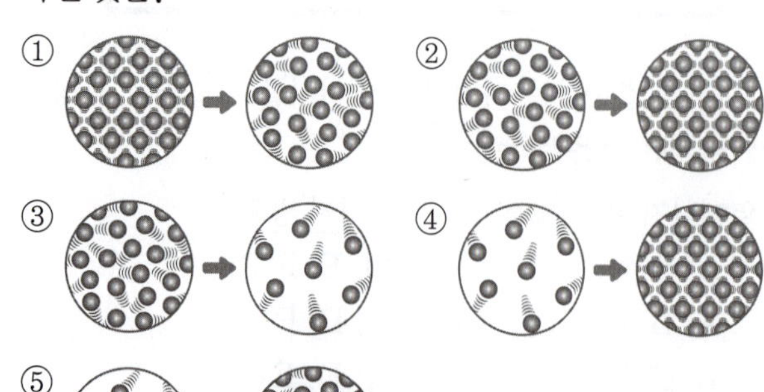

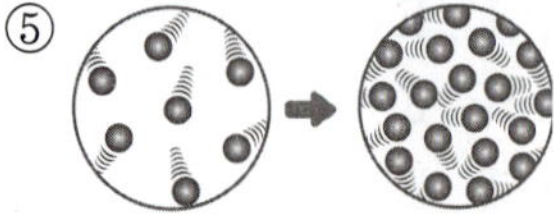

그림은 어떤 고체 물질을 가열할 때 시간에 따른 온도 변화 를 나타낸 것이다.

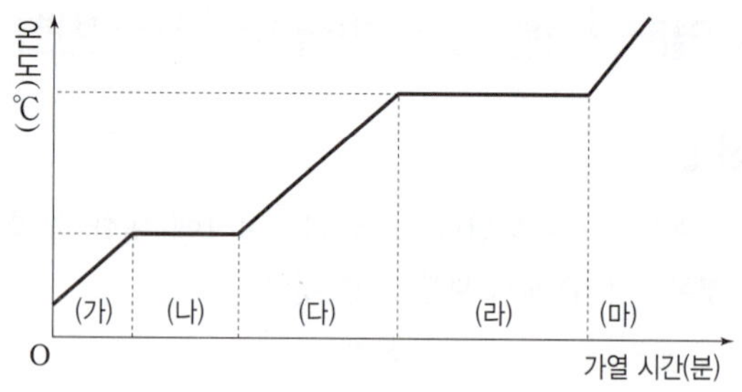

이에 대한 설명으로 옳은 것을 모두 고르면? (2 개)

① (가) 구간에서는 열에너지를 흡수하므로 물질의 상태가 변한다.

② (나) 구간에서는 흡수한 열에너지가 상태 변화 하는 데 모두 사용된다.

③ (나) 구간에서는 기화가 일어난다.

④ (다) 구간에서는 두 가지 상태가 함께 존재한다.

⑤ (라) 구간에서는 열에너지를 방출한다.

⑥ (라)의 온도에서 액체 물질이 끓기 시작한다.

⑦ (마) 구간에서 물질은 입자 운동이 가장 둔하다.

518 중

표는 어떤 액체 물질을 가열할 때의 온도 변화를 나타낸 것 이다.

시간(분)	0	2	4	6	8	10
온도(℃)	20	40	60	78	78	78

이에 대한 설명으로 옳은 것을 〈보기〉에서 모두 고른 것은?

> ━〈 보기 〉━
> ㄱ. 0 분~4 분 구간에서는 가해 준 열에너지가 물질의 온도 를 높이는 데 사용된다.
> ㄴ. 6 분~10 분 구간에서 액화가 일어난다.
> ㄷ. 이 물질이 끓기 시작하는 온도는 78 ℃이다.
> ㄹ. 6 분~10 분에 온도가 일정한 까닭은 가해 준 열에너지가 모두 상태 변화 하는 데 사용되기 때문이다.

① ㄱ, ㄴ   ② ㄴ, ㄷ   ③ ㄷ, ㄹ
④ ㄱ, ㄴ, ㄹ   ⑤ ㄱ, ㄷ, ㄹ

519 중

오른쪽 그림은 물을 냉각할 때 시간에 따른 온도 변화를 나타낸 것이다. 이에 대한 설명으로 옳지 <u>않은</u> 것은?

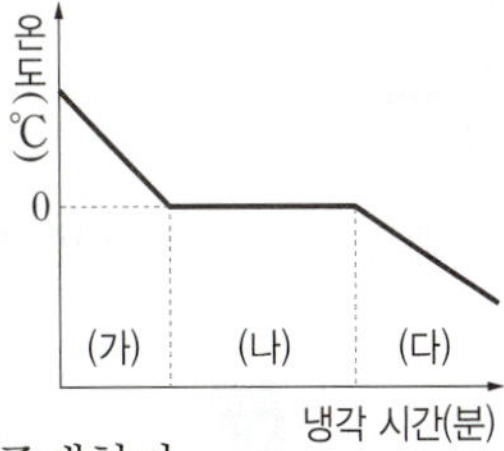

① 0 ℃에서 물이 얼기 시작한다.

② (가) 구간에서는 액체 상태로만 존재한다.

③ (나) 구간에서는 응고가 일어난다.

④ (다) 구간에서는 물이 얼음으로 상태가 변한다.

⑤ 물의 부피는 (가) 구간보다 (다) 구간일 때 크다.

520 중

이 문제에서 볼 수 있는 보기는 多

표는 어떤 액체 물질을 냉각할 때의 온도 변화를 나타낸 것이다.

시간(분)	0	2	4	6	8	10	12
온도(℃)	79	62	50	50	50	43	32

이에 대한 설명으로 옳은 것을 모두 고르면? (2 개)

① 0 분~4 분 구간에서는 응고가 일어난다.

② 입자 배열은 2 분일 때보다 12 분일 때 더 규칙적이다.

③ 4 분~ 8 분 구간에서는 열에너지를 흡수한다.

④ 6 분일 때 물질의 상태는 액체이다.

⑤ 8 분~12 분 구간에서 물질의 입자 운동은 매우 활발하다.

⑥ 물질이 얼기 시작하기 전까지는 온도가 계속 내려간다.

521 중

그림 (가)와 같이 액체 로르산이 들어 있는 시험관에 온도계를 꽂고 온도를 측정하여 (나)와 같은 결과를 얻었다.

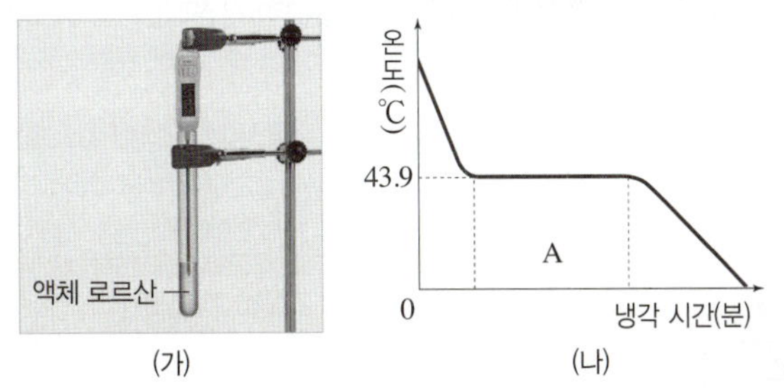

이에 대한 설명으로 옳은 것을 〈보기〉에서 모두 고른 것은?

> **〈 보기 〉**
>
> ㄱ. 액체 로르산이 응고되는 온도는 43.9 ℃이다.
>
> ㄴ. A 구간에서는 열에너지를 흡수한다.
>
> ㄷ. A 구간의 상태 변화는 철이 녹아 쇳물이 되는 현상과 같은 종류이다.

① ㄱ   ② ㄷ   ③ ㄱ, ㄴ

④ ㄱ, ㄷ   ⑤ ㄴ, ㄷ

522 중

이 문제에서 볼 수 있는 보기는 多

그림은 어떤 고체 물질을 가열하여 녹인 후 다시 냉각하였을 때 시간에 따른 온도 변화를 나타낸 것이다.

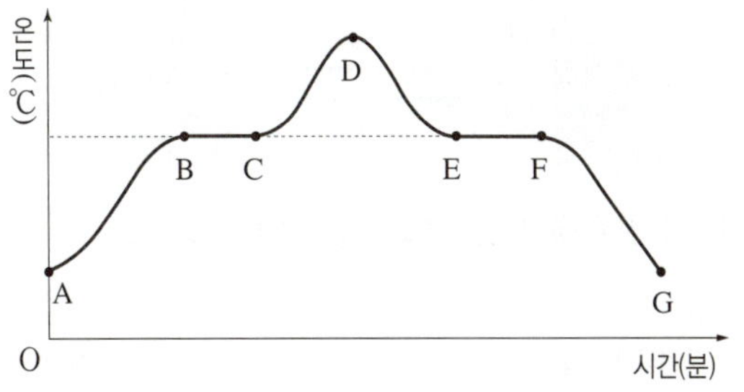

이에 대한 설명으로 옳지 <u>않은</u> 것을 모두 고르면? (2 개)

① A~D 구간은 열에너지를 흡수하고, D~G 구간은 열에너지를 방출한다.

② AB 구간에서는 입자 사이의 거리가 매우 가깝다.

③ BC 구간의 온도는 고체 물질이 녹기 시작하는 온도이고, EF 구간의 온도는 액체 물질이 얼기 시작하는 온도이다.

④ CD 구간과 DE 구간에서 물질의 상태는 다르다.

⑤ EF 구간에서는 두 가지 상태가 함께 존재한다.

⑥ FG 구간에서 입자 배열은 비교적 불규칙하다.

⑦ D에서 G로 갈수록 입자 운동이 둔해진다.

523 중

그림은 물질의 상태 변화를 나타낸 것이다.

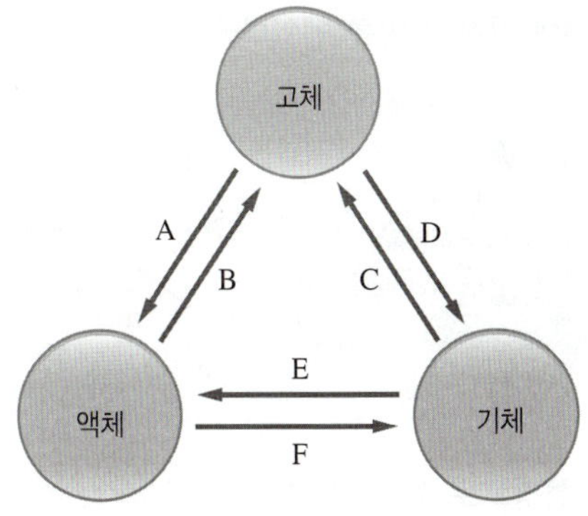

이에 대한 설명으로 옳은 것은?

① A, D, F가 일어날 때 열에너지를 방출한다.

② B, C, E가 일어날 때 열에너지를 흡수한다.

③ A가 일어날 때 입자 운동이 둔해진다.

④ C가 일어날 때 입자 배열이 규칙적으로 변한다.

⑤ E가 일어날 때 입자 사이의 거리가 멀어진다.

그림은 어떤 물질의 상태 변화 과정을 입자 모형으로 나타낸 것이다.

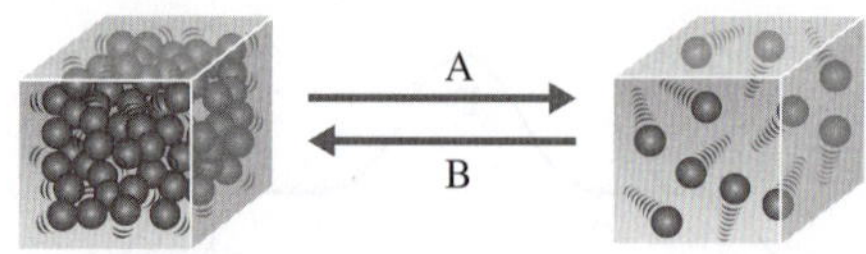

A와 B 과정에 대한 설명으로 옳지 <u>않은</u> 것은?

	A	B
① 상태 변화	기화	액화
② 열에너지 출입	방출	흡수
③ 입자 배열	불규칙해진다.	규칙적으로 된다.
④ 입자 운동	활발해진다.	둔해진다.
⑤ 입자 사이의 거리	멀어진다.	가까워진다.

525 ㉦

종이 그릇에 물을 넣지 않고 가열하면 종이 그릇이 탄다. 하지만 오른쪽 그림과 같이 종이 그릇에 물을 넣고 가열하면 종이 그릇이 타지 않고 물을 끓일 수 있다. 그 까닭으로 옳은 것은?

① 가열하는 시간이 짧기 때문
② 가열 장치의 온도가 낮기 때문
③ 물이 종이 냄비에 붙은 불을 끄기 때문
④ 가해 준 열에너지가 기체로 변해 날아가기 때문
⑤ 물이 기화하면서 가해 준 열에너지를 흡수하기 때문

526 ㉦

그림 (가)와 같이 장치하고 에탄올을 가열하면서 온도를 측정하여 (나)와 같은 결과를 얻었다.

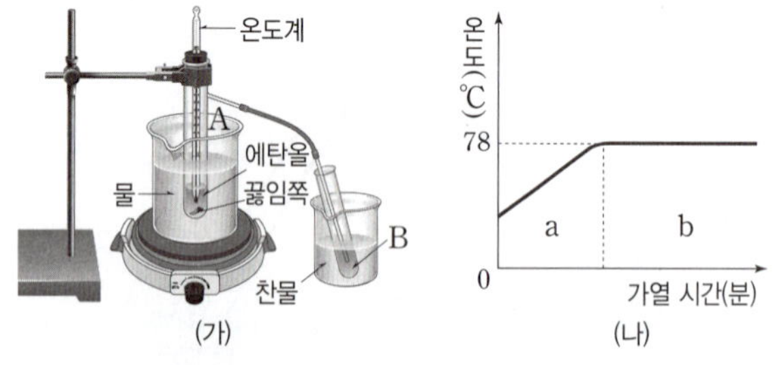

이에 대한 설명으로 옳은 것은?

① 물이 끓기 시작하는 온도는 78 ℃이다.
② A에서는 액화, B에서는 기화가 일어난다.
③ a에서 에탄올은 기체 상태로만 존재한다.
④ b에서 에탄올은 열에너지를 방출한다.
⑤ 끓임쪽은 에탄올이 갑자기 끓어 넘치는 것을 막기 위해 넣어 준다.

B 상태 변화 할 때 출입하는 열에너지의 이용

⭐빈출 527 ㉦

그림은 물질의 상태 변화를 나타낸 것이다.

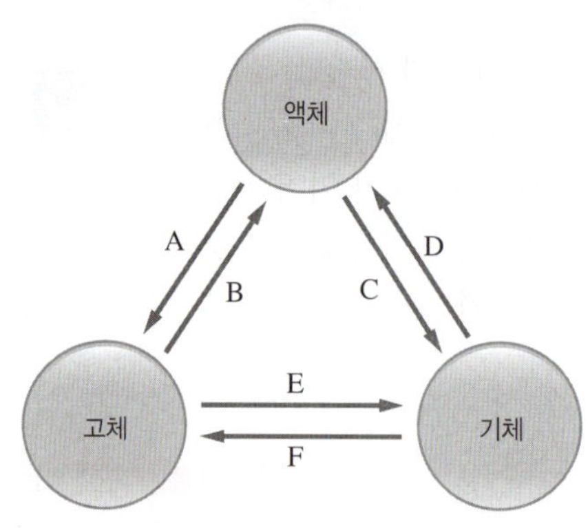

상태 변화가 일어날 때 주위의 온도가 낮아지는 경우를 모두 고른 것은?

① A, C, E ② A, C, F ③ A, D, E
④ B, C, E ⑤ B, D, F

528 ㉦

더운 여름에 수영을 하다 물 밖으로 나오면 추위를 느낀다. 그 까닭으로 옳은 것은?

① 물이 햇빛을 흡수하기 때문
② 물의 온도보다 공기의 온도가 낮기 때문
③ 물이 응고하면서 열에너지를 방출하기 때문
④ 물이 기화하면서 열에너지를 흡수하기 때문
⑤ 물이 승화하면서 열에너지를 흡수하기 때문

⭐빈출 529 ㉦

상태 변화가 일어날 때 열에너지를 방출하는 예를 모두 고르면? (2 개)

① 무더운 여름날 마당에 물을 뿌린다.
② 커피 기계의 스팀 분출 장치로 우유를 데운다.
③ 열이 날 때 물수건을 올려두어 체온을 낮춘다.
④ 아이스박스에 음식물과 함께 얼음을 채워 둔다.
⑤ 갑자기 추워질 때 오렌지 나무에 물을 뿌려 오렌지가 얼지 않도록 한다.

530 중

이 문제에서 볼 수 있는 보기는 多

그림은 물질의 상태 변화를 나타낸 것이다.

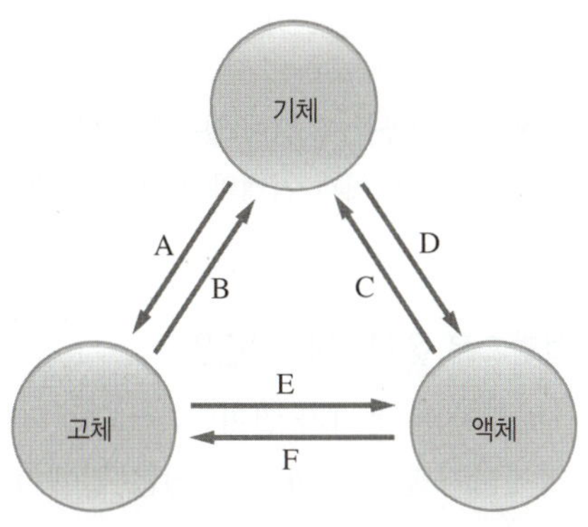

이에 대한 설명으로 옳은 것을 모두 고르면? (2 개)

① A가 일어날 때 열에너지를 흡수한다.
② B가 일어날 때 주위의 온도가 낮아진다.
③ C가 일어날 때 열에너지를 방출한다.
④ D가 일어날 때 입자 운동이 활발해진다.
⑤ E가 일어날 때 물질이 열에너지를 흡수하면서 입자 배열이 규칙적으로 변한다.
⑥ 이글루의 벽에 물을 뿌려 내부를 따뜻하게 하는 경우는 F와 관련 있다.

531 중

그림은 물질의 상태 변화를 입자 모형으로 나타낸 것이다.

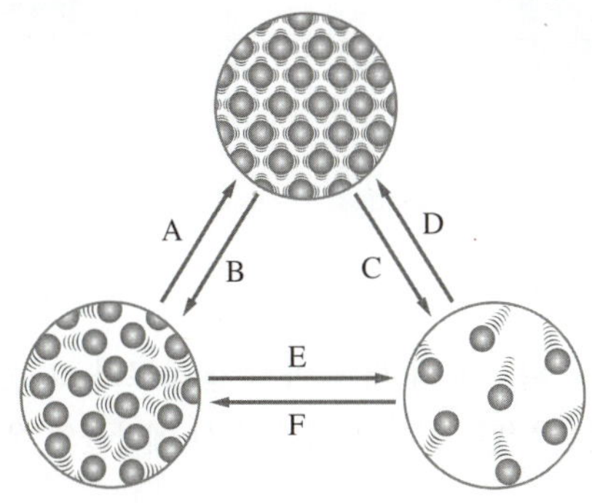

이에 대한 설명으로 옳은 것을 〈보기〉에서 모두 고른 것은? (단, 물은 제외한다.)

〈보기〉
ㄱ. 입자 운동이 활발해지는 상태 변화는 A, D, F이다.
ㄴ. 주위의 온도가 높아지는 상태 변화는 A, D, F이다.
ㄷ. 열에너지를 방출하는 상태 변화는 B, C, E이다.
ㄹ. 물질의 부피가 증가하는 상태 변화는 B, C, E이다.

① ㄱ, ㄷ
② ㄱ, ㄹ
③ ㄴ, ㄷ
④ ㄴ, ㄹ
⑤ ㄷ, ㄹ

532 중

상태 변화가 일어날 때 주위의 온도가 (가)낮아지는 현상과 (나)높아지는 현상을 〈보기〉에서 모두 골라 옳게 짝 지은 것은?

〈보기〉
ㄱ. 젖은 빨래가 마른다.
ㄴ. 이른 새벽 풀잎에 이슬이 맺힌다.
ㄷ. 추운 겨울 나뭇잎에 서리가 내린다.
ㄹ. 겨울철 처마 끝에 고드름이 생긴다.
ㅁ. 손바닥 위에 올려놓은 얼음이 녹는다.
ㅂ. 추운 겨울 그늘에 있던 눈사람이 녹지 않는데 크기가 작아진다.

	(가)	(나)
①	ㄱ, ㄷ, ㄹ	ㄴ, ㅁ, ㅂ
②	ㄱ, ㅁ, ㅂ	ㄴ, ㄷ, ㄹ
③	ㄴ, ㄷ, ㄹ	ㄱ, ㅁ, ㅂ
④	ㄴ, ㄹ, ㅂ	ㄱ, ㄷ, ㅁ
⑤	ㄷ, ㄹ, ㅁ	ㄱ, ㄴ, ㅂ

533 중

오른쪽 그림은 어떤 액체 물질을 냉각할 때 시간에 따른 온도 변화를 나타낸 것이다. (가) 구간에서 출입하는 열에너지의 종류와 관련 있는 현상을 〈보기〉에서 모두 고른 것은?

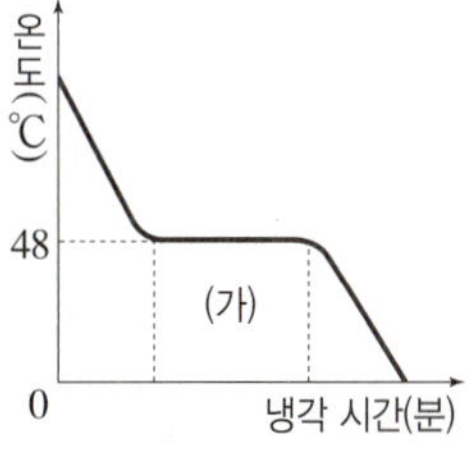

〈보기〉
ㄱ. 증기 오븐으로 식품을 조리한다.
ㄴ. 추운 겨울 눈이 내리면 날씨가 따뜻하게 느껴진다.
ㄷ. 액체 파라핀에 손을 담갔다가 꺼내면 손이 따뜻해진다.

① ㄱ
② ㄷ
③ ㄱ, ㄴ
④ ㄴ, ㄷ
⑤ ㄱ, ㄴ, ㄷ

534 중

다음 변화가 일어나는 상태 변화의 예로 옳은 것은?

• 열에너지를 방출한다.
• 입자 운동이 둔해진다.

① 사과꽃에 물을 뿌려 냉해를 막는다.
② 여름에 분수대 옆을 지나면 시원하다.
③ 사막에서는 양가죽으로 만든 물주머니를 사용한다.
④ 백신을 수송할 때 드라이아이스를 함께 넣어 포장한다.
⑤ 더운 여름날 인공 안개 장치로 물을 뿌리면 시원해진다.

다음은 드라이아이스의 상태 변화로 일어나는 현상이다.

> 드라이아이스는 열에너지를 (㉠)하여 기체로 (㉡)
> 한다. 열에너지를 (㉠)하면 주위의 온도가 (㉢)아
> 지므로 공연장에서 드라이아이스를 뿌리면 무대 근처가
> (㉣)해진다.

㉠~㉣에 들어갈 말을 옳게 짝지은 것은?

	㉠	㉡	㉢	㉣
①	흡수	승화	낮	시원
②	흡수	액화	높	따뜻
③	흡수	기화	낮	따뜻
④	방출	융해	높	시원
⑤	방출	증발	낮	따뜻

536 ❀

다음은 일상생활에서 상태 변화가 일어나는 현상이다.

> 휴대용 가스레인지를 사용한 다음, 뷰테인 가스통을 꺼내어
> 만져 보면 가스통이 차갑다.

이 현상과 열에너지의 출입이 다른 것은?

① 음료수에 얼음을 넣으면 시원해진다.
② 소나기가 내리기 전 날씨가 후텁지근하다.
③ 손 소독제를 손에 뿌리면 손바닥이 시원해진다.
④ 더운 여름 얼음 조각상 근처에 가면 시원해진다.
⑤ 알코올을 묻힌 솜으로 손등을 문지르면 시원해진다.

537 ❀

다음은 일상생활에서 일어나는 상태 변화의 예이다. 상태 변화의 종류와 열에너지의 출입을 옳게 짝 지은 것은?

① 액체 파라핀을 굳혀 온찜질을 한다.
　→ 응고할 때 흡수하는 열에너지
② 더운 여름 분수대 근처에 가면 시원하다.
　→ 기화할 때 흡수하는 열에너지
③ 뜨거운 라면을 먹을 때 안경이 뿌옇게 흐려진다.
　→ 승화할 때 방출하는 열에너지
④ 이른 봄 얼었던 강물이 녹으면 강 주변의 기온이 낮아진다.
　→ 융해할 때 방출하는 열에너지
⑤ 추운 겨울철 과일이 어는 것을 막기 위해 과일 저장 창고
　에 물이 든 그릇을 놓는다.
　→ 액화할 때 방출하는 열에너지

538 ❀

다음은 일상생활에서 물질의 상태 변화를 이용한 예를 나타낸 것이다.

> (가) 차가운 음료를 제공할 때 컵에 얼음을 함께 넣는다.
> (나) 수증기를 이용하여 커피 기계의 스팀 분출 장치로 우유
> 　를 데운다.

이에 대한 설명으로 옳지 않은 것은?

① (가)는 융해, (나)는 액화가 일어난다.
② (가)는 열에너지를 흡수하고, (나)는 열에너지를 방출한다.
③ (가)는 입자 배열이 불규칙하게 변하고, (나)는 입자 배열이 규칙적으로 변한다.
④ (가)와 (나) 모두 주위의 온도가 높아진다.
⑤ 추운 겨울 밖에 있다가 따뜻한 실내에 들어가면 안경이 뿌옇게 변하는 것은 (나)와 같은 현상이다.

539 ❀

그림과 같이 종류가 같은 캔 음료 2개를 준비한 뒤 (가)는 마른 휴지로 감싸고, (나)는 에탄올에 적신 휴지로 감싼 다음 부채질을 하였다.

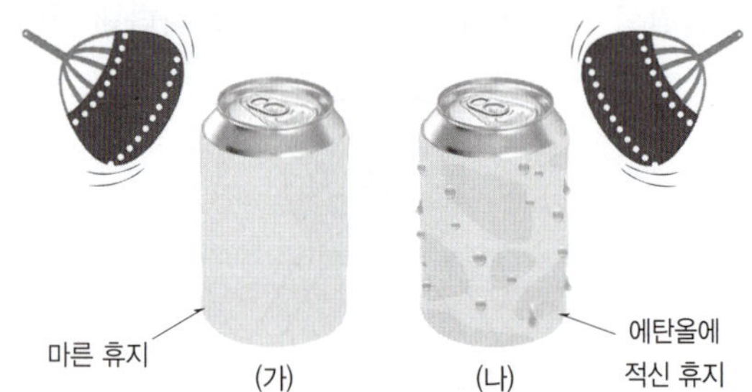

시간이 지난 뒤 온도가 더 낮아진 캔 음료와 그 원인을 옳게 짝 지은 것은? (단, 처음 휴지에 적신 에탄올의 온도는 실온과 같다.)

① (가), 공기 중의 수증기가 액화하면서 열에너지를 방출하기 때문
② (가), 공기 중의 수증기가 액화하면서 캔 음료의 열에너지를 흡수하기 때문
③ (나), 에탄올이 기화하면서 열에너지를 방출하기 때문
④ (나), 에탄올이 기화하면서 캔 음료의 열에너지를 흡수하기 때문
⑤ (가)＝(나), 물질의 상태가 변해도 주위의 온도는 변하지 않기 때문

540 중

그림은 에어컨의 구조를 나타낸 것이다.

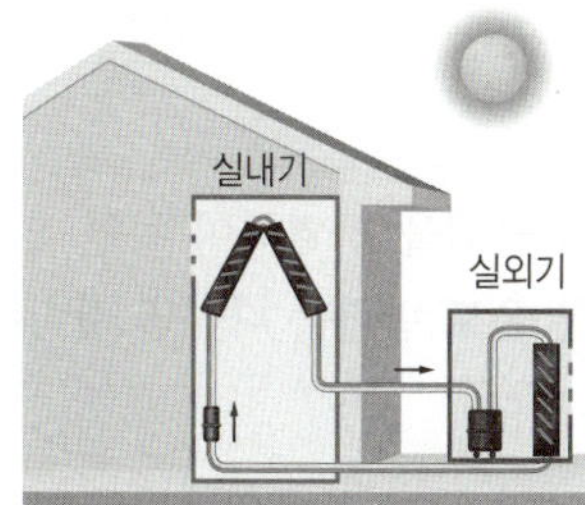

에어컨의 실내기와 실외기에서 일어나는 상태 변화와 열에너지의 출입을 옳게 짝 지은 것은?

	실내기	실외기
①	액화, 열에너지 방출	기화, 열에너지 방출
②	액화, 열에너지 방출	승화, 열에너지 흡수
③	기화, 열에너지 흡수	액화, 열에너지 방출
④	기화, 열에너지 흡수	융해, 열에너지 흡수
⑤	승화, 열에너지 흡수	승화, 열에너지 방출

541 중

이 문제에서 볼 수 있는 보기는 多

그림은 증기 난방기의 구조를 나타낸 것이다.

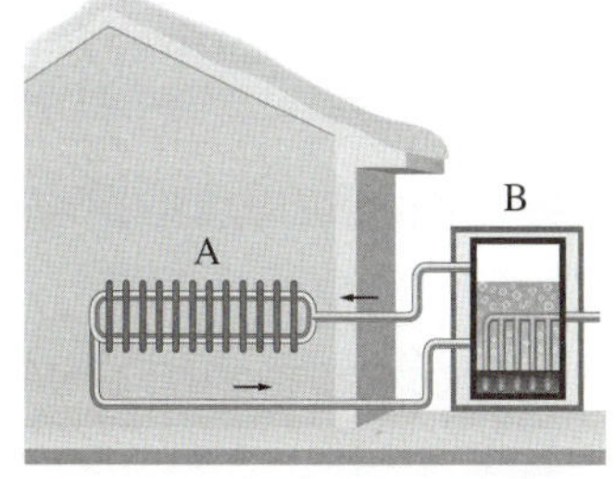

A와 B에서 일어나는 변화에 대한 설명으로 옳은 것을 모두 고르면? (2 개)

① A에서는 열에너지를 흡수한다.
② A에서는 물이 수증기로 상태 변화 한다.
③ A에서 일어나는 상태 변화로 인해 실내가 따뜻해진다.
④ B에서는 열에너지를 방출한다.
⑤ B에서 일어나는 상태 변화는 추운 날 아침에 안개가 끼는 것과 같다.
⑥ B에서 일어나는 상태 변화와 에어컨의 실내기에서 일어나는 상태 변화는 같은 종류이다.

542 상

그림과 같이 비가 내리면 자동차 유리창 안쪽에 김이 서려 밖이 잘 보이지 않을 때가 많다. 이때 따뜻한 바람을 유리창 쪽으로 향하게 하면 유리창에 생긴 김을 제거할 수 있다.

유리창에 생긴 김을 제거하는 것과 같은 원리를 이용한 경우를 〈보기〉에서 모두 고른 것은?

〈보기〉
ㄱ. 열이 날 때에는 물수건으로 몸을 닦아 준다.
ㄴ. 더운 여름날 개는 혀를 내밀어 체온을 조절한다.
ㄷ. 마라톤 선수들은 경기 중간에 물을 얼굴에 뿌린다.

① ㄱ
② ㄴ
③ ㄱ, ㄷ
④ ㄴ, ㄷ
⑤ ㄱ, ㄴ, ㄷ

543 상

그림은 냉장고의 구조를 나타낸 것이다.

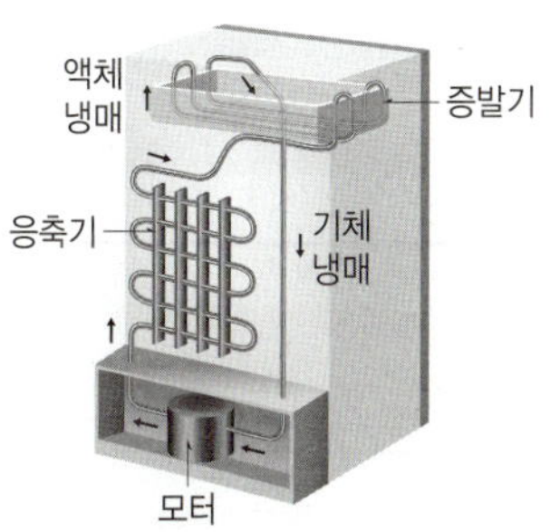

증발기에서 일어나는 상태 변화와 종류가 같은 열에너지의 출입으로 설명할 수 있는 것은?

① 증기 오븐으로 식품을 조리한다.
② 음료수에 얼음을 넣으면 음료수가 시원해진다.
③ 신선식품을 배달할 때 얼음주머니를 함께 넣는다.
④ 사막에서는 양가죽으로 만든 물주머니를 사용한다.
⑤ 드라이아이스를 맨손으로 만지면 동상에 걸릴 위험이 있다.

A 열에너지를 흡수·방출하는 상태 변화

544 (하)

표는 어떤 고체 물질을 가열할 때의 온도 변화를 나타낸 것이다.

시간(분)	0	2	4	6	8	10	12	14
온도(℃)	30	35	42	42	42	60	70	90

이 실험에서 상태 변화가 일어나는 구간과 상태 변화의 종류를 쓰시오.

____

____

★빈출 545 (중)

그림은 어떤 액체 물질을 냉각할 때 시간에 따른 온도 변화를 나타낸 것이다.

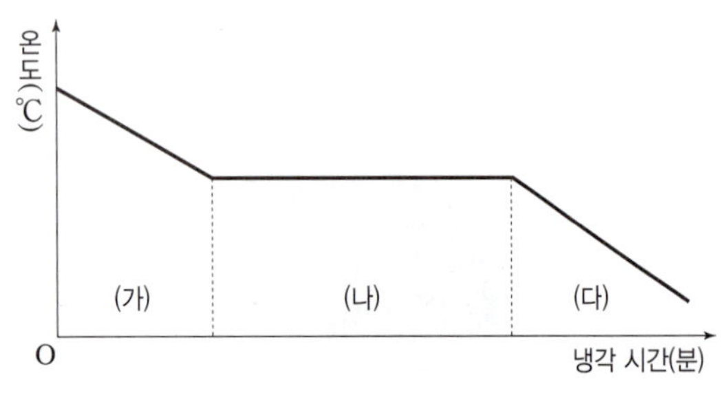

(1) 각 구간에서 존재하는 물질의 상태를 쓰시오.

____

____

(2) (나) 구간에서 온도가 일정한 까닭을 서술하시오.

____

____

★빈출 546 (중)

그림은 어떤 고체 물질을 가열하여 녹인 후 다시 냉각하였을 때 시간에 따른 온도 변화를 나타낸 것이다.

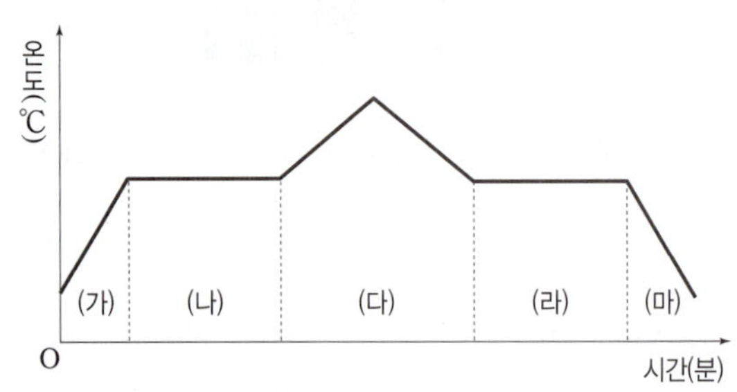

(1) (가)~(마) 구간 중 물질의 상태가 고체로만 존재하는 구간을 모두 쓰시오.

____

(2) (나) 구간에서 온도가 일정한 까닭을 서술하시오.

____

____

(3) (다)가 (마)로 상태가 변하는 동안 일어나는 열에너지의 출입 관계를 쓰고, 입자 운동, 입자 배열, 부피가 각각 어떻게 변하는지 서술하시오. (단, 물은 제외한다.)

____

____

547 (상)

불을 피울 때 사용하는 장작이 물에 젖어 있으면 불을 피우기 어렵다. 그 까닭을 서술하시오.

____

____

B 상태 변화 할 때 출입하는 열에너지의 이용

☆빈출 548 중

다음은 일상생활에서 물질의 상태 변화를 이용한 예를 나타낸 것이다.

> • 더운 여름 살수차로 도로에 물을 뿌린다.
> • 아이스크림 포장 상자 속에 드라이아이스를 넣는다.

공통적으로 나타나는 열에너지의 출입과 주위의 온도 변화를 서술하시오.

☆빈출 549 중

사막에서는 시원하게 물을 마시기 위해 오른쪽 그림과 같은 양가죽으로 만든 물주머니를 사용한다. 이 물주머니는 매우 작은 구멍이 뚫려 있어서 물이 조금씩 스며 나 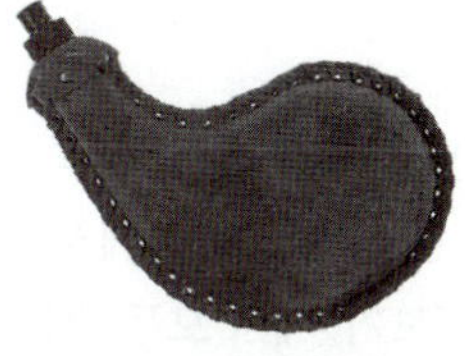 온다. 이 물주머니로 물을 시원하게 보관할 수 있는 까닭을 서술하시오.

☆빈출 550 중

그림과 같이 우리 조상들은 창고에 저장해 둔 과일이나 곡식이 추운 겨울에 어는 것을 막기 위해 물 항아리를 창고 안에 넣어 두었다. 그 까닭을 상태 변화, 열에너지의 출입, 주위의 온도 변화와 관련지어 서술하시오.

☆빈출 551 중

그림은 에어컨의 구조를 나타낸 것이다.

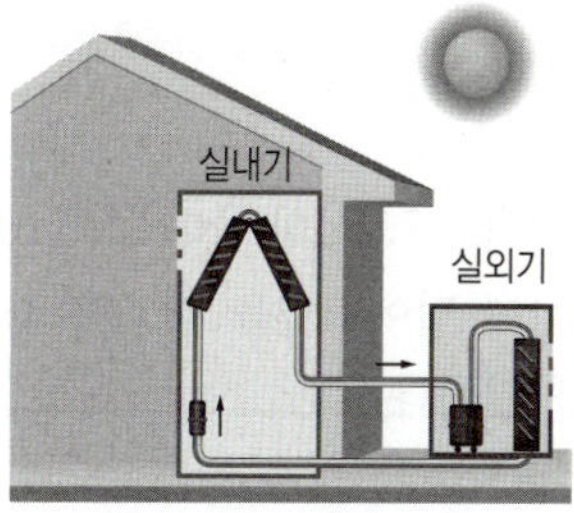

에어컨을 켜면 집 안이 시원해지는 원리를 다음 용어를 모두 사용하여 서술하시오.

> 액체, 기체, 냉매, 기화, 열에너지

552 상

그림은 물질의 상태 변화를 입자 모형으로 나타낸 것이다.

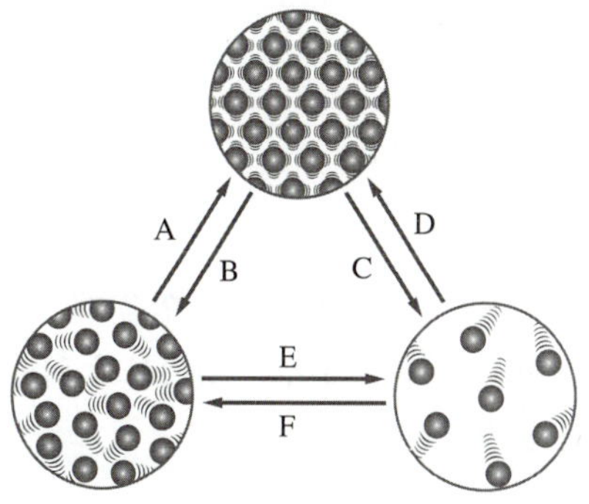

(1) A~F 중 주위의 온도가 낮아지는 상태 변화를 모두 쓰시오.

(2) 오른쪽 그림과 같이 라디에이터에 있는 방열판으로 방 안을 따뜻하게 할 수 있다. 방열판에서 일어나는 상태 변화를 A~F에서 고르고, 방 안을 따뜻하게 하는 원리를 상태 변화 시 출입하는 열에너지와 관련지어 서술하시오.

553

그림은 25 ℃, 50 ℃, 75℃의 물이 들어 있는 비커에 같은 양의 잉크를 동시에 떨어뜨렸을 때 잉크가 퍼지는 모습을 순서 없이 나타낸 것이다.

(가)　　　　　(나)　　　　　(다)

이에 대한 설명으로 옳은 것은?

① 물의 온도는 (가) > (나) > (다)이다.
② 잉크 입자의 운동이 가장 빠른 것은 (다)이다.
③ 잉크가 물에 모두 퍼진 후에는 잉크 입자가 더 이상 운동하지 않는다.
④ 이 현상은 정지해 있는 물 입자 사이로 잉크 입자가 운동하기 때문에 일어난다.
⑤ 이 현상으로 온도가 높을수록 입자의 개수가 많아지기 때문에 확산이 잘 일어난다는 것을 알 수 있다.

554

염전에서 바닷물을 증발시켜 소금을 얻을 때 소금이 생성되는 속도에 영향을 미치는 요인을 알아보기 위해 그림과 같이 소금물을 준비하였다.

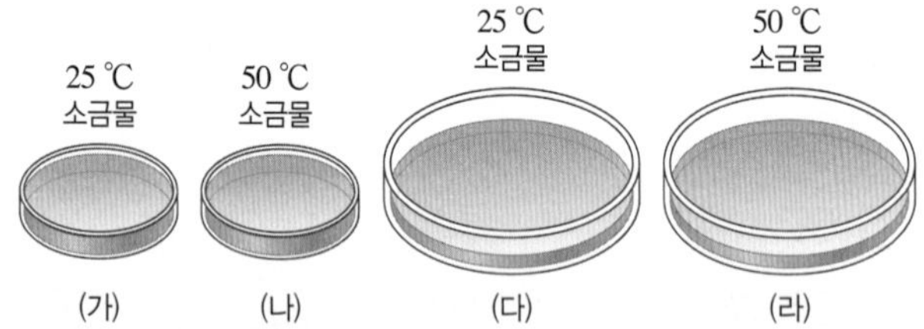

이에 대한 설명으로 옳은 것은? (단, 소금물의 양은 모두 같다.)

① 증발 속도가 가장 빠른 것은 (나)이다.
② 소금이 가장 먼저 생기는 것은 (라)이다.
③ 물이 가장 마지막까지 남아 있는 것은 (다)이다.
④ (가)와 (다)를 비교하면 증발 속도와 온도와의 관계를 알 수 있다.
⑤ (다)와 (라)를 비교하면 증발 속도가 표면적과 관련 있다는 것을 확인할 수 있다.

555

다음은 항아리 냉장고에 대한 설명이다.

> 전기가 들어오지 않아 냉장고를 사용할 수 없는 더운 지역에서는 전기를 사용하지 않고도 음식물을 시원하게 보관할 수 있는 항아리 냉장고를 사용한다. 진흙으로 만든 항아리에는 눈에 보이지 않지만 작은 구멍들이 있다. 큰 항아리 안에 작은 항아리를 넣고 그 사이에 모래를 채운다. 항아리에 채소나 과일을 넣고 모래에 물을 뿌려준 뒤 바람이 잘 통하는 곳에 두면 항아리 냉장고가 완성된다.
>
> 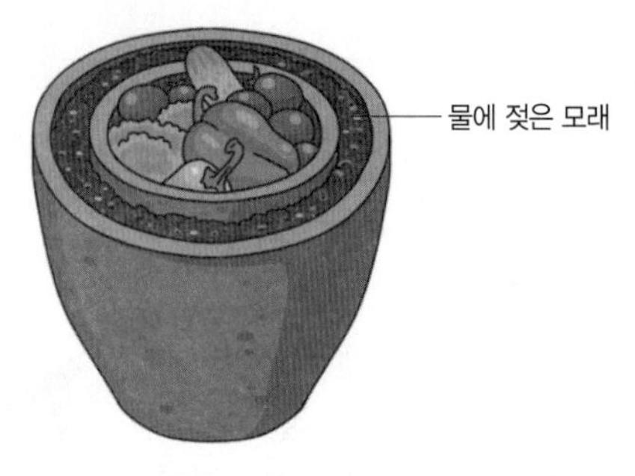
>

항아리 냉장고에서 이용하는 상태 변화와 같은 경우를 〈보기〉에서 모두 고른 것은?

〈 보기 〉
ㄱ. 주전자에 물을 넣고 끓인다.
ㄴ. 양초에서 흘러내리던 촛농이 굳었다.
ㄷ. 추운 겨울 밖에 있다가 따뜻한 방 안으로 들어오면 안경이 뿌옇게 흐려진다.

① ㄱ　　　　　② ㄴ　　　　　③ ㄷ
④ ㄱ, ㄴ　　　　　⑤ ㄴ, ㄷ

556

다음은 우주 식품을 만드는 과정이다.

> 우주 식품은 동결 건조하여 만들기 때문에 부피와 무게가 작아 쉽게 운반할 수 있다. 동결 건조는 음식물을 얼려 음식물 속의 물을 얼음으로 만든 다음, 얼음을 바로 수증기로 (㉠)시켜 음식물 속 수분을 제거하는 것이다.

이에 대한 설명으로 옳은 것을 〈보기〉에서 모두 고른 것은?

> ─〈 보기 〉─
> ㄱ. ㉠에 들어갈 말은 승화이다.
> ㄴ. ㉠하면 입자 사이의 거리는 멀어진다.
> ㄷ. 음식물 속의 물을 얼음으로 만들 때 부피가 감소한다.
> ㄹ. 추운 겨울날 그늘에 있던 눈사람의 크기가 작아지는 현상은 ㉠으로 설명할 수 있다.

① ㄱ, ㄴ ② ㄱ, ㄷ ③ ㄷ, ㄹ
④ ㄱ, ㄴ, ㄹ ⑤ ㄴ, ㄷ, ㄹ

557

다음은 민수가 하루 동안 경험한 것을 이야기로 쓴 것이다.

> 민수는 잠에서 깨자마자 부엌으로 달려갔다. 추운 날씨 때문인지 따뜻한 차가 마시고 싶어 주전자로 (가)물을 끓였다.
> 학교로 가는 길, 아파트 잔디 위에 하얗게 (나)서리가 내렸고 입에서는 계속 (다)입김이 나올 정도로 추웠다.
> 엄마 생신이어서 집에 돌아오는 길에 아이스크림 케이크를 사왔는데 가게에서 (라)아이스크림 케이크와 드라이아이스를 함께 넣어 주어서 하나도 녹지 않고 잘 가져올 수 있었다.
> 케이크에 꽂은 초에 불을 붙이고 생일 축하 노래를 불렀다. 그런데 노래를 부르는 동안 (마)촛농이 흘러내려 케이크 위에 떨어져 굳었다.

(가)~(마)의 상태 변화의 종류와 관련 있는 예를 옳게 짝지은 것은?

① (가) – 겨울철 눈이 내릴 때 날씨가 포근해진다.
② (나) – 얼음 조각상 옆에 있으면 시원하게 느껴진다.
③ (다) – 소나기가 내리기 전에 유난히 후텁지근하게 느껴진다.
④ (라) – 이글루 안쪽에 물을 뿌리면 이글루 내부의 온도가 높아진다.
⑤ (마) – 비를 맞았을 때 감기에 걸리지 않기 위해서는 젖은 옷을 벗어야 한다.

558

표는 물질 A~C의 끓는점과 녹는점을 나타낸 것이다.

물질	A	B	C
녹는점(℃)	−214	−39	350
끓는점(℃)	−10	60	1450

A~C에 대한 설명으로 옳은 것을 〈보기〉에서 모두 고른 것은? (단, 실온은 25 ℃이다.)

> ─〈 보기 〉─
> ㄱ. A와 C는 실온에서 액체 상태이다.
> ㄴ. A는 실온에서 제자리에서 진동 운동한다.
> ㄷ. B는 실온에서 담는 그릇에 따라 모양은 변하지만, 부피는 변하지 않는다.
> ㄹ. 실온에서 입자 배열이 가장 규칙적인 것은 C이다.

① ㄱ, ㄴ ② ㄱ, ㄷ ③ ㄴ, ㄷ
④ ㄴ, ㄹ ⑤ ㄷ, ㄹ

559

그림은 얼음을 가열할 때 시간에 따른 온도 변화를 나타낸 것이다.

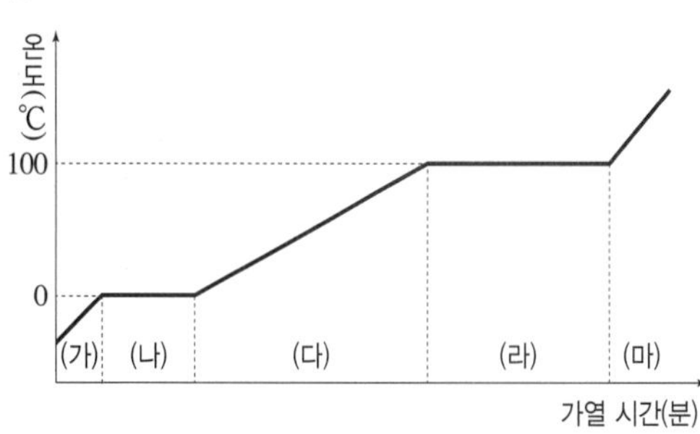

캠핑을 가서 종이 냄비에 라면을 끓여 먹었다. 그런데 휴대용 가스레인지로 종이 냄비를 가열하는 데 종이 냄비가 타지 않았다. 위 가열 곡선에서 종이 냄비가 타지 않는 까닭과 관련이 있는 구간은?

① (가) ② (나) ③ (다)
④ (라) ⑤ (마)

560

그림은 냉장고의 구조를 나타낸 것이다.

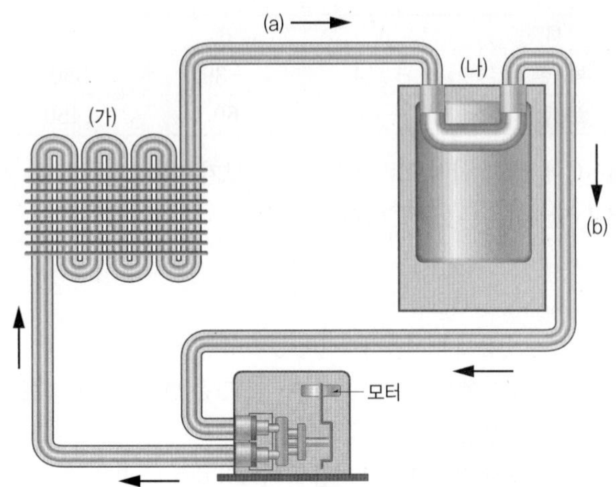

이에 대한 설명으로 옳은 것을 〈보기〉에서 모두 고른 것은?

〈보기〉

ㄱ. (가)에서는 액화, (나)에서는 기화가 일어난다.

ㄴ. (가)는 냉장고 안에, (나)는 냉장고 밖에 설치되어 있다.

ㄷ. (가)에서는 열에너지를 방출하고, (나)에서는 열에너지를
   흡수한다.

ㄹ. 냉매의 상태는 (a)에서는 기체, (b)에서는 액체이다.

① ㄱ, ㄷ   ② ㄱ, ㄹ   ③ ㄴ, ㄹ

④ ㄱ, ㄴ, ㄷ   ⑤ ㄴ, ㄷ, ㄹ

실전 대비 BOOK

_____ 반 _____ 번 이름: ________________

561

1 다음은 과학적 탐구 방법을 순서 없이 나타낸 것이다.

> (가) 가설 설정 (나) 문제 인식
> (다) 탐구 설계 및 수행 (라) 결론 도출
> (마) 자료 해석

(가)~(마)를 과학적 탐구 방법에 맞게 순서대로 나열한 것은?

① (가) → (나) → (다) → (라) → (마)
② (나) → (가) → (다) → (마) → (라)
③ (다) → (나) → (마) → (가) → (라)
④ (다) → (나) → (마) → (라) → (가)
⑤ (라) → (마) → (다) → (가) → (나)

562

2 다음은 에이크만이 과학적으로 탐구한 과정을 순서 없이 나열한 것이다.

> (가) 건강한 닭을 두 무리로 나누어 한 무리는 백미만 먹이고 다른 무리는 현미만 먹여 각기병 증상이 나타나는지 관찰하였다.
> (나) 백미를 먹은 닭은 각기병에 걸리고, 현미를 먹은 닭은 각기병에 걸리지 않았다. 또 각기병에 걸린 닭에게 현미를 주었더니 건강해졌다.
> (다) 에이크만은 '현미에는 닭의 각기병을 치료하는 물질이 들어 있다.'고 결론을 내렸다.
> (라) 에이크만은 각기병 증상을 보이던 닭이 나은 것을 보고 의문을 가졌다.
> (마) '현미에는 닭의 각기병을 치료하는 물질이 들어 있을 것이다.'라는 가설을 세웠다.

(가)~(마)의 각각에 해당하는 탐구 단계를 옳게 짝 지은 것은?

① (가) – 자료 해석 ② (나) – 결론 도출
③ (다) – 가설 설정 ④ (라) – 문제 인식
⑤ (마) – 탐구 설계 및 수행

563

3 과학적 탐구 방법에 대한 설명으로 옳은 것을 〈보기〉에서 모두 고른 것은?

> 〈 보기 〉
> ㄱ. 한번 세운 가설은 절대 수정하지 않는다.
> ㄴ. 가설을 검증하기 위한 탐구 계획을 세운다.
> ㄷ. 실험하면서 측정한 결과는 있는 그대로 기록한다.

① ㄱ ② ㄴ ③ ㄷ
④ ㄱ, ㄷ ⑤ ㄴ, ㄷ

564

4 과학의 발전과 인류 문명의 발달에 대한 설명으로 옳지 <u>않은</u> 것은?

① 인류는 과학적 탐구로 과학 원리를 발견해 왔다.
② 과학의 발전은 인류의 사고방식을 바꾸는 데에도 기여한다.
③ 과학이 발전하여 다양한 문화생활을 즐길 수 있게 되었다.
④ 과학은 기술, 공학, 수학 등 다른 분야와 융합하며 발전한다.
⑤ 과학 원리, 기술, 기기는 서로 독립된 영역에서 독자적으로 발전해 왔다.

565

5 과학기술이 인류 문명의 발달에 미친 영향으로 옳은 것은?

① 증기 기관의 발명으로 사람과 물건의 이동이 더욱 활발해졌다.
② 컴퓨터의 발달로 정보를 처리하고 전달하는 속도가 느려졌다.
③ 페니실린과 같은 항생제가 개발되어 탄저병과 같은 질병을 예방할 수 있게 되었다.
④ 농업 기술의 발달로 작물 재배는 편리해졌지만, 농작물은 해충에 취약해졌다.
⑤ 백신의 개발로 폐렴과 같은 질병을 치료할 수 있게 되었다.

566

6 우리 생활에 영향을 주는 첨단 과학기술에 해당하지 <u>않는</u> 것은?

① 센서에 감지되는 정보로 인공지능 로봇이 물건을 배달한다.
② 실제 공간에 가상으로 가구를 배치해 볼 수 있다.
③ 항생제와 백신의 개발로 전염병을 예방하고 질병을 치료할 수 있다.
④ 사물 인터넷 기술로 집 밖에서도 가스 불을 끌 수 있다.
⑤ 첨단 바이오 기술로 개인 맞춤형 치료제를 개발할 수 있다.

567

7 그림은 자율주행 자동차를 나타낸 것이다.

이에 대한 설명으로 옳은 것을 〈보기〉에서 모두 고른 것은?

〈 보기 〉
ㄱ. 인공지능 기술이 적용되었다.
ㄴ. 스스로 주행이 가능한 자동차이다.
ㄷ. 운전자가 조작하지 않아도 주변 상황에 스스로 대처할 수 있다.

① ㄱ 　② ㄴ 　③ ㄷ
④ ㄱ, ㄷ 　⑤ ㄱ, ㄴ, ㄷ

568

8 지속가능한 삶과 관련된 설명으로 옳지 <u>않은</u> 것은?

① 미래 세대를 위해 환경 보전과 개발이 균형을 이루어야 한다.
② 지속가능한 삶을 위해서는 화석 연료의 사용량을 늘려야 한다.
③ 지구의 환경을 보전할 때 지속가능한 삶이 가능해진다.
④ 국가적 차원의 노력뿐만 아니라 개인도 노력해야 지속가능한 삶이 가능해진다.
⑤ 재활용품을 분리배출 하는 것은 지속가능한 삶을 위한 활동이다.

서술형

569

9 다음은 컵의 색깔에 따른 물의 온도 변화를 알아보는 탐구 과정을 나타낸 것이다.

(가) 유리컵 3 개를 각각 검은색, 파란색, 흰색 색종이로 감싼다.
(나) 각 컵에 물을 각각 100 mL, 200 mL, 300 mL를 넣은 후 처음 물의 온도를 잰다.
(다) 컵 3 개를 햇빛이 잘 비치는 곳에 놓아둔 후 컵에 든 물의 온도를 1 시간 간격으로 2 시간 동안 잰다.

(가)~(다) 중 <u>잘못된</u> 과정을 고르고, 그렇게 생각한 까닭을 서술하시오.

____

____

570

10 다음은 지속가능한 삶에 대한 설명이다.

인류는 더 나은 환경을 만들어, 현세대 이후에도 모두가 행복하게 살 수 있는 풍요로운 사회가 지속되도록 해야 한다. 이를 위해 고민하고 실천하는 삶을 지속가능한 삶이라고 한다.

(1) 인류가 지속가능한 삶을 사는 데 필요한 과학기술의 역할을 <u>1 가지</u> 서술하시오.

____

____

(2) 지속가능한 삶을 위해 개인이 실천할 수 있는 활동 방안을 <u>2 가지</u> 서술하시오.

____

실전 대비 BOOK

_____ 반 _____ 번 이름: _____________

571

1 다음은 과학적 탐구 과정을 나타낸 것이다.

> 문제 인식 → 가설 설정 → 탐구 설계 및 수행 → (A) → 결론 도출

A 단계에 대한 설명으로 옳은 것은?

① 자연 현상에 대한 의문점을 가진다.
② 문제를 해결할 수 있는 가설을 설정한다.
③ 탐구를 수행하여 얻은 자료를 정리하고 분석한다.
④ 실험을 설계하고, 이에 따라 실험을 진행한다.
⑤ 탐구 결과로 가설이 맞는지 판단하고 결론을 도출한다.

572

2 다음은 파스퇴르가 탄저병에 대한 백신의 효과를 알아내기까지의 탐구 과정의 일부를 순서 없이 나타낸 것이다.

> (가) 탄저병 백신을 주사한 양은 건강하였고, 탄저병 백신을 주사하지 않은 양은 탄저병에 걸렸다.
> (나) 양이 탄저병으로 떼죽음을 당하는 것을 보고, 탄저병 백신이 예방 효과가 있을지 의문을 가졌다.
> (다) 건강한 양을 두 무리로 나누어 한 무리에만 탄저병 백신을 주사하고 4 주 후에 두 무리에게 탄저균을 주사하였다.

이에 대한 설명으로 옳지 않은 것은?

① (나) → (다) → (가)의 순서로 진행되었다.
② (가)는 문제 인식 단계이다.
③ (다)에서 탄저병 백신의 접종 여부만 다르게 한다.
④ 파스퇴르는 '탄저병 백신은 탄저병을 예방하는 효과가 있을 것이다.'라는 가설을 세웠다.
⑤ 탄저병 백신은 탄저병을 예방하는 효과가 있다는 결론을 도출할 것이다.

573

3 과학적 탐구 과정을 거쳐 얻은 결과가 가설과 맞지 않는 경우 취해야 할 자세로 가장 적절한 것은?

① 탐구 주제를 바꾼다.
② 결과를 가설에 맞게 수정한다.
③ 가설을 수정하거나 보완하여 다시 설정한다.
④ 가설이 증명될 때까지 같은 실험을 반복한다.
⑤ 가설에 맞는 것만을 가지고 다시 결론을 내린다.

574

4 과학기술이 인류 문명에 미친 영향에 대한 설명으로 옳은 것을 〈보기〉에서 모두 고른 것은?

> ─〈 보기 〉─
> ㄱ. 증기 기관의 발명으로 제품의 생산력이 감소하였다.
> ㄴ. 금속활자의 발명으로 책의 대량 인쇄가 가능해졌다.
> ㄷ. 질소 비료의 개발로 세균에 의한 질병을 치료할 수 있게 되었다.
> ㄹ. 태양 중심설은 지구가 우주의 중심이라는 인류의 생각을 바꾸는 계기가 되었다.

① ㄱ, ㄴ ② ㄱ, ㄹ ③ ㄴ, ㄷ
④ ㄴ, ㄹ ⑤ ㄷ, ㄹ

575

5 다음에서 설명하고 있는 첨단 과학기술로 옳은 것은?

> • 컴퓨터가 인간처럼 학습하고 일을 처리할 수 있게 만드는 기술이다.
> • 이 기술은 로봇이 센서에 감지되는 정보를 이용해 상황에 맞는 행동을 스스로 배우거나 실행할 수 있게 한다.

① 인공지능 ② 증강 현실
③ 가상 현실 ④ 나노 기술
⑤ 사물 인터넷

576

6 첨단 과학기술을 우리 생활에 활용한 예에 대한 설명으로 옳지 <u>않은</u> 것은?

① 스마트팜 – 사물 인터넷을 활용한 것으로, 농작물의 상태를 확인하고 자동으로 관리할 수 있다.
② 자율주행 자동차 – 스스로 주행이 가능한 자동차로, 운전자가 조작하지 않아도 주변 상황에 스스로 대처할 수 있다.
③ 나노 백신 – 백신을 나노 크기의 입자에 넣은 것으로, 기존 백신보다 사람의 몸에 효과적으로 작용한다.
④ 개인 맞춤형 치료제 – 개인의 유전정보를 이용하여 개인에게 맞는 치료제를 개발할 수 있다.
⑤ 스마트홈 – 양자의 특성을 이용하여 복잡한 암호를 단 몇 초 이내에 풀 수 있다.

577

7 인류의 지속가능한 삶과 과학기술의 역할에 대한 설명으로 옳은 것을 〈보기〉에서 모두 고른 것은?

〈 보기 〉
ㄱ. 전기 자동차의 사용으로 대기오염 물질의 발생량이 늘어난다.
ㄴ. 에너지 자원 고갈을 막기 위해 신재생 에너지를 개발하고 있다.
ㄷ. 지구 온난화를 막기 위해 대기오염 물질의 발생량을 줄이거나 방출된 오염 물질을 제거하는 기술을 개발하고 있다.

① ㄱ   ② ㄷ   ③ ㄱ, ㄴ
④ ㄴ, ㄷ   ⑤ ㄱ, ㄴ, ㄷ

578

8 지속가능한 삶을 위해 개인이 노력해야 할 일로 옳지 <u>않은</u> 것은?

① 사람이 없는 빈방에는 불을 끈다.
② 재활용품을 버릴 때는 분리배출 한다.
③ 음식물 쓰레기를 만들지 않도록 노력한다.
④ 가까운 거리는 자전거 대신 자가용을 이용한다.
⑤ 에너지 효율이 높은 등급의 전기 제품을 사용한다.

579

9 현수는 국화꽃이 개화하는 데 영향을 미치는 환경 요인을 알아보기 위해 다음과 같이 실험하였다.

국화꽃	A	B
온도	30 ℃	30 ℃
물의 양	충분하다.	충분하다.
빛의 세기	강한 빛	강한 빛
빛을 비춘 시간	길다.	짧다.
개화 여부	개화하지 않았다.	개화하였다.

(1) 현수가 탐구 과정에서 설정한 가설은 무엇인지 서술하시오.

____

____

(2) 이 실험에서 다르게 한 조건은 무엇인지 서술하시오.

____

____

580

10 그림은 최초의 항생제인 페니실린을 나타낸 것이다.

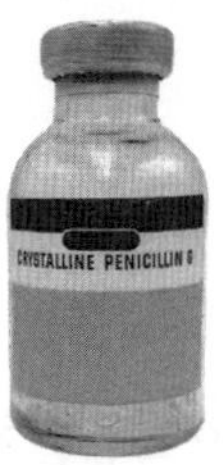

페니실린과 같은 항생제의 개발이 인류 문명의 발달에 미친 영향을 서술하시오.

____

실전 대비 BOOK

_____ 반 _____ 번 이름: _____________________

581

1 세포에 대한 설명으로 옳지 <u>않은</u> 것은?

① 세포의 모양은 기능과 관련이 없다.
② 생물을 이루는 구조적 기본 단위이다.
③ 생명활동이 일어나는 기능적 기본 단위이다.
④ 대부분 크기가 작아 현미경으로 관찰해야 한다.
⑤ 한 생물을 이루는 세포의 모양과 기능은 다양하다.

[582~583] 그림은 식물 세포와 동물 세포의 구조를 나타낸 것이다.

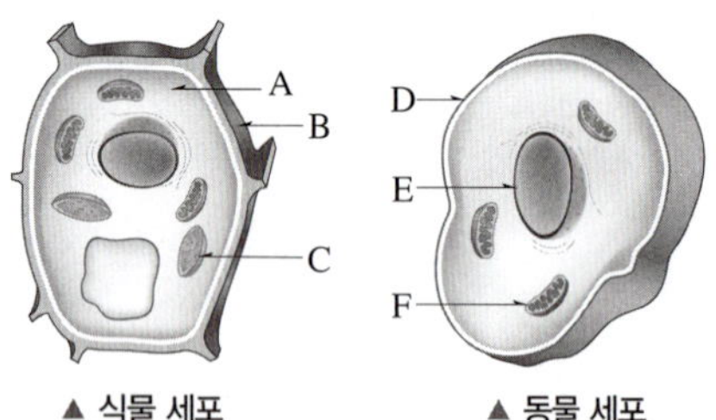

582

2 세포 구성 요소와 이름을 옳게 짝 지은 것은?

① A – 세포벽
② B – 세포막
③ C – 엽록체
④ E – 마이토콘드리아
⑤ F – 핵

583

3 이에 대한 설명으로 옳은 것은?

① B는 물질의 출입을 조절한다.
② C는 세포의 생명활동을 조절한다.
③ D는 세포막 밖에 있는 단단한 벽이다.
④ E는 광합성을 하여 양분을 만든다.
⑤ F는 생명활동에 필요한 에너지를 만든다.

584

4 생물의 구성 단계에 대한 설명으로 옳지 <u>않은</u> 것은?

① 식물의 잎은 조직에 해당한다.
② 동물의 구성 단계에는 기관계가 있다.
③ 기관은 고유한 모양과 기능을 갖춘 단계이다.
④ 기관계는 연관된 기능을 하는 기관들이 모여 이루어진다.
⑤ 동물과 식물의 공통 구성 단계는 세포 → 조직 → 기관 → 개체이다.

585

5 그림은 사람의 구성 단계를 순서 없이 나타낸 것이다.

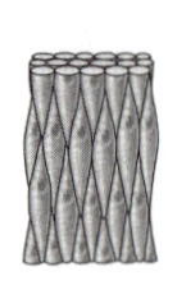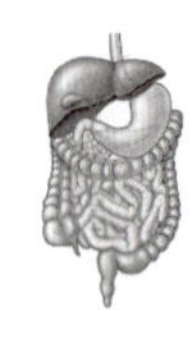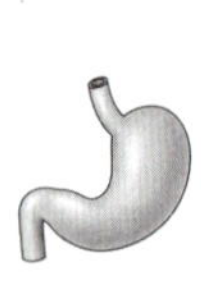

이에 대한 설명으로 옳지 <u>않은</u> 것은?

① (나)는 동물에는 있고, 식물에는 없는 단계이다.
② 폐와 콩팥은 (다)와 같은 단계에 해당한다.
③ 모양과 기능이 비슷한 세포가 모여 (다)를 이룬다.
④ (마)는 생물을 구성하는 기본 단위이다.
⑤ 구성 단계를 작은 것부터 순서대로 나열하면 (마) → (가) → (다) → (나) → (라)이다.

586

6 생물다양성에 대한 설명으로 옳지 <u>않은</u> 것은?

① 특정 지역에 사는 생물의 다양한 정도이다.

② 일반적으로 숲이 밭보다 생물다양성이 높다.

③ 생물의 변이가 다양할수록 생물다양성이 높다.

④ 생물의 수가 많으면 생물의 종류가 적어도 생물다양성이 높다.

⑤ 생태계가 다양하면 생물의 종류가 많아져 생물다양성이 높아진다.

587

7 표는 두 지역 (가), (나)에 살고 있는 생물 A~E의 개체수를 나타낸 것이다.

구분	A	B	C	D	E
(가)	10	8	7	10	5
(나)	20	15	0	5	0

이에 대한 설명으로 옳은 것을 〈보기〉에서 모두 고른 것은?

---〈 보기 〉---

ㄱ. (가)와 (나)에 살고 있는 생물의 종류는 같다.

ㄴ. (가)와 (나)에 살고 있는 생물의 수는 같다.

ㄷ. (가)가 (나)보다 생물다양성이 높다.

① ㄱ   ② ㄴ   ③ ㄷ

④ ㄱ, ㄴ   ⑤ ㄴ, ㄷ

588

8 변이에 대한 설명으로 옳지 <u>않은</u> 것은?

① 어떤 변이는 자손에게 전달된다.

② 사람의 눈동자 색깔이 다양한 것은 변이이다.

③ 같은 종류의 생물 사이에서 나타나는 서로 다른 특징이다.

④ 변이가 다양하면 전염병이 유행할 때 생물이 멸종할 확률이 높아진다.

⑤ 변이는 생물이 각각 다른 환경에 적응하는 과정에서 생물다양성이 높아지는 원인이 된다.

589

9 다음은 생물이 다양해진 과정을 순서 없이 나열한 것이다.

(가) 새로운 종류의 생물이 나타난다.

(나) 다양한 변이를 지닌 한 종류의 생물이 있다.

(다) 환경에 알맞은 변이를 지닌 생물이 더 많이 살아남는다.

(라) 살아남은 개체가 자손을 남기는 과정이 오랜 세월 동안 반복된다.

순서대로 옳게 나열한 것은?

① (가) → (나) → (다) → (라)

② (나) → (가) → (라) → (다)

③ (나) → (다) → (라) → (가)

④ (다) → (나) → (라) → (가)

⑤ (라) → (가) → (나) → (다)

590

10 그림은 북극여우와 사막여우를 나타낸 것이다.

▲ 북극여우   ▲ 사막여우

이에 대한 설명으로 옳은 것을 〈보기〉에서 모두 고른 것은?

---〈 보기 〉---

ㄱ. 북극여우는 몸집과 귀가 크다.

ㄴ. 사막여우는 몸의 열을 잘 방출할 수 있도록 적응하였다.

ㄷ. 서로 다른 온도에 적응한 결과 생김새에 차이가 나타났다.

① ㄱ   ② ㄴ   ③ ㄷ

④ ㄱ, ㄷ   ⑤ ㄴ, ㄷ

11 생물분류에 대한 설명으로 옳지 <u>않은</u> 것은?

① 생물분류는 생물다양성을 이해하는 것과 관련이 없다.

② 과학에서는 생물 고유의 특징을 기준으로 생물을 분류한다.

③ 분류 기준에 따라 공통점을 지닌 생물끼리 무리 지어 나눈다.

④ 사람의 편의에 따라 생물을 분류하면 사람마다 분류 결과가 다를 수 있다.

⑤ 분류 기준으로 삼을 수 있는 생물 고유의 특징에는 몸의 구조, 번식 방법, 광합성 여부 등이 있다.

12 생물의 분류 단계를 순서대로 옳게 나열한 것은?

① 속 → 종 → 과 → 목 → 강 → 문 → 계

② 종 → 과 → 속 → 강 → 문 → 계 → 목

③ 종 → 속 → 목 → 과 → 강 → 문 → 계

④ 종 → 속 → 과 → 목 → 강 → 문 → 계

⑤ 종 → 속 → 과 → 목 → 문 → 강 → 계

13 그림은 생물의 5계를 나타낸 것이다.

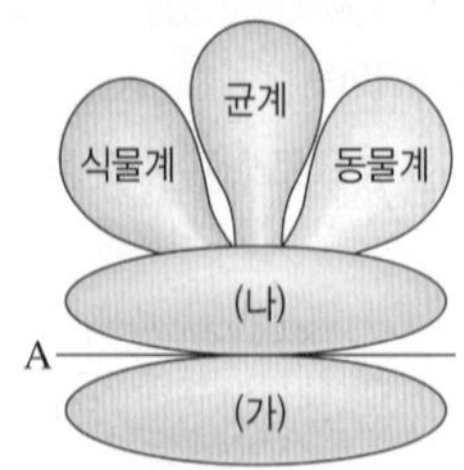

이에 대한 설명으로 옳지 <u>않은</u> 것은?

① (가)는 원핵생물계이다.

② 대장균은 (가)에 속한다.

③ (나)는 원생생물계이다.

④ 분류 기준 A는 핵의 유무이다.

⑤ 식물계와 균계는 세포벽의 유무로 구분할 수 있다.

14 그림은 여러 가지 기준에 따라 고사리, 포도상구균, 기는줄기뿌리곰팡이, 파래, 말을 분류하는 과정을 나타낸 것이다.

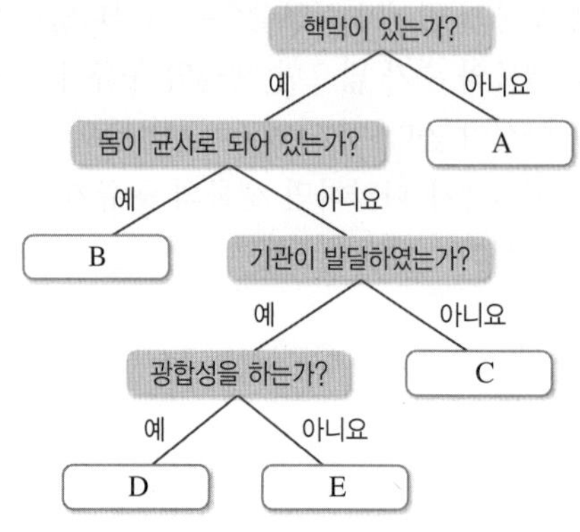

이에 대한 설명으로 옳은 것은?

① A는 기는줄기뿌리곰팡이로, 균계에 속한다.

② B는 포도상구균으로, 원핵생물계에 속한다.

③ C는 고사리로, 원생생물계에 속한다.

④ D는 파래로, 식물계에 속한다.

⑤ E는 말로, 동물계에 속한다.

15 그림은 두 생태계 (가)와 (나)를 나타낸 것이다.

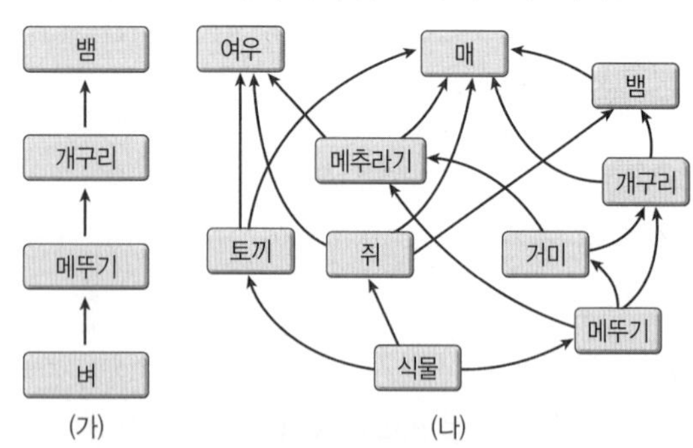

이에 대한 설명으로 옳은 것은?

① (가)가 (나)보다 생물다양성이 높다.

② (가)가 (나)보다 먹이그물이 복잡하다.

③ (가)가 (나)보다 안정적으로 유지되는 생태계이다.

④ (가)에서 메뚜기가 사라지면 벼와 개구리의 수가 늘어난다.

⑤ (나)에서 개구리가 사라져도 뱀은 쥐를 먹고 살 수 있다.

596

16 생물다양성을 감소하게 하는 원인이 <u>아닌</u> 것은?

① 생물을 무분별하게 잡는다.

② 기후 변화로 기온과 수온이 상승한다.

③ 멸종 위기 생물을 지정하고 서식지를 보호한다.

④ 큰입배스나 뉴트리아와 같은 외래종이 유입된다.

⑤ 목재를 얻거나 집과 길을 만들 때 서식지가 파괴된다.

서술형

597

17 그림은 생물을 구성하는 여러 종류의 세포를 나타낸 것이다.

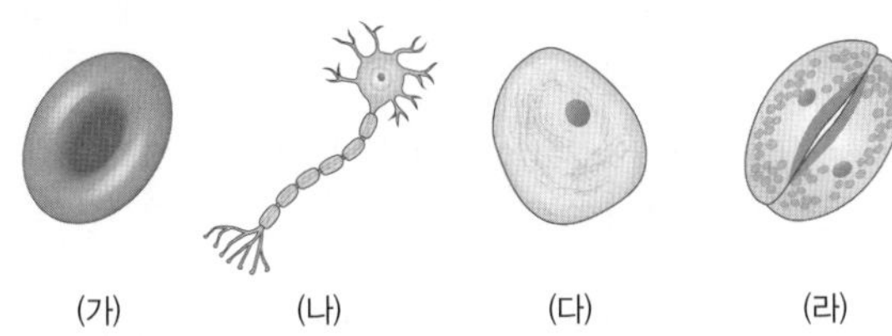

(가)　　　(나)　　　(다)　　　(라)

(1) 몸의 표면이나 몸속 안쪽 기관의 표면을 덮는 세포의 기호와 이름을 쓰시오.

(2) (1)과 같이 생각한 까닭을 서술하시오.

598

18 다음은 짝짓기하여 자손을 낳을 수 있는 생물 무리에 대한 설명이다.

> (가) 숫사자와 암호랑이 사이에서 태어난 라이거는 새끼를 낳지 못한다.
>
> (나) 테리어와 불도그 사이에서 태어난 불테리어는 새끼를 낳을 수 있다.

(1) 숫사자와 암호랑이, 테리어와 불도그 중 같은 종인 생물을 쓰시오.

(2) (1)과 같이 생각한 까닭을 종의 뜻을 포함하여 서술하시오.

599

19 표는 개, 호랑이, 여우의 분류 단계 중 일부를 나타낸 것이다.

목	식육목	식육목	식육목
과	개과	고양이과	개과
속	개속	표범속	여우속
종	개	호랑이	여우

(1) 여우는 호랑이와 개 중 어떤 동물과 더 가까운 관계인지 쓰시오.

(2) (1)과 같이 생각한 까닭을 서술하시오.

600

20 생물다양성을 유지하기 위해 개인적 차원에서 할 수 있는 활동을 <u>2 가지</u> 서술하시오.

_____ 반 _____ 번 이름: _____________________

601

1 그림은 입안 상피세포와 검정말잎 세포를 현미경으로 관찰한 결과를 순서 없이 나타낸 것이다.

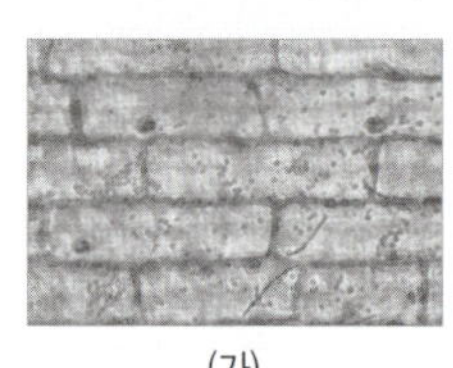 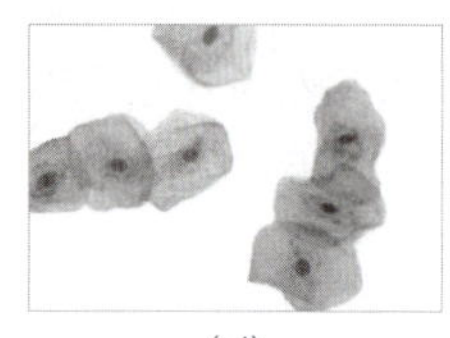

(가)　　　　　　(나)

이에 대한 설명으로 옳은 것은?

① (가)에는 세포벽이 없다.
② (나)에는 세포막이 없다.
③ (나)에는 엽록체가 있다.
④ (나)는 검정말잎 세포이다.
⑤ (가)와 (나)에는 모두 핵이 있다.

602

2 그림은 우리 몸을 구성하는 세포들을 나타낸 것이다. (가)~(다)는 각각 상피세포, 신경세포, 적혈구 중 하나이다.

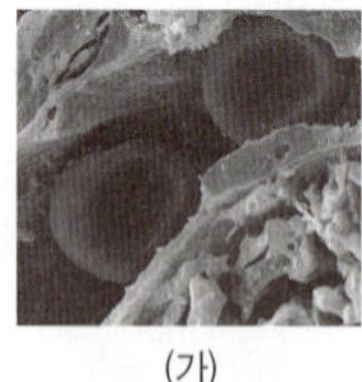 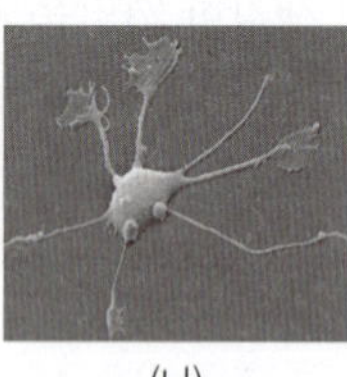 

(가)　　　　　　(나)　　　　　　(다)

이에 대한 설명으로 옳은 것을 〈보기〉에서 모두 고른 것은?

| 보기 |
ㄱ. (가)는 오목한 원반 모양으로, 산소를 운반한다.
ㄴ. (나)는 신경세포이다.
ㄷ. (다)는 납작하고 편평해서 신호를 전달하기에 알맞다.

① ㄱ　　　② ㄱ, ㄴ　　　③ ㄱ, ㄷ
④ ㄴ, ㄷ　　　⑤ ㄱ, ㄴ, ㄷ

603

3 그림은 식물의 구성 단계를 순서 없이 나타낸 것이다.

  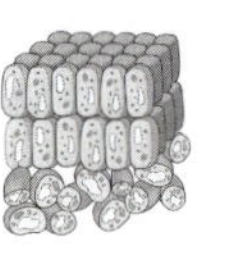 

(가)　　　(나)　　　(다)　　　(라)　　　(마)

이에 대한 설명으로 옳은 것은?

① (나)는 동물의 심장이나 폐와 같은 단계에 해당한다.
② (다)는 여러 조직이 모여 일정한 기능을 수행하는 단계이다.
③ (라)는 기관계이다.
④ (마)는 동물에 없는 단계이다.
⑤ 구성 단계를 작은 것부터 순서대로 나열하면 (가) → (라) → (마) → (나) → (다)이다.

604

4 다음은 생물다양성의 세 가지 의미에 대한 내용이다.

(가) 산에는 떡갈나무, 소나무 등 다양한 식물과 뱀, 여우, 멧돼지 등 여러 가지 동물이 살고 있다.
(나) 지구에는 바다, 숲, 사막, 습지, 갯벌, 호수 등 다양한 생태계가 있다.
(다) 같은 종류의 생물인 고양이라도 털의 색깔과 무늬가 조금씩 다르다.

이에 대한 설명으로 옳은 것을 〈보기〉에서 모두 고른 것은?

| 보기 |
ㄱ. (가)는 변이에 대한 내용이다.
ㄴ. (나)는 생태계의 다양함이다.
ㄷ. (다)는 생물 종류의 다양함이다.

① ㄱ　　　② ㄴ　　　③ ㄷ
④ ㄱ, ㄴ　　　⑤ ㄴ, ㄷ

605

5 변이에 해당하지 <u>않는</u> 것을 모두 고르면? (2 개)

① 개와 늑대의 생김새 차이
② 코스모스 꽃잎의 색깔 차이
③ 개미와 거미의 다리 개수 차이
④ 얼룩말 줄무늬의 색깔과 간격 차이
⑤ 무당벌레 겉날개의 무늬와 색깔 차이

606

6 다음은 핀치의 종류가 다양해진 과정을 순서 없이 나타낸 것이다.

> (가) 오랜 시간이 지나면서 각각 크고 두꺼운 부리를 가진 새로운 종류의 핀치와 길고 뾰족한 부리를 가진 새로운 종류의 핀치가 되었다.
> (나) 크고 단단한 씨앗이 많은 섬에서는 크고 두꺼운 부리를 가진 핀치가 더 많이 살아남았고, 선인장이 많은 섬에서는 길고 뾰족한 부리를 가진 핀치가 더 많이 살아남았다.
> (다) 부리의 모양과 크기에 변이가 있는 한 종류의 핀치 무리가 있었다.
> (라) 핀치 무리의 일부는 크고 단단한 씨앗이 많은 섬에, 다른 일부는 선인장이 많은 섬에 살게 되었다.

이에 대한 설명으로 옳은 것을 〈보기〉에서 모두 고른 것은?

> ──〈 보기 〉──
> ㄱ. 순서대로 나열하면 (다) → (나) → (라) → (가)이다.
> ㄴ. 부리의 모양과 크기에 대한 변이가 자손에게 전달되었다.
> ㄷ. 먹이가 다른 환경에 적응하여 핀치의 종류가 다양해졌다.

① ㄴ   ② ㄷ   ③ ㄱ, ㄴ
④ ㄱ, ㄷ   ⑤ ㄴ, ㄷ

607

7 생물의 분류 단계에 대한 설명으로 옳은 것은?

① 가장 큰 단위는 종이다.
② 가장 작은 단위는 계이다.
③ 하나의 문에는 여러 개의 계가 있다.
④ 같은 속에 속하는 생물은 같은 과에 속한다.
⑤ 같은 강에 속하는 생물은 같은 목에 속한다.

608

8 그림은 가상 생물 A~E의 모습을 나타낸 것이다.

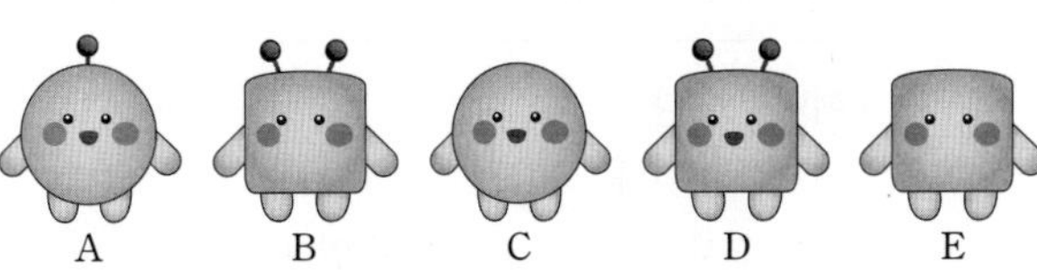

A~E를 A, B, D / C, E로 분류하였을 때 분류 기준으로 옳은 것은?

① 몸통 모양   ② 입의 유무
③ 더듬이 유무   ④ 다리의 유무
⑤ 더듬이 개수

609

9 종에 대한 설명으로 옳은 것을 〈보기〉에서 모두 고른 것은?

> ──〈 보기 〉──
> ㄱ. 생물을 분류하는 기본 단위이다.
> ㄴ. 같은 종의 생물은 모두 같은 지역에 산다.
> ㄷ. 같은 과의 생물은 모두 같은 종에 속한다.
> ㄹ. 같은 종의 생물은 짝짓기를 하여 번식 능력이 있는 자손을 낳을 수 있다.

① ㄱ, ㄴ   ② ㄱ, ㄹ   ③ ㄴ, ㄷ
④ ㄷ, ㄹ   ⑤ ㄱ, ㄴ, ㄷ

610

10 표는 개, 호랑이, 고양이의 분류 단위 중 일부를 나타낸 것이다.

목	과	속	종
식육목	개과	개속	개
㉠	고양이과	표범속	호랑이
식육목	고양이과	고양이속	고양이

이에 대한 설명으로 옳은 것을 〈보기〉에서 모두 고른 것은?

> ──〈 보기 〉──
> ㄱ. ㉠은 식육목이다.
> ㄴ. 호랑이는 개보다 고양이와 가까운 관계이다.
> ㄷ. 개, 호랑이, 고양이는 모두 같은 강에 속한다.

① ㄱ   ② ㄴ   ③ ㄱ, ㄴ
④ ㄴ, ㄷ   ⑤ ㄱ, ㄴ, ㄷ

실전 대비 BOOK

11 다음은 생물의 5계 중 하나에 대한 설명이다.

> • 핵막이 있다.
> • 세포벽이 있다.
> • 몸이 균사로 이루어진 생물이 있다.

이 생물계에 속하는 생물끼리 옳게 짝 지은 것은?

① 젖산균, 대장균　　　② 유글레나, 미역
③ 표고버섯, 효모　　　④ 짚신벌레, 아메바
⑤ 고사리, 우산이끼

12 오른쪽 그림은 생물의 5계를 나타낸 것이다. 이에 대한 설명으로 옳지 <u>않은</u> 것은?

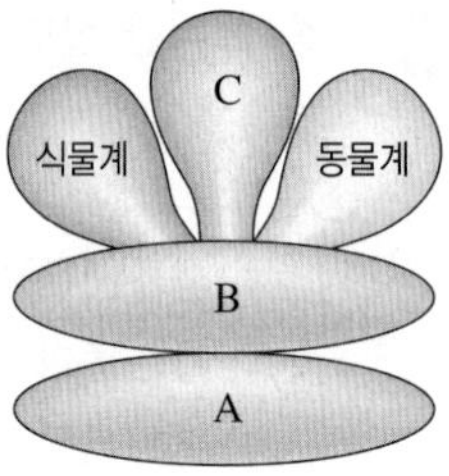

① A는 원핵생물계로, 세포에 핵이 없는 생물 무리이다.
② B는 원생생물계로, 단세포 생물 무리이다.
③ C에 속하는 생물은 광합성을 하지 못한다.
④ 식물계와 C에 속하는 생물의 세포에는 세포벽이 있다.
⑤ 식물계와 동물계에 속하는 생물은 모두 다세포생물이다.

13 다음은 여러 생물을 두 무리로 분류한 결과이다.

(가) 충치균, 대장균	(나) 소나무, 다시마

이에 대한 설명으로 옳은 것을 〈보기〉에서 모두 고른 것은?

> **보기**
> ㄱ. 핵의 유무를 기준으로 (가)와 (나)로 분류할 수 있다.
> ㄴ. (나)의 생물은 식물계에 속한다.
> ㄷ. (나)의 생물은 광합성을 할 수 있다.

① ㄱ　　　② ㄱ, ㄴ　　　③ ㄱ, ㄷ
④ ㄴ, ㄷ　　　⑤ ㄱ, ㄴ, ㄷ

14 생물다양성을 보전해야 하는 까닭으로 옳은 것을 〈보기〉에서 모두 고른 것은?

> **보기**
> ㄱ. 생태계를 안정적으로 유지하기 위해서
> ㄴ. 생물에게서 다양한 혜택을 얻기 때문에
> ㄷ. 인간에게 필요한 생물만 남기기 위해서
> ㄹ. 모든 생물은 각각 소중한 가치를 지니기 때문에

① ㄱ, ㄴ　　　② ㄴ, ㄷ　　　③ ㄷ, ㄹ
④ ㄱ, ㄴ, ㄹ　　　⑤ ㄴ, ㄷ, ㄹ

15 생물다양성이 잘 보전된 생태계에서 얻을 수 있는 혜택에 대한 설명으로 옳지 <u>않은</u> 것은?

① 벼, 보리, 밀 등을 식량으로 이용한다.
② 휴식처와 여가 생활 장소를 제공한다.
③ 푸른곰팡이에서 옷감의 재료를 얻는다.
④ 생물을 보고 유용한 아이디어를 얻는다.
⑤ 주목나무 껍질에서 의약품의 원료를 얻는다.

16 생물다양성을 보전하기 위한 국제적 차원의 노력에 해당하는 것은?

① 재활용품을 분리배출 한다.
② 국립 공원 같은 보호 지역을 지정한다.
③ 분리된 서식지 사이에 생태통로를 설치한다.
④ 달리기를 하면서 쓰레기를 줍는 활동을 한다.
⑤ 야생 동식물 종의 국제 거래에 관한 협약을 체결한다.

서술형

617

17 그림은 식물 세포의 모습을 나타낸 것이다.

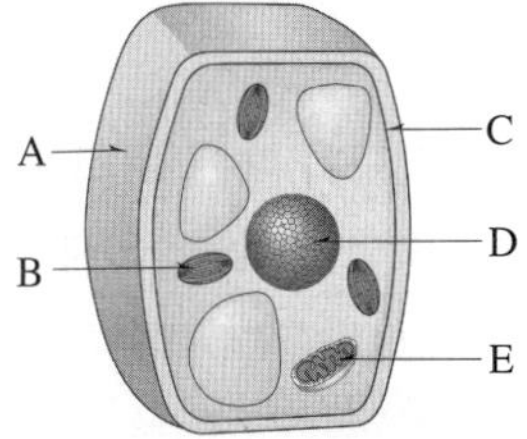

(1) 동물 세포에는 없고 식물 세포에는 있는 구조 2 가지를 찾아 기호와 이름을 쓰시오.

(2) (1)에서 찾은 두 구조의 기능을 각각 서술하시오.

618

18 그림은 (가)와 (나) 지역에 서식하고 있는 나무의 종류와 수를 각각 나타낸 것이다.

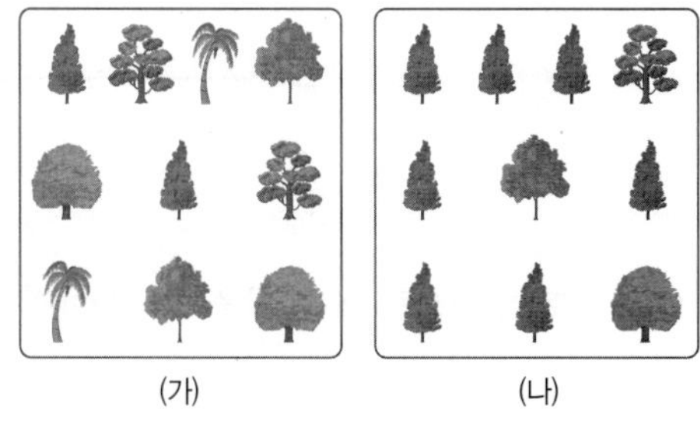

(1) 생물다양성이 더 높은 지역을 쓰시오.

(2) (1)과 같이 생각한 까닭을 생물의 종류와 각 생물의 분포가 고른 정도를 포함하여 서술하시오.

619

19 그림은 여러 생물을 몇 가지 기준에 따라 분류한 결과를 나타낸 것이다. (가), (다), (라)는 각각 생물의 5계 중 하나이다.

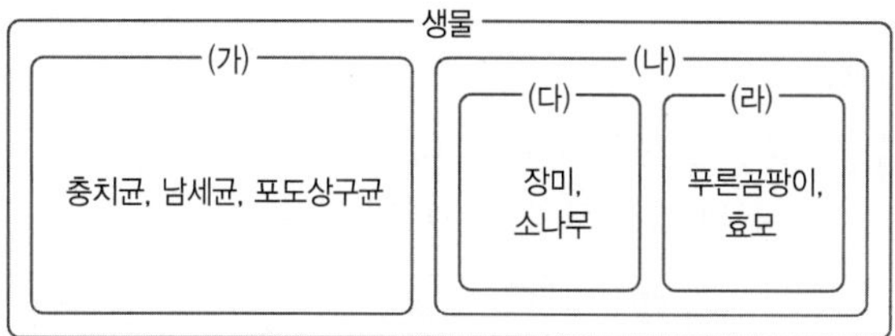

(1) (가), (다), (라)에 해당하는 계의 이름을 쓰시오.

(2) (가)와 (나)의 분류 기준을 서술하시오. (단, 분류 기준에 따른 (가)와 (나)의 특징을 포함한다.)

(3) (다)와 (라)의 분류 기준을 서술하시오. (단, 분류 기준에 따른 (다)와 (라)의 특징을 포함한다.)

620

20 그림은 두 종류의 생태계 (가)와 (나)를 나타낸 것이다.

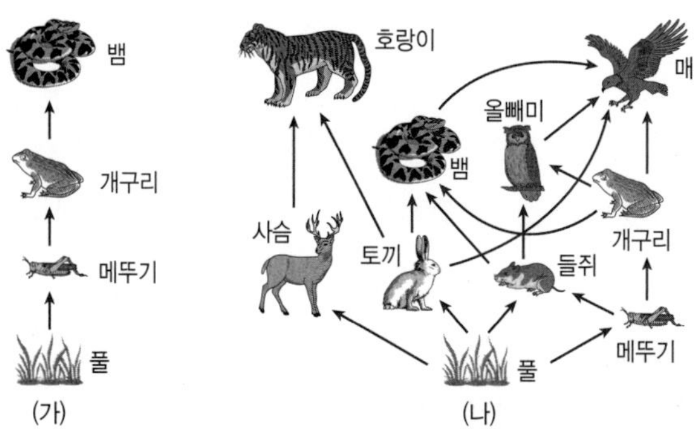

(1) (가)와 (나) 중 더 안정적으로 유지되는 생태계를 쓰시오.

(2) (1)과 같이 생각한 까닭을 먹이 관계와 관련지어 서술하시오.

실전 대비 1회 Ⅲ. 열

_____ 반 _____ 번 이름: ____________________

621

1 그림은 온도가 다르고, 종류가 같은 두 물질 (가)와 (나)의 입자 모형을 나타낸 것이다.

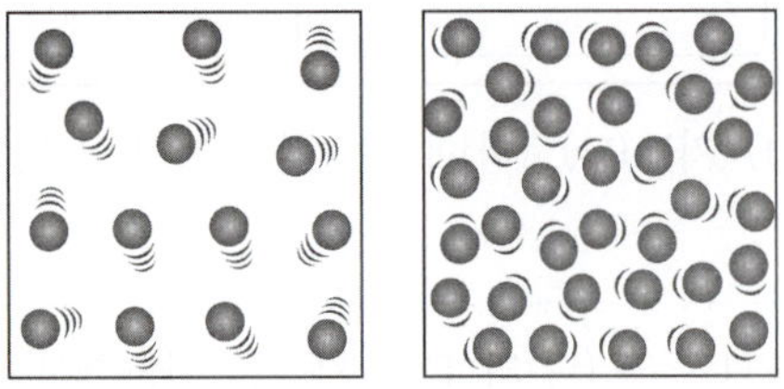

(가) (나)

이에 대한 설명으로 옳은 것을 〈보기〉에서 모두 고른 것은?

〈 보기 〉
ㄱ. (가)보다 (나)의 온도가 높다.
ㄴ. (가)는 (나)보다 질량이 작은 입자이다.
ㄷ. (가)와 (나)의 입자들은 끊임없이 스스로 움직인다.
ㄹ. (나)에 열을 가하면 입자 사이의 거리가 멀어진다.

① ㄱ, ㄴ ② ㄱ, ㄹ ③ ㄴ, ㄷ
④ ㄴ, ㄹ ⑤ ㄷ, ㄹ

622

2 온도와 열에 대한 설명으로 옳은 것은?

① 열을 얻은 물체의 입자는 가벼워진다.
② 열은 질량이 큰 물체에서 질량이 작은 물체로 이동한다.
③ 열은 온도가 낮은 물체에서 온도가 높은 물체로 이동한다.
④ 물체가 열을 얻으면 물체를 구성하는 입자 사이의 거리가 가까워진다.
⑤ 물체가 열을 잃으면 물체를 구성하는 입자의 움직임이 둔해진다.

623

3 그림과 같이 온도가 다른 두 고체 A, B를 접촉하였더니 A에서 B로 열이 이동하였다.

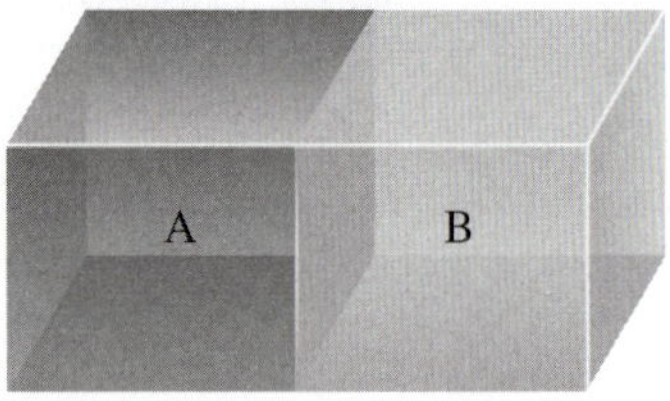

이에 대한 설명으로 옳지 않은 것은? (단, 열은 A와 B 사이에서만 이동한다.)

① A가 B보다 온도가 높다.
② B의 입자의 움직임은 활발해진다.
③ B의 입자 사이의 거리는 멀어진다.
④ 시간이 지나면 A보다 B의 온도가 높아진다.
⑤ 시간이 지날수록 이동하는 열의 양이 줄어든다.

624

4 그림은 온도가 다른 두 물체 A, B가 접촉했을 때 두 물체의 시간에 따른 온도 변화를 나타낸 것이다.

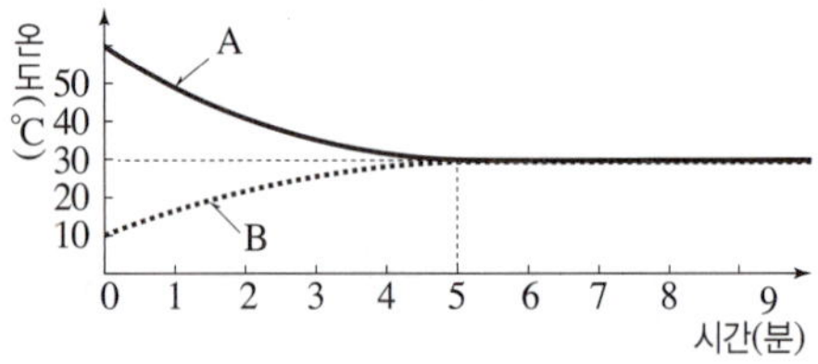

이에 대한 설명으로 옳은 것을 〈보기〉에서 모두 고른 것은?

〈 보기 〉
ㄱ. 0~5 분까지 열은 A에서 B로 이동한다.
ㄴ. A가 잃은 열량이 B가 얻은 열량보다 많다.
ㄷ. 0~5 분까지 B를 구성하는 입자의 움직임이 활발해진다.
ㄹ. 열평형에 도달했을 때 A와 B의 온도는 35 ℃이다.

① ㄱ, ㄴ ② ㄱ, ㄷ ③ ㄴ, ㄷ
④ ㄴ, ㄹ ⑤ ㄷ, ㄹ

5 그림은 금속 막대의 A 부분을 가열하는 모습을 나타낸 것이다.

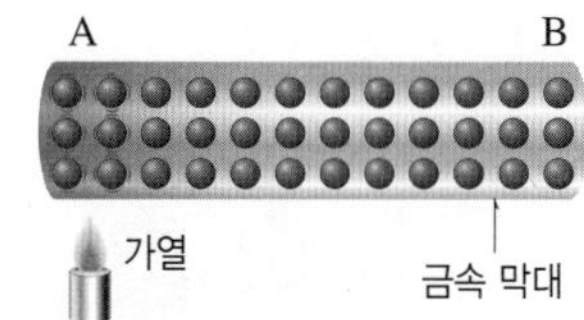

이에 대한 설명으로 옳은 것은?

① A에서 B로 입자와 열이 모두 이동한다.
② 시간이 지나도 B 부분은 뜨거워지지 않는다.
③ 주로 고체와 액체에서 열이 이동하는 방식이다.
④ A 부분의 입자는 움직임이 활발해지면서 위아래로 골고루 섞인다.
⑤ 뜨거운 국에 숟가락을 넣으면 숟가락이 뜨거워지는 것과 열의 이동 방식이 같다.

625

6 다음은 어떤 열의 이동 방식을 설명한 내용이다.

> • 입자들이 직접 이동하면서 열을 전달한다.
> • 난방기는 방의 아래쪽에, 냉방기는 방의 위쪽에 설치해야 효율적인 것과 관련이 있다.

이와 관련 있는 열의 이동 방식은?

① 냉각　　② 단열　　③ 대류
④ 복사　　⑤ 전도

626

7 열이 물질을 거치지 않고 직접 이동하는 방식에 해당하는 현상으로 옳은 것을 모두 고르면? (2 개)

① 에어컨을 틀면 방 전체가 시원해진다.
② 열화상 카메라로 물체의 온도를 측정한다.
③ 손난로를 쥐고 있으면 따뜻함이 전해진다.
④ 전기난로 앞에 서 있으면 몸이 따뜻해진다.
⑤ 뜨거운 프라이팬 위에 올린 달걀이 익는다.

627

8 표는 여러 가지 물질의 비열을 나타낸 것이다.

물질	물	에탄올	콩기름	철	구리
비열	1.00	0.57	0.47	0.11	0.09

[단위: kcal/(kg·℃)]

이에 대한 설명으로 옳지 <u>않은</u> 것은?

① 비열은 물질의 종류에 따라 고유한 값을 갖는 물질의 특성이다.
② 물 10 kg의 온도를 1 ℃만큼 올리는 데 필요한 열량은 10 kcal이다.
③ 같은 질량일 때 10 ℃ 올리는 데 필요한 열량이 가장 많은 것은 구리이다.
④ 철 1 kg과 구리 1 kg에 같은 열량을 가하면 구리의 온도 변화가 더 크다.
⑤ 각 물질의 100 g에 같은 열량을 가했을 때 온도 변화가 가장 작은 것은 물이다.

628

9 표는 서로 다른 물질 A, B, C를 같은 가열 장치로 10분 동안 가열했을 때 온도 변화를 나타낸 것이다.

구분	질량(g)	처음 온도(℃)	나중 온도(℃)
A	100	20	45
B	100	20	60
C	200	20	60

A~C의 비열을 옳게 비교한 것은?

① A>B>C　② A>C>B　③ B>A>C
④ B>C>A　⑤ C>B>A

629

10 오른쪽 그림은 질량이 같은 물질 A와 B를 같은 가열 장치로 가열할 때 시간에 따른 온도 변화를 나타낸 것이다. 물질 A와 B의 비열의 비는?

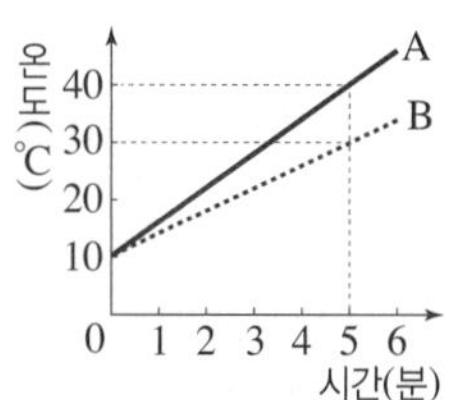

① 1 : 2　　② 2 : 3　　③ 3 : 2
④ 3 : 4　　⑤ 4 : 3

630

11 그림 (가)는 질량이 200 g인 물과 식용유를 같은 가열 장치로 가열하는 모습을, (나)는 가열하는 동안 시간에 따른 온도 변화를 나타낸 것이다.

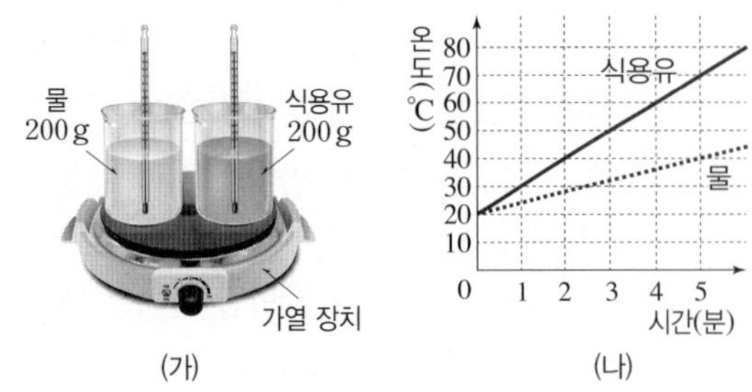

이에 대한 설명으로 옳은 것은?

① 물보다 식용유의 비열이 더 크다.

② 물과 식용유의 비열의 비는 2 : 5이다.

③ 5 분 동안 물에 가해진 열량은 4 kcal이다.

④ 5 분 동안 물에 가해진 열량과 식용유에 가해진 열량의 비는 2 : 5이다.

⑤ 물과 식용유의 질량만 100 g으로 바꾸고 같은 실험을 반복하면 시간에 따른 온도 변화 그래프가 똑같이 나온다.

12 비열을 활용한 예 중 성격이 <u>다른</u> 하나는?

① 찜질 팩에는 따뜻한 물을 넣는다.

② 라면을 끓일 때 구리 냄비를 사용한다.

③ 된장찌개를 끓일 때 뚝배기를 사용한다.

④ 자동차 엔진의 냉각수로 물을 사용한다.

⑤ 대용량 정보 저장 장치를 바닷물 속에 보관한다.

13 물체의 온도가 높아질 때에 대한 설명으로 옳지 <u>않은</u> 것을 모두 고르면? (2 개)

① 물체의 부피가 팽창한다.

② 물체를 구성하는 입자의 개수가 증가한다.

③ 물체를 구성하는 입자의 종류가 달라진다.

④ 물체를 구성하는 입자의 움직임이 활발해진다.

⑤ 물체를 구성하는 입자 사이의 거리가 증가한다.

14 그림은 같은 부피의 콩기름, 물, 에탄올을 같은 용기에 넣고 뜨거운 물이 담긴 수조에 넣은 모습을 나타낸 것이다.

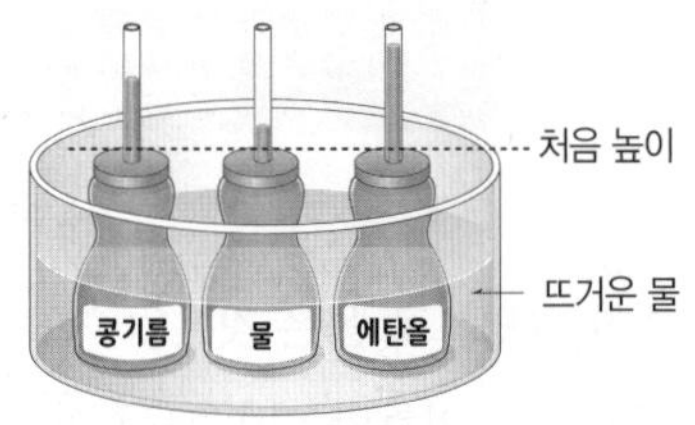

이에 대한 설명으로 옳은 것을 〈보기〉에서 모두 고른 것은?

〈보기〉
ㄱ. 열팽창 정도는 에탄올이 가장 크다.
ㄴ. 콩기름, 물, 에탄올의 부피가 팽창한다.
ㄷ. 물의 입자 사이의 거리는 바뀌지 않는다.
ㄹ. 콩기름, 물, 에탄올 중에서 에탄올의 온도가 가장 높다.

① ㄱ, ㄴ   ② ㄱ, ㄹ   ③ ㄴ, ㄷ
④ ㄴ, ㄹ   ⑤ ㄷ, ㄹ

15 그림은 바이메탈을 이용한 화재경보기의 구조를 나타낸 것이다.

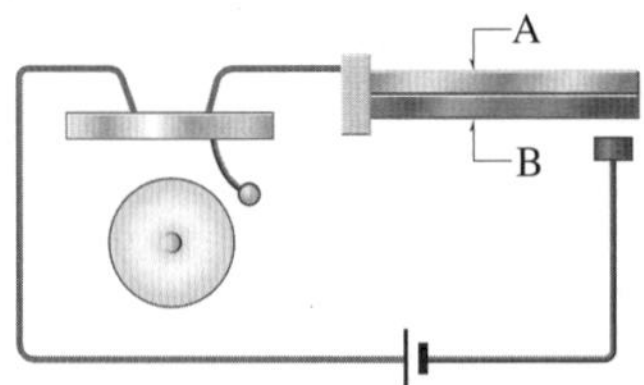

이에 대한 설명으로 옳은 것을 〈보기〉에서 모두 고른 것은?

〈보기〉
ㄱ. 온도가 높아지면 바이메탈이 A 쪽으로 휘어진다.
ㄴ. 금속 A가 금속 B보다 열팽창이 잘되는 물질이다.
ㄷ. 화재가 발생하면 회로가 연결되어 경보가 울린다.
ㄹ. 온도가 높아지면 금속 B가 금속 A보다 길이가 길어진다.

① ㄴ   ② ㄷ   ③ ㄱ, ㄴ
④ ㄴ, ㄷ   ⑤ ㄷ, ㄹ

636

16 열팽창 현상을 이용한 예로 옳은 것을 〈보기〉에서 모두 고른 것은?

〈 보기 〉
ㄱ. 다리의 이음매에 틈을 둔다.
ㄴ. 난방기는 방의 아래쪽에 설치한다.
ㄷ. 그릇이 겹쳐서 꽉 끼었을 때 뜨거운 물에 담근다.
ㄹ. 프라이팬의 손잡이는 나무나 플라스틱과 같은 물질로 만든다.

① ㄱ, ㄴ   ② ㄱ, ㄷ   ③ ㄴ, ㄷ
④ ㄴ, ㄹ   ⑤ ㄷ, ㄹ

서술형

637

17 그림은 같은 양의 찬물과 뜨거운 물에 같은 양의 잉크를 동시에 떨어뜨린 모습을 나타낸 것이다.

(가)   (나)

(가)와 (나) 중 어느 것이 뜨거운 물인지 쓰고, 그 까닭을 서술하시오.

638

18 오른쪽 그림과 같이 뜨거운 물이 담긴 플라스크 위에 투명 필름을 얹고 찬물이 든 플라스크를 뒤집어 놓은 후 투명 필름을 제거하면 두 물이 섞인다. 따뜻한 물과 찬물이 담긴 플라스크 위치를 뒤집어서 같은 실험을 반복했을 때 예상 결과와 그 까닭을 서술하시오.

639

19 표는 질량이 같은 물질 A, B를 같은 시간 동안 같은 가열 장치로 가열할 때 온도 변화를 나타낸 것이다.

시간(분)	0	1	2	3
A의 온도(°C)	20	24	28	32
B의 온도(°C)	20	32	44	56

(1) 같은 시간 동안 A와 B가 받는 열량을 등호 또는 부등호로 비교하고 그 까닭을 서술하시오.

(2) A와 B의 비열의 크기를 등호 또는 부등호로 비교하고 그 까닭을 서술하시오.

640

20 그림은 네 개의 둥근바닥 플라스크에 같은 부피의 네 가지 액체를 각각 넣고 뜨거운 물에 넣었을 때, 각각의 부피가 증가한 모습이다.

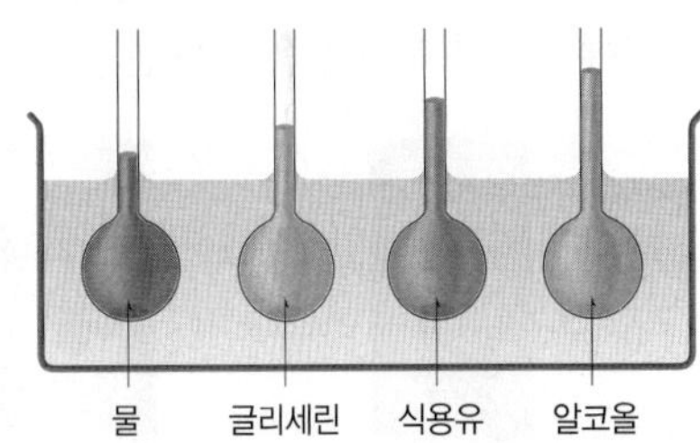

(1) 네 가지 액체의 열팽창 정도를 등호 또는 부등호로 비교하고 그 까닭을 서술하시오.

(2) 충분한 시간이 지난 후 네 가지 액체의 온도를 등호 또는 부등호로 비교하고 그 까닭을 서술하시오.

III. 열 **145**

_____ 반 _____ 번 이름: _______________

641

1 그림 (가)~(다)는 온도가 다른 물체의 입자 모형을 나타낸 것이다.

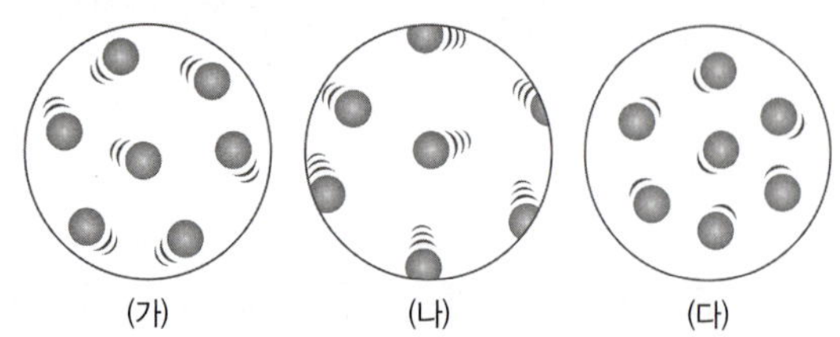

이에 대한 설명으로 옳은 것은?

① 온도를 비교하면 (나) > (다) > (가)이다.

② 입자의 움직임은 (가)가 가장 활발하다.

③ (나)와 (다)가 접촉하면 열은 (나)에서 (다)로 이동한다.

④ (나)를 가열하면 입자의 움직임이 (가)와 같이 될 것이다.

⑤ (가)와 (다)가 접촉하면 (다)의 움직임은 더 둔해질 것이다.

642

2 그림은 같은 양의 찬물과 뜨거운 물에 같은 양의 잉크를 동시에 떨어뜨린 모습을 나타낸 것이다.

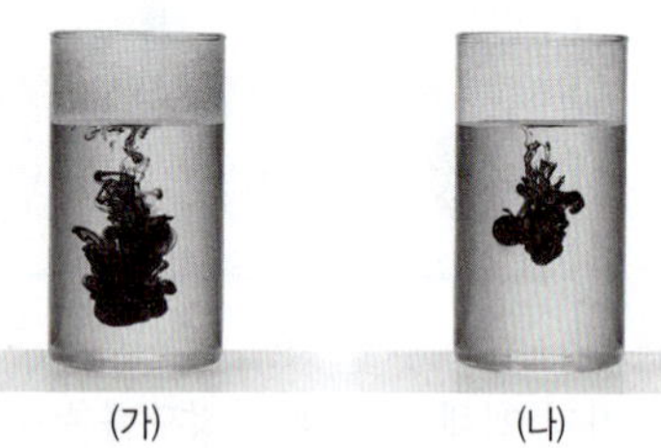

이에 대한 설명으로 옳은 것을 〈보기〉에서 모두 고른 것은?

> 〈 보기 〉
> ㄱ. (가)는 뜨거운 물이다.
> ㄴ. (가)보다 (나)에서 잉크가 빨리 퍼진다.
> ㄷ. (나)는 (가)보다 입자의 움직임이 활발하다.
> ㄹ. 물의 온도가 높을수록 잉크가 빨리 퍼진다.

① ㄱ, ㄴ ② ㄱ, ㄹ ③ ㄴ, ㄷ
④ ㄴ, ㄹ ⑤ ㄷ, ㄹ

643

3 온도, 열, 입자의 움직임에 대한 설명으로 옳지 <u>않은</u> 것은?

① 물체가 열을 얻으면 입자의 움직임이 활발해진다.

② 물체의 온도가 높을수록 입자의 움직임이 활발하다.

③ 물체의 온도가 낮아지면 입자의 움직임이 둔해진다.

④ 물체의 온도가 높아지면 입자 사이의 거리가 멀어진다.

⑤ 온도가 다른 두 물체가 접촉하면 질량이 큰 물체에서 작은 물체로 열이 이동한다.

644

4 그림은 온도가 다른 두 물체를 접촉시켰을 때 열이 A에서 B로 이동하는 모습을 나타낸 것이다.

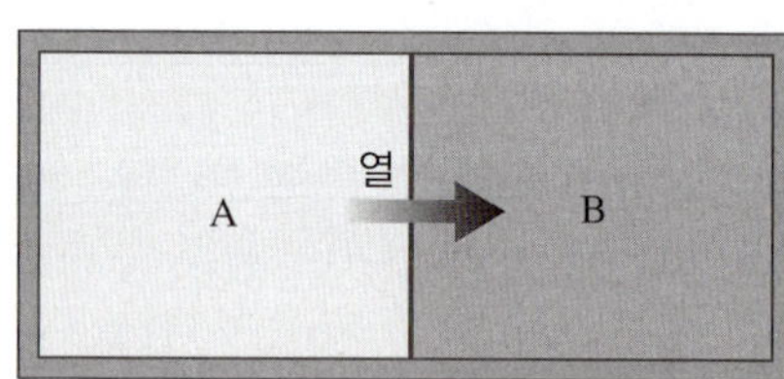

> 온도가 더 높은 물체는 (㉠)이다. 시간이 지나면 A의 입자의 움직임은 (㉡)지고, A와 B의 온도는 (㉢)진다.

㉠~㉢에 들어갈 말을 옳게 짝 지은 것은? (단, 열은 A와 B 사이에서만 이동한다.)

	㉠	㉡	㉢
①	A	둔해	같아
②	A	활발해	같아
③	A	둔해	높아
④	B	활발해	같아
⑤	B	둔해	높아

645

5 그림은 온도가 다른 두 물체 A, B를 접촉시켰을 때 시간에 따른 온도 변화를 나타낸 것이다.

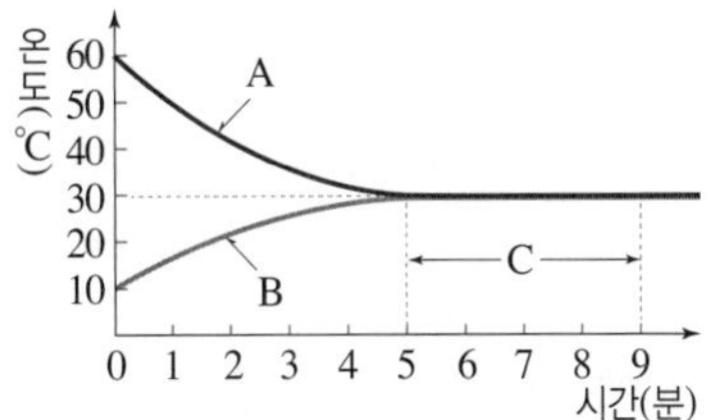

이에 대한 설명으로 옳지 <u>않은</u> 것은?

① A를 구성하는 입자의 움직임은 점점 둔해진다.

② B를 구성하는 입자의 움직임은 점점 활발해진다.

③ C는 A와 B가 열평형을 이룬 상태이다.

④ C에서 A와 B의 입자들은 움직임이 멈춘다.

⑤ 열평형을 이루기 전까지 A가 B보다 온도 변화가 크다.

646

6 그림은 프라이팬 위에 음식을 올려 익히는 모습을 나타낸 것이다.

이에 대한 설명으로 옳은 것을 〈보기〉에서 모두 고른 것은?

───〈 보기 〉───
ㄱ. 음식이 데워지는 것은 전도에 의한 현상이다.

ㄴ. 프라이팬의 바닥은 열을 빠르게 전도하는 물질로 만든다.

ㄷ. 프라이팬 손잡이를 나무로 만든 까닭은 대류로 열이 전달되는 것을 막기 위해서이다.

① ㄱ   ② ㄷ   ③ ㄱ, ㄴ

④ ㄴ, ㄷ   ⑤ ㄱ, ㄴ, ㄷ

647

7 그림은 열을 전달하는 방식을 교실 뒤로 책을 전달하는 방법에 비유한 것이다.

이에 대한 설명으로 옳은 것은?

① (가)는 주로 고체에서 일어나는 열 전달 방식이다.

② 주전자의 물을 끓이는 것은 (가)의 방식의 예이다.

③ 햇볕에 있으면 따뜻함을 느끼는 것은 (다)의 방식의 예이다.

④ 물질을 거치지 않고 열을 전달하는 방식은 (나)로 비유할 수 있다.

⑤ 입자의 움직임이 이웃한 입자에 차례로 전달되어 열이 이동하는 방식은 (다)에 비유할 수 있다.

648

8 비열에 대한 설명으로 옳은 것은?

① 물질 1 g의 온도를 1 ℃ 올리는 데 필요한 열량이다.

② 비열이 큰 물질은 비열이 작은 물질보다 온도가 쉽게 변한다.

③ 모든 물질의 비열은 1 kcal/(kg · ℃)이다.

④ 질량에 상관없이 물의 온도를 1 ℃ 올리는 데 필요한 열량은 항상 같다.

⑤ 한여름 낮에 바닷가의 모래가 바닷물보다 뜨거운 것은 모래의 비열이 물보다 작기 때문이다.

649

9 표는 여러 가지 물질의 비열을 나타낸 것이다.

물질	A	B	C	D
비열 (kcal/(kg·℃))	0.57	0.21	0.09	0.47

질량과 온도가 같은 물질 A~D에 같은 열량을 가했을 때, 온도가 가장 많이 올라가는 물질부터 순서대로 나열한 것은?

① A − B − C − D   ② A − D − B − C

③ B − C − D − A   ④ C − B − D − A

⑤ C − D − A − B

10 표는 질량이 같은 두 액체 물질 A, B를 같은 가열 장치로 가열할 때 온도 변화를 나타낸 것이다.

시간(분)	0	1	2	3
A의 온도(°C)	15	20	25	30
B의 온도(°C)	15	30	45	60

이에 대한 설명으로 옳은 것을 〈보기〉에서 모두 고른 것은?

〈 보기 〉
ㄱ. 비열은 A가 B보다 작다.
ㄴ. 같은 온도까지 높이는 데 필요한 열량은 A가 B보다 많다.
ㄷ. 같은 온도의 A와 B를 냉각시키면 B가 더 빠르게 식는다.
ㄹ. 같은 열량을 가했을 때 온도 변화가 더 큰 것은 A이다.

① ㄱ, ㄴ   ② ㄱ, ㄹ   ③ ㄴ, ㄷ
④ ㄴ, ㄹ   ⑤ ㄷ, ㄹ

11 그림은 질량이 같은 물과 식용유를 같은 가열 장치로 가열했을 때 시간에 따른 온도 변화를 나타낸 것이다.

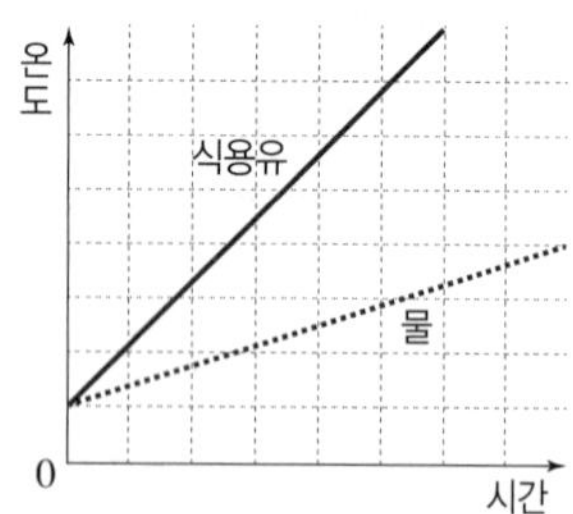

이에 대한 설명으로 옳은 것을 〈보기〉에서 모두 고른 것은?

〈 보기 〉
ㄱ. 식용유의 비열이 물의 비열보다 크다.
ㄴ. 가열한 시간이 같으면 물과 식용유에 가한 열량이 같다.
ㄷ. 같은 시간 동안 가열했을 때 식용유의 온도 변화가 물보다 크다.

① ㄱ   ② ㄷ   ③ ㄱ, ㄴ
④ ㄴ, ㄷ   ⑤ ㄱ, ㄴ, ㄷ

12 다음은 낮에 해안가에서 바람이 부는 과정에 대한 설명이다.

> 낮 동안 비열이 (㉠) 육지의 온도가 바다의 온도보다 (㉡) 높아진다. 육지의 공기가 위로 올라가 빈 자리로 바다의 공기가 이동하여 (㉢)이 분다.

㉠~㉢에 들어갈 말을 옳게 짝 지은 것은?

	㉠	㉡	㉢
①	큰	빠르게	육풍
②	큰	천천히	해풍
③	작은	빠르게	육풍
④	작은	천천히	육풍
⑤	작은	빠르게	해풍

13 열팽창에 대한 설명으로 옳지 <u>않은</u> 것은?

① 물질을 가열하면 부피가 증가하는 현상이다.
② 열팽창 정도는 일반적으로 액체가 고체보다 크다.
③ 액체의 열팽창 정도는 물질에 따라 다르다.
④ 가열해도 입자의 수와 입자 사이의 거리는 변하지 않는다.
⑤ 액체에 열을 가했을 때 액체가 팽창하는 것은 입자의 움직임이 활발해지기 때문이다.

14 그림은 같은 양의 에탄올과 물이 담긴 플라스크에 유리관을 꽂은 뒤 수조에 넣고 뜨거운 물을 붓는 모습을 나타낸 것이다.

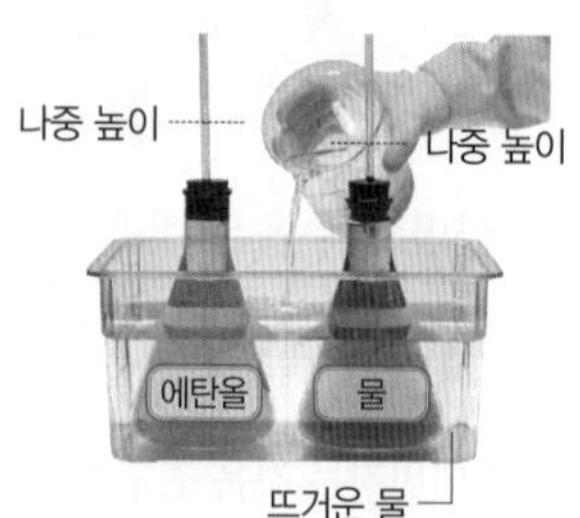

이에 대한 설명으로 옳은 것은?

① 에탄올과 물의 부피가 똑같이 늘어난다.
② 에탄올과 물의 입자의 수가 모두 늘어난다.
③ 액체의 종류와 상관없이 열팽창 정도가 같다.
④ 에탄올과 물 모두 입자의 움직임이 활발해진다.
⑤ 플라스크 안의 액체에서 수조의 물로 열이 이동한다.

15 그림은 서로 다른 두 금속 A, B를 붙여 바이메탈을 만들고 가열한 모습을 나타낸 것이다.

이에 대한 설명으로 옳은 것은?

① 가열했을 때 금속 B가 수축된다.
② 금속 A와 B의 열팽창 정도는 같다.
③ 바이메탈을 냉각시키면 B 쪽으로 휘어진다.
④ 온도 조절 장치가 필요한 전기다리미 등에 이용된다.
⑤ 가열하여 변형된 바이메탈은 온도가 내려가도 원래대로 돌아오지 않는다.

16 열팽창에 의한 현상으로 옳은 것은?

① 겨울에는 전깃줄이 늘어진다.
② 다리의 이음새 부분은 틈이 없게 만든다.
③ 냄비에 물을 끓이면 물 전체가 뜨거워진다.
④ 냉장고 안에 물을 넣으면 시간이 지난 후 물이 차가워진다.
⑤ 알코올 온도계 속 액체는 온도가 높아지면 액체가 가리키는 눈금이 올라간다.

서술형

17 그림은 따뜻하거나 차가운 물의 온도를 일정하게 유지하는 보온병의 구조를 나타낸 것이다.

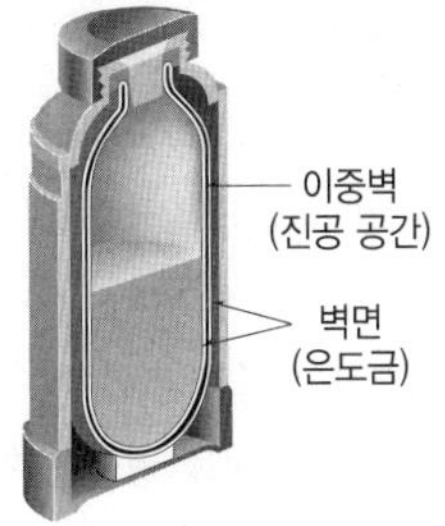

이중벽의 진공 공간과 벽면의 은도금이 각각 어떤 방식의 열의 이동을 막는지 서술하시오.

18 그림은 질량이 같은 두 물질 A, B를 같은 가열 장치로 가열할 때 시간에 따른 온도 변화를 나타낸 것이다.

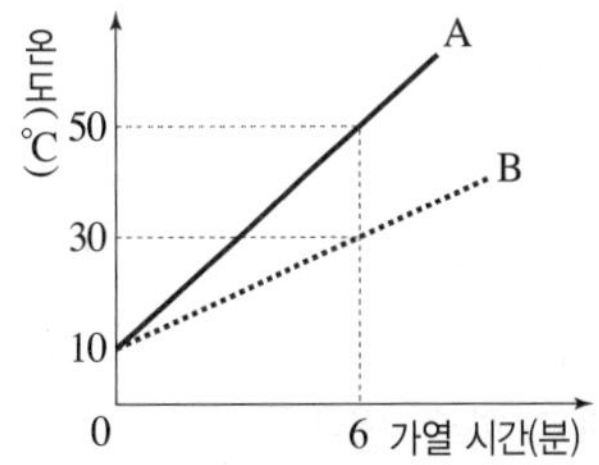

A와 B의 비열의 비를 풀이 과정과 함께 구하시오.

19 우리 주변에서 흔하게 볼 수 있는 물은 다른 물질에 비해 비열이 큰 편이다. 물의 이러한 특성을 이용해 우리 생활에 활용하고 있는 예를 2 가지 서술하시오.

20 그림은 알루미늄박과 종이를 붙여서 만든 알루미늄 테이프를 스탠드에 걸고 가열하기 전과 후의 모습을 나타낸 것이다.

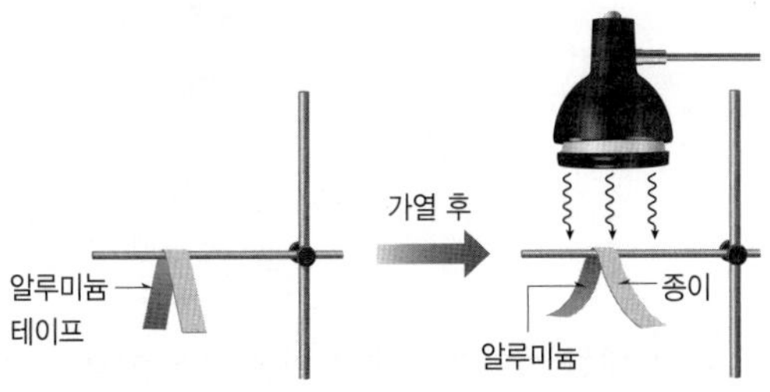

가열 후 알루미늄 테이프가 종이 쪽으로 휘어진 까닭을 서술하시오.

_____ 반 _____ 번 이름: ________________

661

1 그림과 같이 향수병을 가진 사람은 실험실 한 지점에서 향수를 뿌리고, 앉아 있는 사람들은 모두 눈을 감은 상태로 향수 냄새를 맡은 즉시 손을 드는 실험을 하였다.

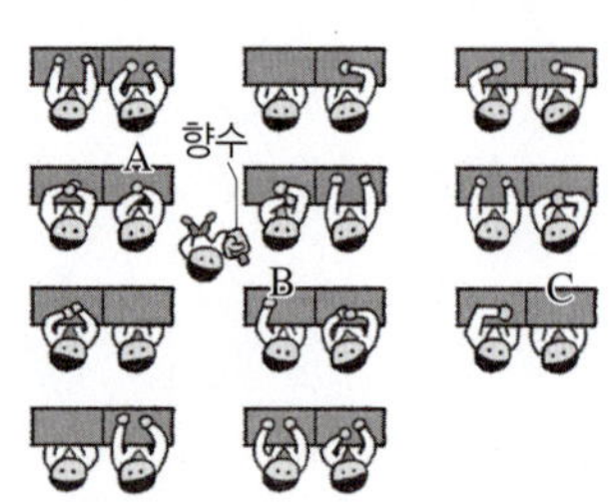

이에 대한 설명으로 옳은 것을 〈보기〉에서 모두 고른 것은?

> **〈 보기 〉**
> ㄱ. 손을 드는 순서는 A → B → C이다.
> ㄴ. 향수를 뿌린 지점과 관계없이 모든 사람들이 동시에 손을 든다.
> ㄷ. 향수 입자가 스스로 끊임없이 운동하기 때문에 일어나는 현상이다.

① ㄱ   ② ㄴ   ③ ㄱ, ㄷ
④ ㄴ, ㄷ   ⑤ ㄱ, ㄴ, ㄷ

662

2 그림은 향수병의 뚜껑을 열었을 때의 모습을 입자 모형으로 나타낸 것이다.

이에 대한 설명으로 옳은 것을 모두 고르면? (2 개)

① 증발은 일어나지 않는다.
② 향수 입자의 크기는 늘어난다.
③ 증발과 확산이 모두 일어난다.
④ 향수 입자가 스스로 운동하기 때문에 일어난다.
⑤ 향수병 근처에서만 향수 냄새를 맡을 수 있다.

663

3 오른쪽 그림과 같이 전자저울에 거름종이를 올린 페트리 접시를 놓고 영점을 맞춘 다음, 거름종이에 아세톤을 몇 방울 떨어뜨렸다. 이에 대한 설명으로 옳지 <u>않은</u> 것은?

① 아세톤의 상태는 액체에서 기체로 변한다.
② 시간이 지날수록 저울의 숫자는 작아진다.
③ 시간이 지날수록 아세톤 입자의 크기는 줄어든다.
④ 시간이 지날수록 거름종이의 흔적은 점점 사라진다.
⑤ 아세톤 입자가 스스로 운동하여 공기 중으로 날아간다.

664

4 다음 중 증발 현상이 <u>아닌</u> 것은?

① 젖은 빨래가 서서히 마른다.
② 손등에 바른 알코올이 사라진다.
③ 염전에서 바닷물을 증발시켜 소금을 얻는다.
④ 떨어뜨린 식초가 냉면 전체에 퍼져 신맛이 난다.
⑤ 빵을 꺼내 놓으면 빵 표면이 말라서 딱딱해진다.

665

5 다음은 우리 주변에서 볼 수 있는 확산과 증발 현상이다.

> (가) 물에 떨어진 잉크가 점점 퍼진다.
> (나) 동물의 젖은 털을 바람으로 말린다.

(가), (나)와 원리가 같은 현상을 각각 〈보기〉에서 모두 고른 것은?

> **〈 보기 〉**
> ㄱ. 비가 온 뒤 운동장에 고여 있는 물이 마른다.
> ㄴ. 방향제를 놓아두면 방 안 전체에 향기가 퍼진다.
> ㄷ. 빵 가게 안으로 들어가지 않아도 빵 냄새가 난다.
> ㄹ. 따뜻한 물에 티백을 넣으면 차가 우러나며 퍼져 나간다.

	(가)	(나)		(가)	(나)
①	ㄱ, ㄴ	ㄷ, ㄹ	②	ㄴ, ㄷ	ㄱ, ㄹ
③	ㄴ, ㄹ	ㄱ, ㄷ	④	ㄱ, ㄷ, ㄹ	ㄴ
⑤	ㄴ, ㄷ, ㄹ	ㄱ			

666

6 그림은 물질의 세 가지 상태를 입자 모형으로 나타낸 것이다.

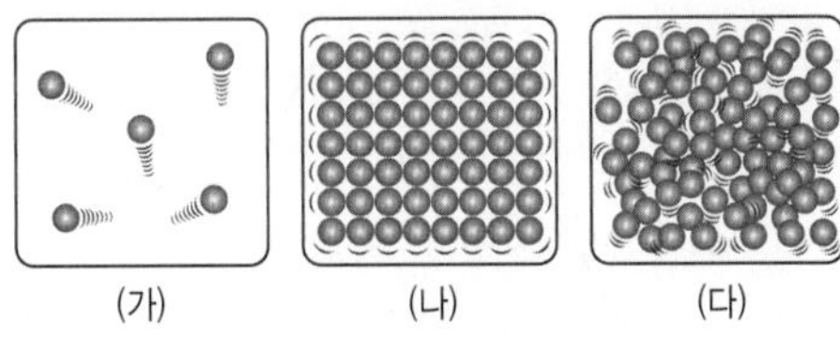

이에 대한 설명으로 옳지 않은 것은?

① (가)는 모양과 부피가 모두 일정하지 않다.

② (나)는 입자들이 규칙적으로 배열되어 있다.

③ (다)는 모양이 변하지만 부피는 일정하다.

④ 얼음은 (나)에 해당한다.

⑤ (가)~(다) 중 입자가 가장 활발하게 운동하는 것은 (나)이다.

667

7 그림과 같이 비커에 고체 양초를 녹여 액체 양초의 질량을 측정하고, 액체 양초를 굳혀 고체로 만든 뒤 고체 양초의 질량을 측정하였다.

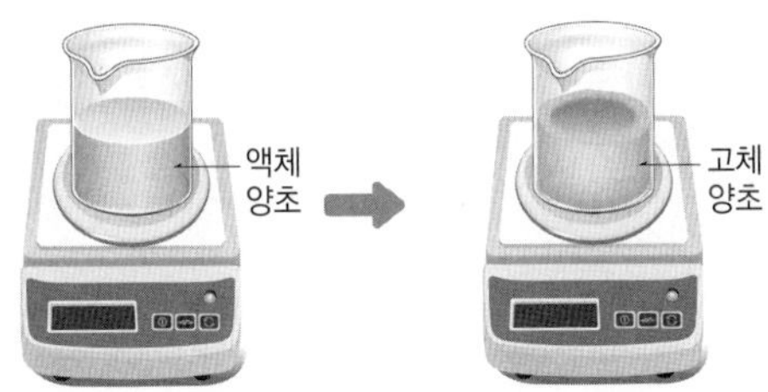

이에 대한 설명으로 옳지 않은 것은?

① 양초가 고체에서 액체로 변하는 것은 융해이다.

② 양초가 액체에서 고체로 변하는 것은 응고이다.

③ 양초가 액체에서 고체로 변할 때 부피는 증가한다.

④ 상태 변화가 일어나도 양초의 질량은 변하지 않는다.

⑤ 상태 변화가 일어나도 양초 입자의 개수는 변하지 않는다.

668

8 상태 변화의 종류와 상태 변화의 예를 옳게 짝 지은 것은?

① 응고 – 풀잎에 이슬이 맺힌다.

② 액화 – 웅덩이에 고인 물이 사라진다.

③ 융해 – 용광로에서 철이 녹아 쇳물이 된다.

④ 승화 – 얼음물이 담긴 컵 표면에 물방울이 맺힌다.

⑤ 기화 – 냉동실에 넣어 둔 얼음이 조금씩 작아진다.

669

9 그림은 물질의 상태 변화를 나타낸 것이다.

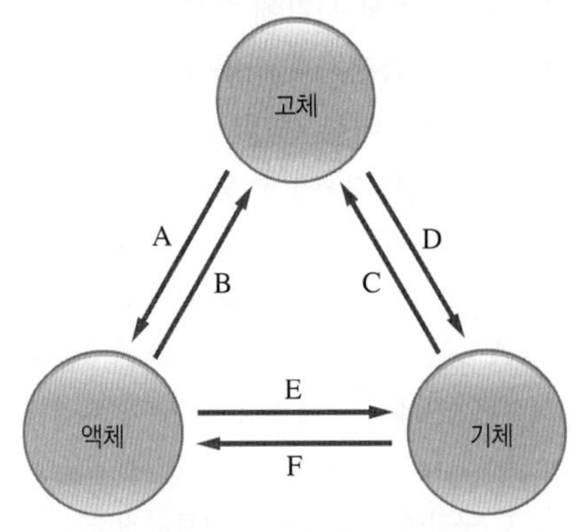

A~F와 상태 변화의 예를 옳게 짝 지은 것은?

① A – 겨울철 지붕 끝에 고드름이 생긴다.

② B – 젖은 빨래가 마른다.

③ C – 드라이아이스의 크기가 점점 작아진다.

④ E – 손에 뿌린 손 소독제가 마른다.

⑤ F – 나뭇잎에 서리가 내린다.

670

10 상태 변화의 종류가 같은 것끼리 〈보기〉에서 모두 골라 옳게 짝 지은 것은?

<보기>

ㄱ. 풀잎에 이슬이 맺힌다.

ㄴ. 물이 끓어 수증기가 된다.

ㄷ. 목욕탕 유리에 김이 서린다.

ㄹ. 어항 속 물의 양이 점점 줄어든다.

① ㄱ, ㄴ　　② ㄱ, ㄷ　　③ ㄴ, ㄷ

④ ㄷ, ㄹ　　⑤ ㄱ, ㄴ, ㄹ

671

11 그림은 물질의 상태 변화를 입자 모형으로 나타낸 것이다.

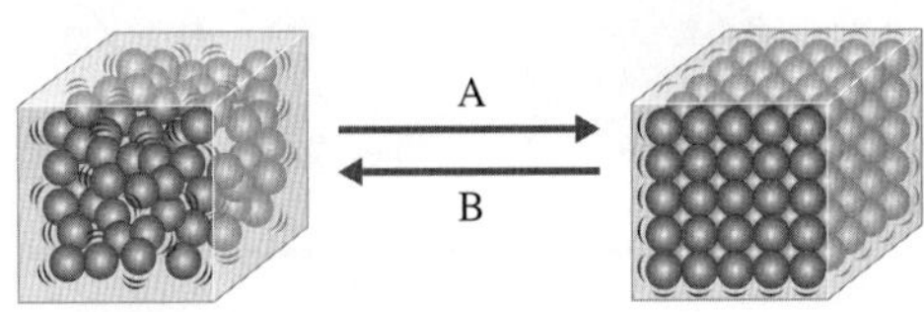

A와 B에 대한 설명으로 옳은 것은?

① A는 융해이다.

② B는 승화이다.

③ A가 일어날 때 입자 운동이 활발해진다.

④ B가 일어날 때 입자 배열이 불규칙하게 변한다.

⑤ A와 B가 일어날 때 모두 물질의 성질은 변한다.

12 오른쪽 그림은 어떤 액체 물질을 냉각하면서 시간에 따른 온도 변화를 측정하여 나타낸 것이다. 이에 대한 설명으로 옳은 것을 〈보기〉에서 모두 고른 것은?

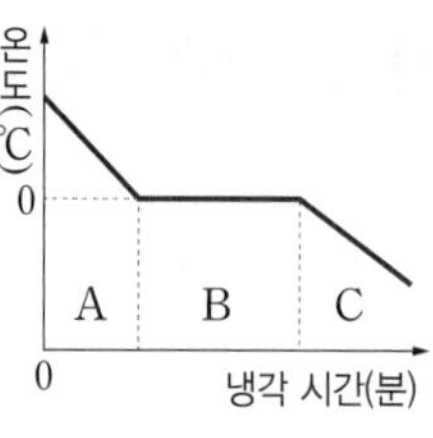

〈 보기 〉
ㄱ. A 구간에서는 액체 상태로만 존재한다.
ㄴ. B 구간에서 상태 변화 하는 동안 열에너지를 흡수한다.
ㄷ. C 구간에서 입자 배열은 불규칙하다.

① ㄱ   ② ㄷ   ③ ㄱ, ㄴ
④ ㄴ, ㄷ   ⑤ ㄱ, ㄴ, ㄷ

13 그림은 어떤 고체 물질을 가열하면서 시간에 따른 온도 변화를 측정한 것이다.

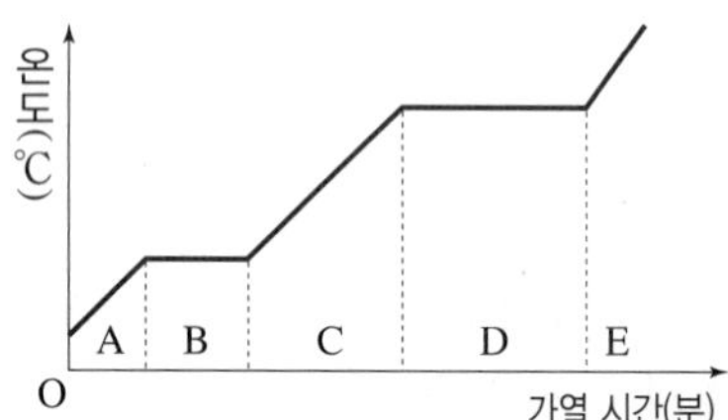

A~E 구간에 대한 설명으로 옳은 것은?

① C 구간에서는 두 가지 상태가 함께 존재한다.
② E 구간에서는 기화가 일어난다.
③ B 구간과 D 구간에서는 가해 준 열에너지가 상태 변화 하는 데 사용된다.
④ 모두 열에너지를 방출한다.
⑤ 입자 사이의 거리가 가장 먼 것은 A 구간이다.

14 그림은 물질의 상태 변화를 입자 모형으로 나타낸 것이다.

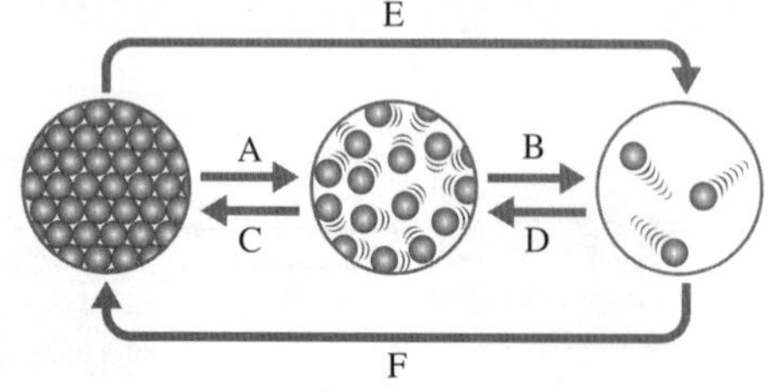

이에 대한 설명으로 옳은 것은?

① A, B, E가 일어날 때 열에너지를 방출한다.
② C, D, F가 일어날 때 열에너지를 흡수한다.
③ B가 일어날 때 입자 운동이 둔해진다.
④ D가 일어날 때 입자 배열이 불규칙하게 변한다.
⑤ E가 일어날 때 입자 사이의 거리가 매우 멀어진다.

15 그림은 어떤 고체 물질을 가열하여 녹인 후 다시 냉각하였을 때의 온도 변화를 나타낸 것이다.

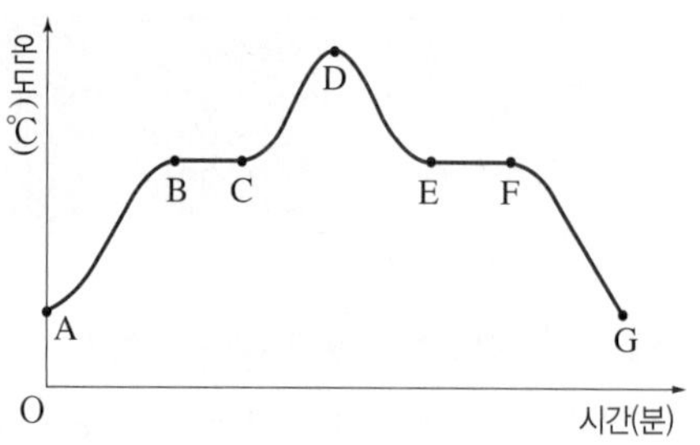

이에 대한 설명으로 옳은 것은?

① A~D 구간은 열에너지를 방출하고, D~G 구간은 열에너지를 흡수한다.
② AB 구간에서 입자 운동은 활발하다.
③ BC 구간에서는 응고가 일어난다.
④ CD 구간에서 물질은 두 가지 상태로 존재한다.
⑤ EF 구간에서 온도가 일정한 까닭은 상태 변화 하는 동안 열에너지를 방출하기 때문이다.

16 다음은 일상생활에서 관찰할 수 있는 몇 가지 현상이다.

- 갑자기 추워질 때 오렌지 나무에 물을 뿌려 오렌지가 얼지 않도록 한다.
- 커피 기계의 스팀 분출 장치로 우유를 데운다.

이 현상에서 공통적으로 나타나는 열에너지의 출입과 같은 현상을 〈보기〉에서 모두 고른 것은?

〈 보기 〉
ㄱ. 소나기가 내리기 전 날씨가 후텁지근하다.
ㄴ. 열이 날 때 물수건을 올려두어 체온을 낮춘다.
ㄷ. 추운 겨울 눈이 내리면 날씨가 따뜻하게 느껴진다.

① ㄱ   ② ㄴ   ③ ㄱ, ㄷ
④ ㄴ, ㄷ   ⑤ ㄱ, ㄴ, ㄷ

서술형

677

17 그림은 입자 운동에 의해 나타나는 현상을 모형으로 나타낸 것이다.

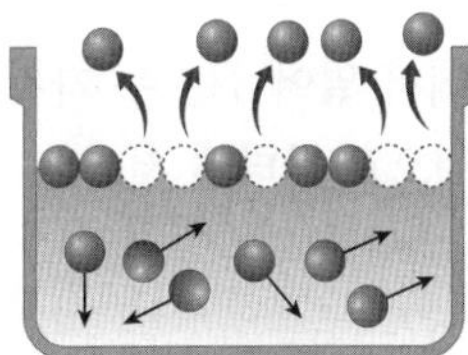

이 현상은 무엇인지 쓰고, 생활에서 이 현상을 이용한 예를 1 가지 서술하시오.

____

____

678

18 표는 물질의 세 가지 상태에 따른 성질을 나타낸 것이다.

상태	(가)	(나)	(다)
입자 사이의 거리	비교적 가깝다.	매우 가깝다.	매우 멀다.
입자 배열	불규칙적이다.	규칙적이다.	매우 불규칙적이다.
입자 운동	비교적 활발하게 운동한다.	매우 둔하게 운동한다.	매우 활발하게 운동한다.

(1) (가)~(다)에 해당하는 상태를 각각 쓰시오.

____

(2) (가)~(다) 중 모양과 부피가 모두 일정하지 않은 상태를 고르고, 그 까닭을 표의 내용과 관련지어 서술하시오.

____

679

19 그림은 물질의 상태 변화를 입자 모형으로 나타낸 것이다.

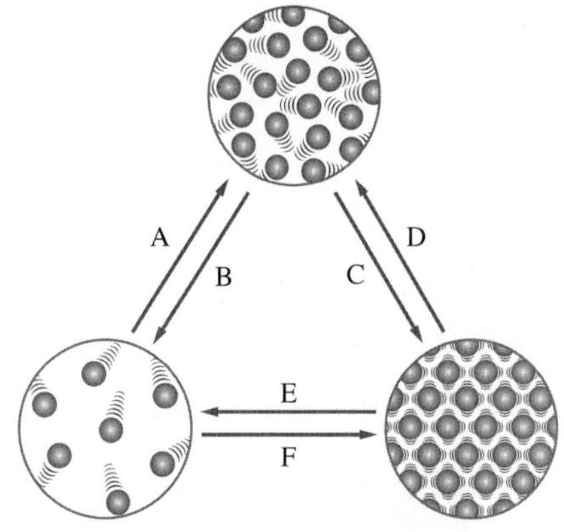

(1) A~F 중 상태 변화가 일어날 때 입자 운동이 둔해지는 것을 모두 쓰시오.

____

(2) A~F 중 다음 현상에 해당하는 상태 변화를 고르고, 그렇게 생각한 까닭을 서술하시오.

> 추운 겨울 그늘에 있던 눈사람의 크기가 점점 작아진다.

____

____

680

20 그림 (가)와 (나)는 각각 에어컨과 증기 난방기의 구조를 나타낸 것이다.

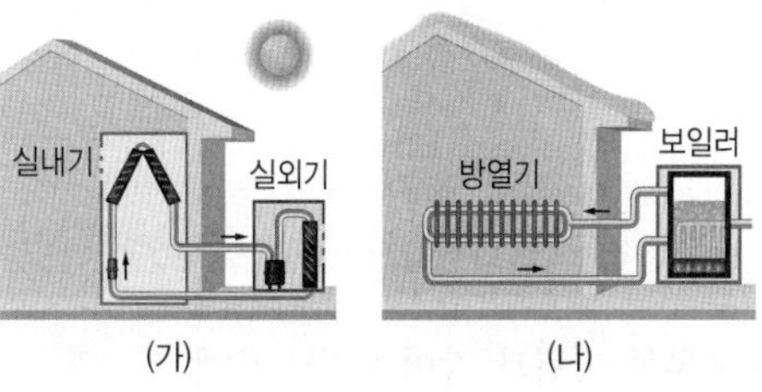

(1) (가)의 실내기와 실외기, (나)의 방열기와 보일러에서 일어나는 상태 변화의 종류가 같은 것끼리 쓰고, 일어나는 상태 변화를 각각 서술하시오.

____

____

(2) (가)에서 집 안이 시원해지는 원리와 (나)에서 집 안이 따뜻해지는 원리를 열에너지 출입과 주위의 온도 변화를 이용하여 각각 서술하시오.

____

____

_____ 반 _____ 번 이름: _______________

681

1 그림 (가)는 물에 잉크를 떨어뜨렸을 때 잉크가 물속에서 퍼져 나가는 현상을, (나)는 향수병의 뚜껑을 열었을 때 향수 입자가 퍼져 나가는 현상을 나타낸 것이다.

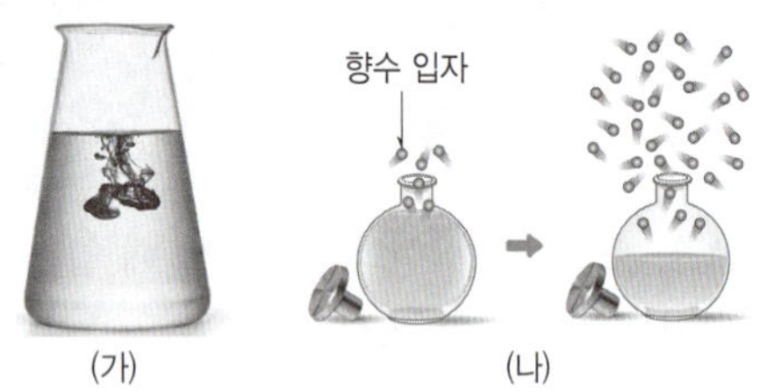

이에 대한 설명으로 옳지 <u>않은</u> 것은?

① (가)에서 물 입자는 운동하지 않는다.
② (가)에서 잉크 입자의 개수는 변하지 않는다.
③ (나)에서 향수 입자는 스스로 운동한다.
④ (가)와 (나)에서 잉크 입자와 향수 입자는 끊임없이 운동한다.
⑤ (가)와 (나)에서 잉크 입자와 향수 입자는 모든 방향으로 퍼져 나간다.

682

2 오른쪽 그림과 같이 BTB 용액을 페트리 접시에 일정한 간격으로 떨어뜨리고, 페트리 접시의 가운데에 식초를 1 방울 떨어뜨린 뒤 뚜껑을 덮었다. 이에 대한 설명으로 옳은 것을 〈보기〉에서 모두 고른 것은?

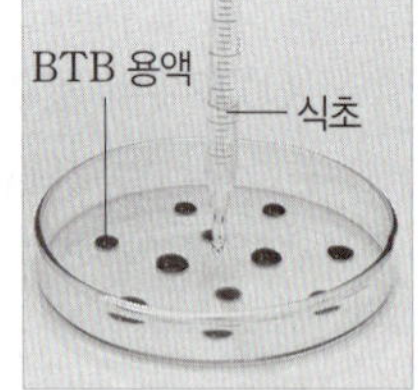

〈보기〉
ㄱ. 식초를 떨어뜨린 지점에서 먼 곳부터 BTB 용액의 색이 노랗게 변한다.
ㄴ. 아세트산 입자는 스스로 운동한다.
ㄷ. 아세트산 입자는 모든 방향으로 퍼져 나간다.

① ㄱ   ② ㄷ   ③ ㄱ, ㄴ
④ ㄴ, ㄷ   ⑤ ㄱ, ㄴ, ㄷ

683

3 그림은 물에서 일어나는 두 가지 현상에서 물 입자의 운동을 모형으로 나타낸 것이다.

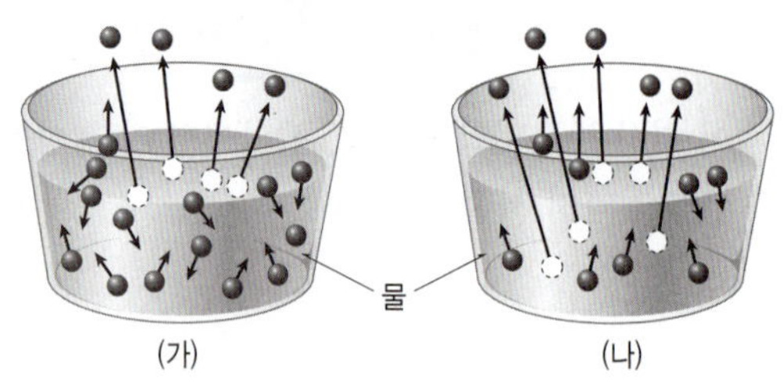

이에 대한 설명으로 옳은 것은?

① (가)는 끓음을 모형으로 나타낸 것이다.
② (가)는 액체가 끓기 시작하는 온도 이상에서만 일어난다.
③ (가)와 (나)는 모두 물 내부에서 일어난다.
④ (가)와 (나)에서 모두 액체가 기체로 변한다.
⑤ (가)와 (나)는 모두 입자가 스스로 운동하기 때문에 일어난다.

684

4 다음은 몇 가지 확산과 증발 현상이다.

(가) 가뭄에 논바닥이 마른다.
(나) 풀잎에 맺힌 이슬이 사라진다.
(다) 멀리 떨어진 곳에서도 음식 냄새를 맡을 수 있다.
(라) 잉크를 물에 떨어뜨리면 물 전체가 잉크 색으로 변한다.

(가)~(라)를 확산과 증발로 분류한 것으로 옳은 것은?

	확산	증발
①	(다)	(가), (나), (라)
②	(가), (나)	(다), (라)
③	(나), (라)	(가), (다)
④	(다), (라)	(가), (나)
⑤	(가), (나), (다)	(라)

685

5 증발과 확산에 대한 공통점으로 옳은 것을 〈보기〉에서 모두 고른 것은?

> ──── 〈 보기 〉 ────
> ㄱ. 액체에서 일어난다.
> ㄴ. 온도가 높을수록 잘 일어난다.
> ㄷ. 물질을 구성하는 입자가 스스로 끊임없이 운동하기 때문에 일어난다.

① ㄱ ② ㄷ ③ ㄱ, ㄴ
④ ㄴ, ㄷ ⑤ ㄱ, ㄴ, ㄷ

686

6 표는 물질의 세 가지 상태의 특징을 나타낸 것이다.

상태	(가)	(나)	(다)
모양	일정하다.	변한다.	변한다.
부피	일정하다.	일정하다.	변한다.

이에 대한 설명으로 옳은 것은?

① (가)는 입자 사이의 거리가 매우 멀다.
② (나)는 쉽게 압축된다.
③ 주스와 물은 (다)에 해당한다.
④ (가)와 (나)는 흐르는 성질이 있다.
⑤ (다)는 (나)보다 입자 배열이 불규칙하다.

687

7 그림은 물질의 상태 변화를 입자 모형으로 나타낸 것이다.

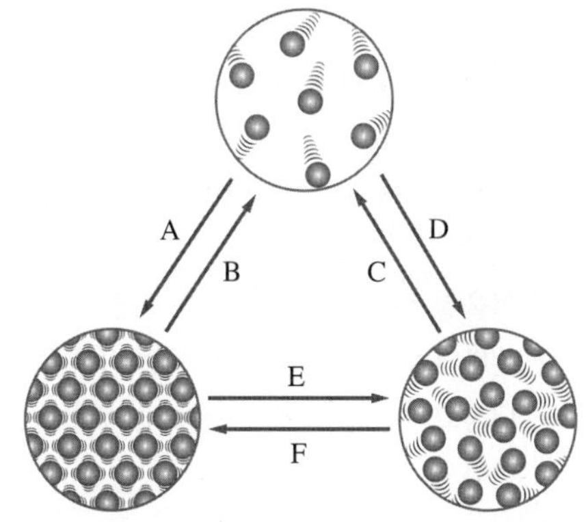

A~F와 상태 변화의 예를 옳게 짝 지은 것은?

① A – 추운 겨울 유리창에 성에가 생긴다.
② B – 아이스크림이 녹아 흘러내린다.
③ C – 옷장에 넣어 둔 나프탈렌의 크기가 작아진다.
④ D – 고깃국을 식히면 기름이 굳는다.
⑤ E – 뜨거운 차를 마실 때 안경이 뿌옇게 흐려진다.

688

8 물질의 상태 변화에 대한 설명으로 옳은 것은?

① 상태 변화가 일어나면 물질의 질량이 변한다.
② 상태 변화가 일어나면 물질의 성질이 변한다.
③ 상태 변화가 일어나면 물질의 부피가 변한다.
④ 상태 변화가 일어나면 물질을 구성하는 입자의 종류가 변한다.
⑤ 상태 변화가 일어나도 물질을 구성하는 입자의 운동성은 변하지 않는다.

[9~10] 그림은 물질의 세 가지 상태를 입자 모형으로 나타낸 것이다.

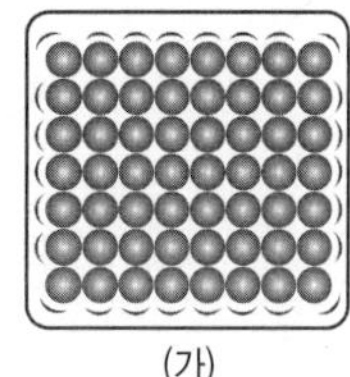 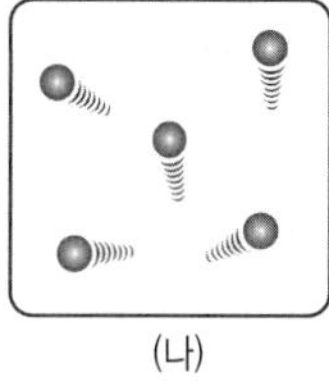 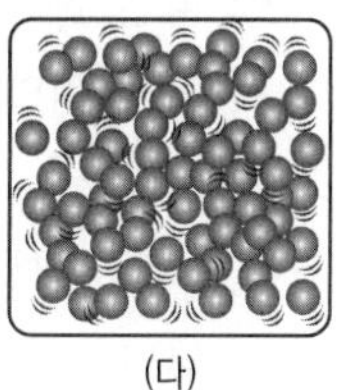

(가) (나) (다)

689

9 (나)에서 (다)로 변하는 상태 변화에 대한 설명으로 옳은 것을 〈보기〉에서 모두 고른 것은?

> ──── 〈 보기 〉 ────
> ㄱ. 입자의 개수가 늘어난다.
> ㄴ. 입자 배열이 불규칙해진다.
> ㄷ. 물질의 부피가 작아진다.

① ㄱ ② ㄷ ③ ㄱ, ㄴ
④ ㄴ, ㄷ ⑤ ㄱ, ㄴ, ㄷ

690

10 (다)에서 (가)로 변하는 상태 변화의 예로 옳은 것은?

① 웅덩이에 고인 물이 사라진다.
② 쇳물이 굳어 단단한 철이 된다.
③ 지붕 밑에 맺힌 고드름이 녹는다.
④ 영하의 온도에서 얼어 있던 명태가 마른다.
⑤ 갓 구운 빵 위에 버터를 놓으면 버터가 녹는다.

11 다음의 변화가 일어나는 상태 변화의 예로 옳은 것은?

> • 부피가 줄어든다.
> • 입자 운동이 둔해진다.
> • 입자 사이의 거리가 가까워진다.
> • 입자 배열이 규칙적으로 변한다.

① 젖은 빨래가 마른다.
② 냉동실에 넣어 둔 물이 언다.
③ 양초가 녹아 촛농이 흘러내린다.
④ 주전자에 물을 끓이면 주전자 입구에 김이 생긴다.
⑤ 추운 겨울 그늘에 있던 눈사람의 크기가 점점 작아진다.

12 그림은 물을 냉각할 때 시간에 따른 온도 변화를 나타낸 것이다. 이에 대한 설명으로 옳은 것은?

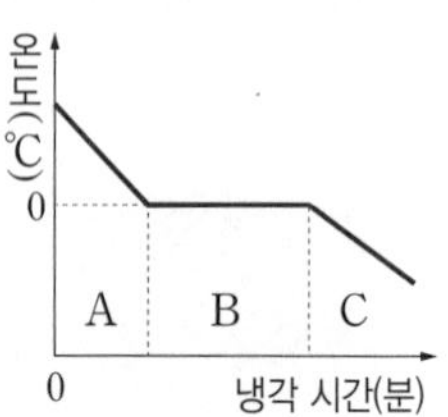

① 0 °C에서 융해가 일어난다.
② A 구간에서 입자 배열은 불규칙해진다.
③ B 구간에서 물질은 두 가지 상태로 존재한다.
④ C 구간에서 물질의 질량은 줄어든다.
⑤ A → B 구간에서 물질의 부피는 작아진다.

13 그림은 어떤 고체 물질을 가열하면서 시간에 따른 온도 변화를 측정한 것이다.

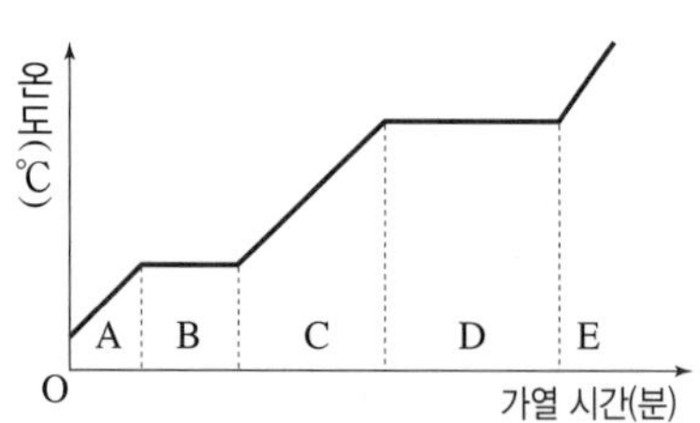

이에 대한 설명으로 옳은 것을 〈보기〉에서 모두 고른 것은?

> ─── 〈 보기 〉 ───
> ㄱ. B → C 구간에서 입자 배열은 불규칙해진다.
> ㄴ. A~E 구간 중 물질이 두 가지 상태로 존재하는 것은 B와 D 구간이다.
> ㄷ. A~E 구간 중 물질의 부피가 가장 큰 것은 A 구간이다.

① ㄱ   ② ㄷ   ③ ㄱ, ㄴ
④ ㄱ, ㄷ   ⑤ ㄴ, ㄷ

14 그림은 물질의 상태 변화를 나타낸 것이다.

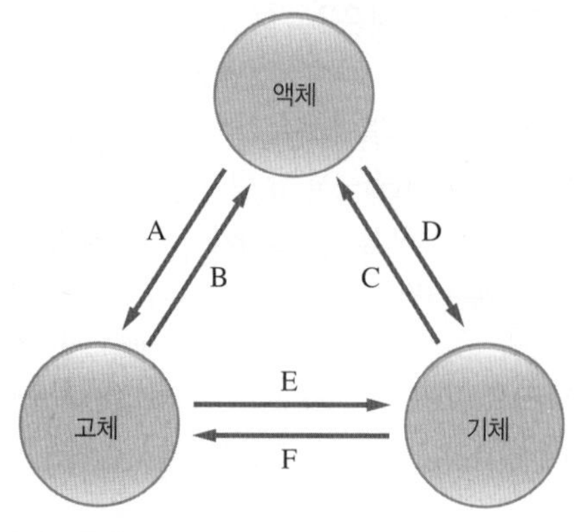

이에 대한 설명으로 옳은 것은?

① A 과정에서 열에너지를 흡수한다.
② B 과정에서 주위의 온도가 높아진다.
③ C 과정에서 입자 운동이 활발해진다.
④ D 과정에서 열에너지를 방출한다.
⑤ A~F 중 입자 배열이 가장 불규칙해지는 것은 E이다.

15 상태 변화가 일어날 때 열에너지를 흡수하는 것과 열에너지를 방출하는 것을 〈보기〉에서 골라 옳게 짝 지은 것은?

> ─── 〈 보기 〉 ───
> ㄱ. 냉동실에 넣어 둔 물이 언다.
> ㄴ. 차가운 음료수 컵 주변에 물이 생긴다.
> ㄷ. 백신을 수송할 때 드라이아이스를 함께 넣어 포장한다.
> ㄹ. 겨울철 눈이 내리면 날씨가 포근해진다.
> ㅁ. 손바닥 위에 올려놓은 초콜릿이 녹는다.
> ㅂ. 냉장고의 증발기에서 냉매가 액체에서 기체로 변한다.

	열에너지 흡수	열에너지 방출
①	ㄱ, ㄴ, ㄷ	ㄹ, ㅁ, ㅂ
②	ㄱ, ㄴ, ㄹ	ㄷ, ㅁ, ㅂ
③	ㄴ, ㄷ, ㄹ	ㄱ, ㅁ, ㅂ
④	ㄷ, ㄹ, ㅁ	ㄱ, ㄴ, ㅂ
⑤	ㄷ, ㅁ, ㅂ	ㄱ, ㄴ, ㄹ

696

16 상태 변화가 일어날 때 주위의 온도가 낮아지는 예로 옳지 <u>않은</u> 것은?

① 이글루의 벽에 물을 뿌린다.
② 무더운 여름날 마당에 물을 뿌린다.
③ 더운 여름 살수차로 도로에 물을 뿌린다.
④ 아이스크림 포장 상자 속에 드라이아이스를 넣는다.
⑤ 알코올을 묻힌 솜으로 손등을 문지르면 시원해진다.

서술형

697

17 다음 현상이 일어나는 공통적인 까닭을 입자의 운동과 관련지어 서술하시오.

- 어항의 물이 점점 줄어든다.
- 마약 탐지견이 냄새로 마약을 찾는다.
- 모기향을 피워 모기를 쫓는다.

698

18 그림은 물질의 세 가지 상태를 입자 모형으로 나타낸 것이다.

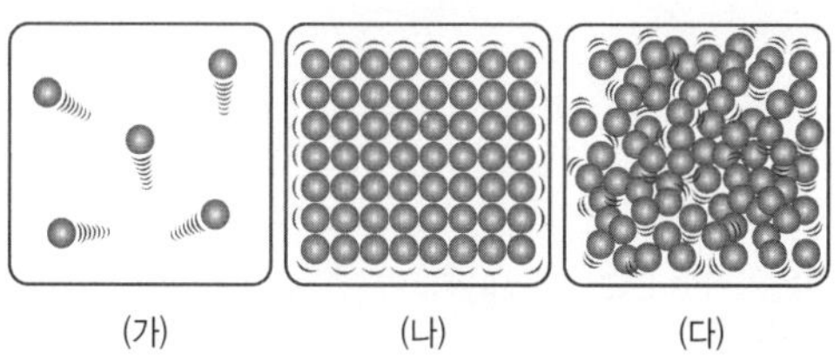

(가)　　　　(나)　　　　(다)

물질의 상태에 따라 특징이 다른 까닭을 위 그림과 관련지어 서술하시오.

699

19 그림은 어떤 고체 물질을 가열하여 녹인 후 다시 냉각하였을 때의 온도 변화를 나타낸 것이다.

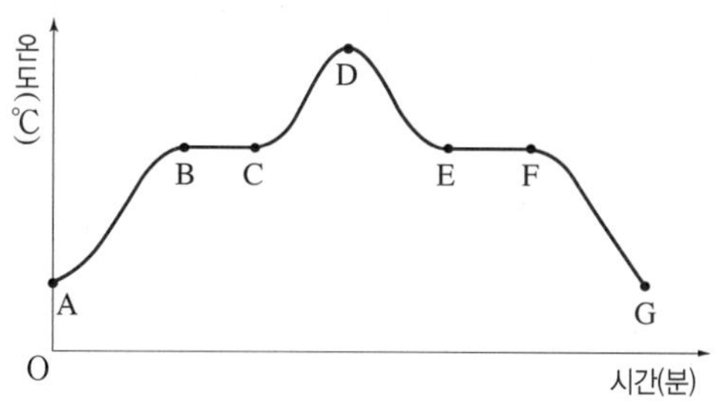

(1) BC 구간에서 온도가 일정한 까닭을 열에너지의 출입과 관련지어 서술하시오.

(2) EF 구간에서 입자의 운동성, 입자 배열, 물질의 부피가 어떻게 변하는지 열에너지의 출입과 관련지어 서술하시오. (단, 물은 제외한다.)

700

20 다음은 일상생활에서 상태 변화 시 출입하는 열에너지를 이용한 예이다.

- 사막에서는 시원하게 물을 마시기 위해 양가죽으로 만든 물주머니를 사용하는데, 이 ㉠물주머니는 매우 작은 구멍이 뚫려 있어서 물이 조금씩 스며 나온다.
- 추운 겨울 창고에 저장해 둔 과일이나 곡식이 어는 것을 막기 위해 ㉡물 항아리를 창고 안에 넣어 둔다.

㉠과 ㉡에 이용한 열에너지의 출입을 주위의 온도 변화와 관련지어 서술하시오.

MEMO

MEMO

01　과학과 인류의 지속가능한 삶

6쪽　OX로 개념 확인

001 ×　002 ○　003 ○　004 ×　005 ○　006 ○　007 ×　008 ○
009 ○　010 ×

001　과학적 탐구 방법 중 가설 설정은 어떤 현상을 관찰하다 의문을 품는 단계이다. (문제 인식)

004　암모니아 합성 기술이 개발되어 질소 비료가 만들어졌고, 이는 식량 생산을 감소시켰다. (증가)

007　컴퓨터가 인간처럼 학습하고 일을 처리할 수 있게 만드는 기술을 나노 기술이라고 한다. (인공지능)

010　지속가능한 삶을 위해 장바구니 대신 일회용 비닐봉지를 사용한다. (일회용 비닐봉지 대신 장바구니)

7쪽~13쪽　난이도별 필수 기출

011 자료 해석　012 ①　013 ②　014 ③　015 ⑤　016 ④　017 ②
018 ④　019 ①　020 ⑤　021 ②　022 ②　023 ①　024 ④　025 ⑤
026 ④　027 ③, ⑦　028 ③　029 ③　030 ③　031 ①　032 ②
033 ①　034 ①　035 ③　036 ④　037 ③　038 ④　039 ②　040 ②
041 ①　042 ①　043 ③　044 ②, ③　045 ④　046 ④　047 ⑤
048 ②

14쪽~15쪽　난이도별 [서술형] 필수 기출

049　가설을 수정하여 설정하고, 다시 탐구 설계 → 탐구 수행 → 자료 해석 → 결론 도출의 단계를 거친다.

050　세균 A가 우유를 상하게 할 것이다.

051　다윤, 탐구를 수행할 때 예상과 다른 결과가 나오더라도 결과를 수정하지 않아야 해.

052　• 같게 해야 할 조건: 날개 너비, 꼬리 길이, 클립 수
• 다르게 해야 할 조건: 날개 길이

053　증기 기관을 이용한 기계로 공장에서 제품을 대량 생산할 수 있게 되었다. 증기 기관을 이용한 증기 기관차가 개발되어 많은 물건을 먼 곳까지 옮길 수 있게 되었다.

054　(나), 지구가 우주의 중심이라고 생각했던 인류의 생각을 바꾸는 계기가 되었다.

055　(1) 인공지능
(2) 나노 백신, 스마트팜, 개인 맞춤형 치료제 등

056　더 나은 환경을 만들어, 현세대 이후에도 모두가 행복하게 살 수 있는 풍요로운 사회가 지속될 수 있도록 고민하고 실천하는 삶을 말한다.

057　오염 물질의 발생량을 줄이거나 방출된 오염 물질을 효율적으로 제거하는 기술이다.

058　플라스틱 분리배출 하기, 일회용 플라스틱 용품 사용 줄이기 등

16쪽~17쪽　최고 수준 도전 기출 | 01 |

059 ⑤　060 ①　061 ①, ④　062 ②　063 ③　064 ⑤　065 ①
066 ⑤

02　생물의 구성

20쪽　OX로 개념 확인

067 ○　068 ○　069 ×　070 ○　071 ○　072 ×　073 ×　074 ×
075 ×　076 ○

069　마이토콘드리아는 광합성을 하여 양분을 생성한다. (엽록체)

072　세포벽은 동물 세포와 식물 세포에 모두 있다. (식물 세포에만)

073　세포의 모양은 세포의 종류에 관계 없이 모두 같다. (종류에 따라 다르다.)

074　적혈구는 가운데가 오목한 모양이며, 피부의 표면을 덮어 보호한다. (온몸으로 산소를 운반한다.)

075　동물의 구성 단계는 세포 → 조직 → 조직계 → 기관 → 개체이다. (기관 → 기관계)

21쪽~26쪽　난이도별 필수 기출

077 ⑤　078 ⑤　079 ③　080 ②　081 ④　082 ④　083 ③, ④
084 ④　085 ①　086 ④, ⑥, ⑧　087 ②　088 ⑤　089 ⑤
090 ③, ⑤　091 ③　092 ③　093 ③　094 ③　095 ④, ⑤
096 ⑤　097 ④　098 ⑤　099 ②　100 ③　101 ②　102 ⑤　103 ③
104 ②　105 ④　106 ⑤

27쪽~29쪽　난이도별 [서술형] 필수 기출

107　(1) 세포
(2) 세포벽, 세포를 보호하고 세포의 모양을 일정하게 유지한다.

108　식물 세포이다. 동물 세포에는 없고 식물 세포에는 있는 엽록체(B)와 세포벽(D)이 있기 때문이다.

109　(1) (가) 세포벽, (나) 세포막
(2) (가) 세포벽은 세포를 보호하고 모양을 유지하며, (나) 세포막은 세포 안팎으로 물질이 드나드는 것을 조절한다.

110　(1) (가) 세포막, (나) 핵
(2) 마이토콘드리아, 세포가 생명활동을 하는 데 필요한 에너지를 마이토콘드리아에서 만들기 때문이다.

111　근육세포는 다른 세포에 비해 에너지가 많이 쓰이기 때문에 에너지를 발생시키는 마이토콘드리아의 수가 다른 세포에 비해 많다.

112　엽록체, 광합성을 하여 양분을 만든다.

283 (1) A → B, 열은 온도가 높은 A에서 온도가 낮은 B로 이동하기 때문이다.
(2) 열평형
(3) A는 온도가 낮아져서 입자의 움직임이 둔해지고, B는 온도가 높아져서 입자의 움직임이 활발해진다.

284 프라이팬의 바닥 부분은 음식을 빠르게 익힐 수 있도록 열을 빠르게 전도하는 금속으로 만들고, 손잡이 부분은 안전하게 잡을 수 있도록 열을 느리게 전도하는 나무로 만든다.

285 • 냉방기: (가), 차가운 공기는 아래로 이동하므로 냉방기는 위쪽인 (가)에 설치해야 한다.
• 난방기: (나), 따뜻한 공기는 위로 이동하므로 난방기는 아래쪽인 (나)에 설치해야 한다.

286 뜨거운 물은 위로 올라가고, 찬물은 아래로 내려오면서 섞인다. 이는 물 입자들이 직접 이동하면서 열이 대류의 방식으로 이동하기 때문이다.

287 (1) (가): 복사, (나): 대류, (다): 전도
(2) (가): 햇볕에 있으면 몸이 따뜻해진다. 등
(나): 에어프라이어는 가열한 공기의 대류를 이용하여 음식을 익힌다. 등
(다) 손난로를 쥐고 있으면 손이 따뜻해진다. 등

288 (1) 복사, 복사는 물질을 거치지 않고 열이 직접 이동하는 방식이다.
(2) →

289 (1) 금속 의자와 나무 의자 모두 밖의 공기와 열평형을 이루었으므로 금속 의자와 나무 의자 모두 기온과 온도는 같다.
(2) 금속은 나무보다 열을 더 빠르게 전도하므로 나무 의자에 앉을 때보다 금속 의자에 앉을 때 몸의 열이 의자로 빠르게 이동하여 더 차갑게 느껴진다.

290 (1) 대류, 냄비 속의 뜨거운 물은 위로 올라가고 차가운 물은 아래로 내려가며 물이 끓는다.
(2) 전도, 불에 닿아 있는 냄비의 바닥 부분이 뜨거워지며 냄비의 옆면도 뜨거워진다.
(3) 복사, 불 가까이에 있으면 따뜻함이 느껴진다.

291 보온병의 이중벽 사이에 진공 층을 두면 전도와 대류에 의한 열의 이동을 막아 보온병 안에 있는 물을 따뜻하게 유지할 수 있다.

06 비열

292 ○ **293** × **294** × **295** × **296** ○ **297** × **298** ○ **299** ×
300 ○ **301** ×

293 물 1 kg의 온도를 10 ℃ 높이는 데 1 kcal의 열량이 필요하다.
　　　　　　　　　　　　　1

294 물질에 가한 열량이 같을 때 물질의 질량이 클수록 온도 변화가 크다.
　　　　　　　　　　　　　　　　　　　　　　　　　　　　작다.

295 비열은 어떤 물질 1 g의 온도를 1 ℃ 높이는 데 필요한 열량이다.
　　　　　　　　　　kg

297 비열이 클수록 온도를 높이는 데 많은 열량이 필요하므로 온도가 잘 변한다.
변하지 않는다.

299 비열은 질량과 반비례한다.
　　　　　　　관계없다.

301 냉각수로 물을 넣는 것은 비열이 작은 물질을 활용한 예이다.
　　　　　　　　　　　　　　　　　　큰

302 ⑤ **303** ④, ⑥　　　**304** ④ **305** ④ **306** ⑤ **307** ② **308** ①
309 ③ **310** ④, ⑤　　　**311** ⑤ **312** ⑤ **313** ②, ④
314 ③, ⑤　　　**315** ③ **316** ② **317** ② **318** ④ **319** ① **320** ④
321 ② **322** ③ **323** ⑤ **324** ③ **325** ① **326** ②

327 물, 같은 시간 동안 물의 온도 변화가 식용유의 온도 변화보다 작으므로 물의 비열이 더 크다.

328 0.2 kcal/(kg·℃),

$$비열 = \frac{열량}{질량 \times 온도 변화} = \frac{10 \text{ kcal}}{10 \text{ kg} \times 5 \text{ ℃}} = 0.2 \text{ kcal/(kg·℃)이다.}$$

329 C>B>A, 온도 변화가 A>B>C 순으로 크다. 온도 변화가 클수록 비열이 작으므로 비열은 C>B>A 순으로 크다.

330 (1) B, 같은 질량의 물질에 같은 열량을 가했을 때 비열이 클수록 온도 변화가 작으므로 온도 변화가 가장 작은 B의 비열이 가장 크다.
(2) A와 C, 질량이 같은 A와 C에 같은 열량을 가했을 때 온도 변화가 같으므로 A와 C는 비열이 같다. 비열은 물질의 특성이므로 A와 C는 같은 물질이라고 추측할 수 있다.

331 (1) 2 배, 같은 시간 동안 온도 변화는 B가 A의 $\frac{1}{2}$ 배이므로 비열은 B가 A의 2 배이다.
(2) 2 kcal/(kg·℃),

$$비열 = \frac{열량}{질량 \times 온도 변화} = \frac{100 \text{ kcal}}{5 \text{ kg} \times 10 \text{ ℃}} = 2 \text{ kcal/(kg·℃)이다.}$$

332 물은 비열이 커서 온도 변화가 작으므로 체온을 일정하게 유지하는 데 도움을 준다.

333 뚝배기는 비열이 커서 온도 변화가 작으므로 찌개를 먹을 때 뚝배기를 사용하면 따뜻함을 오래 유지할 수 있다.

334 물, 물의 비열이 가장 크므로 온도가 잘 변하지 않아 오랫동안 따뜻함을 유지할 수 있다.

335 (가), (가) 육지의 비열이 (나) 바다의 비열보다 작으므로 (가) 육지의 온도 변화가 더 크기 때문에 낮과 밤의 기온 차이가 더 크다.

336 (1) 모래의 비열이 물보다 작으므로 낮에는 육지의 온도가 바다의 온도보다 빨리 높아진다.
(2) 낮에 육지의 온도가 바다의 온도보다 빨리 높아지며 따뜻한 육지의 공기는 위로 올라가고 그 빈 자리로 바다의 공기가 이동한다. 따라서 바다에서 육지 방향으로 해풍이 분다.

04 생물다양성보전

46쪽 O X로 개념 확인

183 ○ **184** × **185** × **186** ○ **187** ○ **188** ○ **189** ○ **190** ×
191 ○ **192** ×

184 먹이그물이 복잡할수록 특정 생물이 멸종할 가능성이 높다.
　　　　　　　　　　　　　　　　　　　　　　　낮다.

185 항생제, 항암제 등 의약품은 생물에서 얻는 자원이 아니다.
　　　　　　　　　　　　　　　　　　　　자원이다.

190 생물다양성을 감소시키는 가장 심각한 원인은 환경오염이다.
　　　　　　　　　　　　　　　　　　　서식지파괴

192 멸종 위기 생물을 지정하고 복원 사업을 진행하는 것은 국제적 차원
에서 생물다양성을 보전하기 위한 노력이다.
　　　　　　　　　　　　　　　사회적·국가적

47쪽~51쪽 난이도별 필수 기출

193 ③ **194** ④ **195** ④ **196** ③ **197** ⑤, ⑥ **198** ③ **199** ④
200 ①, ⑤ **201** ②, ④ **202** ③ **203** ① **204** ⑤ **205** ⑤
206 ⑤, ⑥ **207** ⑤ **208** ④ **209** ② **210** ④ **211** ③ **212** ④
213 ② **214** ③, ⑤ **215** ⑤ **216** ② **217** ⑤

52쪽~53쪽 난이도별 서술형 필수 기출

218 (1) (가)
(2) (나), (나)에서는 뒤쥐가 멸종하면 수리부엉이가 뒤쥐 대신 먹고 살
생물이 없기 때문이다.

219 우리는 생물다양성이 보전된 생태계에서 의약품, 식량, 목재 등
우리 생활에 필요한 다양한 재료를 얻을 수 있기 때문이다.

220 벼, 보리, 밀 등의 식량을 얻는다. 맑은 공기, 깨끗한 물 등을 얻는다.

221 •혜택: 생물의 생김새나 구조를 관찰하고 아이디어를 얻어 유용한
도구를 개발할 수 있다.
•예시: 도꼬마리 열매의 표면이 갈고리 모양인 것을 보고 밸크로를 개발
하였다.

222 휴식과 여가 활동을 위한 공간이 된다. 맑은 공기를 얻을 수 있다.
다른 생물이 살아갈 수 있는 터전이 된다.

223 재활용품을 분리배출 한다. 일회용품 대신 다회용품을 사용한다.

224 (1) 가시박, 큰입배스, 유리알락하늘소
(2) ㉠: 외래종은 대부분 천적이 없어 대량으로 번식하면서 토종 생물의
생존을 위협한다.
㉡: 외래종을 함부로 들여오지 않아야 하며, 외래종의 유입 경로를 감시
하고 퇴치해야 한다.

225 (1) 생태통로
(2) 서식지파괴, 생태통로는 끊어진 생태계를 연결하여 야생 생물이 안전
하게 이동할 수 있도록 돕는다.

226 국립 공원을 지정하고 보호한다. 종자 은행을 설립한다.

227 (1) 남획
(2) 불법 포획 및 남획을 금지한다. 멸종 위기 생물을 지정하여 보호한다.

54쪽~55쪽 최고 수준 도전 기출 | 02~04 |

228 ② **229** ③ **230** ④ **231** ⑤ **232** ④ **233** ④ **234** ① **235** ④

05 온도와 열의 이동

58쪽 O X로 개념 확인

236 × **237** ○ **238** × **239** × **240** ○ **241** ○ **242** × **243** ○
244 × **245** ×

236 물질을 구성하는 입자는 정지해 있다.
　　　　　　끊임없이 움직인다.

238 물체의 온도가 높을수록 물체를 구성하는 입자의 움직임이 둔하다.
　　　　　　　　　　　　　　　　　　　　　　활발하다.

239 열은 온도가 낮은 물체에서 온도가 높은 물체로 이동한다.
　　　　　　　높은　　　　　　　　　낮은

242 전도는 입자가 직접 이동하며 열을 전달하는 방식이다.
　　　대류

244 물을 끓일 때 뜨거워진 물은 아래로 내려가고, 차가운 물은 위로 올
라간다. 　　　　차가운　　　　　　　　　　　뜨거워진

245 난로에 가까이 있을 때 따뜻함을 느끼는 것은 대류와 관련된 현상
이다. 　　　　　　　　　　　　　　복사

59쪽~64쪽 난이도별 필수 기출

246 ③ **247** ① **248** ④ **249** ⑥, ⑧ **250** ② **251** ⑤ **252** ③
253 ① **254** ④ **255** ③, ⑤ **256** ⑤ **257** ② **258** ④ **259** ④
260 ③ **261** ④, ⑦ **262** ② **263** ① **264** ④ **265** ⑤ **266** ④
267 ③ **268** ②, ③ **269** ② **270** ② **271** ⑤ **272** ⑤ **273** ①
274 ① **275** ⑤ **276** ④ **277** ④

65쪽~67쪽 난이도별 서술형 필수 기출

278 (나)＞(가)＞(다), 물질의 온도가 높을수록 물질을 구성하는 입자의
움직임이 활발하기 때문이다.

279

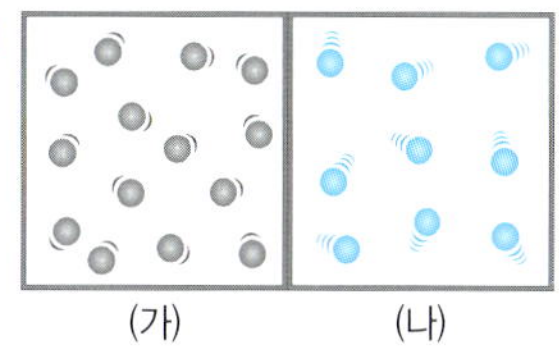

280 실온에 두었던 물을 냉장고에 넣으면 물의 온도가 낮아져서 물을
구성하는 입자의 움직임이 둔해지고, 입자 사이의 거리가 가까워진다.

281 (1) 열이 A에서 B로 이동하여 A는 온도가 낮아지고, B는 온도가
높아진다.
(2) A를 구성하는 입자의 움직임은 둔해지고, B를 구성하는 입자의 움직
임은 활발해진다.

282 체온을 측정할 때 입안에 체온계를 넣고 충분히 기다리면 몸과 체
온계가 열평형에 도달한다. 그러면 몸과 체온계의 온도가 같아져 체온을
측정할 수 있다.

113 ㉠: 핵, 세포질, 세포막, ㉡: 양파 표피세포는 세포막 바깥에 세포벽이 있어 모양이 일정하지만, 입안 상피세포는 세포벽이 없고 세포막으로만 구성되어 있어 모양이 일정하지 않다.

114 (가)는 핵이 잘 관찰되지 않지만, (나)는 핵이 염색되어 뚜렷하게 관찰된다.

115 (나), 신경세포는 한 곳의 자극을 다른 곳으로 전달하는 기능을 하므로 나뭇가지처럼 가늘고 긴 모양을 하고 있다.

116 (1) (마) – (다) – (나) – (라) – (가)

(2) ㉠: 기관, ㉡: 꽃, 줄기, 뿌리, 열매

117 (1) 체관조직 – 관다발조직계 – 꽃

(2) 소화계, 기관계

118 (1) 단세포생물

(2) 식물의 구성 단계는 세포 – 조직 – 조직계 – 기관 – 개체 순이며, 동물의 구성 단계는 세포 – 조직 – 기관 – 기관계 – 개체 순이다.

119 (1) (가) – A, (다) – B

(2) 식물의 구성 단계에는 동물의 구성 단계에 있는 기관계가 없는 대신, 동물의 구성 단계에는 없는 조직계가 있다.

120 (1) 모양과 기능이 비슷한 세포들의 모임

(2) 조직계

(3) 기본조직계

03 생물다양성과 분류

32쪽 OX로 개념 확인

121 ◯ **122** ✕ **123** ◯ **124** ✕ **125** ◯ **126** ◯ **127** ✕ **128** ✕
129 ◯ **130** ✕

---

122 한 종류의 생물 사이에서 특징이 다양한 것은 생물다양성과 관련이 <u>없다.</u>
　　　있다.

124 생물은 변이가 다양할수록 환경에 적응하기 <u>어렵다.</u>
　　　　　　　　　　　　　　　　　　쉽다.

127 생물분류의 기본 단위는 <u>계</u>이고, 가장 큰 단위는 <u>종</u>이다.
　　　　　　　　　　　종　　　　　　　　　　　계

128 세포에 핵이 없는 생물 무리를 <u>원생생물계</u>라고 한다.
　　　　　　　　　　　　　　원핵생물계

130 균계에 속하는 생물에는 푸른곰팡이, <u>대장균</u> 등이 있다.
　　　　　　　　　느타리버섯 표고버섯 효모

33쪽~40쪽 난이도별 필수 기출

131 ④ **132** ④, ⑦ 　**133** ⑤ **134** ④ **135** ⑤ **136** ③ **137** ④
138 ② **139** ⑥, ⑦ 　**140** ⑤ **141** ③ **142** ③ **143** ④ **144** ②
145 ⑤ **146** ④ **147** ② **148** ① **149** ④ **150** ② **151** ③, ⑦
152 ② **153** ⑤ **154** ② **155** ③, ④ 　**156** ② **157** ② **158** ③
159 ③ **160** ③, ⑤ 　**161** ④ **162** ③ **163** ② **164** ③ **165** ②
166 ④, ⑥ 　　**167** ③

41쪽~43쪽 난이도별 서술형 필수 기출

168 (1) (나)

(2) (나)는 다양한 생태계로 이루어져 있고, 여러 종류의 생물이 살고 있으므로 한 종류의 생물이 대부분을 차지하는 (가)보다 생물다양성이 더 높다.

169 (1) 변이

(2) 고양이의 털 무늬가 조금씩 다르다. 사람마다 눈동자 색깔이 다르다.

170 추운 지역에 사는 북극여우는 귀가 작고 몸집이 커서 열의 손실을 줄일 수 있고, 더운 지역에 사는 사막여우는 귀가 크고 몸집이 작아 몸의 열을 방출하기에 유리하다.

171 (1) (라) – (다) – (가) – (나)

(2) (라), 원래 핀치의 부리 모양과 크기에도 변이가 있었다.

172 (가)에서는 키가 큰 선인장을 먹기에 알맞은 변이를 가진 목이 긴 거북이, (나)에서는 키가 작은 풀을 먹기에 알맞은 변이를 가진 목이 짧은 거북이 각각 환경에 적응한 결과 서로 다른 목 길이를 가진 거북 무리로 나누어졌다.

173 (나), 물살이 센 환경에서는 물살에 잘 떠내려가지 않도록 소라 껍데기에 뿔이 발달하였기 때문이다.

174 변이가 거의 없는 생물은 환경 변화에 적응하여 살아남기 어려우므로, 바나나는 멸종할 가능성이 높다.

175 다른 종. 종은 자연 상태에서 짝짓기를 하여 번식이 가능한 자손을 낳을 수 있는 생물 무리이다. 노새는 새끼를 낳을 수 없으므로, 말과 당나귀는 다른 종이다.

176 박쥐, 박쥐와 다람쥐는 새끼를 낳아 키우는 번식 방법이 같으므로, 다람쥐는 갈매기보다 박쥐와 더 가깝다.

177 (1) ㉠: 개과, ㉡: 포유강

(2) 개, 늑대와 개는 같은 속에 속하지만 여우는 다른 속에 속하기 때문이다.

178 (1) (가) 원핵생물계, (나) 원생생물계, (다) 균계

(2) 분류 기준 A는 핵의 유무이다. (가)는 세포에 핵이 없는 생물 무리이고, (나), (다), 식물계, 동물계는 세포에 핵이 있는 생물 무리이다.

(3) 느타리버섯, 표고버섯, 송이버섯, 푸른곰팡이, 기는줄기뿌리곰팡이, 효모

179 (1) 세포에 핵이 있다. 다세포생물이다.

(2) 푸른곰팡이는 죽은 생물을 분해하여 양분을 얻고, 달팽이는 다른 생물을 먹어서 양분을 얻는다. 푸른곰팡이는 세포에 세포벽이 있고, 달팽이는 세포에 세포벽이 없다.

180 (가) 동물계에 속하는 생물은 다른 생물을 먹어서 양분을 얻고, 식물계에 속하는 생물은 광합성을 하여 양분을 얻는다.

(나) 동물계에 속하는 생물은 세포에 세포벽이 없고, 식물계에 속하는 생물은 세포에 세포벽이 있다.

181 (1) 원생생물계, 동물계

(2) (가)와 (나)의 분류 기준은 핵의 유무이다. (다)와 (라)의 분류 기준은 광합성 여부이다.

182 (1) • 원생생물계: 다시마, 미역

• 식물계: 고사리, 개나리, 해바라기

(2) 식물계에 속하는 생물은 뿌리, 줄기, 잎과 같은 기관이 발달하였지만, 원생생물계에 속하는 다시마, 미역은 기관이 발달하지 않았기 때문이다.

07 열팽창

80쪽 O X로 개념 확인

337 × 338 ○ 339 × 340 ○ 341 ○ 342 × 343 ○ 344 ○
345 × 346 ×

337 물질의 온도가 낮아질 때 물질의 길이가 늘어난다.
　　　　　　　　　높아질 때

339 물질의 온도가 높아질수록 열팽창 정도가 작다.
　　　　　　　　　　　　　　　　　　큰다.

342 바이메탈은 열팽창 정도가 같은 두 금속을 붙여 놓은 장치이다.
　　　　　　　　　　　　　　다른

345 철근과 콘크리트의 열팽창 정도는 다르게 만든다.
　　　　　　　　　　　　　　　비슷하게

346 조리 도구를 만들 때 사용하는 내열 유리는 열팽창 정도가 커야 한다.
　　　　　　　　　　　　　　　　　　　　　　작아야 한다.

81쪽~85쪽 난이도별 필수 기출

347 ③ 348 ⑥, ⑦ 　349 ③ 350 ④ 351 ③ 352 ②, ⑥
353 ① 354 ③ 355 ④ 356 ④ 357 ② 358 ⑤ 359 ② 360 ④
361 ④ 362 ④ 363 ④ 364 ⑤ 365 ④ 366 ② 367 ⑤, ⑥
368 ① 369 ① 370 ②

86쪽~87쪽 난이도별 [서술형] 필수 기출

371 고체에 열을 가하면 온도가 높아져서 고체를 구성하는 입자의 움직임이 활발해지고, 입자 사이의 거리가 멀어진다. 이에 따라 물체의 부피가 늘어나는 열팽창이 일어난다.

372 (1) 아세톤
(2) 물질의 종류에 따라 열팽창 정도가 다르기 때문이다.

373 C>A>B, 열팽창 정도가 클수록 액체의 높이가 더 높아진다. 액체의 높이가 C>A>B 순으로 높으므로 열팽창 정도는 C>A>B 순으로 크다.

374 알루미늄>구리>철, 바늘이 많이 회전할수록 열팽창 정도가 크므로 열팽창 정도는 알루미늄>구리>철 순으로 크다.

375 온도가 높아지는 여름철에 기차선로나 다리가 열팽창하여 휘어지는 것을 막기 위해서이다.

376 금속 뚜껑에 따뜻한 물을 부으면 뚜껑의 온도가 높아져서 열팽창한다. 따라서 뚜껑의 부피가 커져서 쉽게 열린다.

377 B>A>C, (가)에서 열팽창 정도는 B>A이고, (나)에서 열팽창 정도는 A>C이다. 따라서 금속 A, B, C의 열팽창 정도를 비교하면 B>A>C이다.

378 쇠고리에 열을 가하여 온도를 높인다. 온도가 높아진 쇠고리의 부피가 팽창하면 쇠구슬이 통과할 수 있다.

379 (1) 금속 A, 온도가 높아졌을 때 금속 A가 금속 B 쪽으로 휘어졌기 때문에 금속 B보다 금속 A의 열팽창 정도가 크다.
(2) 바이메탈은 온도가 높아지면 열팽창 정도가 작은 B 쪽으로 휘어진다. 바이메탈이 휘어지면 회로가 연결되어 화재경보기가 작동한다.

380 온도가 높아지면 음료수와 음료수 병이 열팽창을 한다. 이때 액체인 음료수가 고체인 음료수 병보다 열팽창 정도가 더 크므로 음료수의 열팽창으로 음료수 병이 깨지는 것을 막기 위해 음료수 병을 가득 채우지 않는다.

88쪽~89쪽 최고 수준 도전 기출 | 05~07 |

381 ③ 382 ② 383 ② 384 ④ 385 ① 386 ③ 387 ⑤ 388 ④

08 입자의 운동

92쪽 O X로 개념 확인

389 ○ 390 × 391 × 392 ○ 393 × 394 × 395 × 396 ○
397 × 398 ○

390 따뜻한 물에 티백을 넣으면 차가 우러나며 퍼져 나가는 것은 물 입자는 운동하지 않지만 차 입자가 운동하여 서로 섞이기 때문이다.
　　　　　　　　　　　　물 입자와 차 입자가 모두

391 물에 잉크를 떨어뜨리면 잉크 입자가 아래 방향으로만 퍼져 나간다.
　　　　　　　　　　　　　　　　　　모든 방향으로

393 액체 표면과 내부에서는 입자의 운동으로 증발이 일어난다.
　　　　액체 표면

394 아세톤을 떨어뜨린 거름종이가 점점 가벼워지는 까닭은 기체 아세톤이 액체로 되면서 아세톤 입자가 증발하기 때문이다.
　　　　　　　　　　　　　　　　　　　액체 아세톤이 기체로

395 떨어뜨린 식초가 냉면 전체에 퍼져 신맛이 나는 것은 증발로 설명할 수 있다.
　　　확산으로

397 향수병의 뚜껑을 오래 열어두어도 향수의 양은 줄어들지 않는다.
　　　　　　　　　　　　　　　　　　　　　줄어든다

93쪽~98쪽 난이도별 필수 기출

399 ⑤ 400 ⑤ 401 ⑤ 402 ④ 403 ①, ⑦ 　404 ③ 405 ④
406 ③ 407 ②, ⑤ 　408 ② 409 ② 410 ② 411 ② 412 ⑤
413 ④ 414 ② 415 ③ 416 ②, ⑤ 　417 ② 418 ⑤ 419 ③
420 ② 421 ④ 422 ⑤ 423 ② 424 ① 425 ③ 426 ④
427 ①, ② 　428 ①

99쪽~101쪽 난이도별 [서술형] 필수 기출

429

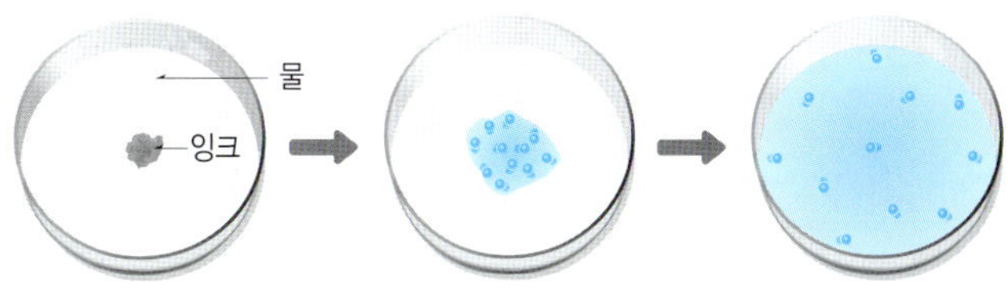

430 A → B → C, 향수 입자가 스스로 운동하여 확산하기 때문이다.

431 (1) 식초를 떨어뜨린 지점과 가까이 있는 BTB 용액부터 색이 노랗게 변한다.
(2) 식초에 들어 있는 아세트산 입자가 스스로 운동하여 모든 방향으로 확산하기 때문이다.

1 ⑤ **2** ② **3** ① **4** ② **5** ①, ③ **6** ⑤ **7** ④

8 ③ **9** ② **10** ⑤ **11** ③ **12** ② **13** ③ **14** ④ **15** ③

16 ⑤

17 (1) A: 세포벽, B: 엽록체
(2) 세포벽(A)은 세포의 모양을 유지하고 세포를 보호한다. 엽록체(B)는 광합성을 하여 양분을 만든다.

18 (1) (가)
(2) (나)보다 (가)에 생물의 종류가 더 많고, 각 생물이 고르게 분포하기 때문이다.

19 (1) (가) 원핵생물계, (다) 식물계, (라) 균계
(2) 핵의 유무, (가)는 핵이 없는 생물이고, (나)는 핵이 있는 생물이다.
(3) 광합성 여부, (다)는 광합성을 할 수 있는 생물이고, (라)는 광합성을 할 수 없는 생물이다.

20 (1) (나)
(2) (나)는 먹이그물이 복잡하여 어떤 생물이 사라졌을 때 먹이 관계에서 그 생물을 대체하는 생물이 있기 때문이다.

Ⅲ. 열

1 ⑤ **2** ⑤ **3** ④ **4** ② **5** ⑤ **6** ③ **7** ②, ④

8 ③ **9** ① **10** ② **11** ③ **12** ② **13** ②, ③ **14** ①

15 ④ **16** ②

17 (나). 온도가 높을수록 입자의 움직임이 활발해서 잉크가 빠르게 퍼지므로 더 빨리 퍼지고 있는 (나)가 뜨거운 물이다.

18 뜨거운 물이 위에, 찬물이 아래에 있으면 대류가 일어나지 않기 때문에 찬물과 뜨거운 물이 서로 섞이지 않는다.

19 (1) A=B, 같은 시간 동안 같은 가열 장치로 가열하였으므로 두 물질이 받은 열량은 같다.
(2) A>B, 같은 열량을 받았을 때 온도 변화가 B가 더 크므로 B의 비열이 A보다 작다.

20 (1) 알코올>식용유>글리세린>물, 많이 팽창할수록 액체의 높이가 높아지므로 열팽창 정도가 가장 큰 것은 알코올이고, 가장 작은 것은 물이다.
(2) 물=글리세린=식용유=알코올, 충분한 시간이 지난 후 네 가지 액체는 모두 뜨거운 물과 열평형을 이룬다.

1 ③ **2** ② **3** ⑤ **4** ① **5** ④ **6** ③ **7** ⑤ **8** ⑤

9 ④ **10** ④ **11** ④ **12** ④ **13** ④ **14** ④ **15** ④ **16** ⑤

17 공기가 거의 없는 진공 공간은 전도와 대류에 의한 열의 이동을 막고, 은도금된 벽면은 열을 반사하여 복사에 의한 열의 이동을 막는다.

18 6 분 동안 A의 온도 변화는 40 °C, B의 온도 변화는 20 °C이므로 비열의 비는 A : B = $\frac{1}{40}$: $\frac{1}{20}$ = 1 : 2이다.

19 자동차 엔진이 너무 뜨거워지는 것을 막기 위해 냉각수로 물을 넣는다. 찜질 팩이 따뜻한 상태를 오래 유지하도록 따뜻한 물을 넣는다. 등

20 물체를 가열하면 물체의 부피가 늘어난다. 알루미늄이 종이보다 열팽창이 잘되기 때문에 더 많이 팽창해 종이 쪽으로 휘어진다.

Ⅳ. 물질의 상태 변화

1 ③ **2** ③, ④ **3** ③ **4** ④ **5** ⑤ **6** ⑤ **7** ③

8 ③ **9** ④ **10** ② **11** ④ **12** ① **13** ④ **14** ⑤ **15** ⑤

16 ③

17 증발, 오징어나 고추 등을 오래 보관하기 위해 말린다. 염전에서 바닷물을 증발시켜 소금을 얻는다. 잠자리의 머리맡에 자리끼를 둔다.

18 (1) (가) 액체 (나) 고체 (다) 기체
(2) (다), 기체는 입자 사이의 거리가 매우 멀고 입자 배열이 불규칙하며, 입자가 매우 활발하게 운동하기 때문이다.

19 (1) A, C, F
(2) E, 추운 겨울 그늘에 있던 눈사람의 크기가 점점 작아지는 것은 고체에서 기체로의 승화(E)에 해당하기 때문이다.

20 (1) (가)의 실내기 – (나)의 보일러, (가)의 실외기 – (나)의 방열기, (가) 에어컨의 실내기에서는 액체 냉매가 기체로 기화하고, 실외기에서는 기체 냉매가 액체로 액화한다. (나) 증기 난방기의 보일러에서는 물이 수증기로 기화하고, 방열기에서는 수증기가 물로 액화한다.
(2) (가) 에어컨의 실내기에서는 액체 냉매가 기체로 기화하면서 열에너지를 흡수하여 주위의 온도가 낮아진다. (나) 증기 난방기의 방열기에서는 수증기가 물로 액화하면서 열에너지를 방출하여 주위의 온도가 높아진다.

1 ① **2** ④ **3** ④ **4** ④ **5** ⑤ **6** ⑤ **7** ① **8** ③

9 ② **10** ② **11** ④ **12** ④ **13** ④ **14** ⑤ **15** ⑤ **16** ①

17 물질을 구성하는 입자가 스스로 끊임없이 운동하기 때문이다.

18 물질의 상태에 따라 입자 사이의 상대적 거리, 입자 배열의 불규칙한 정도, 입자의 운동성이 다르기 때문이다.

19 (1) BC 구간에서는 흡수하는 열에너지를 상태 변화 하는 데 사용하기 때문이다.
(2) EF 구간에서는 액체가 고체로 응고하면서 열에너지를 방출하여 입자 운동이 둔해지고 입자 배열이 규칙적으로 변하므로 물질의 부피가 줄어든다.

20 ㉠은 물이 수증기로 기화할 때 열에너지를 흡수하여 주위의 온도가 낮아지는 것을 이용한다. ㉡은 물이 얼음으로 응고할 때 열에너지를 방출하여 주위의 온도가 높아지는 것을 이용한다.

10 상태 변화와 열에너지

116 쪽 OX로 개념 확인

499 ○ **500** × **501** × **502** × **503** ○ **504** × **505** ○ **506** ○
507 × **508** ×

500 열에너지를 흡수하는 상태 변화가 일어나면 입자 운동은 둔해지고
입자 배열은 규칙적으로 변한다.　　　　　　　　　　　　활발
　　　　불규칙하게

501 기체에서 액체로 상태가 변하는 동안 물질의 온도는 점점 낮아진다.
　　　　　　　　　　　　　　　　　　　온도가 일정하게 유지된다

502 열에너지를 방출하는 상태 변화에는 응고, 기화, 고체에서 기체로의
승화가 있다.　　　　　　　　　액화, 기체에서 고체로의 승화

504 열에너지를 흡수하는 상태 변화가 일어날 때 주위의 온도가 높아진다.
　　　　　　　　　　　　　　　　　　　　　　　　　　낮

507 아이스크림을 포장할 때 드라이아이스를 함께 넣으면 드라이아이스
가 액화하면서 열에너지를 방출하므로 아이스크림을 녹지 않게 해준다.
　승화　　　　　　　흡수

508 에어컨은 기체 냉매가 액체로 상태 변화 하면서 열에너지를 방출하여
　　　　　액체　　　　기체　　　　　　　　　　　　　　흡수
집 안이 시원해진다.

117 쪽~123 쪽 난이도별 필수 기출

509 ② **510** ②, ④　　**511** ⑤ **512** ④ **513** ② **514** ④, ⑤
515 ② **516** ① **517** ②, ⑥　　**518** ⑤ **519** ④ **520** ②, ⑥
521 ① **522** ④, ⑥　　**523** ④ **524** ② **525** ② **526** ⑤ **527** ④
528 ④ **529** ②, ⑤　　**530** ②, ⑥　　**531** ③ **532** ④ **533** ②
534 ① **535** ① **536** ② **537** ② **538** ④ **539** ④ **540** ③
541 ③, ⑥　　**542** ⑤ **543** ④

124 쪽~125 쪽 난이도별 서술형 필수 기출

544 4 분~8 분 구간, 융해

545 (1) (가) 액체 (나) 액체, 기체 (다) 기체
(2) 상태 변화 하면서 열에너지를 방출하여 물질의 온도가 낮아지는 것을
막아주기 때문이다.

546 (1) (가), (마)
(2) 가해 준 열에너지가 상태 변화 하는 데 모두 사용되기 때문이다.
(3) (다) 액체가 (마) 고체로 응고하면서 열에너지를 방출하여 입자 운동이
둔해지고 입자 배열이 규칙적으로 변하므로 물질의 부피가 줄어든다.

547 장작이 물에 젖어 있으면 가열해도 물이 열에너지를 흡수하여 기화
하므로 불을 피우기 어렵다.

548 열에너지를 흡수하여 주위의 온도가 낮아진다.

549 물주머니의 작은 구멍에서 조금씩 스며 나오는 물이 수증기로 기화
하면서 열에너지를 흡수하므로 물을 시원하게 보관할 수 있다.

550 물이 응고하면서 열에너지를 방출하므로 주위의 온도가 높아져 과
일이나 곡식이 어는 것을 막을 수 있다.

551 에어컨의 실내기에서는 **액체** 상태의 **냉매**가 **기체** 상태로 **기화**하면
서 **열에너지**를 흡수하므로 집 안이 시원해진다.

552 (1) B, C, E
(2) F, 라디에이터에 있는 방열판에서 기체 상태인 수증기가 액체 상태인
물로 액화하면서 열에너지를 방출하므로 방 안이 따뜻해진다.

126 쪽~128 쪽 최고 수준 도전 기출 | 08~10 |

553 ② **554** ② **555** ① **556** ④ **557** ③ **558** ⑤ **559** ④ **560** ①

실전 대비 BOOK

I. 과학과 인류의 지속가능한 삶

130 쪽~131 쪽 실전 대비 1회

1 ② **2** ④ **3** ⑤ **4** ⑤ **5** ① **6** ③ **7** ⑤ **8** ②

9 (나). 컵의 색깔에 따른 물의 온도 변화를 알아보는 탐구이므로, 컵의 색
깔을 제외한 나머지 조건은 모두 같아야 하기 때문이다.

10 (1) 신재생 에너지 개발, 오염 물질을 줄이거나 제거하는 기술 개발 등
(2) 물을 절약하여 사용한다. 사용하지 않는 전기 제품은 플러그를 뽑아둔
다. 등

132 쪽~133 쪽 실전 대비 2회

1 ③ **2** ② **3** ③ **4** ④ **5** ① **6** ⑤ **7** ④ **8** ④

9 (1) 국화꽃의 개화 여부는 빛을 비춘 시간과 관계가 있을 것이다.
(2) 국화꽃에 빛을 비춘 시간

10 항생제의 개발로 세균에 의한 질병을 치료할 수 있게 되어 인류의 평
균 수명이 크게 늘어났다.

II. 생물의 구성과 다양성

134 쪽~137 쪽 실전 대비 1회

1 ① **2** ③ **3** ⑤ **4** ① **5** ③ **6** ④ **7** ⑤ **8** ④
9 ③ **10** ⑤ **11** ① **12** ④ **13** ⑤ **14** ⑤ **15** ⑤ **16** ③

17 (1) (다), 상피세포
(2) 상피세포(다)는 넓고 얇게 퍼진 모양으로 몸의 표면이나 몸속 안쪽 기
관의 표면을 덮어 보호하기에 알맞기 때문이다.

18 (1) 테리어와 불도그
(2) 종은 자연 상태에서 짝짓기를 하여 번식 능력이 있는 자손을 낳을 수
있는 생물 무리이기 때문이다.

19 (1) 개
(2) 여우와 개는 함께 개과에 속하지만 호랑이는 고양이과에 속하기 때문
이다.

20 재활용품을 올바르게 분리배출 한다. 일회용품의 사용을 줄인다. 쓰레
기를 줍는다. 등

432 학생 (나), 잉크 입자가 스스로 운동하여 물 전체로 퍼져 나가기 때문이다.

433 젖은 빨래가 마른다. 가뭄에 논바닥이 마른다.

434 (1) 전자저울의 눈금이 점점 작아지다가 0이 된다.
(2) 아세톤 입자가 스스로 운동하여 증발하기 때문이다.

435 빵에 있는 물 표면에서 물 입자가 기체로 변하는 증발이 일어나 빵이 딱딱해진다.

436 머리 말리개의 **온도**를 높여 따뜻한 **바람**으로 말린다. 머리 말리개의 **바람** 세기를 높여 강한 **바람**으로 말린다.

437 물질을 구성하는 입자가 스스로 끊임없이 운동한다.

438 향기 입자가 액체 표면에서 증발하여 기체 상태로 변하고, 기체가 된 향기 입자가 스스로 운동하여 방 안 전체에 확산하기 때문이다.

439 (1) 물질을 구성하는 입자가 스스로 끊임없이 운동하기 때문이다.
(2) 확산: (나), (라), 증발: (가), (다)

440 (1) **온도**가 높을수록 **입자 운동**이 활발해지므로 고온으로 난방을 하면 유해 물질 입자의 운동이 활발해져 **증발**이 잘 일어나기 때문이다.
(2) 문과 창문을 활짝 열고 환기를 하면 집 안에 갇혀 있던 유해 물질 입자가 스스로 운동하여 집 밖으로 확산하기 때문이다.

09   물질의 상태와 상태 변화

441 × **442** ○ **443** ○ **444** × **445** × **446** × **447** ○ **448** ×
449 ○ **450** ×

---

441 액체 상태의 물질은 담는 용기에 따라 모양과 <u>부피가 변한다.</u>
모양은 변하지만, 부피는 변하지 않는다

444 물질의 상태가 액체에서 기체로 변하는 현상을 <u>액화</u>, 기체에서 액체로 변하는 현상을 기화라고 한다.
기화
　　　　　액화

445 기온이 영하일 때 그늘에 쌓여 있는 눈이 줄어드는 현상은 <u>융해</u>로 설명할 수 있다.
고체에서 기체로의 승화

446 기체 상태에서 고체 상태로 <u>변하려면 반드시 액체 상태를 거쳐야 한다.</u>
변할 때 액체 상태를 거치지 않고도 변할 수 있다

448 일반적으로 응고가 일어날 때 입자 배열이 규칙적으로 변하고, 입자 사이의 거리가 가까워지므로 물질의 부피가 <u>증가한다.</u>
감소

450 물질의 상태가 변할 때 물질의 <u>질량은 변하지만</u>, 물질의 부피는 <u>변하지 않는다.</u>
변하지 않지만　　　　　　　　변한다

451 ④ **452** ③ **453** ④, ⑦   **454** ⑤ **455** ⑤ **456** ⑤, ⑥
457 ②, ④   **458** ② **459** ⑤ **460** ② **461** ① **462** ① **463** ②
464 ④ **465** ② **466** ⑤ **467** ④ **468** ③ **469** ② **470** ⑤ **471** ③
472 ③ **473** ⑤ **474** ① **475** ③ **476** ② **477** ⑤ **478** ③
479 ①, ⑤   **480** ⑤ **481** ② **482** ②

483 (1) (가) 액체 (나) 고체 (다) 기체
(2) 입자 사이의 거리: (나)<(가)<(다)
　　입자 운동의 활발한 정도: (나)<(가)<(다)

484 물질을 구성하는 입자의 운동성, 배열, 입자 사이의 거리가 다르기 때문이다.

485 기체를 구성하는 입자 사이의 거리가 매우 멀어서 입자 사이에 공간이 많기 때문에 외부에서 힘을 가하면 입자 사이의 거리가 가까워지면서 부피가 줄어든다.

486 (나), 입자 배열이 매우 불규칙하고 입자 사이의 거리가 매우 멀다는 것을 표현하기 위해 입자를 골고루 퍼져 있게 나타냈기 때문이다.

487 (가) 흐르는 성질이 있는가? (나) 담는 용기에 따라 부피가 변하는가?

488 (가) 응고 (나) 기화 (다) 승화(기체 → 고체)

489 융해: 고체 양초가 녹아 촛농이 되고 / 기화: 촛농은 기체 상태가 되어 / 응고: 흘러내린 촛농은 식어서 굳는다

490 (1) (가) 융해 (나) 승화(고체 → 기체)
(2) (가) 용광로에서 철이 녹아 쇳물이 된다. (나) 냉동실에 넣어 둔 얼음이 조금씩 작아진다.

491 공기 중의 수증기가 차가운 컵 표면에 닿아 액화하여 물방울로 맺힌다.

492 (1) A: 액화, C: 융해, F: 승화(기체 → 고체)
(2) **입자 운동**이 둔해지고 **입자 배열**이 규칙적으로 변하며, **입자 사이의 거리**가 가까워진다.
(3) B, C, E

493 옥수수 알갱이를 가열하면 옥수수 알갱이 속 물이 기화하여 수증기가 되는데, 이때 입자 배열이 불규칙해지고 입자 사이의 거리가 멀어지므로 부피가 늘어난다.

494 일정하다. 밀랍의 상태가 변해도 밀랍을 구성하는 **입자의 종류**와 **입자의 개수**가 변하지 않기 때문이다.

495 (가) 융해 (나) 응고, 원하는 크기보다 크게 만들어야 한다.

496 승화(고체 → 기체), 드라이아이스가 승화하면서 입자 사이의 거리가 멀어지기 때문이다.

497 비커에 뜨거운 물을 넣고 얼음이 담긴 시계 접시를 비커 위에 올리면 비커 안에서는 뜨거운 물이 기화한다. 이때 생긴 수증기가 차가운 시계 접시에 닿아 액화하여 시계 접시 아랫면에 물방울이 맺힌다. 기화한 수증기와 액화한 물방울에 각각 푸른색 염화 코발트 종이를 갖다 대면 모두 붉은색으로 변한다. 따라서 이 실험으로 물의 상태가 변해도 물의 성질이 변하지 않는다는 것을 알 수 있다.

498 (1)

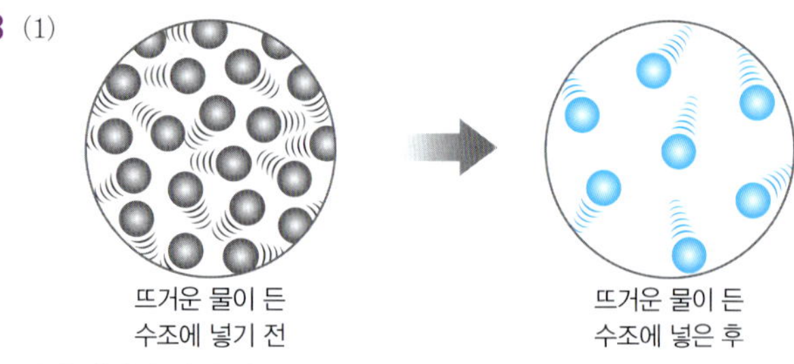

(2) 물질의 상태가 변할 때 물질의 질량은 변화가 없지만, 물질의 부피는 변한다.

완자

기출 PICK

정답과 해설

중학 과학

1·1

책 속의 가접 별책 (특허 제 0557442호)
'정답과 해설'은 본책에서 쉽게 분리할 수 있도록 제작되었으므로
유통 과정에서 분리될 수 있으나 파본이 아닌 정상제품입니다.

visang

완자 기출 PICK

정답과 해설

중학 과학

1·1

01 과학과 인류의 지속가능한 삶

OX로 개념 확인
6쪽

| 001 × | 002 ○ | 003 ○ | 004 × | 005 ○ |
| 006 ○ | 007 × | 008 ○ | 009 ○ | 010 × |

001 모범 답안 과학적 탐구 방법 중 가설 설정은 어떤 현상을 관찰하다
의문을 품는 단계이다.
문제 인식
바로 알기 | 가설 설정은 문제를 해결할 수 있는 잠정적인 답인 가설을 설
정하는 단계이다.

002 탐구 결과가 처음의 가설과 맞지 않다면 처음의 가설과 다른 가
설로 수정하여 탐구를 다시 수행한다.

004 모범 답안 암모니아 합성 기술이 개발되어 질소 비료가 만들어졌고,
이는 식량 생산을 감소시켰다.
증가
바로 알기 | 암모니아를 합성하는 기술이 개발되어 질소 비료가 만들어
졌고, 이는 식량 생산을 크게 증가시켜 인류의 식량 부족 문제를 해결하
였다.

007 모범 답안 컴퓨터가 인간처럼 학습하고 일을 처리할 수 있게 만드
는 기술을 나노 기술이라고 한다.
인공지능
바로 알기 | 나노 기술은 물질을 나노미터 크기로 작게 만들어 다양한 소
재나 제품을 만드는 기술이다.

009 화석 연료의 사용으로 생긴 에너지 부족 문제와 환경 문제를 해
결하기 위해 과학기술을 이용하여 바람, 햇빛, 물, 지열, 수소 연료 전지
와 같은 지속가능한 에너지원을 개발하고 있다. 또한, 대기오염 물질의
발생량을 줄이거나 방출된 오염 물질을 효과적으로 제거하는 기술을 개
발하고 있다.

010 모범 답안 지속가능한 삶을 위해 장바구니 대신 일회용 비닐봉지를
사용한다.
일회용 비닐봉지 대신 장바구니
바로 알기 | 지속가능한 삶을 위해서는 쓰임새가 같은 물건이라면 일회용
품 대신 여러 번 사용할 수 있는 물건을 써야 한다.

난이도별 필수 기출
7쪽~13쪽

011 자료 해석	012 ①	013 ②	014 ③
015 ⑤	016 ④	017 ②	018 ④	019 ①
020 ⑤	021 ②	022 ②	023 ①	024 ④
025 ⑤	026 ④	027 ③, ⑦	028 ③	029 ③
030 ②	031 ①	032 ②	033 ①	034 ①
035 ③	036 ④	037 ③	038 ④	039 ②
040 ②	041 ③	042 ④	043 ③	044 ②, ③
045 ③	046 ④	047 ⑤	048 ②

011

자료 해석
문제 인식 → 가설 설정 → 탐구 설계 및 수행 → ㉠ → 결론 도출
가설 수정

가설을 설정하여 탐구하는 방법은 문제 인식 → 가설 설정 → 탐구 설계
및 수행 → 자료 해석 → 결론 도출 순으로 진행된다. ㉠은 자료 해석으
로, 탐구를 수행하여 얻은 자료를 정리하고 분석하여 결과를 얻는 단계
이다. 가설이 탐구 결과와 일치하지 않는 경우 가설을 수정하여 다시 탐
구를 수행한다.

012 ① 자연 현상이나 일상생활에서 어떤 현상을 관찰하다 의문을
갖는 단계를 문제 인식이라고 한다.

013 ② 가설 설정은 문제를 해결할 수 있는 잠정적인 답인 가설을
설정하는 단계이다.
바로 알기 | ① 문제 인식은 어떤 현상을 관찰하다 의문을 품는 단계이다.
③, ④ 탐구 설계 및 수행은 가설을 확인하는 탐구를 설계하고 수행하는
단계이다.
⑤ 결론 도출은 탐구 결과로부터 탐구의 결론을 내리는 단계이다.

014 ③ 탐구 과정에서 얻은 자료를 표나 그래프 등으로 변환하여
자료 사이의 관계나 규칙을 찾는 것을 자료 해석이라고 한다.

015 탐구 계획서에는 탐구 문제, 가설, 준비물, 탐구 기간, 탐구 장
소, 실험 과정, 실험 조건, 주의할 점이 포함되어야 한다.
바로 알기 | ⑤ 탐구 결과는 탐구 보고서에 작성해야 한다.

016 **바로 알기** | ② 문제 인식은 어떤 현상을 관찰하다 의문을 품는
단계이고, ③ 가설 설정은 문제를 해결할 수 있는 잠정적인 답인 가설을
설정하는 단계이다. ⑤ 탐구 설계 및 수행은 탐구를 설계하고 수행하는
단계이고, ① 자료 해석은 탐구를 수행하여 얻은 자료를 분석하여 결과
를 얻는 단계이다.

017 과학적 탐구 방법 순서는 (나) 문제 인식 → (가) 가설 설정 →
(다) 탐구 설계 및 수행 → (마) 자료 해석 → (라) 결론 도출이다.

018 ③ 탐구로 알아내려는 조건은 다르게 하고 그 외의 조건은 모
두 같게 한다.
⑥ 탐구의 결과가 가설과 맞지 않을 경우에는 가설을 수정하여 탐구를
다시 수행해야 한다.
바로 알기 | ④ 실험 결과가 예상과 다르게 나와도 버리거나 수정하지 않
는다. 실험을 여러 번 반복하여 정확성을 키운다.

019 자연 현상이나 사물을 관찰하고 의문을 갖는 단계는 과학의 탐
구 과정 중 문제 인식에 해당한다.

020 가설 설정은 의문을 가진 문제에 대한 결론을 미리 예상해 보는
단계이다. 따라서 닭의 모이가 백미에서 현미로 바뀐 것을 보고 '현미에
는 닭의 각기병을 치료하는 물질이 있을 것이다.'라고 가설을 설정했을
것이다.

021 탐구로 알아내려는 조건은 다르게 하고 그 외의 조건은 모두 같
게 한다. 종이 헬리콥터가 떨어지는 시간에 날개 길이가 주는 영향을 알
아보기 위해서는 날개 길이를 제외한 다른 조건은 모두 같게 해야 한다.

022 ③ 큰 얼음을 넣은 경우 물의 온도는 천천히 차가워지지만 차가워진 온도가 오랫동안 유지됨을 알 수 있다.
바로 알기 | ② 큰 얼음을 넣은 물은 15 초 후 9 ℃가 되었으나 작은 얼음을 넣은 물은 10 초 후 9 ℃가 되었다. 따라서 작은 얼음을 넣은 물이 더 빨리 차가워짐을 알 수 있다.

023

(가) 푸른곰팡이가 세균이 자라는 것을 방해했을 것이다. ➡ 가설 설정
(나) 푸른곰팡이 주변에 세균이 자라지 않는 것을 발견하고 푸른곰팡이 주변에는 왜 세균이 자라지 않는지 의문을 품었다.
　　　　　　　　　　　　　　　　　　　　　➡ 문제 인식
(다) 푸른곰팡이는 세균이 자라는 것을 방해한다. ➡ 결론 도출
(라) 세균만 기른 접시에서는 세균이 자랐고, 세균과 푸른곰팡이를 함께 기른 접시에서는 세균이 자라지 못했다. ➡ 자료 해석
(마) 여러 개의 접시에 세균을 기르고, 그중 몇 개의 접시에만 푸른곰팡이를 길렀다. ➡ 탐구 설계 및 수행

과학적 탐구 과정은 문제 인식 → 가설 설정 → 탐구 설계 및 수행 → 자료 해석 → 결론 도출 순으로 이루어진다. 따라서 탐구 과정을 순서대로 나열하면 (나) → (가) → (마) → (라) → (다)이다.

024 과학적 탐구로 과학 원리를 발견할 수 있으며, 과학 원리는 기술의 발달과 기기의 발명에 기초가 될 수 있다.
바로 알기 | ㄱ. 과학 원리는 기술, 공학, 예술, 수학 등 여러 분야와 융합한다.

025 암모니아 합성 기술로 질소 비료가 만들어졌고, 이는 식량 생산을 크게 증가시켜 인류의 식량 부족 문제를 해결하였다.

026 수많은 과학 원리, 기술, 기기는 서로 영향을 주고받으며 발전해 왔다. 이러한 과학의 발전은 인류의 사고방식을 바꾸고, 삶을 편리하게 하며, 문명이 발달하는 데 큰 영향을 미쳤다.
바로 알기 | ④ 과학기술의 발전은 일상생활 뿐만 아니라 다방면에 많은 영향을 주고 있다.

027 **바로 알기 |** ③ 교통수단의 발달로 사람들이 먼 거리를 빠르게 다닐 수 있게 되어 생활 영역이 더 넓어졌다.
⑦ 질소 비료의 개발은 식량 생산을 크게 증가시켜 인류의 식량 부족 문제를 해결하였다.

028

(가) 정보 통신 기술의 발달
인공위성 등 정보 통신 기술의 발달로 세계 여러 나라의 정보를 쉽고 빠르게 접할 수 있게 되었다.

(나) 교통수단의 발달
고속 열차 등 교통수단의 발달로 사람들이 먼 거리를 빠르게 다닐 수 있게 되어 사람들의 생활 영역이 넓어졌다.

③ (나)의 발달로 사람들이 먼 거리를 빠르게 다닐 수 있게 되었다.
바로 알기 | ② (나)의 발달로 더 빠르게 원하는 곳으로 이동하거나 물건을 운반할 수 있게 되었다.

029 백신의 개발로 질병을 예방하고, 항생제의 개발로 세균에 의한 질병을 치료할 수 있게 되어 인류의 평균 수명이 크게 늘어났다.
바로 알기 | ㄴ. 암모니아 합성 기술이 개발되어 질소 비료가 만들어졌고, 이는 식량 생산을 크게 증가시켜 인류의 식량 부족 문제를 해결하였다.

030 태양 중심설은 지구가 태양 주위를 돌고 있다는 주장으로, 지구가 우주의 중심이라고 생각했던 인류의 생각을 바꾸는 계기가 되었다. 최초의 항생제인 페니실린의 개발로 폐렴과 같은 질병을 치료할 수 있게 되었다.

031 ②, ⑤ 인터넷, 인공위성 등 정보 통신 기술의 발달로 세계 여러 나라의 정보를 쉽고 빠르게 접할 수 있게 되었다.
③ 백신의 개발로 질병을 예방하고, 항생제의 개발로 세균에 의한 질병을 치료할 수 있게 되어 인류의 평균 수명이 크게 늘어났다.
④ 과학기술의 발전으로 지구 밖의 영역인 우주까지 탐험하고 연구할 수 있게 되었다.
바로 알기 | ① 증기 기관을 이용한 기계의 발명으로 사람이 수행하던 작업을 기계가 대신하여 제품을 대량으로 생산할 수 있게 되었다.

032 ① 태양 중심설은 지구가 태양 주위를 돌고 있다는 주장으로, 지구가 우주의 중심이라는 인류의 생각을 바꾸는 계기가 되었다.
③ 전자기 유도 법칙은 전기 생산 방법을 개발하는 데 기여하였다.
④ 빛이 굴절한다는 과학 원리를 이용하여 현미경 등이 개발되었다.
⑤ 만유인력 법칙이라는 과학 개념이 우주과학 발전의 기초가 되었다.
바로 알기 | ② 전파의 원리를 이용하여 인공위성의 전파 신호로 사용자의 위치를 계산하는 위성 위치 확인 시스템(GPS)이 개발되었고, 위성 위치 확인 시스템(GPS)을 활용하여 내비게이션과 같은 기기가 발명되었다. 증기 기관은 증기의 압력으로 기계를 움직이는 장치로, 증기 기관을 이용하여 증기 기관차 등이 개발되었다.

033 암모니아 합성 기술로 만들어진 질소 비료가 널리 보급되어 이전보다 많은 식량을 생산할 수 있게 되었다. 암모니아 합성 기술은 인구 증가로 인한 식량 부족 문제를 해결하여 인류 문명이 발달하는 데 큰 역할을 하였다.

034 인공지능은 기계가 사람처럼 지능을 가지는 기술이다. 인공지능의 활용 분야로는 자율주행 자동차, 언어 번역, 손님 서비스, 의료 진단 등이 있다.

035 **바로 알기 |** ③ 암모니아를 합성하는 기술을 이용하여 질소 비료가 만들어졌다. 질소 비료를 생산하여 식량 부족 문제를 해결할 수 있었지만, 암모니아를 합성하는 기술로 만들어진 질소 비료는 첨단 과학기술과는 거리가 멀다.

036 ④ 사물 인터넷은 각종 사물에 통신 기능과 센서 등을 내장해 인터넷에 연결하는 기술을 의미한다. 원격 모니터링이 가능해 문제가 발생하면 신속히 대응할 수 있다.

037 **바로 알기 |** ③ 사물 인터넷은 인터넷으로 각종 사물을 연결하는 기술이다. 현실 세계와 비슷한 가상적인 공간을 만들어 체험하도록 하는 기술은 가상 현실이다.

038 ④ 사물 인터넷 기술은 집 안의 가전제품을 인터넷으로 연결해 집 밖에서도 가전제품을 제어하는 스마트홈과 농작물의 상태를 확인하고 자동으로 관리하는 스마트팜 등에 활용된다.
바로 알기 | ① 첨단 바이오는 생물의 유전정보를 이용하여 유용한 물질을 생산하는 기술로, 개인 맞춤형 치료제 개발에 활용된다.
② 나노 기술은 물질을 나노미터 크기로 작게 만들어 다양한 소재나 제품을 만드는 기술로, 나노 백신과 나노 항암제에 활용된다.
③ 인공지능은 컴퓨터가 인간처럼 학습하고 일을 처리할 수 있게 만드는 기술로, 길 안내 로봇, 자율주행 자동차 등에 활용된다.
⑤ 증강 현실은 현실 세계에 가상의 정보가 실제 존재하는 것처럼 보이게 하는 기술로, 실제 공간에 가상으로 가구를 배치해 보는 애플리케이션 등에 활용된다.

039 **바로 알기 |** ② 자율주행 자동차는 인공지능 기술을 활용한 것으로, 스스로 주행이 가능하여 운전자가 조작하지 않아도 주변 상황에 스스로 대처할 수 있다.

040 ① 여러 가지 첨단 과학기술이 발달하면 산업 구조가 변화하여 기존 직업에도 큰 변화가 생길 것이다.
⑥ 양자 컴퓨터는 양자의 특성을 이용한 컴퓨터로, 복잡한 암호를 단 몇 초 이내에 풀 수 있을 것으로 기대된다.
바로 알기 | ② 나노 백신은 백신을 나노 크기의 입자에 넣은 것으로, 기존 백신보다 사람의 몸에 효과적으로 작용한다.

041 (가)는 인공지능, (나)는 사물 인터넷, (다)는 나노 기술에 대한 설명이다.
①, ② 산업 현장과 사람이 작업하기 힘든 재난 현장에 로봇과 드론이 투입되는 등 인공지능 기술과 로봇 기술이 결합해 사람이 해야 할 많은 부분을 기계가 대신할 것이다.
④ 사물 인터넷 기술을 이용해 집 안의 가전제품을 인터넷에 연결해 두면 집 밖에서도 스마트폰으로 제어할 수 있다.
⑤ 나노 기술을 이용한 나노 백신은 백신을 나노 크기의 입자에 넣은 것으로, 기존 백신보다 사람의 몸에 효과적으로 작용한다.
바로 알기 | ③ 사물 인터넷 기술은 사람과 사물뿐만 아니라 사물과 사물 사이에도 정보를 주고받을 수 있다.

042 ㄱ. 인공지능을 통해 인간을 대신할 과학기술의 발달이 미래사회의 가장 큰 변화라고 할 수 있다.
ㄷ. 생명공학기술이 발달하여 질병을 일으키는 유전자를 고치거나 교체할 수 있게 될 것이다.
바로 알기 | ㄴ. 과학기술이 발전함에 따라 더욱 다양한 분야에 적용되면서 과학기술의 영향력이 점차 증가하는 사회로 변할 것이다.

043 화석 연료의 지나친 사용으로 생긴 에너지 부족 문제와 환경 문제를 해결하기 위해 햇빛, 바람, 물, 지열과 같은 지속가능한 에너지원을 개발하고 있다.

044 **바로 알기 |** ② 쓰임새가 같은 물건이라면 일회용품 대신 여러 번 사용할 수 있는 물건을 써야 한다.
③ 사람이 없는 빈방에는 불을 꺼 두어야 한다.

045 지속가능한 삶이란 더 나은 환경을 만들어, 현세대 이후에도 모두가 행복하게 살 수 있는 풍요로운 사회가 지속될 수 있도록 고민하고 실천하는 삶을 말한다.

046 화석 연료의 지나친 사용으로 대기오염과 기후 변화 문제가 나타나고 있다.
바로 알기 | ④ 수소 에너지와 태양광 에너지는 신재생 에너지로, 지속가능한 삶을 위한 해결 방안이다.

047 지속가능한 삶을 위해 과학기술을 이용하여 바람, 햇빛, 물, 지열, 수소 연료 전지와 같은 지속가능한 에너지원을 개발하고 있다. 또한, 이산화 탄소의 방출량을 줄이거나 공기 중의 이산화 탄소를 제거하는 기술을 개발하고 있다.

048 지속가능한 삶을 위해 사회적 차원에서는 생태 습지나 환경 공원 조성, 친환경 제품의 개발과 사용 장려, 대중교통 보급, 자전거 도로와 자전거 보관대 설치, 오염 물질을 적게 배출하고 재생 가능한 에너지원 개발 및 보급 등의 노력을 해야 한다.
바로 알기 | ①, ③, ④, ⑤는 지속가능한 삶을 위한 개인적 차원의 노력이다.

난이도별 서술형 **필수 기출** 14쪽~15쪽

049 **모범 답안** 가설을 수정하여 설정하고, 다시 탐구 설계 → 탐구 수행 → 자료 해석 → 결론 도출의 단계를 거친다.
해설 탐구 결과가 처음의 가설과 일치하지 않는다면 가설을 수정하여 탐구를 다시 수행한다.

050 **모범 답안** 세균 A가 우유를 상하게 할 것이다.
해설 세균 A가 우유를 상하게 하는지 알아보기 위한 실험을 하였다.

051 **모범 답안** 다윤, 탐구를 수행할 때 예상과 다른 결과가 나오더라도 결과를 수정하지 않아야 해.
해설 예상과 다른 결과가 나오더라도 결과를 수정하지 않아야 한다. 이는 탐구 결과를 조작하는 행동에 해당하므로, 탐구 활동 전체의 신뢰성을 떨어뜨리게 된다.

052 **모범 답안** • 같게 해야 할 조건: 날개 너비, 꼬리 길이, 클립 수
• 다르게 해야 할 조건: 날개 길이
해설 종이 헬리콥터가 바닥에 떨어지는 데 걸리는 시간에 날개 길이가 주는 영향을 알아보기 위해서는 날개 길이를 제외한 다른 조건은 모두 같게 해야 한다.

053 **모범 답안** 증기 기관을 이용한 기계로 공장에서 제품을 대량 생산할 수 있게 되었다. 증기 기관을 이용한 증기 기관차가 개발되어 많은 물건을 먼 곳까지 옮길 수 있게 되었다.

054 **모범 답안** (나), 지구가 우주의 중심이라고 생각했던 인류의 생각을 바꾸는 계기가 되었다.
해설 지구와 다른 행성이 태양 주위를 돌고 있다는 태양 중심설은 지구가 우주의 중심이라는 인류의 생각을 바꾸는 계기가 되었고, 이러한 생각의 변화는 이후 과학을 더욱 발전시켰다.

055 **모범 답안** (1) 인공지능
(2) 나노 백신, 스마트팜, 개인 맞춤형 치료제 등
해설 우리 생활에 활용되는 첨단 과학기술에는 인공지능, 사물 인터넷, 나노 기술, 증강 현실, 첨단 바이오 등이 있다.

056 　모범 답안　더 나은 환경을 만들어, 현세대 이후에도 모두가 행복하게 살 수 있는 풍요로운 사회가 지속될 수 있도록 고민하고 실천하는 삶을 말한다.

057 　모범 답안　오염 물질의 발생량을 줄이거나 방출된 오염 물질을 효율적으로 제거하는 기술이다.

　해설　전기 자동차, 탄소 포집 장치, 해양 쓰레기 수거 로봇은 오염 물질의 발생량을 줄이거나 방출된 오염 물질을 효율적으로 제거하는 기술이다. 전기 자동차는 화석 연료의 사용과 이산화 탄소 배출량을 줄인다. 탄소 포집 장치는 대기 중의 이산화 탄소를 제거하여 지구 온난화를 막는다. 해양 쓰레기 수거 로봇은 바다에 있는 쓰레기를 모아서 제거한다.

058 　모범 답안　플라스틱 분리배출 하기, 일회용 플라스틱 용품 사용 줄이기 등

　해설　플라스틱을 생산하는 과정에서 온실 기체가 발생하고, 폐플라스틱은 토양과 바다를 오염시킨다.

최고 수준 도전 기출 |01|　　16 쪽~17 쪽

059 ⑤	**060** ①	**061** ①, ④	**062** ②	**063** ③
064 ⑤	**065** ①	**066** ⑤		

059　이 탐구에서 같게 해야 하는 조건에는 음료수의 양, 음료수의 처음 온도, 음료수를 담을 용기의 종류, 얼음의 모양과 크기 및 개수이다. 탄산음료가 아닌 경우도 있으므로 음료수 안에 녹아 있는 이산화 탄소의 양은 탐구 주제에서 벗어난다.

060

> (가) 물체가 햇빛을 받을 때 검은색, 파란색, 흰색 순으로 온도가 높아진다. ➡ 결론 도출
> (나) 물체가 햇빛을 받을 때 검은색, 파란색, 흰색 순으로 온도가 높아질 것이다. ➡ 가설 설정
> (다) 유리컵 3 개를 각각 검은색, 파란색, 흰색 색종이로 감싼 후, 물을 각각 100 mL씩 같은 양을 넣고 햇빛이 잘 비치는 곳에 놓아둔다. ➡ 탐구 설계 및 수행
> (라) 물의 온도를 1 시간 간격으로 측정하여 표를 작성하고 결과를 분석한다. ➡ 자료 해석

위 탐구 과정에서 (가)는 결론 도출, (나)는 가설 설정, (다)는 탐구 설계 및 수행, (라)는 자료 해석에 해당한다. 따라서 문제 인식의 과정이 누락되어 있다.

061　가설은 탐구 과정을 통해 옳은지 옳지 않은지 확인할 수 있어야 한다. 또한, 가설에는 탐구를 수행해서 알아보려는 내용이 분명하게 드러나야 한다.

바로 알기 | ① 탐구를 통해 얼음이 녹는 정도를 객관적으로 측정하기가 어렵다.
④ 맛있다는 것은 주관적이므로 결과를 신뢰할 수 없다.

062

> (가) 불의 발견 ➡ 40만 년 전
> (나) 스마트폰 개발 ➡ 2000 년대
> (다) 페니실린 발견 ➡ 1900 년대
> (라) 금속활자의 발명 ➡ 1200 년대
> (마) 증기 기관의 발명 ➡ 1700 년대

(가) 불의 발견은 40만 년 전 → (라) 금속활자의 발명은 1200 년대 → (마) 증기 기관의 발명은 1700 년대 → (다) 페니실린의 발견은 1900 년대 → (나) 스마트폰 개발은 2000 년대 순이다.

063

> (가) 만유인력 법칙을 발견하였다. ➡ 뉴턴
> (나) 암모니아 합성법을 개발하여 질소 비료를 대량으로 생산할 수 있게 되었다. ➡ 하버
> (다) 세균을 연구하여 백신을 개발하였고, 백신 접종으로 질병을 예방할 수 있다는 것을 입증하였다. ➡ 파스퇴르
> (라) 최초의 항생제인 페니실린의 발견으로 세균에 의한 질병을 치료할 수 있게 되었다. ➡ 플레밍
> (마) 지구가 태양 주위를 돌고 있다는 태양 중심설이 발표되었다. ➡ 코페르니쿠스

③ 파스퇴르는 탄저병 백신을 통해 탄저병을 예방할 수 있다는 것을 입증하였고, 이후 여러 백신이 개발되었다.

064　**바로 알기 |** ⑤ 순간 이동은 거의 실현 불가능하며 가까운 미래의 모습으로 보기 어렵다. 인공지능을 통해 인간을 대체할 과학기술의 발달이 미래사회에 가장 큰 변화라고 할 수 있다.

065　지속가능 발전 목표는 지속가능한 발전의 이념을 실현하기 위한 인류 공동의 목표로, 인류의 보편적 문제(빈곤, 질병, 교육, 여성, 아동, 난민, 분쟁 등)와 지구 환경 문제(기후변화, 에너지, 환경오염, 물, 생물다양성 등), 경제 사회 문제(기술, 주거, 노사, 고용, 생산과 소비, 사회구조, 법, 대내외 경제)로 제시하고 있다.

066　신재생 에너지는 화석 연료에 비해 친환경적이고 고갈될 염려가 적지만, 시설 설치에 드는 비용이 높고 풍력, 태양광 등은 날씨에 따라 에너지 생산이 불규칙하다는 단점이 있다. 또한, 에너지를 얻기 위한 대규모 시설은 주변 생태계를 파괴시킬 수도 있다.

바로 알기 | ㄱ. 에너지가 고갈될 염려가 적다.

○X로 개념 확인　　　　　　20 쪽

067 ○	068 ○	069 ×	070 ○	071 ○
072 ×	073 ×	074 ×	075 ×	076 ○

069　[모범 답안] 마이토콘드리아는 광합성을 하여 양분을 생성한다.
　　　　　　　　　엽록체
바로 알기 | 광합성을 하여 양분을 생성하는 것은 엽록체이다. 마이토콘드리아는 생명활동에 필요한 에너지를 만든다.

072　[모범 답안] 세포벽은 동물 세포와 식물 세포에 모두 있다.
　　　　　　　　　　　　　　식물 세포에만
바로 알기 | 세포벽은 세포막 바깥을 둘러싸는 두껍고 단단한 벽으로, 동물 세포에는 없고 식물 세포에는 있다.

073　[모범 답안] 세포의 모양은 세포의 종류에 관계 없이 모두 같다.
　　　　　　　　　　　　　　　　종류에 따라 다르다.
바로 알기 | 세포는 종류에 따라 세포의 모양과 크기, 기능이 다르다.

074　[모범 답안] 적혈구는 가운데가 오목한 모양이며, 피부의 표면을 덮어 보호한다.
　　　　　　　　　　　　　　　온몸으로 산소를 운반한다.
바로 알기 | 적혈구는 가운데가 오목한 모양으로, 혈관을 따라 몸속을 이동하며 온몸으로 산소를 운반한다. 피부의 표면을 덮어 보호하는 것은 상피세포이다.

075　[모범 답안] 동물의 구성 단계는 세포 → 조직 → 조직계 → 기관 → 개체이다.
　　　　　　　　　　　　　　　　　　　　　　기관 → 기관계
바로 알기 | 동물의 구성 단계는 세포 → 조직 → 기관 → 기관계 → 개체이다. 구성 단계가 세포 → 조직 → 조직계 → 기관 → 개체로 이루어진 것은 식물이다.

076　식물의 구성 단계는 세포 – 조직 – 조직계 – 기관 – 개체이다. 기관계는 동물의 구성 단계에 있다.

난이도별 필수 기출　　　　　21 쪽~26 쪽

077 ⑤	078 ⑤	079 ③	080 ②	081 ④
082 ④	083 ③, ④	084 ④	085 ①	086 ④,⑥,⑧
087 ②	088 ⑤	089 ⑤	090 ③, ⑤	091 ③
092 ③	093 ③	094 ③	095 ④, ⑤	096 ⑤
097 ④	098 ⑤	099 ②	100 ③	101 ②
102 ⑤	103 ③	104 ②	105 ④	106 ⑤

077　세포는 생물을 이루는 구조적·기능적 기본 단위이며, 핵, 마이토콘드리아와 같은 여러 세포소기관으로 이루어진다.

078　**바로 알기 |** ⑤ 하나의 생물 내에서도 몸의 부위에 따라 세포의 종류가 다르다.

079　**바로 알기 |** ③ C는 세포막이다.

080　핵은 세포에서 일어나는 생명활동을 조절하고, 마이토콘드리아는 생명활동에 필요한 에너지를 생성하며, 세포막은 세포 안팎으로의 물질 출입을 조절한다.
바로 알기 | 엽록체는 광합성을 하여 양분을 만들고, 세포벽은 세포의 모양을 유지하고 보호한다.

081　식물 세포에 있고, 광합성을 하여 양분을 생성하는 세포 구성 요소는 엽록체이다.

082　핵, 세포막, 마이토콘드리아는 동물 세포와 식물 세포에 공통으로 있는 세포 구성 요소이고, 엽록체와 세포벽은 식물 세포에만 있다.

083　**바로 알기 |** ③ 세포막은 세포를 둘러싸고 있는 얇은 막이다. 핵과 세포막 사이를 채우는 부분이 세포질이다.
④ 빛을 이용하여 양분을 만드는 것은 엽록체이다. 마이토콘드리아는 생명활동에 필요한 에너지를 만든다.

[084~085]

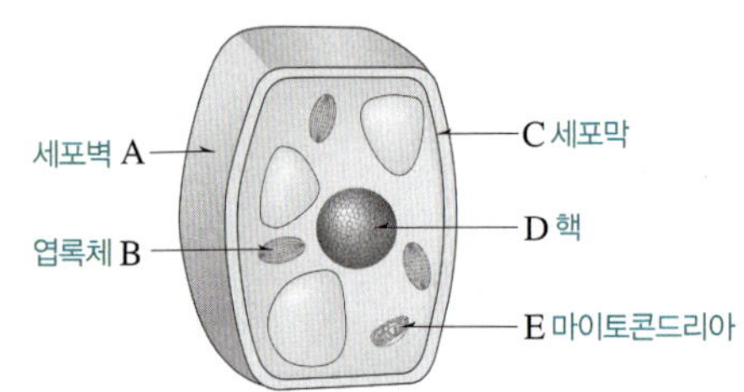

084　**바로 알기 |** ① 세포 안팎으로 물질이 드나드는 것을 조절하는 것은 세포막(C)이다.
② 엽록체(B)는 동물 세포에는 없고 식물 세포에서만 관찰된다.
③ C는 세포막으로, 세포를 둘러싸고 있는 얇은 막이다. 세포막 바깥을 둘러싸고 있는 단단한 세포벽은 A이다.
⑤ E는 마이토콘드리아로, 생명활동에 필요한 에너지를 만든다. 광합성이 일어나는 곳은 엽록체(B)이다.

085　식물 세포에만 있는 세포 구성 요소는 세포벽(A), 엽록체(B)이다.

086

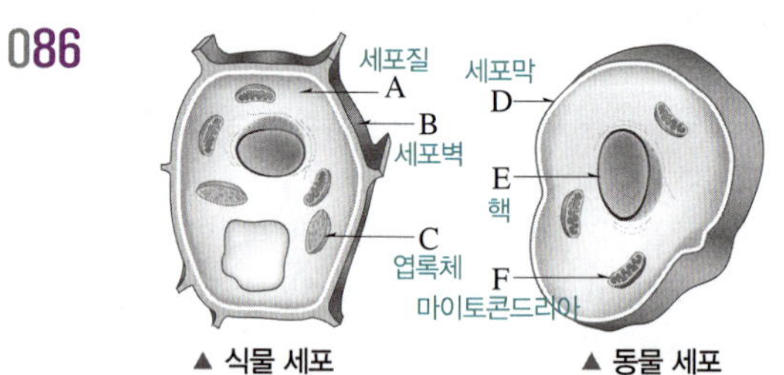

바로 알기 | ④ 엽록체(C)는 광합성을 하여 양분을 생성한다. 생명활동에 필요한 에너지를 생성하는 것은 마이토콘드리아(F)이다.
⑥ 세포막(D)은 동물 세포와 식물 세포에 모두 있다.
⑧ 광합성을 하는 장소는 엽록체(C)이다.

087

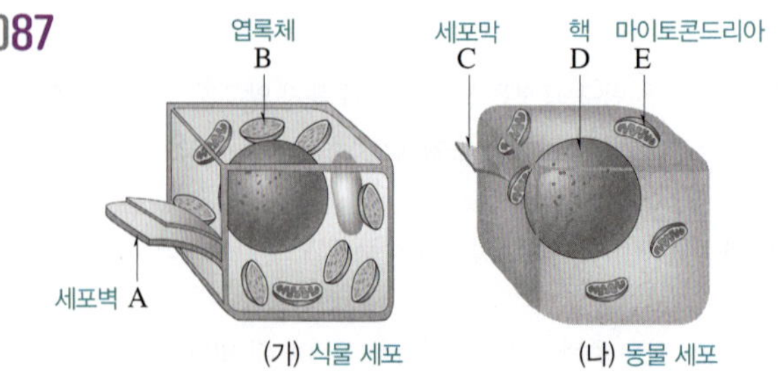

바로 알기 | ㄴ. 세포벽(A)과 세포막(C)은 서로 다른 세포 구성 요소이다.
ㄹ. 엽록체(B)는 식물 세포(가)에만 있고, 마이토콘드리아(E)는 동물 세포(나)와 식물 세포(가)에 모두 있다.

088 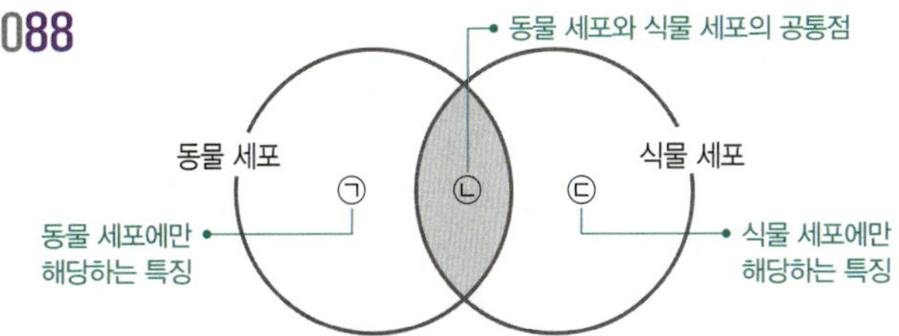

바로 알기 | ㄱ. 핵은 동물 세포와 식물 세포에 공통으로 있는 세포 구성 요소이므로 ㉡에 해당한다.
ㄴ. 엽록체는 식물 세포에만 있으므로 ㉢에 해당한다.

089 **바로 알기 |** ㄴ. 덮개 유리를 덮을 때에는 비스듬히 기울여 천천히 덮어야 기포가 생기지 않는다.

090 **바로 알기 |** ① (가)는 검정말잎 세포, (나)는 입안 상피세포이다.
②, ⑥ (가)와 (나) 모두 핵과 세포질이 있다.
④ (가)에는 세포벽이 있고, (나)에는 세포벽이 없다.
⑦ (가)는 세포의 모양이 사각형으로 일정하고, (나)는 세포의 모양이 불규칙하다.
⑧ (가)에서 진하게 염색된 부분은 핵이다.

091 ㉠은 입안 상피세포, ㉡은 검정말잎 세포, ㉢은 양파 표피세포이다.
바로 알기 | ③ 양파 표피세포(㉢)에는 엽록체가 없다.

092 **바로 알기 |** ㄱ. 동물 세포에는 세포벽이 없다.
ㄹ. 세포의 종류에 따라 세포의 구조, 기능이 다양하다.

093 (가)는 적혈구, (나)는 신경세포, (다)는 상피세포이다. 적혈구(가)는 가운데가 오목한 원반 모양으로 산소를 운반하고, 신경세포(나)는 나뭇가지가 뻗어 나온 모양으로 신호를 받아들이고 전달한다. 상피세포(다)는 넓고 얇게 퍼진 모양으로 피부나 기관의 표면을 덮어 보호한다.

094 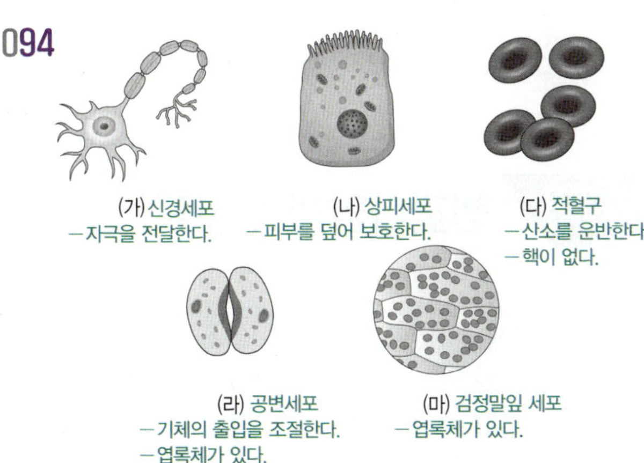

(가) 신경세포
－자극을 전달한다.

(나) 상피세포
－피부를 덮어 보호한다.

(다) 적혈구
－산소를 운반한다.
－핵이 없다.

(라) 공변세포
－기체의 출입을 조절한다.
－엽록체가 있다.

(마) 검정말잎 세포
－엽록체가 있다.

바로 알기 | ① 피부를 덮어 보호하는 것은 (나)이다.
② 엽록체를 가지고 있는 것은 (라), (마)이다.
④ 자극을 전달하기에 적합한 구조는 나뭇가지처럼 뻗은 모양의 (가)이다.
⑤ (가), (나), (라), (마)는 핵이 있지만, (다)는 핵이 없다.

095 ⑤ 표피세포는 식물의 표면을 덮고 있는 세포이다.
바로 알기 | ① 적혈구는 핵이 없다.

②, ③ 사람의 몸을 구성하는 세포는 여러 종류이며, 세포의 종류에 따라 크기, 모양, 기능이 다르다.
⑥ 우리 몸에서 산소를 운반하는 것은 적혈구이다.
⑦ 나뭇가지가 뻗은 모양으로, 자극을 전달하는 것은 신경세포이다. 상피세포는 넓고 얇게 퍼진 모양으로, 피부나 기관의 표면을 덮어 보호한다.

096 동물의 구성 단계에서 관련된 기능을 수행하는 기관들이 모인 단계를 기관계라고 한다.

097 식물의 기관에는 양분을 합성하거나 저장하는 영양기관인 잎, 줄기, 뿌리가 있고, 씨를 만들어 번식하는 데 관여하는 생식기관인 꽃과 열매가 있다.
바로 알기 | ④ 표피조직은 식물의 조직 단계에 해당한다.

098 **바로 알기 |** ⑤ 기관은 여러 조직 혹은 조직계가 모여 이루어진다. 따라서 기관을 이루는 세포의 모양과 크기는 구성하는 조직 혹은 조직계에 따라 다르다.

099 식물의 구성 단계는 세포 – 조직 – 조직계 – 기관 – 개체 순이며, 동물의 구성 단계는 세포 – 조직 – 기관 – 기관계 – 개체 순이다.

100 (가)는 조직, (다)는 기관이다. 동물에서 조직의 예로는 근육조직, 상피조직 등이 있으며, 기관의 예로는 위, 심장, 간 등이 있다.
바로 알기 | 신경세포는 세포에 해당하고, 소화계는 기관계에 해당한다.

101 (가)는 조직, (나)는 조직계, (다)는 기관이다.
ㄷ. 세포, 조직(가), 기관(다), 개체는 동물과 식물에 공통으로 있는 구성 단계이다.
바로 알기 | ㄱ. 공변세포는 첫 번째 구성 단계에 속하는 세포의 예이다.
ㄴ. (나)는 조직계이다.

102 (가)는 세포, (나)는 기관, (다)는 개체, (라)는 조직계, (마)는 조직이다. 식물의 구성 단계는 세포 – 조직 – 조직계 – 기관 – 개체 순이다.

103

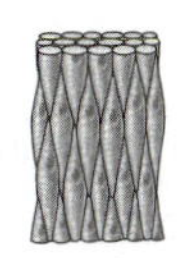 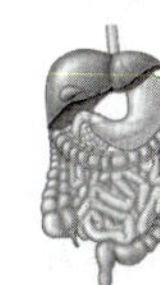 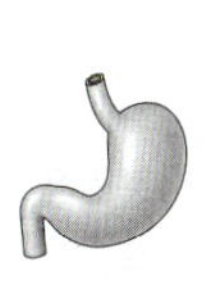 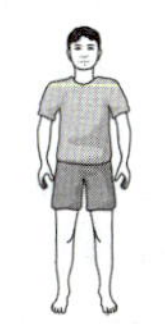 

| (가) 조직 | (나) 기관계 | (다) 기관 | (라) 개체 | (마) 세포 |

바로 알기 | ① 동물의 몸을 구성하는 기본 단위는 세포(마)이다.
② 여러 조직이 모여 특정한 기능을 하는 것은 기관(다)이다.
④ 모양과 기능이 비슷한 세포로 이루어진 단계는 조직(가)이다.
⑤ 동물의 구성 단계는 (마) → (가) → (다) → (나) → (라) 순이다.

104 (가)는 동물의 구성 단계, (나)는 식물의 구성 단계이며, ㉠은 기관, ㉡은 조직, ㉢은 조직계이다.
바로 알기 | ① ㉠은 기관, ㉡은 조직으로, 서로 다른 구성 단계이다.
③ 잎, 줄기는 (나)의 기관에 해당한다.
④ 기관계는 동물에만 있는 구성 단계이므로 (가)는 동물의 구성 단계이다.
⑤ 조직계(㉢)는 식물에만 있는 구성 단계이다.

105 **바로 알기 |** ④ 식물에서 독립적인 생명활동을 하는 하나의 생물체가 되는 단계는 개체이다. 잎은 기관에 해당하며, 여러 기관이 모여 하나의 개체를 이룬다.

106 (가)는 표피조직, (나)는 체관조직, (다)는 해면조직이다.
② 체관조직(나)은 물관조직 등과 모여서 관다발조직계를 이룬다.
③ 조직은 모양과 기능이 비슷한 세포들이 모여 이루어진다.
바로 알기 | ⑤ 조직에 해당하는 (가)~(다)가 모여 조직계와 기관을 이룬다. (가)와 (다)가 모여 (나)가 되지는 않는다.

난이도별 서술형 필수 기출 27 쪽~29 쪽

107 모범 답안 (1) 세포
(2) 세포벽, 세포를 보호하고 세포의 모양을 일정하게 유지한다.
해설 코르크는 식물의 줄기나 뿌리 주변부에 만들어지는 보호조직이다. 식물 세포의 세포막 바깥에는 세포벽이 있어서 세포를 보호하고 세포의 모양을 유지한다.

108 모범 답안 식물 세포이다. 동물 세포에는 없고 식물 세포에는 있는 엽록체(B)와 세포벽(D)이 있기 때문이다.
해설 A는 핵, B는 엽록체, C는 마이토콘드리아, D는 세포벽, E는 세포막이다. 엽록체(B)와 세포벽(D)은 식물 세포에만 있다.

109 모범 답안 (1) (가) 세포벽, (나) 세포막
(2) (가) 세포벽은 세포를 보호하고 모양을 유지하며, (나) 세포막은 세포 안팎으로 물질이 드나드는 것을 조절한다.
해설 세포벽은 세포막 바깥을 둘러싸고 있는 두껍고 단단한 벽으로, 세포의 모양을 유지하고 세포를 보호한다. 세포막은 세포 전체를 둘러싸는 얇은 막으로, 세포 안팎으로 물질이 드나드는 것을 조절한다.

110 모범 답안 (1) (가) 세포막, (나) 핵
(2) 마이토콘드리아, 세포가 생명활동을 하는 데 필요한 에너지를 마이토콘드리아에서 만들기 때문이다.
해설 (1) 세포막은 세포 안팎으로의 물질 출입을 조절하며, 핵은 세포의 생명활동을 조절한다.
(2) 공장에 필요한 에너지를 발전기에서 공급하듯이 세포에 필요한 에너지는 마이토콘드리아에서 만든다.

111 모범 답안 근육세포는 다른 세포에 비해 에너지가 많이 쓰이기 때문에 에너지를 발생시키는 마이토콘드리아의 수가 다른 세포에 비해 많다.
해설 마이토콘드리아는 생명활동에 필요한 에너지를 만든다. 근육세포에는 마이토콘드리아가 많아서 근육 운동에 필요한 에너지를 많이 생산한다.

112 모범 답안 엽록체, 광합성을 하여 양분을 만든다.
해설 초록색의 알갱이는 식물의 잎에서 관찰되는 엽록체이다. 엽록체는 햇빛을 받아 스스로 양분을 합성하는 광합성이 일어나는 세포소기관이다.

113 모범 답안 ㉠: 핵, 세포질, 세포막, ㉡: 양파 표피세포는 세포막 바깥에 세포벽이 있어 모양이 일정하지만, 입안 상피세포는 세포벽이 없고 세포막으로만 구성되어 있어 모양이 일정하지 않다.
해설 세포벽은 세포의 모양을 유지시킨다.

114 모범 답안 (가)는 핵이 잘 관찰되지 않지만, (나)는 핵이 염색되어 뚜렷하게 관찰된다.
해설 염색액을 떨어뜨리면 핵이 뚜렷하게 관찰된다.

115 모범 답안 (나), 신경세포는 한 곳의 자극을 다른 곳으로 전달하는 기능을 하므로 나뭇가지처럼 가늘고 긴 모양을 하고 있다.
해설 (가)는 산소를 운반하는 적혈구, (나)는 신호를 전달하는 신경세포, (다)는 피부나 기관 안쪽을 덮는 상피세포, (라)는 식물의 잎에서 기공을 이루는 공변세포이다.

116 모범 답안 (1) (마)-(다)-(나)-(라)-(가)
(2) ㉠: 기관, ㉡: 꽃, 줄기, 뿌리, 열매
해설 (가)는 개체, (나)는 조직계, (다)는 조직, (라)는 기관, (마)는 세포이다. 식물은 세포 - 조직 - 조직계 - 기관 - 개체의 단계를 거쳐 이루어지며, 기관에는 뿌리, 줄기, 잎, 꽃, 열매 등이 있다.

117 모범 답안 (1) 체관조직 - 관다발조직계 - 꽃
(2) 소화계, 기관계
해설 (1) 식물의 구성 단계는 세포 - 조직(체관조직) - 조직계(관다발조직계) - 기관(꽃) - 개체 순이다.
(2) 동물의 구성 단계에서 근육조직은 조직, 간은 기관, 소화계는 기관계의 예에 해당한다. 동물에만 있는 구성 단계는 기관계이며, 소화계가 이에 속한다.

118 모범 답안 (1) 단세포생물
(2) 식물의 구성 단계는 세포 - 조직 - 조직계 - 기관 - 개체 순이며, 동물의 구성 단계는 세포 - 조직 - 기관 - 기관계 - 개체 순이다.

119 모범 답안 (1) (가)-A, (다)-B
(2) 식물의 구성 단계에는 동물의 구성 단계에 있는 기관계가 없는 대신, 동물의 구성 단계에는 없는 조직계가 있다.
해설 (가)는 조직, (나)는 조직계, (다)는 기관, A는 조직, B는 기관, C는 기관계이다.

120 모범 답안 (1) 모양과 기능이 비슷한 세포들의 모임
(2) 조직계
(3) 기본조직계
해설 식물의 구성 단계에서 조직계는 뿌리부터 잎까지 식물의 몸 전체에 걸쳐 연속적으로 연결된 것으로 기본조직계, 표피조직계, 관다발조직계가 있다. 이 중 울타리조직이 포함된 조직계는 기본조직계이다.

03 생물다양성과 분류

O X로 개념 확인 32 쪽

| 121 ◯ | 122 ✕ | 123 ◯ | 124 ✕ | 125 ◯ |
| 126 ◯ | 127 ✕ | 128 ✕ | 129 ◯ | 130 ✕ |

122 모범 답안 한 종류의 생물 사이에서 특징이 다양한 것은 생물다양성과 관련이 ~~없다.~~ 있다.
바로 알기 | 생물다양성은 생태계의 다양함, 생물 종류의 다양함, 같은 종류의 생물 사이에서 나타나는 특징의 다양함을 포함한다.

123 변이는 같은 종류의 생물 사이에서 나타나는 서로 다른 특징이다.

124 생물은 변이가 다양할수록 환경에 적응하기 어렵다.
쉽다.

바로 알기 | 생물의 변이가 다양하면 급격한 환경 변화에도 적응하여 살아남는 생물이 있을 가능성이 높다.

127 생물분류의 기본 단위는 계이고, 가장 큰 단위는 종이다.
종　　　　　　　　　　　계

바로 알기 | 생물의 분류 단계는 가장 작은 단위인 종부터 속, 과, 목, 강, 문, 계 순으로 커진다.

128 세포에 핵이 없는 생물 무리를 원생생물계라고 한다.
원핵생물계

바로 알기 | 원생생물계는 세포에 핵이 있는 생물 중 균계, 식물계, 동물계에 속하지 않는 생물 무리이다.

130 균계에 속하는 생물에는 푸른곰팡이, 대장균 등이 있다.
느타리버섯, 표고버섯, 효모

바로 알기 | 대장균은 원핵생물계에 속하는 생물이다. 균계에 속하는 생물에는 푸른곰팡이, 느타리버섯, 표고버섯, 효모 등이 있다.

난이도별 필수 기출
33쪽~40쪽

131 ④	**132** ④, ⑦	**133** ⑤	**134** ④	**135** ⑤
136 ③	**137** ④	**138** ②	**139** ⑥, ⑦	**140** ⑤
141 ③	**142** ③	**143** ④	**144** ②	**145** ⑤
146 ④	**147** ②	**148** ①	**149** ④	**150** ②
151 ③, ⑦	**152** ②	**153** ⑤	**154** ②	**155** ③, ④
156 ②	**157** ②	**158** ③	**159** ③	**160** ③, ⑤
161 ④	**162** ②	**163** ②	**164** ③	**165** ②
166 ④, ⑥	**167** ③			

131 (가)는 같은 종류의 생물 사이에서 나타나는 특징의 다양함, (나)는 생물 종류의 다양함, (다)는 생태계의 다양함에 해당한다.

132 **바로 알기** | ④ 한 지역에 한 종류의 생물이 많이 살 때보다 다양한 종류의 생물이 고르게 분포할 때 생물다양성이 높다.
⑦ 같은 종류에 속하는 생물의 특징이 다양하면 급격한 환경 변화에도 살아남는 생물이 있어 생물이 멸종할 가능성이 낮다.

133 ㄷ. 생태계의 종류에 따라 각 환경에 맞는 다양한 종류의 생물이 살고 있으므로, 두 생태계가 인접한 지역은 생물의 종류가 많아 생물다양성이 높다.

바로 알기 | ㄱ. 쥐의 털색이 다른 것은 같은 종류의 생물 사이에서 나타나는 특징의 다양함에 해당한다.

134

나무의 종류: 5 가지　(가)
나무의 개체수: 10 개

(나) 나무의 종류: 4 가지
나무의 개체수: 10 개

바로 알기 | ㄷ. 생물의 종류가 많고, 여러 종류의 생물이 고르게 분포하는 (가) 지역이 (나) 지역보다 생물다양성이 높다.

---

135 ㄴ. 생물의 종류가 많고, 여러 종류의 생물이 고르게 분포할수록 생물다양성이 높으므로, (가) 지역이 (나) 지역보다 생물다양성이 높다.
ㄷ. 그래프를 통해 생물다양성이 높을수록 전염병 발병률이 낮다는 것을 알 수 있다. (가) 지역이 (나) 지역보다 생물다양성이 높으므로, (가) 지역이 (나) 지역에 비해 전염병 발병률이 낮다.

바로 알기 | ㄱ. 생물의 종류는 (가) 지역이 5 개, (나) 지역이 4 개로, (가) 지역이 더 많다.

136 **바로 알기** | ㄷ. 생물의 변이와 생물이 환경에 적응하는 과정은 생물이 다양해진 주요 원인이다.

137 **바로 알기** | ④ 고래와 상어는 서로 다른 종류의 생물이므로, 고래와 상어의 호흡 방법이 다른 것은 변이의 예가 아니다.

138 **바로 알기** | ㄴ. 생물의 변이는 생물이 다양해진 원인 중 하나이다.
ㄹ. 같은 종 내에서도 변이는 다양하게 나타난다.

139 변이는 같은 종류의 생물 사이에서 나타나는 서로 다른 특징이다.
바로 알기 | ⑥ 고양이, 삵, 살쾡이, ⑦ 진달래와 개나리는 서로 다른 종류의 생물이다.

140

북극여우는 기온이 낮은 환경에 적응하였다. ➡ 귀가 작고 몸집이 커서 열의 손실을 줄일 수 있다.

사막여우는 기온이 높은 환경에 적응하였다. ➡ 귀가 크고 몸집이 작아 몸의 열을 방출하기에 유리하다.

바로 알기 | ㄱ. 북극여우와 사막여우는 같은 종류의 생물이 서로 다른 환경에 적응한 예이다.

141 다양한 변이가 있는 한 종류의 생물 무리에서 환경 적응에 알맞은 변이를 지닌 생물이 더 많이 살아남아 자손을 남기는 과정이 오랜 세월 반복되면 원래의 종류와 다른 새로운 종류의 생물이 나타날 수 있다.

142 (가) 한 종류의 생물 무리에는 다양한 변이가 있다. → (다), (라) 환경에 알맞은 변이를 지닌 생물이 더 많이 살아남아 자손을 남긴다. → (나) 이 과정이 오랜 시간 반복되어 원래의 생물과 다른 새로운 종류의 생물이 나타난다.

143 부리의 모양과 크기에 변이가 있는 한 종류의 핀치가 먹이 환경이 다른 섬에 각각 적응하면서 부리 모양이 다양해졌다.

144 **바로 알기** | ① 목이 긴 거북 무리가 나타난 과정은 (가) → (다) → (나) 순이다.
③ 거북 무리는 처음에도 목의 길이에 변이가 있었다.
④ 키가 큰 선인장이 많은 섬에서는 선인장을 먹을 수 있는 목이 긴 거북이 목이 짧은 거북보다 살아남기에 더 유리하였다.
⑤ 환경 변화에 유리한 변이를 지닌 거북이 자손을 남기고, 자신의 특징을 자손에게 전달하는 과정이 오랜 기간 여러 세대를 거치며 반복되면 새로운 종류의 생물이 된다.

145 **바로 알기** | ㄱ. 핀치는 새로운 섬으로 날아가기 전에도 부리의 모양에 변이가 있었다.

146 **바로 알기 |** ㄹ. 말레이곰과 북극곰은 사는 곳의 온도에 영향을 받아 몸집의 크기와 털 길이가 달라졌다.

147 ㄹ. 가뭄 후에는 크고 딱딱한 씨앗이 많아졌으므로, 부리가 작은 새보다 큰 새가 먹이를 먹기에 유리하였다.
바로 알기 | ㄴ. 가뭄 전보다 가뭄 후에 새의 개체수가 급격히 감소하였다.
ㄷ. 가뭄 전보다 가뭄 후에 부리의 평균 크기가 커졌다.

148 **바로 알기 |** ① 생물이 사는 곳은 생물의 고유한 특징에 따라 분류하는 분류 기준이 될 수 없다.

149 생물의 분류 단계는 가장 작은 단위인 종부터 속, 과, 목, 강, 문, 계 순으로 커진다.

150

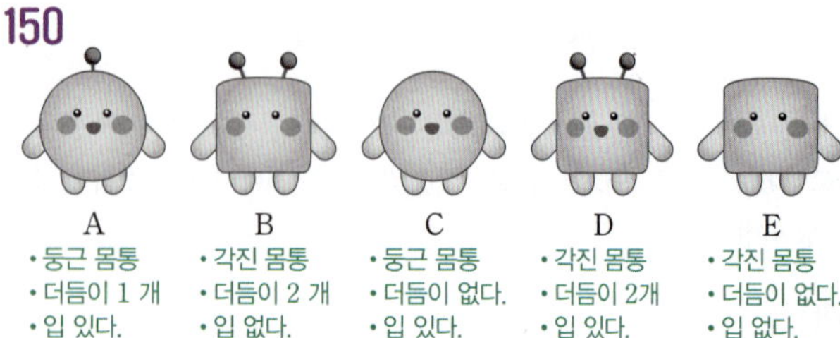

분류 기준 (가)는 입의 유무이다. 가상 생물 A, C, D는 입이 있고, B, E 는 입이 없다.
분류 기준 (나)는 몸통의 모양이다. A와 C는 둥근 몸통이고, D는 각진 몸통이다.

151 **바로 알기 |** ③ 생물분류의 목적은 생물다양성을 이해하고, 생물 사이의 가깝고 먼 관계 등을 알기 위함이다.
⑦ 생물의 고유한 특징을 기준으로 생물을 분류하면 분류 결과는 항상 같다.

152 **바로 알기 |** ① 생물을 분류하는 가장 큰 단위는 계이고, 가장 작은 단위는 종이다.
③ 생김새가 비슷하다고 같은 종으로 분류하는 것은 아니다. 말과 당나귀는 생김새가 비슷하지만 서로 다른 종이고, 몰티즈와 푸들은 생김새가 다르지만 같은 종이다.
④ 비슷한 특징을 지닌 종을 모아 속으로 분류한다.
⑤ 종을 구분할 때는 짝짓기를 하여 자손을 낳을 수 있고, 그 자손이 번식 능력이 있는지를 고려해야 한다.

153 종은 자연 상태에서 짝짓기를 하여 번식 능력이 있는 자손을 낳을 수 있는 생물 무리이다.
바로 알기 | ㄱ. 노새는 번식 능력이 없으므로 말과 당나귀는 같은 종이 아니다.
ㄴ. 풍산개는 번식 능력이 있으므로, 진돗개와 풍산개는 같은 종이다.

154 (가)는 종, (나)는 목, (다)는 계이다. 생물의 분류 단위는 종< 속< 과< 목< 강< 문< 계 순으로 커진다.
바로 알기 | ㄴ. (가)보다 (나)가 더 큰 분류 단위이다. 같은 (가)에 속하는 생물은 모두 같은 (나)에 속하지만, 같은 (나)에 속하는 생물이 모두 같은 (가)에 속하지는 않는다.
ㄹ. (가)보다 (다)가 더 큰 분류 단위이며, (가)보다 (다)에 포함되는 생물의 종류가 더 많다.

155 생물의 분류 단위는 종< 속< 과< 목< 강< 문< 계 순으로 커진다.
바로 알기 | ③ 문보다 계가 큰 분류 단위이므로, 여러 개의 문이 모여 하나의 계가 된다.
④ 강보다 문이 큰 분류 단위이므로, 같은 강에 속하는 생물은 모두 같은 문에 속하지만, 같은 문에 속하는 생물이 모두 같은 강에 속하지는 않는다.

156 ㄱ. 개와 호랑이는 같은 식육목에 속하므로, 같은 강에 속한다.
ㄹ. 종에서 목으로 갈수록 생물을 점점 큰 단계로 묶어 분류하므로, 포함되는 생물의 종류가 많아진다.
바로 알기 | ㄴ. 고양이와 개는 같은 식육목에 속하므로, 같은 강, 문, 계에 속한다.
ㄷ. 작은 분류 단위에 함께 속할수록 가까운 관계이다. 호랑이와 고양이는 같은 고양이과에 속하지만 개는 개과에 속하므로, 호랑이는 개보다 고양이와 더 가까운 관계이다.

157 **바로 알기 |** ② 미역은 원생생물계에 속하는 생물이다.

158 핵이 있는 세포로 이루어진 생물 중 균계, 식물계, 동물계에 속하지 않는 생물 무리는 원생생물계이다.
바로 알기 | ① 나비는 동물계, ② 효모는 균계, ④ 젖산균은 원핵생물계, ⑤ 고사리는 식물계에 속한다.

159 고양이(동물계), 기는줄기뿌리곰팡이(균계), 충치균(원핵생물계)은 광합성을 하지 않는 생물이고, 해바라기(식물계), 다시마(원생생물계)는 광합성을 하는 생물이다.
바로 알기 | ① 충치균은 단세포생물, 나머지는 모두 다세포생물이다.
② 충치균은 핵이 없고, 나머지는 모두 핵이 있는 생물이다.
④ 고양이는 세포에 세포벽이 없고, 기는줄기뿌리곰팡이와 충치균은 세포에 세포벽이 있다.
⑤ 해바라기는 기관이 발달했지만, 다시마는 기관이 발달하지 않았다.

160 ⑤ (가)의 생물은 세포에 핵이 없고, (나)의 생물은 세포에 핵이 있다.
바로 알기 | ① (가)는 원핵생물계이다.
② (나)는 균계이다.
④ 짚신벌레는 원생생물계에 속하는 생물이다.
⑥ 균계(나)에 속하는 생물은 광합성을 하지 못하고, 죽은 생물이나 배설물을 분해하여 양분을 얻는다.

161 짚신벌레와 미역은 원생생물계에 속하고, 표고버섯은 균계에 속하는 생물이다.
바로 알기 | ④ 미역은 뿌리, 줄기, 잎과 같은 기관이 발달하지 않았다.

162

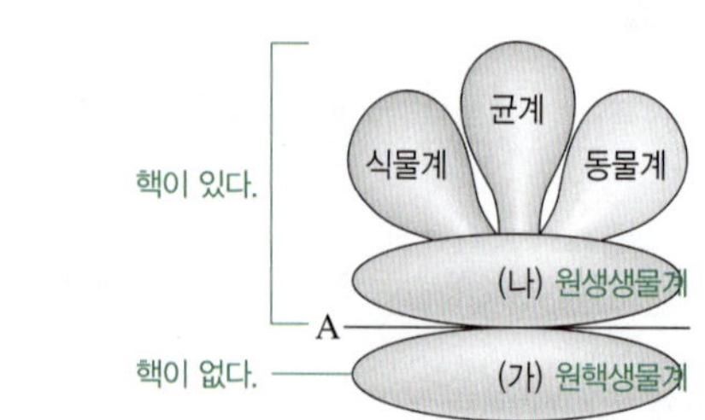

바로 알기 | ㄱ. (가)는 원핵생물계, (나)는 원생생물계이다.
ㄹ. 원생생물계(나)에는 미역, 김, 다시마와 같은 다세포생물도 있다.

163 A는 원핵생물계, B는 원생생물계, C는 균계이다.
바로 알기 | ② 원생생물계에 속하는 생물은 먹이를 먹어 양분을 얻거나 광합성을 하여 양분을 얻는다.

164

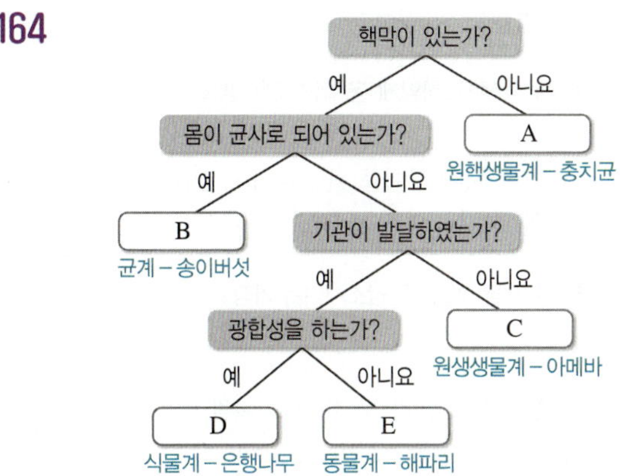

바로 알기 | ③ 송이버섯은 균계(B)에 속하는 생물이다.

165

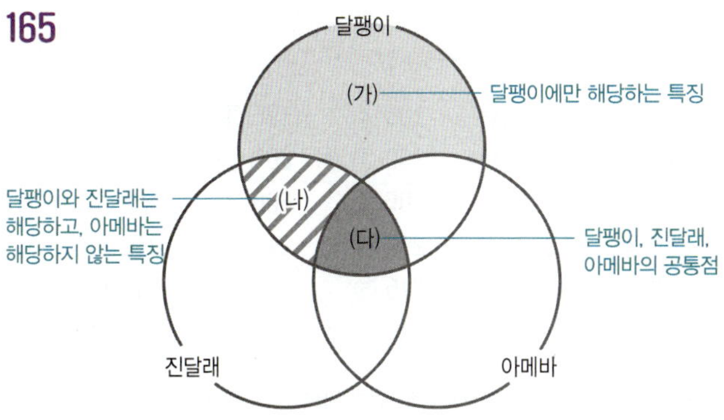

ㄴ. 달팽이와 진달래는 기관이 발달했지만, 아메바는 기관이 발달하지 않았다.
바로 알기 | ㄱ. 달팽이와 아메바는 다른 생물을 먹어서 양분을 얻고, 진달래는 광합성을 하여 양분을 얻는다.
ㄷ. 달팽이와 진달래는 다세포생물이고, 아메바는 단세포생물이다.

166

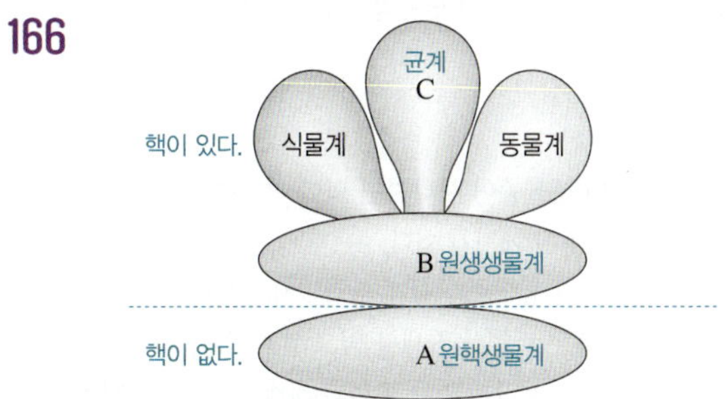

③ 원생생물계(B)에 속하는 생물 중 다시마, 미역, 김 등은 광합성을 한다.
⑧ 균계(C)에 속하는 생물은 세포에 세포벽이 있고, 동물계에 속하는 생물은 세포에 세포벽이 없다.
바로 알기 | ④ 균계(C)에 속하는 생물은 몸이 대부분 균사로 이루어져 있고, 균사는 세포벽이 있는 여러 개의 세포로 이루어져 있다.
⑥ 미역, 김, 파래는 원생생물계에 속하는 생물이다.

167 (가)는 원핵생물계, (다)는 식물계, (라)는 균계이다.
ㄷ. 식물계(다)의 생물은 광합성을 하지만, 균계(라)의 생물은 광합성을 하지 않는다.
바로 알기 | ㄱ. 원핵생물계(가)에 속하는 남세균은 광합성을 하여 양분을 얻는다.
ㄴ. 균계(라)에 속하는 효모는 단세포생물이다.

168 **모범 답안** (1) (나)
(2) (나)는 다양한 생태계로 이루어져 있고, 여러 종류의 생물이 살고 있으므로 한 종류의 생물이 대부분을 차지하는 (가)보다 생물다양성이 더 높다.
해설 생물다양성은 생태계가 다양할수록, 생물의 종류가 많고 여러 종류의 생물이 고르게 분포할수록 높다.

169 **모범 답안** (1) 변이
(2) 고양이의 털 무늬가 조금씩 다르다. 사람마다 눈동자 색깔이 다르다.
해설 변이는 같은 종류의 생물 사이에서 나타나는 서로 다른 특징이다.

170 **모범 답안** 추운 지역에 사는 북극여우는 귀가 작고 몸집이 커서 열의 손실을 줄일 수 있고, 더운 지역에 사는 사막여우는 귀가 크고 몸집이 작아 몸의 열을 방출하기에 유리하다.
해설 북극여우는 기온이 낮은 환경에 적응하였고, 사막여우는 기온이 높은 환경에 적응하였다.

171 **모범 답안** (1) (라) - (다) - (가) - (나)
(2) (라), 원래 핀치의 부리 모양과 크기에도 변이가 있었다.
해설 부리의 모양과 크기에 차이가 있는 한 종류의 핀치가 먹이 환경이 다른 섬에 적응하여 살면서, 오랜 시간이 지나 부리의 모양이 달라지게 되었다.

172 **모범 답안** (가)에서는 키가 큰 선인장을 먹기에 알맞은 변이를 가진 목이 긴 거북이, (나)에서는 키가 작은 풀을 먹기에 알맞은 변이를 가진 목이 짧은 거북이 각각 환경에 적응한 결과 서로 다른 목 길이를 가진 거북 무리로 나누어졌다.
해설 환경에 따라 생물의 생존에 유리한 변이가 다르다.

173 **모범 답안** (나), 물살이 센 환경에서는 물살에 잘 떠내려가지 않도록 소라 껍데기에 뿔이 발달하였기 때문이다.
해설 껍데기에 뿔이 많은 소라는 물 깊이가 얕은 곳에서 센 물살에 잘 떠내려가지 않도록 적응한 것이다.

174 **모범 답안** 변이가 거의 없는 생물은 환경 변화에 적응하여 살아남기 어려우므로, 바나나는 멸종할 가능성이 높다.
해설 변이는 생물의 생존에 영향을 미친다. 변이가 다양하면 급격한 환경 변화에도 살아남는 생물이 있어 멸종할 위험이 낮지만, 그렇지 않으면 생물이 멸종할 가능성이 높다.

175 **모범 답안** 다른 종, 종은 자연 상태에서 짝짓기를 하여 번식이 가능한 자손을 낳을 수 있는 생물 무리이다. 노새는 새끼를 낳을 수 없으므로, 말과 당나귀는 다른 종이다.

176 **모범 답안** 박쥐, 박쥐와 다람쥐는 새끼를 낳아 키우는 번식 방법이 같으므로, 다람쥐는 갈매기보다 박쥐와 더 가깝다.
해설 생물의 고유한 특징에 따라 생물을 분류하면 생물 사이의 멀고 가까운 관계를 파악할 수 있다. 같은 특징을 공유할수록 가까운 관계이다.

177 **모범 답안** (1) ㉠: 개과, ㉡: 포유강
(2) 개, 늑대와 개는 같은 속에 속하지만 여우는 다른 속에 속하기 때문이다.
해설 (1) 같은 속에 속하는 생물은 같은 과에 속하고, 같은 목에 속하는 생물은 같은 강에 속한다.

(2) 분류 단계에서 작은 분류 단위에 함께 속할수록 가까운 관계의 생물이다.

178 모범 답안 (1) (가) 원핵생물계, (나) 원생생물계, (다) 균계
(2) 분류 기준 A는 핵의 유무이다. (가)는 세포에 핵이 없는 생물 무리이고, (나), (다), 식물계, 동물계는 세포에 핵이 있는 생물 무리이다.
(3) 느타리버섯, 표고버섯, 송이버섯, 푸른곰팡이, 기는줄기뿌리곰팡이, 효모
해설 원핵생물계는 세포에 핵이 없는 생물 무리이고, 원생생물계, 균계, 식물계, 동물계는 세포에 핵이 있는 생물 무리이다.

179 모범 답안 (1) 세포에 핵이 있다. 다세포생물이다.
(2) 푸른곰팡이는 죽은 생물을 분해하여 양분을 얻고, 달팽이는 다른 생물을 먹어서 양분을 얻는다. 푸른곰팡이는 세포에 세포벽이 있고, 달팽이는 세포에 세포벽이 없다.
해설 푸른곰팡이는 균계에 속하고, 달팽이는 동물계에 속한다. 푸른곰팡이는 몸이 균사로 이루어져 있으며, 달팽이는 몸에 기관이 발달하였고 운동성이 있다.

180 모범 답안 (가) 동물계에 속하는 생물은 다른 생물을 먹어서 양분을 얻고, 식물계에 속하는 생물은 광합성을 하여 양분을 얻는다.
(나) 동물계에 속하는 생물은 세포에 세포벽이 없고, 식물계에 속하는 생물은 세포에 세포벽이 있다.

181

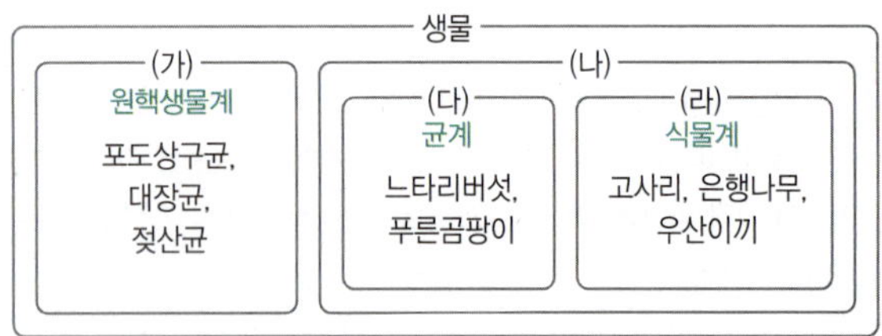

모범 답안 (1) 원생생물계, 동물계
(2) (가)와 (나)의 분류 기준은 핵의 유무이다. (다)와 (라)의 분류 기준은 광합성 여부이다.
해설 원핵생물계(가)는 세포에 핵이 없는 생물 무리이며, (나)에 속하는 생물은 세포에 핵이 있다. 균계(다)에 속하는 생물은 광합성을 하지 못하고, 식물계(라)에 속하는 생물은 광합성을 한다.

182 모범 답안 (1) • 원생생물계: 다시마, 미역
• 식물계: 고사리, 개나리, 해바라기
(2) 식물계에 속하는 생물은 뿌리, 줄기, 잎과 같은 기관이 발달하였지만, 원생생물계에 속하는 다시마, 미역은 기관이 발달하지 않았기 때문이다.

04 생물다양성보전

OX로 개념 확인
46쪽

183 ○	184 ×	185 ×	186 ○	187 ○
188 ○	189 ○	190 ×	191 ○	192 ×

184 모범 답안 먹이그물이 복잡할수록 특정 생물이 멸종할 가능성이 높다. (낮다.)
바로 알기 먹이그물이 복잡할수록 먹이 관계를 대신 할 수 있는 생물이 있어 특정 생물이 멸종할 가능성이 낮다.

185 모범 답안 항생제, 항암제 등 의약품은 생물에서 얻는 자원이 아니다. (자원이다.)
바로 알기 항생제는 푸른곰팡이를 원료로 하여 만들어지고, 항암제는 주목나무 껍질을 원료로 하여 만들어진다.

190 모범 답안 생물다양성을 감소시키는 가장 심각한 원인은 환경오염이다. (서식지파괴)

192 모범 답안 멸종 위기 생물을 지정하고 복원 사업을 진행하는 것은 국제적 차원에서 생물다양성을 보전하기 위한 노력이다. (사회적·국가적)

난이도별 필수 기출
47쪽~51쪽

193 ③	194 ④	195 ④	196 ③	197 ⑤, ⑥
198 ③	199 ④	200 ①, ⑤	201 ②, ④	202 ③
203 ①	204 ⑤	205 ⑤	206 ⑤, ⑥	207 ⑤
208 ④	209 ②	210 ④	211 ③	212 ④
213 ②	214 ③, ⑤	215 ⑤	216 ②	217 ⑤

193 바로 알기 ③ 과거에 없던 새로운 질병을 얻는 것은 생물다양성이 우리에게 주는 혜택이 아니다.

194 바로 알기 ④ 편백나무는 건축이나 가구와 같은 곳에 목재로 사용된다.

195 바로 알기 ④ 먹이그물이 단순할수록 먹이 관계에서 대체할 수 있는 생물이 없어 특정 생물이 멸종할 가능성이 높다.

196 ③ 메뚜기를 잡아먹는 참새의 수가 증가하면 메뚜기의 수는 일시적으로 감소하게 된다.
바로 알기 ① 하나의 생물종이 사라지면 먹이 관계에 있는 다른 생물도 영향을 받아 생태계평형이 깨지기 쉽다.
② 먹이그물이 복잡하여 생태계가 쉽게 파괴되지 않는다.
④ 들쥐가 멸종해도 매는 토끼나 참새를 먹고 살 수 있다.
⑤ 산딸기가 사라지면 산딸기를 먹는 토끼의 개체수는 감소하게 된다.

197 바로 알기 ⑤ (나)에서 들쥐가 사라져도 올빼미는 개구리를 먹고 살 수 있다.
⑥ 개구리가 사라지면 (가)에서는 뱀이 사라지지만, (나)에서는 뱀이 토끼나 들쥐를 먹고 살 수 있어 사라지지 않는다.

198 바로 알기 ㄷ. 푸른곰팡이에서 항생제의 원료를 얻는다.

199 항암제는 암을 치료하는 의약품이다.

200 바로 알기 ① 생물의 종류가 많을수록 생물다양성이 높다. 모든 생물은 소중하므로, 인위적으로 생물의 종류를 제한하면 안 된다.
⑤ 희귀한 동물을 야생에서 발견하는 경우 관련 기관에 신고해야 하며, 함부로 기르면 안 된다.

201 **바로 알기** | ② 숲은 이산화 탄소의 양을 감소시키고, 산소의 양을 증가시킨다.
④ 편백나무는 목재로 사용되며, 푸른곰팡이에서 추출한 물질로 항생제를 개발하였다.

202 ㄷ. 두더지가 사라지면 두더지를 먹는 올빼미의 개체수는 감소한다.
바로 알기 | ㄱ. (가)에서 두더지가 사라지면 메뚜기의 수가 일시적으로 증가하고, 그에 따라 풀의 양은 감소하게 된다.
ㄴ. (나)에서 메뚜기를 잡아먹는 두더지가 사라지면 메뚜기의 수는 일시적으로 증가한다.

203

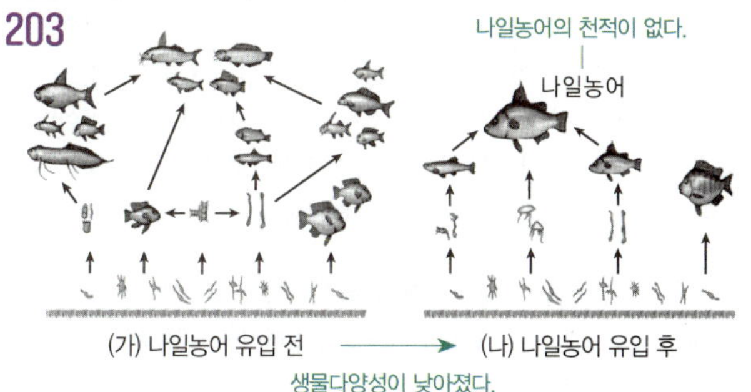

바로 알기 | ㄷ. (나)보다 생물의 종류가 더 많은 (가)의 생태계가 더 안정적으로 유지된다.
ㄹ. 외래종의 유입은 생물다양성을 감소시키는 원인으로 작용할 수 있으므로, 생태계에 미칠 영향에 대한 검증 없이 무분별하게 유입되지 않도록 해야 한다.

204 **바로 알기** | ㄱ. 생물다양성 감소의 원인은 대부분 인간의 활동과 밀접한 관련이 있다. 인간이 늑대를 사냥하면서 생태계평형을 깨뜨려 먹이 관계에 연쇄적으로 영향을 미쳤다.

205 **바로 알기** | ⑤ 보호 구역을 지정하는 것은 생물다양성을 보전하기 위한 방법 중 하나이다.

206 **바로 알기** | ⑤ 외래종은 생태계에서 다른 생물에 어떤 영향을 미칠지 모르기 때문에, 자연으로 무단 방류하면 안 된다.
⑥ 농약은 일부 생물을 죽게 만들어 생물다양성을 감소시킨다.

207 **바로 알기** | ①~④는 생물다양성보전을 위한 사회적·국가적 차원의 노력이다.

208 **바로 알기** | ④ 생태통로를 건설하는 것은 생물다양성을 보전하기 위한 방법 중 하나이다. 생태통로는 끊어진 생태계를 연결하여 야생 동물의 이동을 안전하게 돕는다.

209 ㄱ. 우리는 생물다양성이 보전된 생태계에서 다양한 혜택을 얻고 있으므로, 생물다양성이 감소하면 인간의 생활에도 영향을 미친다.
ㄹ. 자동차와 공장의 매연은 환경오염의 원인이 되어 생물다양성 감소에 영향을 미친다.
바로 알기 | ㄴ. 서식지파괴는 생물의 서식지를 사라지게 하여 생물종 감소에 큰 영향을 미친다.
ㄷ. 모든 생물은 생태계 구성원으로서 살아갈 권리가 있다. 함부로 특정 생물을 멸종시키면 안 된다.

210 (가) 기후 변화로 인해 바닷물의 온도가 상승하였다.
(나) 숲을 파괴하는 것은 서식지파괴에 해당한다.

(다) 큰입배스는 원래 살던 곳을 벗어나 새로운 곳에서 자리를 잡고 사는 외래종이다.

211 **바로 알기** | ㄷ. 뉴트리아, 큰입배스와 같은 외래종의 유입은 토종 생물의 생존을 위협하여 생물다양성을 감소시켰다.

212 **바로 알기** | ㄴ. 남획은 인간이 생물을 무분별하게 잡는 것으로, 특정 생물을 남획하면 그 생물이 사라질 수 있다. 생물종이 줄어들어 생물다양성이 감소하면 생태계는 파괴되기 쉽다.

213 **바로 알기** | ㄱ. 생태통로는 끊어진 생태계를 연결하여 야생 동물의 이동을 안전하게 돕는 것으로, 서식지파괴에 대한 대책이다.
ㄷ. 외래종의 유입과는 관계가 없다.

214 **바로 알기** | ① 희귀종을 발견하면 관련 기관에 신고하고, 함부로 데려가 키우면 안 된다.
② 갯벌을 없애는 것은 생물의 서식지를 없애는 서식지파괴에 해당한다.
④ 한 가지의 품종만 대규모로 재배하면 환경 변화에 살아남기 어려우므로, 다양한 품종의 작물을 재배하는 것이 좋다.
⑥ 생태계에 미칠 영향에 대한 검증 없이 국가 간 생물의 이동을 함부로 하면 안 된다.

215 인간이 생물을 무분별하게 잡는 것을 남획이라고 하며, 멸종 위기 생물을 지정하고, 생물의 남획 및 불법 포획 등을 규제하는 법률을 만드는 것은 남획을 막는 활동이다.

216

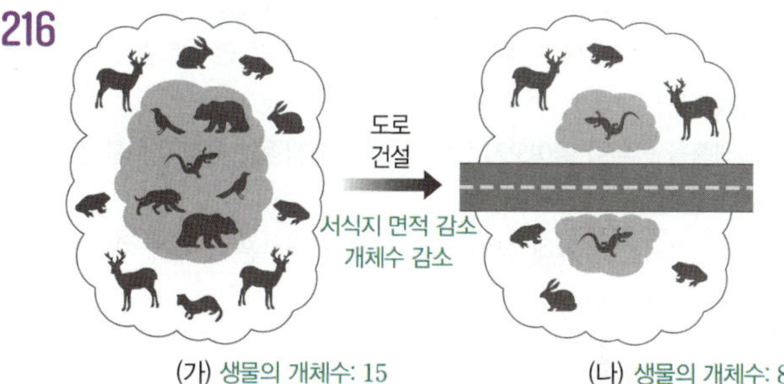

ㄱ. 서식지의 가장자리에 사는 생물은 4 종류에서 3 종류로 줄었고, 서식지의 중심지에 사는 생물은 4 종류에서 1 종류로 줄었다. 또한 생물의 개체수도 중심지에서 더 많이 감소하였으므로, 서식지의 가장자리보다 중심지에서 생물다양성이 더 많이 감소하였다.
바로 알기 | ㄴ. 생물의 서식지가 분리되면 생물종이 감소한다.
ㄷ. (나)보다 (가)에서 생물의 개체수가 많다.

217 항아리곰팡이는 양서류의 피부를 막아 질식사시키는 곰팡이로, 면역력이 없던 다른 국가의 양서류들을 멸종 위기에 처하게 만들었다. 외래종은 생물다양성에 어떤 영향을 미칠지 모르므로, 무분별하게 유입되지 않도록 해야 한다.

218 **모범 답안** (1) (가)
(2) (나), (나)에서는 뒤쥐가 멸종하면 수리부엉이가 뒤쥐 대신 먹고 살 생물이 없기 때문이다.
해설 생물다양성이 높은 (가)에서는 먹이그물이 복잡하여 뒤쥐가 멸종해도 수리부엉이는 생쥐, 오리, 참새 등을 먹으며 살 수 있다.

219 　**모범 답안** 　우리는 생물다양성이 보전된 생태계에서 의약품, 식량, 목재 등 우리 생활에 필요한 다양한 재료를 얻을 수 있기 때문이다.

　해설 　세균이 만들어 내는 보툴리눔 독소는 눈꺼풀 경련을 치료하는 의약품의 원료로 쓰이고 있다.

220 　**모범 답안** 　벼, 보리, 밀 등의 식량을 얻는다. 맑은 공기, 깨끗한 물 등을 얻는다.

　해설 　인간은 생물다양성이 보전된 생태계에서 식량, 목재, 섬유 등 생활에 필요한 재료를 얻고, 맑은 공기, 깨끗한 물, 비옥한 토양을 얻으며, 생물에서 아이디어를 얻어 유용한 도구를 개발할 수도 있다.

221 　**모범 답안** 　• 혜택: 생물의 생김새나 구조를 관찰하고 아이디어를 얻어 유용한 도구를 개발할 수 있다.
• 예시: 도꼬마리 열매의 표면이 갈고리 모양인 것을 보고 밸크로를 개발하였다.

222 　**모범 답안** 　휴식과 여가 활동을 위한 공간이 된다. 맑은 공기를 얻을 수 있다. 다른 생물이 살아갈 수 있는 터전이 된다.

223 　**모범 답안** 　재활용품을 분리배출 한다. 일회용품 대신 다회용품을 사용한다.

　해설 　생물다양성보전을 위한 개인적 차원의 활동으로는 나무 심기, 안 쓰는 물건 나눔하기, 자연 환경 보호하기, 야생 동물을 함부로 기르지 않기 등이 있다.

224 　**모범 답안** 　(1) 가시박, 큰입배스, 유리알락하늘소
(2) ㉠: 외래종은 대부분 천적이 없어 대량으로 번식하면서 토종 생물의 생존을 위협한다.
㉡: 외래종을 함부로 들여오지 않아야 하며, 외래종의 유입 경로를 감시하고 퇴치해야 한다.

　해설 　외래종은 원래 살던 곳을 벗어나 새로운 곳에서 자리를 잡고 사는 생물이다.

225 　**모범 답안** 　(1) 생태통로
(2) 서식지파괴, 생태통로는 끊어진 생태계를 연결하여 야생 생물이 안전하게 이동할 수 있도록 돕는다.

　해설 　생태통로는 서식지를 연결하는 구조물로, 서식지파괴에 대한 대책이다.

226 　**모범 답안** 　국립 공원을 지정하고 보호한다. 종자 은행을 설립한다.

　해설 　생물다양성보전을 위한 사회적·국가적 차원의 활동으로는 국립 공원 지정하기, 종자 은행 설립하기, 생태통로 건설하기, 멸종 위기 생물 복원하기 등이 있다.

227 　**모범 답안** 　(1) 남획
(2) 불법 포획 및 남획을 금지한다. 멸종 위기 생물을 지정하여 보호한다.

　해설 　대륙사슴이 멸종 위기에 처한 것은 인간의 남획 때문이다.

최고 수준 도전 기출 | 02~04 | 　　　54 쪽~55 쪽

228 ②	229 ③	230 ④	231 ⑤	232 ④
233 ④	234 ①	235 ④		

228 　A는 세포막, B는 핵이다.
　바로 알기 | ㄱ. 엽록체는 동물 세포에는 없고 식물 세포에는 있다. (가)에서 엽록체가 '아니오'로 판단될 수 있는 기준은 '동물 세포에 있는가?' 등이 해당한다.
　ㄷ. B는 핵이다. 생물이 살아가는 데 필요한 에너지를 만드는 세포소기관은 마이토콘드리아이다.

229

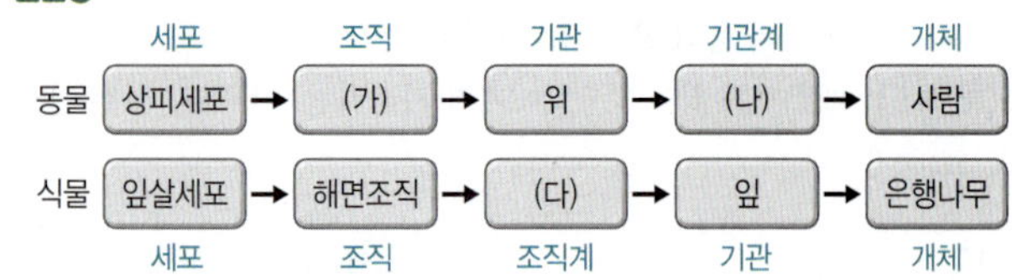

　ㄱ. 상피세포가 모인 (가)는 상피조직이며, 조직 단계에 해당한다.
　ㄴ. (나)는 기관계 단계이며, 위를 포함하고 있는 기관계는 소화계이다.
　바로 알기 | ㄷ. 동물의 작은창자는 기관에 해당하므로, 식물의 기관인 잎, 뿌리, 줄기, 꽃과 같은 구성 단계에 해당한다.

230 　적혈구는 좁은 혈관 내에서 잘 휘어지고 촘촘히 모여 흐르면서 온몸에 산소를 운반한다. 이러한 기능을 수행하기에는 동그란 공 모양보다 가운데가 오목한 원반 모양이 적합하다.
　바로 알기 | ①, ②, ③, ⑤는 모두 과학적으로 옳은 사실이지만, 이 활동을 통해 알 수 있는 사실은 아니다.

231 　생물다양성은 생태계의 다양함(④), 생물 종류의 다양함(②, ③), 같은 종류의 생물 사이에서 나타나는 특징의 다양함(①)을 포함한다.
　바로 알기 | ⑤ 환경에 적응한 생물이 살아남아 자손을 번식하는 것은 생물이 다양해지는 과정을 설명하는 것으로, 생물다양성의 의미에는 포함되지 않는다.

232 　ㄱ. 부리의 모양과 크기가 다양하므로, 새 무리의 부리에 변이가 있었음을 알 수 있다.
　ㄴ. 크고 단단한 씨앗을 먹기에 유리한 크고 두꺼운 부리를 가진 새가 더 잘 살아남아 자손을 번식시키기 유리했다.
　바로 알기 | ㄷ. (가) 기간 동안 다양한 부리를 가진 새 중에서 크고 두꺼운 부리를 가진 새가 더 많이 살아남아 자손을 번식하는 과정이 반복되었다. 한 개체의 부리가 시간이 지나 크고 두껍게 변한 것은 아니다.

233 　검정말은 식물계, 파래는 원생생물계에 속한다. 두 생물 모두 광합성을 하고, 운동성이 없으며, 다세포생물이고 뚜렷하게 구별되는 핵이 있다.
　바로 알기 | ④ 파래는 기관이 발달하지 않았고, 검정말은 뿌리, 줄기, 잎과 같은 기관이 발달해 있다.

234 　ㄴ. 소나무(식물계), 버섯(균계), 진달래(식물계), 대장균(원핵생물계), 푸른곰팡이(균계)는 모두 세포에 세포벽이 있다.
　바로 알기 | ㄱ. 육지에 사느냐 물에 사느냐와 같은 생물이 사는 장소는 생물을 분류하는 생물 고유의 특징에 해당하지 않는다.
　ㄷ. 소나무, 진달래는 스스로 양분을 만들고, 버섯, 대장균, 푸른곰팡이는 스스로 양분을 만들지 않는다.
　ㄹ. 대장균은 단세포생물이다.

235 　**바로 알기** | ④ 200 년 간 사람에 의해 개발된 땅의 비율이 약 5.2 배 늘어나는 동안 멸종된 종의 비율은 약 7.6 배 늘어났다. 따라서 일정한 비율로 증가했다고 말하기는 어렵다.

OX로 개념 확인

| 236 × | 237 ○ | 238 × | 239 × | 240 ○ |
| 241 ○ | 242 × | 243 ○ | 244 × | 245 × |

236 모범 답안 물질을 구성하는 입자는 정지해 있다.
  끊임없이 움직인다.
바로 알기 | 물질을 구성하는 입자는 가만히 있지 않고 끊임없이 스스로 움직인다.

237 물질의 온도가 높을수록 물질을 구성하는 입자 사이의 거리가 멀고, 물질의 온도가 낮을수록 물질을 구성하는 입자 사이의 거리가 가깝다.

238 모범 답안 물체의 온도가 높을수록 물체를 구성하는 입자의 움직임이 둔하다.
  활발하다.
바로 알기 | 물체의 온도가 높을수록 물체를 구성하는 입자의 움직임이 활발하고, 물체의 온도가 낮을수록 물체를 구성하는 입자의 움직임이 둔하다.

239 모범 답안 열은 온도가 낮은 물체에서 온도가 높은 물체로 이동한다.
  높은 낮은
바로 알기 | 온도가 높은 물체에서 낮은 물체로 이동하는 에너지를 열이라고 한다.

240 온도가 다른 두 물체를 접촉한 후 충분한 시간이 지나면 온도가 높은 물체에서 온도가 낮은 물체로 열이 이동하여 두 물체의 온도가 같아진다. 이를 열평형이라고 한다.

241 전도는 고체에서 물체를 구성하는 입자의 움직임이 이웃한 입자에 차례로 전달되어 열이 이동하는 방식이다. 대류는 주로 액체나 기체에서 열이 이동하는 방식이고, 복사는 물질을 거치지 않고 열이 이동하는 방식이다.

242 모범 답안 전도는 입자가 직접 이동하며 열을 전달하는 방식이다.
  대류
바로 알기 | 입자가 직접 이동하며 열을 전달하는 방식은 대류이고, 주로 액체나 기체에서 일어난다. 전도는 고체에서 입자의 움직임이 이웃한 입자에 차례로 전달되어 열이 이동하는 방식이다.

243 금속은 금속이 아닌 유리, 나무, 플라스틱보다 열을 빠르게 전도한다. 이처럼 물질의 종류에 따라 열이 전도되는 정도가 다르다.

244 모범 답안 물을 끓일 때 뜨거워진 물은 아래로 내려가고, 차가운 물은 위로 올라간다.
  차가운 뜨거워진
바로 알기 | 물을 끓이면 열이 대류의 방식으로 이동하여 뜨거워진 물은 위로 올라가고 차가운 물은 아래로 내려간다.

245 모범 답안 난로에 가까이 있을 때 따뜻함을 느끼는 것은 대류와 관련된 현상이다.
  복사
바로 알기 | 복사는 물질을 거치지 않고 열이 직접 이동하는 방식이다. 난로에 가까이 있으면 열이 직접 이동하여 따뜻함을 느낄 수 있다.

난이도별 필수 기출

246 ③	247 ①	248 ④	249 ⑥, ⑧	250 ②
251 ⑤	252 ③	253 ①	254 ④	255 ③, ⑤
256 ⑤	257 ②	258 ④	259 ④	260 ③
261 ④, ⑦	262 ②	263 ①	264 ④	265 ⑤
266 ④	267 ③	268 ②, ③	269 ②	270 ①
271 ⑤	272 ⑤	273 ①	274 ①	275 ⑤
276 ④	277 ④			

246 물질을 구성하는 입자의 움직임이 활발한 정도를 나타낸 것을 온도라고 한다. 온도가 높을수록 입자의 움직임이 활발하고, 온도가 낮을수록 입자의 움직임이 둔하다.

247 물체의 온도가 높아지면 입자의 움직임은 활발해지고, 입자 사이의 거리가 멀어진다.

248 물질의 온도가 높을수록 입자의 움직임이 활발하고, 입자 사이의 거리가 멀다. 따라서 그림에서 (나)>(다)>(가) 순으로 입자의 움직임이 활발하므로 물질의 온도는 (나)>(다)>(가) 순으로 높다.

249 ②, ③ 입자들은 끊임없이 스스로 움직이고, 입자의 움직임이 활발하면 입자 사이의 거리가 멀다.
④ 물질을 구성하는 입자는 매우 작아서 둥근 공 모양의 간단한 입자 모형으로 나타낸다.
⑤, ⑦ 물체의 온도가 높을수록 물체를 구성하는 입자의 움직임이 활발하고, 입자 사이의 거리가 멀다. 물체의 온도가 낮으면 입자의 움직임이 둔하고, 입자 사이의 거리가 가깝다.
바로 알기 | ⑥ 물체를 구성하는 입자의 개수는 물체의 온도와 관련이 없고, 물체의 온도가 높아지면 입자의 움직임이 활발해진다.
⑧ 물체를 구성하는 입자의 크기는 물체의 온도와 관련이 없고, 물체의 온도가 낮을수록 입자의 움직임이 둔해진다.

250 ①, ③, ④ (가)보다 (나)에서 입자의 움직임이 활발하고 입자 사이의 거리가 멀기 때문에 (가)보다 (나)의 온도가 높다.
⑤ 온도는 물질이 차갑고 따뜻한 정도를 숫자로 나타내는 것으로 물질을 이루는 입자의 움직임이 활발한 정도를 나타낸다.
바로 알기 | ② (가)에 열을 가하면 온도가 높아지므로 입자의 움직임이 활발해지고, 입자 사이의 거리가 멀어진다.

251 ㄴ. 잉크는 (나)보다 (가)에서 천천히 퍼지므로 (가)를 구성하는 입자의 움직임은 (나)를 구성하는 입자의 움직임보다 둔하다.
ㄷ. 온도는 입자의 움직임이 활발한 정도를 나타내므로 잉크가 천천히 퍼지는 (가)가 (나)보다 온도가 낮다. 따라서 (가)는 찬물이고, (나)는 뜨거운 물이다.
바로 알기 | ㄱ. 잉크를 동시에 떨어뜨렸는데 (가)보다 (나)에서 잉크가 더 멀리 퍼졌으므로 (가)에서는 잉크가 천천히 퍼지고, (나)에서는 잉크가 빨리 퍼진다.

252 열평형은 온도가 다른 두 물체가 접촉하였을 때 온도가 높은 물체에서 온도가 낮은 물체로 열이 이동하여 두 물체의 온도가 같아진 상태이다.

253 열은 온도가 높은 물체에서 낮은 물체로 이동한다. B의 온도는 35 °C이고, A의 온도는 10 °C이므로 열은 B → A로 이동한다.

254 ・A~C 구간: 뜨거운 물은 온도가 낮아지고, 찬물은 온도가 높아진다.
・D 구간: 두 물의 온도가 같다.
열평형은 온도가 다른 두 물체를 접촉시켰을 때 두 물체의 온도가 같아진 상태이다. D 구간에서부터 두 물의 온도가 같으므로 열평형이 이루어진 구간은 D이다.

255 ①, ④ 온도가 다른 두 물체가 접촉하면 온도가 높은 물체에서 온도가 낮은 물체로 열이 이동한다.
② 물체가 열을 얻으면 온도가 높아져서 입자의 움직임이 활발해진다.
⑥ 온도가 다른 두 물이 접촉했을 때 두 물이 각각 얻는 열의 양과 잃는 열의 양이 같고, 열평형을 이루면 열이 이동하지 않는다.
바로 알기 | ③ 열의 이동과 물체의 부피는 관련이 없다.
⑤ 온도가 높은 물체는 입자의 움직임이 활발하고, 온도가 낮은 물체는 입자의 움직임이 둔하다. 따라서 열은 입자의 움직임이 활발한 물체에서 입자의 움직임이 둔한 물체로 이동한다.

256 열은 온도가 높은 물체에서 온도가 낮은 물체로 이동한다. 따라서 A~D의 온도를 비교하면 D>A, D>C, C>A, C>B, B>A이다. 따라서 D>C>B>A이다.

257 ㄱ, ㄹ. 4 분이 되었을 때 두 물의 온도가 24 ℃로 같아졌으므로 열평형을 이루었다. 열평형을 이룬 두 물은 6 분이 되어도 같은 온도를 유지한다.
바로 알기 | ㄴ. 찬물의 온도가 높아지므로 찬물을 구성하는 입자의 움직임은 활발해진다.
ㄷ. 2 분일 때 두 물은 아직 열평형이 이루어지지 않았으므로 열은 뜨거운 물에서 찬물로 이동한다.

258 ④ 온도가 다른 두 물체를 접촉한 뒤 시간이 지나면 두 물체는 열평형을 이루어 온도가 같아진다.
바로 알기 | ①, ② 온도가 높은 물체에서 온도가 낮은 물체로 열이 이동하므로 A의 온도는 낮아지고, 입자의 운동이 더 둔해진다.
③ A보다 B의 온도가 낮으므로 A에서 B로 열이 이동한다.
⑤ 시간이 지나면 A의 온도와 B의 온도는 같아진다.

259 **바로 알기 |** ④ 추운 겨울날 햇볕 아래에 있으면 따뜻함을 느끼는 것은 복사와 관련된 현상이다.

260 ・두 물체를 접촉했을 때 온도가 낮은 물체의 온도가 점점 높아지므로 처음 온도는 A>D이다.
・두 물체를 접촉했을 때 온도가 높은 물체의 입자 운동은 점점 둔해지므로 처음 온도는 D>B이다.
・두 물체를 접촉했을 때 온도가 높은 물체에서 온도가 낮은 물체로 열이 이동하므로 처음 온도는 C>A이다.
따라서 A>D, D>B, C>A이므로 A~D의 처음 온도를 비교하면 C>A>D>B이다.

261 ①, ② 0~5 분까지 온도가 높은 물체인 A에서 온도가 낮은 물체인 B로 열이 이동하므로 A는 열을 잃고, B는 열을 얻는다.
③ 1 분일 때 B보다 A의 온도가 더 높으므로 입자의 움직임은 A가 더 활발하다.
⑤ 0~5 분까지 B의 온도는 점점 높아지므로 B를 구성하는 입자 사이의 거리는 멀어진다.

⑥ A와 B는 5 분에 열평형에 도달하며, 이때의 온도는 30 ℃이다.
바로 알기 | ④ 5 분까지 A의 온도는 점점 낮아지므로 A를 구성하는 입자의 움직임은 점점 둔해진다.
⑦ 온도가 다른 두 물체 A, B를 접촉했을 때 열평형에 이를 때까지 A가 잃은 열량과 B가 얻은 열량이 같다.

262 ㄱ. A 입자의 움직임이 B 입자의 움직임보다 둔하기 때문에 A의 온도가 B의 온도보다 낮다.
ㄷ. 두 물체가 접촉하고 충분한 시간이 지나면 A와 B의 온도가 같아지는 열평형을 이루기 때문에 A와 B를 구성하는 입자 사이의 거리도 같아진다.
바로 알기 | ㄴ. 온도가 높은 B가 온도가 낮은 A와 접촉하여 B의 온도는 낮아지므로 B를 구성하는 입자의 움직임은 둔해진다.
ㄹ. 충분한 시간이 지나면 A와 B는 열평형을 이루어 입자의 움직임이 활발한 정도가 같아진다.

263 ㄱ. 막대의 (가) 부분을 가열하면 열이 전도의 방식으로 이동하므로 (가)에서 (나)로 열이 이동한다.
바로 알기 | ㄴ. 고체인 막대에서는 입자의 움직임이 이웃한 입자에 차례로 전달되는 전도의 방식으로 열이 이동한다.
ㄷ. 유리보다 철에서 열이 더 빠르게 전도되므로 열은 유리 막대보다 철 막대에서 더 잘 이동한다.

264 냉난방기를 설치할 때는 열의 이동 방식인 대류를 고려해야 한다. 차가운 공기는 아래로 이동하므로 냉방기는 위쪽에 설치해야 한다. 따뜻한 공기는 위로 이동하므로 난방기는 아래쪽에 설치해야 한다.

265 ㄴ. 에어컨을 천장에 설치하면 찬 공기가 아래로 내려가고 따뜻한 공기가 위로 올라가며 대류의 방식으로 열이 이동하여 방 전체가 시원해진다.
ㄷ. 에어프라이어에서 가열한 공기가 이동하면서 음식을 익히는 것은 대류의 방식으로 열이 이동하는 현상이다.
바로 알기 | ㄱ. 햇볕 아래에 있으면 몸이 따뜻해지는 것은 복사에 의한 현상이다.

266 난로 옆에 있으면 물질의 도움을 받지 않고 열이 직접 이동하여 난로를 향한 쪽이 따뜻해진다. 열이 직접 이동하는 방식은 복사이다.

267 ㄷ. 금속 막대의 한쪽 끝만 가열해도, 활발해진 입자의 움직임이 이웃한 입자에 차례로 전달되어 금속 막대의 다른 쪽 끝까지 뜨거워진다.
바로 알기 | ㄱ, ㄴ. 금속은 금속이 아닌 유리, 나무, 플라스틱보다 열이 더 빠르게 전도된다. 따라서 물질의 종류에 따라 열이 전도되는 정도가 다르다.

268 ①, ④ 금속 막대의 한쪽 끝인 ㉠ 부분을 가열하면 ㉠ 부분의 입자의 움직임이 이웃한 입자에 차례로 전달되는 전도의 방식으로 열이 전달된다.
⑤ 전도의 방식으로 열이 전달되어 ㉡ 부분에도 온도가 높아지므로 입자의 움직임이 활발해진다.
⑥ 손난로를 쥐고 있을 때 손이 따뜻해지는 것은 전도에 의한 현상이다.
바로 알기 | ② 열을 받은 입자가 직접 이동하는 방식으로 열이 전달되는 것은 대류이다.
③ 온도가 높을수록 입자의 움직임이 활발해지므로 가열한 ㉠ 부분은 입자의 움직임이 활발해진다.

269 냄비의 손잡이가 뜨거워지는 것은 전도에 의한 현상이다.
①, ③, ④, ⑤는 모두 전도에 의한 현상이다.
바로 알기 | ② 모닥불에 손을 가까이 하면 손이 따뜻해지는 것은 복사에 의한 현상이다.

270 ①, ③ 주전자에 담긴 물을 끓일 때 주전자 내부에서는 대류의 방식으로 열이 이동하여 가열된 물 입자들이 직접 이동한다.
④ 대류에 의해 뜨거워진 물의 입자는 위로, 찬물의 입자는 아래로 이동하면서 열을 전달한다.
⑤ 아래쪽에 설치한 난방기를 틀면 대류에 의해 따뜻해진 공기가 위로 올라가며 방 전체가 따뜻해진다.
바로 알기 | ② 물질의 도움 없이 열이 직접 이동하는 것은 복사이다.

271 ⑤ 물을 끓일 때 뜨거워진 물과 찬물이 골고루 섞여 물 전체가 데워지는 것과 관련 있는 것은 대류이다.
바로 알기 | ① 입자가 직접 이동하면서 열이 이동하는 것은 대류의 방식으로 열이 전달되는 것이다.
②, ③ 주로 고체에서 열이 이동하는 방식은 물질을 구성하는 입자의 움직임이 이웃한 입자에 차례로 전달되는 전도이다.
④ 진공인 우주 공간에서도 열이 이동할 수 있는 것은 복사의 방식으로 열이 이동하는 현상이다.

272 ⑤ 열이 어떤 물질의 도움 없이 직접 전달되는 방식은 복사이다. 열화상 카메라로 물체를 촬영하면 복사에 의해 열이 이동하여 물체의 온도를 측정할 수 있다.
바로 알기 | ①, ③ 방 안에 난로를 낮은 곳에 설치하면 방 전체가 따뜻해지는 것과 주전자를 가열하면 주전자 속 물 전체가 데워지는 것은 대류에 의한 현상이다.
② 뜨거운 물이 담긴 컵의 손잡이를 만지면 따뜻한 것은 전도에 의한 현상이다.
④ 냄비 바닥은 금속으로 만들고, 손잡이는 플라스틱으로 만드는 까닭은 물질의 종류에 따라 전도되는 정도가 다르기 때문이다.

273 (가)는 불에 금속 막대를 가져다 대면 금속 막대 전체가 뜨거워지는 것으로 전도에 의한 열의 이동 방식이다.
(나)는 냄비를 가열하면 냄비 안 물 전체가 뜨거워지는 것으로 대류에 의한 열의 이동 방식이다.
(다)는 모닥불에 손을 가까이 하면 손이 따뜻해지는 것으로 복사에 의한 열의 이동 방식이다.

274 ① 에어프라이어에서는 가열한 공기의 대류를 이용하여 음식을 익힌다.
바로 알기 | ② 겨울철에 햇볕 아래에 있으면 따뜻한 것은 복사에 의한 현상이다.
③ 뜨거운 물에 넣어 둔 금속 숟가락이 뜨거워지는 것은 고체에서 입자의 움직임이 이웃한 입자에 차례로 전달되어 열이 이동하는 전도에 의한 현상이다.
④, ⑤ 방 안에 에어컨을 켜 두면 방 전체가 시원해지는 것과 물이 담긴 냄비의 아래쪽을 가열하면 물 전체가 뜨거워지는 것은 액체나 기체를 구성하는 입자가 직접 이동하며 열이 이동하는 방식인 대류에 의한 현상이다.

275 **바로 알기** | ⑤ 냄비의 바닥 부분을 금속으로 만들면 열이 전도의 방식으로 이동하여 냄비 바닥이 골고루 따뜻해져 음식을 잘 익힐 수 있다.

276 ㄴ. 뜨거운 금속 추가 접촉한 부분은 온도가 높아지므로 입자의 움직임이 활발해진다.
ㄹ. 바깥 부분의 온도는 금속판이 플라스틱판보다 먼저 온도가 높아졌으므로 금속은 플라스틱보다 열을 더 빠르게 전도한다.
바로 알기 | ㄱ. 플라스틱판과 금속판에서는 전도의 방식으로 열이 이동하므로 입자의 움직임이 이웃한 입자에 차례로 전달되어 열이 이동한다. 입자가 직접 이동하여 열을 전달하는 것은 대류의 방식이다.
ㄷ. (나)에서 플라스틱판과 금속판의 중심 부분의 온도가 먼저 높아졌으므로 중심 부분에서 바깥 부분으로 열이 이동한다.

277 ④ (다)는 방의 아래쪽에 난방기를 설치했을 때 방 전체가 따뜻해지는 모습으로 대류의 방식으로 열이 이동한다.
바로 알기 | ① (가)는 난로와 가까운 곳이 따뜻해지는 모습으로 복사의 방식으로 열이 이동한다.
② (나)는 주전자의 아래 부분을 가열하면 주전자의 손잡이 부분까지 뜨거워지는 모습으로 전도의 방식으로 열이 이동한다. 전도는 입자의 움직임이 이웃한 입자에 차례로 전달되는 방식으로 열이 이동한다.
③ 물을 끓이면 물 전체가 뜨거워지는 것과 관련된 열의 이동 방식은 대류이다.
⑤ 전기장판에 닿아있는 손이 따뜻해지는 것과 관련된 열의 이동 방식은 전도이다.

278 모범 답안 (나) > (가) > (다), 물질의 온도가 높을수록 물질을 구성하는 입자의 움직임이 활발하기 때문이다.
해설 물체의 온도가 높을수록 물질을 구성하는 입자의 움직임이 활발하여 입자 사이의 거리가 멀다. 입자의 움직임은 (나)가 가장 활발하고 (다)가 가장 둔하다.

279 모범 답안

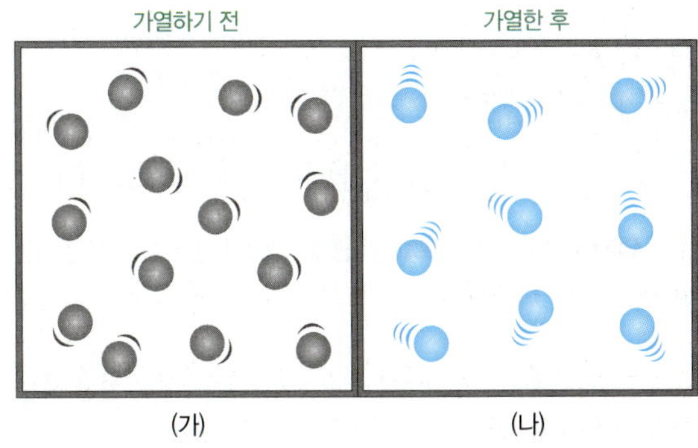

해설 물을 가열하면 물의 온도가 높아지므로 입자의 운동이 활발해진다.

280 모범 답안 실온에 두었던 물을 냉장고에 넣으면 물의 온도가 낮아져서 물을 구성하는 입자의 움직임이 둔해지고, 입자 사이의 거리가 가까워진다.

281 모범 답안 (1) 열이 A에서 B로 이동하여 A는 온도가 낮아지고, B는 온도가 높아진다.
(2) A를 구성하는 입자의 움직임은 둔해지고, B를 구성하는 입자의 움직임은 활발해진다.

[해설] A와 B가 접촉했을 때 온도가 높은 물체 A에서 온도가 낮은 물체 B로 열이 이동한다. 따라서 A의 온도가 낮아지므로 입자의 움직임은 둔해지고, B의 온도가 높아지므로 입자의 움직임은 활발해진다.

282 [모범 답안] 체온을 측정할 때 입안에 체온계를 넣고 충분히 기다리면 몸과 체온계가 열평형에 도달한다. 그러면 몸과 체온계의 온도가 같아져 체온을 측정할 수 있다.

283 [모범 답안] (1) A → B, 열은 온도가 높은 A에서 온도가 낮은 B로 이동하기 때문이다.
(2) 열평형
(3) A는 온도가 낮아져서 입자의 움직임이 둔해지고, B는 온도가 높아져서 입자의 움직임이 활발해진다.
[해설] 온도가 다른 두 물체가 접촉하였을 때 열이 이동하여 두 물체의 온도가 같아진 상태를 열평형이라고 한다.

284 [모범 답안] 프라이팬의 바닥 부분은 음식을 빠르게 익힐 수 있도록 열을 빠르게 전도하는 금속으로 만들고, 손잡이 부분은 안전하게 잡을 수 있도록 열을 느리게 전도하는 나무로 만든다.

285 [모범 답안] • 냉방기: (가), 차가운 공기는 아래로 이동하므로 냉방기는 위쪽인 (가)에 설치해야 한다.
• 난방기: (나), 따뜻한 공기는 위로 이동하므로 난방기는 아래쪽인 (나)에 설치해야 한다.
[해설] 효율적인 냉난방을 하려면 대류에 의한 현상을 고려해야 한다.

286 [모범 답안] 뜨거운 물은 위로 올라가고, 찬물은 아래로 내려오면서 섞인다. 이는 물 입자들이 직접 이동하면서 열이 대류의 방식으로 이동하기 때문이다.

287 [모범 답안] (1) (가): 복사, (나): 대류, (다): 전도
(2) (가): 햇볕에 있으면 몸이 따뜻해진다. 등
(나): 에어프라이어는 가열된 공기의 대류를 이용하여 음식을 익힌다. 등
(다) 손난로를 쥐고 있으면 손이 따뜻해진다. 등
[해설] (가)에서 책을 뒤로 던지는 것은 복사의 방식으로 열이 직접 이동하는 것을 비유한 것이다.
(나)에서 학생이 직접 책을 들고 가는 것은 대류의 방식으로 가열된 입자가 직접 이동하면서 열이 이동하는 것을 비유한 것이다.
(다)에서 책을 뒤로 건네주는 것은 전도의 방식으로 입자의 움직임이 이웃한 입자에 차례로 전달되어 열이 이동하는 것을 비유한 것이다.

288 [모범 답안] (1) 복사, 복사는 물질을 거치지 않고 열이 직접 이동하는 방식이다.
(2) →
[해설] 뜨거운 햇볕이 내리쬐어서 더워지는 것은 열이 직접 이동하는 방식인 복사에 의한 현상이다. 얼음과 팔이 접촉했을 때 얼음보다 팔의 온도가 높으므로 팔에서 얼음으로 열이 이동한다.

289 [모범 답안] (1) 금속 의자와 나무 의자 모두 밖의 공기와 열평형을 이루었으므로 금속 의자와 나무 의자 모두 기온과 온도는 같다.
(2) 금속은 나무보다 열을 더 빠르게 전도하므로 나무 의자에 앉을 때보다 금속 의자에 앉을 때 몸의 열이 의자로 빠르게 이동하여 더 차갑게 느껴진다.
[해설] 금속은 금속이 아닌 나무보다 열을 더 빠르게 전도한다.

290 [모범 답안] (1) 대류, 냄비 속의 뜨거운 물은 위로 올라가고 차가운 물은 아래로 내려가며 물이 끓는다.

(2) 전도, 불에 닿아 있는 냄비의 바닥 부분이 뜨거워지며 냄비의 옆면도 뜨거워진다.
(3) 복사, 불 가까이에 있으면 따뜻함이 느껴진다.
[해설] 물을 끓일 때 물에서는 대류의 방식으로 열이 이동하고, 불에 닿아 있는 냄비의 바닥 부분은 전도의 방식으로 열이 이동한다. 불 가까이에서 따뜻함이 느껴지는 것은 복사의 방식으로 열이 이동하는 것이다.

291 [모범 답안] 보온병의 이중벽 사이에 진공 층을 두면 전도와 대류에 의한 열의 이동을 막아 보온병 안에 있는 물을 따뜻하게 유지할 수 있다.
[해설] 전도, 대류, 복사에 의한 열의 이동을 막아서 단열이 되면 열이 이동하지 못하므로 온도를 오랫동안 일정하게 유지할 수 있다.

06 비열

OX로 개념 확인
70 쪽

292 ○	293 ×	294 ×	295 ×	296 ○
297 ×	298 ○	299 ×	300 ○	301 ×

293 [모범 답안] 물 1 kg의 온도를 <u>10</u> ℃ 높이는 데 1 kcal의 열량이 필요하다.
(1)

294 [모범 답안] 물질에 가한 열량이 같을 때 물질의 질량이 클수록 온도 변화가 <u>크다.</u>
(작다.)
바로 알기 | 물질에 가한 열량이 같을 때 물질의 질량과 온도 변화는 반비례한다.

295 [모범 답안] 비열은 어떤 물질 1 <u>g</u>의 온도를 1 ℃ 높이는 데 필요한 열량이다.
(kg)
바로 알기 | 비열은 물질 1 kg의 온도를 1 ℃ 높이는 데 필요한 열량으로 단위는 kcal/(kg·℃)이다.

296 질량이 같은 물질을 같은 온도만큼 높일 때 필요한 열량은 비열이 클수록 많다.

297 [모범 답안] 비열이 클수록 온도를 높이는 데 많은 열량이 필요하므로 온도가 잘 <u>변한다.</u>
(변하지 않는다.)
바로 알기 | 질량이 같은 비열이 큰 물질과 비열이 작은 물질에 같은 열량을 가하면 비열이 큰 물질이 비열이 작은 물질보다 온도가 잘 변하지 않는다.

298 물의 비열은 1 kcal/(kg·℃)로 다른 물질에 비해 매우 크다.

299 [모범 답안] 비열은 질량과 <u>반비례한다.</u>
(관계없다.)
바로 알기 | 비열은 물질의 특성으로 물질의 종류가 같으면 질량과 관계없이 항상 일정하다.

300 모래의 비열이 바닷물의 비열보다 작으므로 온도가 쉽게 변한다. 따라서 낮에 태양으로부터 모래와 바닷물이 같은 열량을 받으면 모래의 온도가 바닷물의 온도보다 높아진다.

301 냉각수로 물을 넣는 것은 비열이 작은 물질을 활용한 예
~~작은~~ 큰
이다.

바로 알기 | 물은 비열이 큰 물질이므로 자동차 엔진이 너무 뜨거워지는
것을 막기 위해 냉각수로 물을 넣는다.

난이도별 **필수 기출**　　71 쪽~75 쪽

302 ⑤	303 ④, ⑥	304 ④	305 ④	306 ⑤
307 ②	308 ①	309 ③	310 ④, ⑤	311 ⑤
312 ⑤	313 ②, ④	314 ③, ⑤	315 ③	316 ②
317 ②	318 ④	319 ①	320 ④	321 ②
322 ③	323 ⑤	324 ③	325 ①	326 ②

302 물 1 kg의 온도를 1 °C 높이는 데 1 kcal의 열량이 필요하다.
따라서 물 5 kg의 온도를 1 °C 높이는 데는 1 kcal×5=5 kcal가 필
요하고, 물 5 kg의 온도를 30 °C 높이는 데는 5 kcal×30=150 kcal
가 필요하다.

303 **바로 알기** | ④ 물질이 종류가 다르면 비열도 다르므로 같은 질
량에 같은 열량을 가해도 온도 변화가 다르다.
⑥ 같은 시간 동안 같은 세기의 불꽃으로 가열하면 물질의 질량과 관계
없이 물질에 가한 열량이 같다.

304 질량이 다른 물을 같은 온도만큼 높일 때 필요한 열량은 물의
질량에 비례하므로 100 g : 300 g=30 kcal : x에서 x=90 kcal이다.

305 ㄱ. (가)와 (나)를 비교하면 같은 질량의 물에 가한 열량이 (나)
가 (가)보다 많다. 이때 (나)의 온도 변화가 (가)의 온도 변화보다 크므로
물질에 가한 열량이 많을수록 온도 변화가 크다는 것을 알 수 있다.
ㄷ. (가)와 (다)를 비교하면 물의 온도 변화가 같고, 질량은 (다)가 (가)보
다 크다. 이때 (다)에 가한 열량이 (가)에 가한 열량보다 많으므로 물질의
온도 변화가 같을 때 물질의 질량이 클수록 물질에 가한 열량이 많다는
것을 알 수 있다.
바로 알기 | ㄴ. (나)와 (다)를 비교하면 물에 가한 열량이 같고, (다)의 질
량이 (나)의 질량보다 크다. 이때 (나)의 온도 변화가 (다)의 온도 변화보
다 크므로 물질의 질량이 클수록 온도 변화가 작다는 것을 알 수 있다.

306 같은 질량에 같은 열량을 가할 때 비열이 작을수록 온도 변화가
크다. 표의 물질 중 구리의 비열이 가장 작으므로 같은 열량을 가할 때
온도 변화가 가장 크다.

307 철의 온도 변화는 39 °C−20 °C=19 °C이고, 납의 온도 변
화는 86 °C−20 °C=66 °C, 구리의 온도 변화는 43 °C−20 °C=
23 °C이므로 온도 변화는 납>구리>철 순으로 크다. 온도 변화가 클
수록 비열이 작으므로 비열은 철>구리>납 순으로 크다.

308 물질의 질량이 같을 때 물질의 비열이 클수록 물질의 온도를 높
이는 데 필요한 열량이 많다. 따라서 같은 질량에 같은 열량을 가해도 비
열이 큰 물질은 비열이 작은 물질보다 온도 변화가 작다.

309 비열은 어떤 물질 1 kg의 온도를 1 °C 높이는 데 필요한 열량이
다. 질량이 1 kg인 물질의 온도를 20 °C 높이는 데 20 kcal의 열량이 필
요했으므로 이 물질 1 kg의 온도를 1 °C 높이는 데는 20 kcal÷20=
1 kcal가 필요하다. 따라서 이 물질의 비열은 1 kcal/(kg·°C)이다.

310 ① 물 1 kg의 온도를 1 °C 높이는 데 1 kcal의 열량이 필요하
므로 물의 비열은 1 kcal/(kg·°C)이다.
②, ③ 비열은 어떤 물질 1 kg의 온도를 1 °C 높이는 데 필요한 열량이
다. 따라서 비열이 크면 온도를 높이는 데 많은 열량이 필요하므로 온도
가 쉽게 변하지 않는다.
⑥ 비열은 물질의 고유한 특성이므로 철과 알루미늄과 같이 겉보기 성질
이 비슷한 물질도 비열을 이용하여 구별할 수 있다.
⑦ 비열이 큰 물질은 비열이 작은 물질보다 1 °C 높이는 데 더 많은 열
량이 필요하다. 따라서 물질의 질량이 같을 때 비열이 큰 물질이 비열이
작은 물질보다 같은 온도만큼 높이는 데 필요한 열량이 더 많다.
바로 알기 | ④, ⑤ 비열은 물질의 고유한 특성으로, 물질마다 다르고 변
하지 않는다.

311 ① 콩기름의 비열은 0.47 kcal/(kg·°C)이고, 알루미늄의 비
열은 0.21 kcal/(kg·°C)이므로 비열은 콩기름이 알루미늄보다 크다.
② 물질의 질량이 같을 때 비열이 클수록 같은 온도만큼 높이기 위해 많
은 열량이 필요하다. 따라서 비열이 가장 큰 물의 온도가 가장 잘 변하지
않는다.
③ 콩기름의 비열은 에탄올의 비열보다 작으므로 같은 질량을 같은 시간
동안 가열할 때 콩기름의 온도가 에탄올의 온도보다 빠르게 높아진다.
④ 물질 1 kg의 온도를 1 °C 높이는 데 필요한 열량은 비열이다. 비열
이 가장 작은 물질은 철이다.
바로 알기 | ⑤ 에탄올이 철보다 비열이 크기 때문에 질량이 같은 에탄올
과 철에 같은 열량을 가하면 철의 온도가 더 빠르게 높아진다.

312 ① 물의 온도 변화는 25 °C−10 °C=15 °C이고, 식용유의
온도 변화는 70 °C−10 °C=60 °C이므로 물보다 식용유의 온도가 더
잘 변한다.
② 같은 질량의 물질에 같은 열량을 가했을 때 비열이 클수록 온도 변화
가 작다. 식용유보다 물의 온도 변화가 더 작으므로 비열은 물이 식용유
보다 더 크다.
③ 식용유의 비열이 물의 비열보다 작으므로 같은 열량을 가하면 식용유
의 온도가 물보다 더 크게 변한다.
④ 식용유의 온도가 더 잘 변하므로 물과 식용유를 냉장고에 넣으면 식
용유의 온도가 더 빨리 낮아진다.
바로 알기 | ⑤ 비열이 작을수록 온도를 높이는 데 필요한 열량이 적다.
식용유의 비열이 물의 비열보다 작으므로 온도를 각각 1 °C씩 높이기 위
해서는 식용유에 더 적은 열량을 가해야 한다.

313

물질	처음 온도(°C)	5 분 후 온도(°C)	온도 변화
A	10	70	60
B	10	25	15
C	10	40	30
D	10	65	55

온도 변화: A>D>C>B ➡ 비열: B>C>D>A

② 비열이 클수록 온도 변화는 작으므로 B의 비열이 A의 비열보다 크다.
④ 비열이 클수록 같은 온도까지 높이는 데 필요한 열량이 많으므로 같
은 온도까지 높이는 데 필요한 열량은 B가 A보다 많다.
바로 알기 | ① A의 온도 변화는 60 °C, B의 온도 변화는 15 °C, C의
온도 변화는 30 °C, D의 온도 변화는 55 °C이다. 따라서 온도 변화는
A>D>C>B 순으로 크다.
③ A~D를 5 분 동안 같은 가열 장치로 가열했으므로 가해진 열량은
모두 같다.

⑤ 비열은 B>C>D>A 순으로 크므로 D보다 C의 온도가 느리게 올라간다.

⑥ A의 비열이 D의 비열보다 작으므로 A의 온도 변화가 더 크다. 따라서 냉각시키면 D보다 A가 빨리 식을 것이다.

314 ③ 5분 동안 A와 B에 같은 열량을 가했을 때 A의 온도 변화는 40 °C−10 °C=30 °C이고, B의 온도 변화는 30 °C−10 °C=20 °C이므로 A의 온도 변화가 B보다 크다.

⑤ 5분 동안 A와 B를 같은 가열 장치로 가열했으므로 A가 얻은 열량과 B가 얻은 열량은 같다.

바로 알기 | ① A의 기울기가 B의 기울기보다 크므로 A의 온도 변화가 더 크다. 온도 변화가 클수록 비열이 작으므로 비열은 A가 B보다 작다.

② A와 B는 비열이 다르므로 다른 종류의 물질이다.

④ 비열은 물질의 특성으로 질량과는 관계없이 일정하다.

⑥ 비열이 큰 물질은 같은 온도만큼 높이기 위해 더 많은 열량이 필요하다. B의 비열이 A의 비열보다 크므로 B가 A보다 더 많은 열량이 필요하다.

315 물질의 비열은 온도 변화에 반비례한다. A의 온도 변화는 B의 온도 변화의 $\frac{1}{2}$ 배이므로 A의 비열은 B의 비열의 2배이다.

316 열량=비열×질량×온도 변화=0.47 kcal/(kg·°C)×0.5 kg ×20 °C=4.7 kcal이다.

317 어떤 물질에 같은 열량을 가할 때 물질의 비열은 질량과 온도 변화에 각각 반비례한다.

비열의 비는 A : B : C=$\frac{1}{20×5}$: $\frac{1}{100×10}$: $\frac{1}{250×2}$=10 : 1 : 2 로 A>C>B이다.

318 ㄱ. 온도 변화는 물이 식용유보다 작으므로 물의 비열이 식용유의 비열보다 크다.

ㄷ. 물의 비열이 식용유의 비열보다 크므로 같은 온도만큼 높이는 데 필요한 열량은 물이 식용유보다 많다.

바로 알기 | ㄴ. 비열은 물질의 특성이므로 질량에 관계없이 일정하다.

319

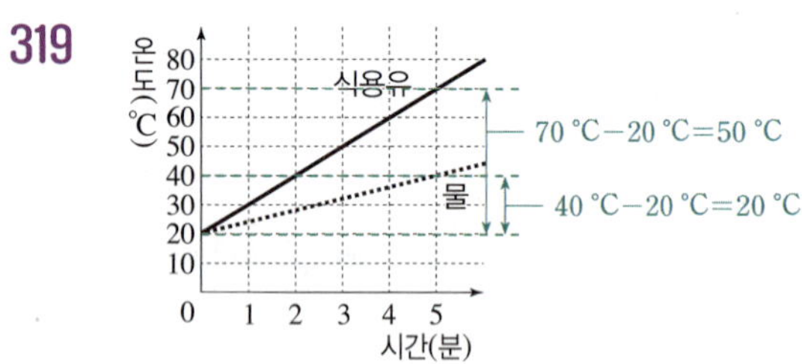

ㄱ. 물질에 같은 열량을 가했을 때 물질의 비열은 온도 변화에 반비례한다. 물과 식용유를 가열하고 5분이 되었을 때 식용유의 온도 변화는 50 °C이고, 물의 온도 변화는 20 °C이다. 식용유의 온도 변화는 물의 온도 변화의 $\frac{50\ °C}{20\ °C}$ 배이므로 식용유의 비열은 물의 비열의 $\frac{20\ °C}{50\ °C}$=0.4 배이다.

바로 알기 | ㄴ. 비열은 물이 식용유보다 크므로 같은 온도까지 높이는 데 필요한 열량은 물이 식용유보다 많다.

ㄷ. 식용유의 질량은 0.2 kg이고, 5분 동안 식용유의 온도 변화는 50 °C이므로 식용유의 비열=$\frac{열량}{질량×온도\ 변화}$=$\frac{4\ kcal}{0.2\ kg×50\ °C}$=0.4 kcal/(kg·°C)이다.

320 모래의 비열이 바닷물보다 작기 때문에 모래와 바닷물에 같은 열량을 가했을 때 모래의 온도가 더 빠르게 올라간다. 따라서 모래의 온도가 바닷물의 온도보다 높아진다.

321 뚝배기는 비열이 커서 온도가 잘 변하지 않는다. 따라서 뚝배기에 찌개를 끓이면 오랫동안 따뜻함을 유지할 수 있다.

322 ③ 난방용 온수관은 비열이 작아 빠르게 따뜻해지면서 바닥에 열을 전달한다.

바로 알기 | ①, ⑤ 찜질 팩 안에 넣는 물질과 자동차 엔진의 냉각수로는 비열이 큰 물을 사용하는 것이 좋다.

② 모래보다 바닷물의 비열이 크기 때문에 밤에는 모래의 온도가 바닷물의 온도보다 낮다.

④ 사람의 몸에 있는 물은 비열이 커서 체온을 유지하는 데 도움을 준다.

323 ㄴ. 냉각수로 사용하는 물은 비열이 커서 온도 변화가 작다.

ㄷ. 냉각수는 비열이 큰 물을 사용해서 엔진의 온도 변화가 작도록 한다.

바로 알기 | ㄱ. 자동차 엔진의 냉각수로는 비열이 큰 물을 사용하여 엔진이 빠르게 뜨거워지는 것을 막는다.

324 비열이 큰 물질을 활용한 예로는 냉각수, 찜질 팩, 뚝배기 등이 있다. 비열이 작은 물질을 활용한 예로는 난방용 온수관, 프라이팬 등이 있다.

325 찜질 팩과 한옥은 온도 변화가 작도록 비열이 큰 물질을 이용한다. 프라이팬은 온도 변화가 크도록 비열이 작은 물질을 이용한다.

326

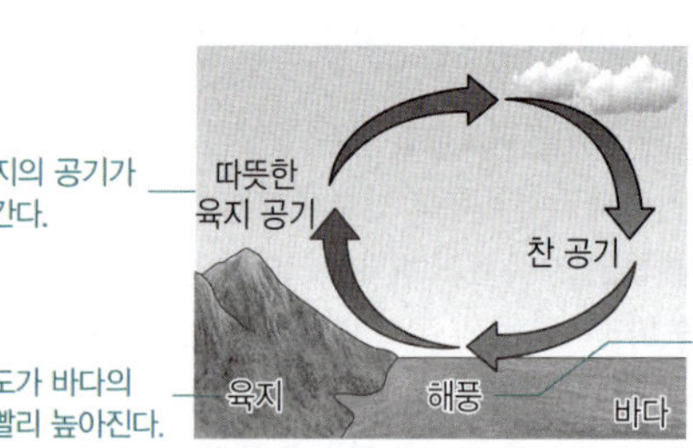

ㄱ. 낮에는 비열이 작은 육지의 온도가 비열이 큰 바다의 온도보다 빨리 높아진다. 따뜻한 육지의 공기가 위로 올라가 빈 공간이 생기며 그 공간으로 바다의 공기가 이동하여 바다에서 육지 쪽으로 해풍이 분다.

ㄹ. 밤이 되면 비열이 작은 육지의 온도가 더 빨리 낮아진다.

바로 알기 | ㄴ, ㄷ. 바다의 비열이 육지의 비열보다 크기 때문에 바다의 온도가 육지의 온도보다 느리게 높아진다.

327 **모범 답안** 물, 같은 시간 동안 물의 온도 변화가 식용유의 온도 변화보다 작으므로 물의 비열이 더 크다.

해설 물의 기울기가 식용유의 기울기보다 작으므로 물의 온도 변화가 식용유의 온도 변화보다 더 작다. 같은 질량의 물질에 같은 열량을 가했을 때 물질의 비열이 클수록 온도 변화가 더 작으므로 물의 비열이 식용유의 비열보다 크다.

328 **모범 답안** 0.2 kcal/(kg·°C),

비열=$\frac{열량}{질량×온도\ 변화}$=$\frac{10\ kcal}{10\ kg×5\ °C}$=0.2 kcal/(kg·°C)이다.

329 [모범 답안] C>B>A, 온도 변화가 A>B>C 순으로 크다. 온도 변화가 클수록 비열이 작으므로 비열은 C>B>A 순으로 크다.

[해설] 그래프의 기울기가 A>B>C 순으로 크므로 온도 변화도 A>B>C 순으로 크다.

330 [모범 답안] (1) B, 같은 질량의 물질에 같은 열량을 가했을 때 비열이 클수록 온도 변화가 작으므로 온도 변화가 가장 작은 B의 비열이 가장 크다.

(2) A와 C, 질량이 같은 A와 C에 같은 열량을 가했을 때 온도 변화가 같으므로 A와 C는 비열이 같다. 비열은 물질의 특성이므로 A와 C는 같은 물질이라고 추측할 수 있다.

[해설] A의 온도 변화는 70 °C−30 °C=40 °C이고, B의 온도 변화는 40 °C−20 °C=20 °C이고, C의 온도 변화는 90 °C−50 °C=40 °C이다. 온도 변화는 A=C>B 순으로 크므로 비열은 B>C=A 순으로 크다.

331 [모범 답안] (1) 2 배, 같은 시간 동안 온도 변화는 B가 A의 $\frac{1}{2}$ 배이므로 비열은 B가 A의 2 배이다.

(2) 2 kcal/(kg·°C), 비열=$\frac{열량}{질량 \times 온도\ 변화}$=$\frac{100\ kcal}{5\ kg \times 10\ °C}$=2 kcal/(kg·°C)이다.

[해설] A와 B에 5 분 동안 같은 열량을 가했을 때 A의 온도 변화는 30 °C−10 °C=20 °C이고, B의 온도 변화는 20 °C−10 °C=10 °C이다. B의 온도 변화는 A의 온도 변화의 $\frac{1}{2}$ 배이고, 비열은 온도 변화에 반비례하므로 B의 비열은 A의 2 배이다.

332 [모범 답안] 물은 비열이 커서 온도 변화가 작으므로 체온을 일정하게 유지하는 데 도움을 준다.

[해설] 물은 비열이 매우 커서 다른 물질에 비해 온도 변화가 매우 작고, 체온을 일정하게 유지하는 데 도움을 준다.

333 [모범 답안] 뚝배기는 비열이 커서 온도 변화가 작으므로 찌개를 먹을 때 뚝배기를 사용하면 따뜻함을 오래 유지할 수 있다.

[해설] 비열이 높은 물질일수록 온도 변화가 작다.

334 [모범 답안] 물, 물의 비열이 가장 크므로 온도가 잘 변하지 않아 오랫동안 따뜻함을 유지할 수 있다.

[해설] 물질의 비열이 클수록 온도 변화가 작다. 비열은 물>콩기름>모래 순으로 크므로 온도 변화는 모래>콩기름>물 순으로 클 것이다. 따라서 찜질 팩에 넣었을 때 가장 오랫동안 따뜻함을 유지할 수 있는 물질은 비열이 가장 큰 물이다.

335 [모범 답안] (가), (가) 육지의 비열이 (나) 바다의 비열보다 작으므로 (가) 육지의 온도 변화가 더 크기 때문에 낮과 밤의 기온 차이가 더 크다.

[해설] 육지의 비열은 바다의 비열보다 작아서 낮에는 온도가 더 빠르게 높아지고, 밤에는 온도가 더 빠르게 낮아져서 낮과 밤의 기온 차이가 더 크다.

336 [모범 답안] (1) 모래의 비열이 물보다 작으므로 낮에는 육지의 온도가 바다의 온도보다 빨리 높아진다.

(2) 낮에 육지의 온도가 바다의 온도보다 빨리 높아지며 따뜻한 육지의 공기는 위로 올라가고 그 빈 자리로 바다의 공기가 이동한다. 따라서 바다에서 육지 방향으로 해풍이 분다.

[해설] 육지의 비열이 바다의 비열보다 작아서 낮에는 육지의 온도가 바다의 온도보다 높고, 밤에는 육지의 온도가 바다의 온도보다 낮다.

07 열팽창

337 [모범 답안] 물질의 온도가 낮아질 때 물질의 길이가 늘어난다.
　　　　　　　　　　　　　　　높아질 때

바로 알기 | 물질의 온도가 높아지면 물질의 길이나 부피가 늘어나며 팽창한다.

338 유리관을 꽂은 삼각 플라스크에 액체를 가득 넣고 가열하면 액체가 열팽창하여 부피가 늘어나므로 유리관을 따라 올라간다.

339 [모범 답안] 물질의 온도가 높아질수록 열팽창 정도가 작다.
　　　　　　　　　　　　　　　　　　　　크다.

바로 알기 | 물질의 온도가 높아질수록 물질을 구성하는 입자 사이의 거리가 더 멀어지므로 열팽창 정도가 커진다.

340 어떤 물질의 온도가 높아지면 물질을 구성하는 입자의 움직임이 활발해지고, 입자 사이의 거리가 멀어지며 부피가 팽창한다.

342 [모범 답안] 바이메탈은 열팽창 정도가 같은 두 금속을 붙여 놓은 장치이다.
　　　　　　　　　　　　　　　다른

바로 알기 | 바이메탈은 열팽창 정도가 다른 두 금속을 붙여 놓아야 온도가 높아졌을 때 바이메탈이 휘어지며 회로를 연결하거나 차단할 수 있다.

343 열팽창 정도가 큰 금속이 열팽창 정도가 작은 금속보다 길이가 더 많이 늘어나기 때문에 바이메탈은 온도가 높아지면 열팽창 정도가 작은 금속 쪽으로 휘어진다.

344 여름에는 기차선로의 온도가 높아져서 길이가 늘어나며 휘어질 수 있기 때문에 기차선로에 틈을 만든다.

345 [모범 답안] 철근과 콘크리트의 열팽창 정도는 다르게 만든다.
　　　　　　　　　　　　　　　　　　　　비슷하게

바로 알기 | 철근과 콘크리트의 열팽창 정도는 비슷하게 만들어야 여름철에도 건물이 열팽창의 영향을 적게 받는다.

346 [모범 답안] 조리 도구를 만들 때 사용하는 내열 유리는 열팽창 정도가 커야 한다.
　　작아야 한다.

바로 알기 | 조리 도구를 만들 때 사용하는 내열 유리는 열팽창 정도가 작아야 온도가 높아져도 열팽창의 영향을 적게 받는다.

347 열팽창은 물질의 온도가 높아질 때 물질의 길이 또는 부피가 늘어나는 현상으로 물질의 온도가 높아지면 입자의 움직임이 활발해지고, 입자 사이의 평균적인 거리가 멀어지며 부피가 팽창한다.

348 ⑥, ⑦ 물체의 온도가 높아질 때 물체의 부피가 팽창하는 까닭은 물체를 구성하는 입자의 움직임이 활발해지고 입자 사이의 거리가 멀어지기 때문이다.
바로 알기 | ①, ②, ③, ④, ⑤ 물체의 온도가 높아질 때 물체의 부피가 팽창하는 까닭은 물체를 구성하는 입자의 수, 입자의 크기, 입자의 질량, 입자의 종류, 입자의 모양과는 아무 관련이 없다.

349 ㄱ. 금속 막대를 가열하면 금속 막대의 온도가 높아진다.
ㄴ. 금속 막대의 온도가 높아지면 금속 막대를 이루는 입자의 움직임이 활발해지며 입자 사이의 거리가 멀어진다.
바로 알기 | ㄷ. 금속 막대에 열을 가하면 금속 막대를 이루는 입자 사이의 거리가 멀어지면서 금속 막대가 팽창한다.

350 ㄱ. 삼각 플라스크에 에탄올을 가득 채우고 뜨거운 물이 담긴 수조에 넣으면 에탄올의 온도가 높아지며 에탄올의 부피가 팽창한다.
ㄷ. 에탄올의 온도가 높아지면 에탄올을 구성하는 입자의 움직임이 활발해지고, 입자 사이의 거리가 멀어진다.
바로 알기 | ㄴ. 에탄올의 부피가 팽창하며 유리관에 있는 에탄올의 높이는 높아진다.

351 열팽창 정도가 클수록 액체의 높이가 높아진다. 따라서 열팽창 정도는 에탄올＞콩기름＞물 순으로 크다.

352 ①, ③ 물질의 온도가 높아지면 물질을 구성하는 입자의 움직임이 활발해지고, 입자 사이의 거리가 멀어져서 물질의 길이나 부피가 늘어난다. 이를 열팽창이라고 한다.
④ 온도가 높아질수록 열팽창 정도가 크다.
⑤ 열팽창은 기체, 액체, 고체에서 모두 일어난다.
바로 알기 | ② 열팽창과 물질을 구성하는 입자의 수와는 관련이 없다.
⑥ 고체나 액체는 물질의 종류에 따라 열팽창 정도가 다르다.

353 ㄱ. 고체에 열을 가하면 온도가 높아지므로 고체를 구성하는 입자의 움직임이 활발해진다.
바로 알기 | ㄴ. 고체의 온도가 높아지면 고체를 구성하는 입자 사이의 평균적인 거리가 멀어진다.
ㄷ. 고체는 물질의 종류에 따라 열팽창하는 정도가 다르다.

354 액체를 넣은 플라스크를 뜨거운 물이 담긴 수조에 넣으면 액체가 열팽창하여 액체의 높이가 올라간다. 이때 B의 높이가 A보다 더 높게 올라갔으므로 B의 열팽창 정도가 더 크다.

355 ④ 물과 에탄올이 열팽창했을 때 물보다 에탄올의 부피가 더 늘어났으므로 액체의 종류에 따라 열팽창 정도가 다르다는 것을 알 수 있다.
바로 알기 | ①, ② 에탄올과 물 모두 온도가 높아져서 열팽창을 하므로 부피가 늘어나며 유리관 속 액체의 높이가 높아진다.
③ 에탄올과 물 모두 온도가 높아지면 입자의 움직임이 활발해지며 입자 사이의 거리가 멀어진다.
⑤ 유리관을 따라 올라간 에탄올의 높이가 물의 높이보다 높으므로 열팽창 정도는 에탄올이 물보다 크다.

356 ㄱ. 알루미늄 테이프를 가열하면 알루미늄의 온도가 높아지므로 알루미늄을 구성하는 입자의 움직임이 활발해진다.
ㄴ. 알루미늄 테이프를 가열한 후의 모습에서 알루미늄박이 종이 쪽으로 휘어져서 알루미늄 테이프의 양 끝이 벌려져 있다.
바로 알기 | ㄷ. 알루미늄박이 종이 쪽으로 휘어진 까닭은 알루미늄박의 길이가 종이보다 더 길어졌기 때문이다. 따라서 열팽창 정도는 알루미늄이 종이보다 크다.

357 ② 금속 고리를 가열하면 금속 고리가 열팽창하여 고리의 둘레가 길어지므로 금속 공이 금속 고리를 통과할 수 있다.
바로 알기 | ① 금속 공을 가열하면 금속 공이 열팽창하여 부피가 늘어나므로 금속 고리를 통과하지 못한다.
③ 금속 고리를 찬물에 넣으면 금속 고리의 부피가 수축하여 금속 공이 금속 고리를 통과하지 못한다. 금속 공을 찬물에 넣으면 금속 공의 부피가 수축하여 금속 공이 금속 고리를 통과할 수 있다.
④ 금속 공과 금속 고리를 동시에 가열하면 금속 공과 금속 고리 모두 부피가 팽창하여 금속 공이 금속 고리를 통과하지 못한다.
⑤ 금속 공과 금속 고리를 동시에 찬물에 넣으면 금속 공과 금속 고리 모두 부피가 수축하여 금속 공이 금속 고리를 통과하지 못한다.

358 ㄷ. 금속 막대 A, B, C는 열팽창 정도가 서로 다르므로 서로 다른 물질이다.
ㄹ. 온도가 높아지면 금속 막대를 이루는 입자의 움직임이 활발해지고, 입자 사이의 거리는 멀어지며 열팽창을 한다.
바로 알기 | ㄱ. 열팽창 정도가 클수록 금속이 많이 팽창하여 바늘이 많이 돌아간다. A＞B＞C 순으로 바늘이 오른쪽으로 많이 돌아갔으므로 열팽창 정도는 A＞B＞C 순으로 크다.
ㄴ. 금속 막대 A, B, C는 같은 가열 장치로 동시에 가열했으므로 A, B, C에 가한 열량은 동일하다.

359 ㄱ. 부피가 증가한 후 액체의 높이는 알코올＞식용유＞글리세린＞물 순으로 높으므로 열팽창 정도는 알코올＞식용유＞글리세린＞물 순으로 크다.
ㄹ. 물, 글리세린, 식용유, 알코올은 충분한 시간이 지나면 온도가 같아지는 열평형을 이룬다.
바로 알기 | ㄴ. 알코올의 높이가 가장 높은 것은 알코올의 열팽창 정도가 가장 크기 때문이다.
ㄷ. 열은 수조에 담긴 뜨거운 물에서 온도가 낮은 플라스크로 이동한다.

360

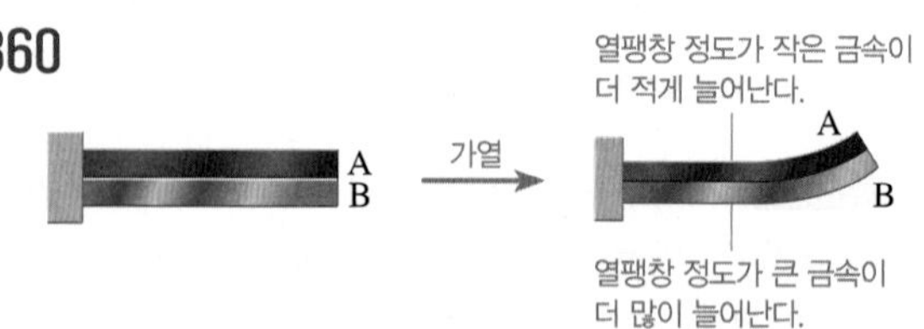

다른 두 금속을 붙여 만든 바이메탈은 온도가 높아지면 열팽창하여 두 금속이 모두 길어진다. 이때, 열팽창 정도가 큰 금속(B)은 많이 팽창하고 열팽창 정도가 작은 금속(A)은 적게 팽창하여 열팽창 정도가 작은 금속(A) 쪽으로 휘어진다.

361 바이메탈은 가열하면 열팽창 정도가 큰 금속이 열팽창 정도가 작은 금속 쪽으로 휘어진다. 따라서 (가)에서 열팽창 정도는 B＞A이고, (나)에서 열팽창 정도는 B＞C이고, (다)에서 열팽창 정도는 A＞C이다. A, B, C의 열팽창 정도를 비교하면 B＞A＞C이므로 열팽창 정도가 가장 큰 금속은 B이고, 열팽창 정도가 가장 작은 금속은 C이다.

362 ㄱ. 바이메탈은 온도가 높아지면 두 금속 A, B가 열팽창하여 길이가 길어진다.

ㄷ. 온도가 높아지면 바이메탈이 A 쪽으로 휘어지며 회로의 연결이 끊어진다. 따라서 다리미의 전원이 차단된다.

바로 알기 | ㄴ. 바이메탈의 온도가 올라갈 때 B가 A보다 더 길어져서 바이메탈이 A 쪽으로 휘어진다.

363 ④ 바이메탈을 이용한 자동 온도 조절 장치를 사용하는 예로는 토스트기, 화재경보기, 전기 주전자, 전기다리미 등이 있다.

바로 알기 | ① 온도가 높아지면 바이메탈이 A 쪽으로 휘어지면서 전원이 차단된다.

② 바이메탈은 온도가 높아지면 열팽창 정도가 큰 금속이 열팽창 정도가 작은 금속 쪽으로 휘어지므로 바이메탈이 A 쪽으로 휘어진다.

③ 금속 A와 금속 B의 열팽창 정도가 다를수록 바이메탈이 더 많이 휜다.

⑤ 온도가 높아지면 금속 A와 금속 B를 구성하는 입자의 움직임이 활발해진다.

364 금속으로 만든 기차선로는 여름철에 열팽창하여 기차선로가 휘어질 수 있다. 따라서 기차선로가 휘는 것을 막기 위해 틈을 만든다.

365 ④ 철로 만든 에펠탑의 온도가 높아지면 에펠탑을 구성하는 입자의 움직임이 활발해지고, 입자 사이의 거리가 멀어지며 열팽창이 일어나 에펠탑의 높이가 높아진다.

바로 알기 | ①, ②, ③ 에펠탑의 온도가 높아져서 열팽창하는 것은 에펠탑을 구성하는 입자의 크기, 입자의 개수, 입자의 종류와는 관계없다.

366 ㄴ. 병뚜껑에 뜨거운 물을 부으면 병뚜껑의 온도가 높아지며 병뚜껑을 구성하는 입자의 움직임이 활발해진다.

바로 알기 | ㄱ. 병뚜껑의 온도가 높아지면 병뚜껑이 열팽창하여 부피가 팽창한다.

ㄷ. 병뚜껑의 온도가 높아지면 병뚜껑을 구성하는 입자 사이의 거리가 멀어진다.

367 ① 열팽창 정도가 비슷한 철근과 콘크리트로 건물을 만들어야 여름철에 건물이 열팽창의 영향을 받지 않는다.

② 가스관의 중간에 구부러진 부분을 만들어야 가스관의 온도가 높아졌을 때 열팽창 때문에 생기는 사고가 일어나지 않는다.

③ 전기 주전자가 과열되면 바이메탈이 휘어지며 전기를 차단한다.

④ 조리 도구로 사용하는 내열 유리는 열팽창 정도가 작아야 부피에 변화가 없다.

⑦ 알코올 온도계 속 액체는 온도가 높아지면 열팽창하여 액체가 가리키는 눈금이 올라간다.

바로 알기 | ⑤ 음식을 오랫동안 따뜻하게 유지하기 위해 뜨거운 돌판 위에 올려놓는 것은 비열이 큰 물질을 활용하는 예이다.

⑥ 물과 식용유를 같이 가열하면 물보다 식용유의 온도가 더 빠르게 높아지는 것은 비열의 차이에 의한 현상이다.

368 가스관 중간에 구부러진 부분을 만든 것은 가스관의 온도가 높아졌을 때 열팽창 때문에 생기는 사고를 예방하기 위해서이다.

ㄱ. 다리의 이음매 부분에 틈을 만드는 것은 여름철에 다리의 온도가 높아졌을 때 다리가 열팽창하여 휘어지는 것을 막기 위해서이다.

바로 알기 | ㄴ. 안경테는 열팽창 정도가 작은 물질로 만들어 모양이 항상 유지되게 한다.

ㄷ. 충치를 치료한 자리에 넣는 충전재는 치아와 열팽창 정도가 비슷한 재료를 사용한다.

369 ㄱ. (가)와 (나)는 온도가 높아지고 낮아졌을 때 전선의 길이가 달라지는 모습이므로 (가)와 (나)에서 생기는 차이는 열팽창으로 인해 생기는 현상이다.

바로 알기 | ㄴ. (가)의 전선이 (나)의 전선보다 더 늘어졌으므로 (가)의 전선에 열팽창이 일어났다. 따라서 (가)의 온도가 (나)보다 높으므로 (가)는 여름의 모습이고, (나)는 겨울의 모습이다.

ㄷ. (가)의 전선보다 (나)의 전선 온도가 낮으므로 입자 사이의 거리는 (가)보다 (나)가 가깝다.

370 ㄱ. 온도계 속 알코올의 온도가 높아지면 알코올이 열팽창하여 온도계 눈금이 올라간다.

ㄷ. 온도계 속 알코올의 온도가 높아지면 입자의 움직임이 활발해지고, 입자 사이의 거리가 멀어진다.

바로 알기 | ㄴ. 온도계 속 알코올의 온도가 높아지며 열팽창을 하므로 알코올의 부피가 늘어난다.

ㄹ. 온도계 안에 있는 액체의 눈금이 잘 올라가기 위해서는 열팽창 정도가 큰 액체를 넣어야 한다.

371 모범 답안 고체에 열을 가하면 온도가 높아져서 고체를 구성하는 입자의 움직임이 활발해지고, 입자 사이의 거리가 멀어진다. 이에 따라 물체의 부피가 늘어나는 열팽창이 일어난다.

372 모범 답안 (1) 아세톤

(2) 물질의 종류에 따라 열팽창 정도가 다르기 때문이다.

해설 아세톤, 글리세린, 물, 에탄올이 올라간 높이를 비교했을 때 아세톤 > 에탄올 > 글리세린 > 물 순으로 높이가 높아졌으므로 열팽창 정도는 아세톤 > 에탄올 > 글리세린 > 물 순으로 크다. 물질의 종류에 따라 열팽창 정도가 다르기 때문에 유리관 속 액체의 높이가 모두 다르다.

373 모범 답안 C > A > B, 열팽창 정도가 클수록 액체의 높이가 더 높아진다. 액체의 높이가 C > A > B 순으로 높으므로 열팽창 정도는 C > A > B 순으로 크다.

374 모범 답안 알루미늄 > 구리 > 철, 바늘이 많이 회전할수록 열팽창 정도가 크므로 열팽창 정도는 알루미늄 > 구리 > 철 순으로 크다.

해설 알루미늄, 구리, 철의 온도가 높아질 때 열팽창 정도가 클수록 길이가 많이 늘어나므로 바늘이 오른쪽으로 더 회전한다. 바늘이 오른쪽으로 회전한 정도를 비교하면 알루미늄 > 구리 > 철 순으로 많이 회전했으므로 열팽창 정도는 알루미늄 > 구리 > 철 순으로 크다.

375 모범 답안 온도가 높아지는 여름철에 기차선로나 다리가 열팽창하여 휘어지는 것을 막기 위해서이다.

해설 여름철에는 온도가 높아져서 기차선로나 다리의 길이가 길어지며 휘어질 수 있다. 이를 예방하기 위하여 기차선로나 다리의 이음매 부분에 틈을 만든다.

376 모범 답안 금속 뚜껑에 따뜻한 물을 부으면 뚜껑의 온도가 높아져서 열팽창한다. 따라서 뚜껑의 부피가 커져서 쉽게 열린다.

377 〔모범 답안〕 B>A>C, (가)에서 열팽창 정도는 B>A이고, (나)에서 열팽창 정도는 A>C이다. 따라서 금속 A, B, C의 열팽창 정도를 비교하면 B>A>C이다.

〔해설〕 바이메탈은 열팽창 정도가 큰 금속이 열팽창 정도가 작은 금속 쪽으로 휘어진다.

378 〔모범 답안〕 쇠고리에 열을 가하여 온도를 높인다. 온도가 높아진 쇠고리의 부피가 팽창하면 쇠구슬이 통과할 수 있다.

〔해설〕 쇠고리의 온도가 높아져서 열팽창을 하면 쇠구슬이 쇠고리를 통과할 수 있다.

379 〔모범 답안〕 (1) 금속 A, 온도가 높아졌을 때 금속 A가 금속 B 쪽으로 휘어졌기 때문에 금속 B보다 금속 A의 열팽창 정도가 크다.
(2) 바이메탈은 온도가 높아지면 열팽창 정도가 작은 B 쪽으로 휘어진다. 바이메탈이 휘어지면 회로가 연결되어 화재경보기가 작동한다.

〔해설〕 바이메탈은 열팽창 정도가 큰 금속이 열팽창 정도가 작은 금속 쪽으로 휘어지므로 A의 열팽창 정도가 더 크다.

380 〔모범 답안〕 (1) 온도가 높아지면 음료수와 음료수 병이 열팽창을 한다. 이때 액체인 음료수가 고체인 음료수 병보다 열팽창 정도가 더 크므로 음료수의 열팽창으로 음료수 병이 깨지는 것을 막기 위해 음료수 병을 가득 채우지 않는다.

〔해설〕 음료수 병을 가득 채우지 않는 까닭은 음료수의 온도가 높아질 때 음료수의 부피가 커져 음료수 병 안을 가득 채우면 터질 수도 있기 때문이다.

최고 수준 **도전 기출** |05~07| 88쪽~89쪽

381 ③	**382** ②	**383** ②	**384** ④	**385** ①
386 ③	**387** ⑤	**388** ③		

381 ㄴ. (가)와 (나)에 잉크를 동시에 떨어뜨렸는데 (가)보다 (나)에서 잉크가 더 멀리 퍼졌으므로 (나)의 잉크가 더 빠르게 퍼지고 있다.
ㄹ. (가)보다 (나)의 온도가 더 높으므로 설탕을 넣으면 (나)에서 더 빠르게 녹는다.
바로 알기 | ㄱ. (가)는 잉크 입자가 느리게 퍼지고 있으므로 찬물이 든 비커이다.
ㄷ. (가)보다 (나)의 잉크가 빠르게 퍼지고 있으므로 물을 구성하는 입자의 움직임이 (가)보다 (나)에서 활발하다.

382 찜기는 뜨거운 수증기를 이용해서 만두를 찌므로 대류에 의한 조리 방법이다. 프라이팬은 뜨거운 바닥면을 이용해서 채소를 익히므로 전도에 의한 조리 방법이다.

383 ㄱ. 열은 온도가 높은 A에서 온도가 낮은 B로 이동한다.
ㄷ. A는 온도가 점점 낮아지므로 입자의 움직임이 느려지고, B는 온도가 점점 높아지므로 입자의 움직임이 활발해진다.
바로 알기 | ㄴ. 시간이 지날수록 A와 B 사이의 온도 차이가 줄어드므로 이동하는 열의 양은 줄어든다.
ㄹ. 5분 동안 A가 잃은 열량과 B가 얻은 열량의 크기는 같다.

384 ⑤ 알루미늄박은 복사열을 반사하므로 복사로 일어나는 열의 전달을 막는 데 효과적이다.

385

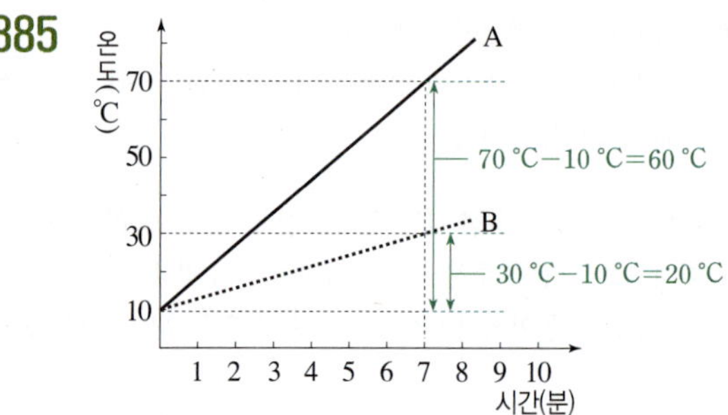

① A의 온도 변화는 60 ℃이고, B의 온도 변화는 20 ℃이므로 A가 B의 3 배이다. 질량이 같은 두 물질에 가한 열량이 같을 때 온도 변화는 비열에 반비례하므로 B는 A보다 비열이 3 배 크다.
바로 알기 | ② A와 B는 같은 열량으로 가열했으므로 7 분 동안 받은 열량은 같다.
③ 같은 시간 동안 온도 변화가 큰 물질은 A이다.
④ 물질의 온도 변화는 열량에 비례하고, 질량과 비열에 반비례한다.
⑤ 가열하거나 냉각할 때 물질의 비열에 따른 온도 변화는 같다. 가열했을 때 A가 B보다 온도 변화가 크므로 냉각할 때도 A가 B보다 빠르게 냉각이 된다.

386 ③ 질량과 온도 변화가 같을 때 가장 열량이 많이 필요한 물질은 비열이 큰 A이다.
바로 알기 | ① 물질의 질량이 달라져도 비열은 달라지지 않는다.
② 냉각수로 사용하기 좋은 물질은 비열이 큰 물질인 A이다.
④ 질량이 1 kg인 물질 C를 10 ℃ 높이기 위해서는 4 kcal가 필요하다. 질량이 200 g일 경우 이 열량의 $\dfrac{1}{5}$이 필요하므로 0.8 kcal가 필요하다.
⑤ 물질의 질량과 가한 열량이 같을 때 온도 변화가 가장 큰 물질은 비열이 가장 작은 D이다.

387 ⑤ 식용유, 물, 에탄올의 열팽창 정도가 다르므로 열을 흡수했을 때 물질에 따른 열팽창 정도를 알아보는 실험이다.
바로 알기 | ① 에탄올의 부피가 팽창하였으므로 열은 수조에서 에탄올로 이동했다.
② 물의 높이가 가장 낮으므로 열팽창 정도가 가장 작은 물질은 물이다.
③ 식용유의 온도가 높아져서 열팽창하였으므로 식용유를 구성하는 입자의 움직임이 활발해졌다.
④ 열팽창은 고체에서도 일어나므로 삼각 플라스크의 크기도 팽창한다.

388 ㄴ. 두 금속의 다른 열팽창 정도를 이용해서 만든 장치가 바이메탈이다.
ㄷ. 바이메탈을 냉각시키면 가열했을 때와 반대로 휘어진다. 따라서 바이메탈을 가열했을 때 아래쪽으로 휘어졌으므로 냉각시키면 위쪽으로 휘어진다.
바로 알기 | ㄱ. 온도가 높아졌을 때 철보다 구리가 더 많이 휘어진다. 따라서 철보다 구리가 열팽창 정도가 크다.
ㄹ. 두 금속의 열팽창 정도가 다를수록 바이메탈이 더 쉽게 휘어지므로 철 대신 열팽창 정도가 더 작은 금속을 사용하거나 구리 대신 열팽창 정도가 더 큰 금속을 사용해야 바이메탈이 더 쉽게 휘어진다.

399 ⑤	400 ⑤	401 ⑤	402 ④	403 ①, ⑦
404 ③	405 ④	406 ③	407 ②, ⑤	408 ②
409 ②	410 ②	411 ②	412 ③	413 ④
414 ②	415 ③	416 ②, ⑤	417 ②	418 ⑤
419 ③	420 ②	421 ④	422 ③	423 ②
424 ①	425 ③	426 ④	427 ①, ②	428 ①

OX로 개념 확인　　92쪽

389 ○	390 ×	391 ×	392 ○	393 ×
394 ×	395 ×	396 ○	397 ×	398 ○

389 확산은 물질을 구성하는 입자가 스스로 끊임없이 모든 방향으로 운동하여 주변으로 퍼져 나가는 현상이다.

390 【모범 답안】 따뜻한 물에 티백을 넣으면 차가 우러나며 퍼져 나가는 것은 물 입자는 운동하지 않지만 차 입자가 운동하여 서로 섞이기 때문이다.
　　　　　물 입자와 차 입자가 모두
바로 알기 | 따뜻한 물에 티백을 넣으면 물 입자와 차 입자가 스스로 끊임없이 운동하여 서로 섞이기 때문에 차가 우러나며 고르게 퍼져 나간다.

391 【모범 답안】 물에 잉크를 떨어뜨리면 잉크 입자가 아래 방향으로만 퍼져 나간다.
　　　　　　　　　　　　　　　　모든 방향으로
바로 알기 | 물에 잉크를 떨어뜨리면 잉크 입자가 모든 방향으로 운동하여 물 전체로 퍼져 나가므로 물 전체가 잉크 색으로 변한다.

392 빵 가게 안으로 들어가지 않아도 각 구워 낸 빵 냄새를 맡을 수 있는 까닭은 냄새 입자가 스스로 끊임없이 운동하여 공기 중으로 확산하기 때문이다.

393 【모범 답안】 액체 표면과 내부에서는 입자의 운동으로 증발이 일어난다.
　　　　　액체 표면
바로 알기 | 증발은 물질을 구성하는 입자가 스스로 운동하여 액체 표면에서 기체로 변하는 현상이다. 액체 표면뿐만 아니라 내부에서도 액체가 기체로 변하는 현상은 끓음이다.

394 【모범 답안】 아세톤을 떨어뜨린 거름종이가 점점 가벼워지는 까닭은 기체 아세톤이 액체로 되면서 아세톤 입자가 증발하기 때문이다.
　　액체 아세톤이 기체로
바로 알기 | 증발은 액체 표면에서 입자가 운동하여 액체가 기체로 변하는 현상이다.

395 【모범 답안】 떨어뜨린 식초가 냉면 전체에 퍼져 신맛이 나는 것은 증발로 설명할 수 있다.
확산으로
바로 알기 | 냉면에 식초를 떨어뜨리면 저어주지 않아도 냉면 전체에 퍼져 신맛이 나는 것은 확산 현상이다.

396 확산은 물질을 구성하는 입자가 스스로 운동하여 주변으로 퍼져 나가는 현상이고, 증발은 물질을 구성하는 입자가 스스로 운동하여 액체 표면에서 기체로 변하는 현상이다. 확산과 증발은 물질을 구성하는 입자가 스스로 끊임없이 운동하기 때문에 일어나는 현상이다.

397 【모범 답안】 향수병의 뚜껑을 오래 열어두어도 향수의 양은 줄어들지 않는다.
　　　　　　　　　　　　　　　　　　　　줄어든다
바로 알기 | 향수병의 뚜껑을 오래 열어두면 향기 입자가 스스로 운동하여 향수 표면에서 증발하므로 향수의 양이 줄어든다.

398 젖은 빨래가 마르는 현상은 증발의 예이며, 증발은 물질을 구성하는 입자가 스스로 끊임없이 운동하기 때문에 일어나는 현상이다.

399 향초를 피우면 잠시 후 방 전체에서 향기가 나는 까닭은 향기 입자가 스스로 운동하여 방 전체로 퍼져 나가기 때문이다.
바로 알기 | ①, ②, ③ 확산은 입자가 스스로 운동하여 일어나는 현상으로, 공기가 없는 진공 상태에서도 일어나며, 온도와 압력에 상관없이 일어난다.
④ 향기 입자는 모든 방향으로 운동한다.

400 ⑤ 확산은 모든 방향으로 일어난다. 따라서 잉크 입자는 물속에서 모든 방향으로 퍼져 나가 물 전체가 잉크 색으로 변한다.

401 ⑤는 확산의 예이다.
바로 알기 | ①, ②, ④는 증발의 예이고, ③은 끓음의 예이다.

402 물질을 구성하는 입자가 스스로 운동하여 주변으로 퍼져 나가는 현상은 확산이다.
⑤ 파스를 붙인 사람 주변에서 파스 냄새가 나는 현상은 확산의 예이다.
바로 알기 | ④ 확산은 입자가 스스로 운동하여 일어나는 현상이므로 열을 가하지 않아도 일어난다.

403 ①, ⑦ 확산은 물질을 구성하는 입자가 스스로 끊임없이 모든 방향으로 운동하여 주변으로 퍼져 나가는 현상이다.
바로 알기 | ② 확산은 입자가 스스로 운동하여 일어나는 현상이므로 바람이 불지 않을 때에도 일어난다.
③ 온도가 높을수록 확산이 잘 일어난다.
④ 확산이 일어나도 입자의 크기는 변하지 않는다.
⑤ 액체의 표면에서 액체가 기체로 변하는 현상은 증발이다.
⑥ 확산은 진공 속에서도 일어나므로 공기가 없어도 일어날 수 있으며, 공기가 없으면 확산을 방해하는 다른 입자가 없으므로 확산이 더 잘 일어난다.

404 ③ 물에 잉크를 떨어뜨리면 잉크 입자가 스스로 운동하여 물속으로 퍼져 나가면서 물과 고르게 섞인다.
바로 알기 | ① 확산이 일어나도 잉크 입자의 개수는 변하지 않는다.
② 잉크 입자는 모든 방향으로 운동하여 물 전체로 퍼져 나간다.
④ 물에 잉크를 조심스럽게 떨어뜨려도 잉크 입자는 모든 방향으로 운동하여 물 전체로 퍼져 나간다.
⑤ 잉크를 떨어뜨리는 위치와 관계없이 잉크 입자는 모든 방향으로 퍼져 나가므로 물 전체가 잉크 색으로 변한다.

405 ④ 향수 입자가 스스로 운동하여 퍼져 나가므로 시간이 지나면 멀리서도 향수 냄새를 맡을 수 있다.
바로 알기 | ① 향수 입자는 모든 방향으로 퍼져 나간다.
② 확산은 진공 속에서도 일어나므로 공기가 없어도 향수 입자는 확산할 수 있다.
③ 확산이 일어나도 입자의 종류는 변하지 않는다.
⑤ 온도가 높을수록 확산이 잘 일어나므로 향수병을 시원한 곳에 두면 향수 입자가 더 느리게 퍼져 나간다.

406 ㄱ, ㄴ. 향수 입자는 모든 방향으로 퍼져 나가므로 향수를 뿌린 지점에서 가까운 사람부터 향수 냄새를 맡을 수 있고, 점차 향수 냄새를 맡을 수 있는 사람이 늘어난다.

바로 알기 | ㄷ. 확산은 온도가 높을수록 잘 일어나지만, 온도가 낮다고 확산이 일어나지 않는 것은 아니다. 따라서 교실의 온도를 낮춘 뒤 같은 실험을 하면 손을 드는 시간이 늦어질 뿐 시간이 지나면 모든 사람이 손을 든다.

407 ①, ③, ④, ⑥ 식초에 들어 있는 아세트산 입자의 확산을 관찰하기 위한 실험이다. BTB 용액의 색깔 변화로 아세트산 입자가 스스로 운동하여 모든 방향으로 퍼져 나간 것을 알 수 있다.

⑦ 고깃집 근처에서 고기 굽는 냄새가 나는 현상은 확산의 예이다.

바로 알기 | ② 식초를 떨어뜨린 지점과 가까이 있는 BTB 용액부터 색이 노랗게 변한다.

⑤ 확산은 진공 속에서도 일어나므로 BTB 용액의 색깔은 변한다. 또한 진공 상태에서는 확산을 방해하는 다른 입자가 없으므로 확산이 더 잘 일어난다. 따라서 진공 상태에서 같은 실험을 하면 BTB 용액의 색깔 변화가 더 빨리 나타난다.

408 초콜릿의 색소가 물에 녹아 퍼져 나가는 것은 색소 입자와 물 입자가 스스로 운동하여 서로 섞이기 때문이며, 확산의 예이다.

①, ③, ④, ⑤는 확산의 예이다.

바로 알기 | ②는 증발의 예이다.

409 **바로 알기** | ㄱ. (가)는 잉크가 느리게 퍼지고 있으므로 찬물이고, (나)는 잉크가 빠르게 퍼지고 있으므로 뜨거운 물이다.

ㄴ. 입자 운동은 물의 온도가 높을수록 활발하다. (가)보다 (나)의 잉크가 빠르게 퍼지고 있으므로 (나)에서 잉크 입자의 운동이 더 활발하다.

410 **바로 알기** | ② 확산은 바람이 불지 않을 때에도 일어난다.

411 ㄱ, ㄹ. 아세트산 입자의 확산 실험으로, 식초에 들어 있는 아세트산 입자가 모든 방향으로 퍼져 나가 푸른색 리트머스 종이와 만나기 때문에 식초를 묻힌 솜과 가까운 푸른색 리트머스 종이부터 붉은색으로 변한다.

바로 알기 | ㄴ. 아세트산 입자는 모든 방향으로 운동한다.

ㄷ. 온도가 높을수록 확산은 잘 일어나므로 주위의 온도를 높이면 실험 결과가 더 빨리 나온다.

412 ①, ②, ④, ⑤는 증발의 예이다.

바로 알기 | ③은 확산의 예이다.

413 ④ 손 소독제 입자가 스스로 운동하여 공기 중으로 증발하기 때문에 전자저울의 숫자가 작아지다가 0이 된다.

414 ㄴ. 주어진 모형은 증발 현상이며, 증발은 액체 표면에서 액체가 기체로 변하는 현상이다.

바로 알기 | ㄱ. 증발은 모든 액체에서 일어난다.

ㄷ. 증발은 입자가 운동하기 때문에 일어나는 현상이므로 열을 가해 주지 않아도 일어난다.

415 ①, ② 주어진 모형은 증발 현상이며, 증발은 액체 표면에서 액체가 기체로 변하는 현상으로 모든 온도에서 일어난다.

④ 젖은 빨래가 마르는 현상은 증발의 예이다.

⑤ 어항 속 물은 공기 중으로 증발하므로 점점 줄어든다.

바로 알기 | ③ 액체 표면과 내부에서 액체가 기체로 변하는 것은 끓음이다.

416 ②, ⑤ 거름종이에 떨어뜨린 아세톤 입자가 증발하여 액체에서 기체로 변하며, 기체로 변한 아세톤 입자는 공기 중으로 확산하여 퍼져 나가므로 시간이 지나면 멀리서도 아세톤 냄새를 맡을 수 있다.

바로 알기 | ① 아세톤의 상태는 액체에서 기체로 변한다.

③ 거름종이에 아세톤을 떨어뜨린 후 시간이 지나면 전자저울의 숫자가 작아지다가 0이 된다.

④ 증발이 일어나도 아세톤 입자의 질량은 변하지 않는다. 하지만 아세톤이 증발하여 거름종이에 남아 있는 아세톤의 전체 질량은 줄어든다.

⑥ 온도는 높을수록, 습도는 낮을수록 증발이 잘 일어난다. 따라서 실험실 온도는 높이고, 습도는 낮추면 실험 결과가 더 빨리 나타난다.

⑦ 거름종이에 있는 아세톤 입자가 공기 중으로 날아가므로 입자의 개수는 줄어든다.

417 시간이 지날수록 거름종이 위 손 소독제의 질량은 줄어든다. 이는 손 소독제 표면에 있던 입자가 기체가 되어 공기 중으로 날아가기 때문이며, 이러한 현상을 증발이라고 한다.

바로 알기 | ② ㉡ – 표면

418 그림은 거름종이 위의 에탄올 입자가 스스로 운동하여 액체 표면에서 기체로 변하는 증발 현상을 모형으로 나타낸 것이다.

①, ②, ③, ④는 증발의 예이다.

바로 알기 | ⑤는 확산의 예이다.

419 ③ 증발은 온도가 높을수록, 습도가 낮을수록, 바람이 잘 불수록(강할수록) 잘 일어난다.

420 ① (가)는 증발, (나)는 끓음 모형이다.

⑤, ⑥ (가) 증발과 (나) 끓음은 모두 액체가 기체로 변하는 현상이므로 액체의 양이 줄어들면서 질량도 점점 줄어든다.

바로 알기 | ② (가) 증발은 물 표면에서 일어나고, (나) 끓음은 물 표면과 내부, 즉 물 전체에서 일어난다.

421 증발은 온도가 높을수록, 습도가 낮을수록, 바람이 강할수록, 표면적이 넓을수록 잘 일어난다.

ㄴ. 증발은 표면적이 넓을수록 잘 일어나므로 오징어를 뭉쳐서 말리는 것보다 한 장씩 펼쳐서 말리면 더 빨리 말릴 수 있다.

바로 알기 | ㄱ. 기온이 높은 여름철에 더 잘 마른다.

ㄷ. 물을 뿌려 주는 것은 습도를 높이는 방법이므로 오징어를 빨리 말릴 수 없다.

422 젖은 우산의 물이 증발하면서 물기가 마르는 현상은 증발의 예이고, 물에 음료수 원액을 부으면 저어 주지 않아도 색깔이 서서히 퍼져 나가는 현상은 확산의 예이다.

③ 증발과 확산은 물질을 구성하는 입자가 스스로 끊임없이 운동하기 때문에 일어나는 현상이다.

423 **바로 알기** | ① 확산은 모든 방향으로 일어난다.

③ 증발은 모든 온도에서 일어난다.

④ 온도가 높을수록 입자의 운동이 활발해지므로 확산과 증발이 잘 일어난다.

⑤ 확산과 증발은 물질을 구성하는 입자가 스스로 끊임없이 운동하기 때문에 일어나는 현상이다.

424 휘발성이 있는 기름이 액체 표면에서 증발하여 기체로 변하고, 기체 상태의 기름 입자가 공기 중으로 확산하므로 주유소에서 라이터를 사용하면 화재 위험이 매우 높아진다.

425 (가) 모기향을 피워 모기를 쫓는 현상은 확산의 예이고, 젖은 빨래가 서서히 마르는 현상은 증발의 예이다.
ㄴ, ㅁ은 확산의 예이고, ㄷ, ㅂ은 증발의 예이다.
바로 알기 | ㄱ은 중력에 의한 현상이고, ㄹ은 복사에 의한 현상이다.

426 **바로 알기 |** ①, ②, ③ 확산과 증발이 일어나도 입자의 종류, 질량, 개수는 변하지 않는다.
⑤ 고무줄을 잡아당겼다가 놓으면 원래 모양으로 되돌아가는 현상은 탄성에 의한 현상이다.

427 ③, ⑤ 향수 입자가 향수 표면에서 증발하여 확산하는 현상으로, 향수 입자가 스스로 운동하기 때문에 일어나는 현상이다.
④ 온도가 높아지면 향수 입자의 운동이 활발해지므로 증발과 확산 모두 잘 일어난다.
바로 알기 | ① (가)에서 향수 입자는 액체 표면에서 기체로 증발한다.
② 향수병 밖에 있는 향수 입자는 액체 표면에서 기체로 증발한 향수 입자가 공기 중으로 확산한 것이다. 즉, 향수병 밖에 있는 향수 입자는 기체 상태이다.

428 ① 온도가 높을수록 입자의 운동이 활발해지므로 확산과 증발이 잘 일어난다. 따라서 여름철에 냄새 입자의 확산이 더 잘 일어나므로 화장실에서 냄새가 더 심하게 나며, 햇빛을 강할수록 물의 증발이 잘 일어나므로 염전에서 소금을 더 많이 생산할 수 있다.

429 모범 답안

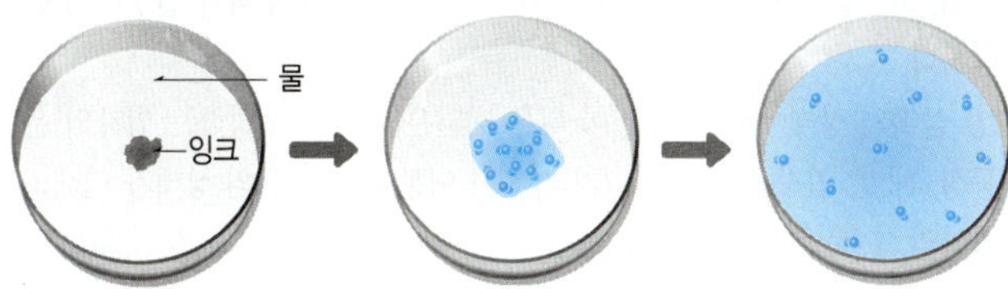

해설 물에 잉크를 떨어뜨리면 잉크 입자가 모든 방향으로 운동하여 물 전체로 퍼져 나간다.

430 모범 답안 A → B → C, 향수 입자가 스스로 운동하여 확산하기 때문이다.
해설 향수 입자는 모든 방향으로 퍼져 나가므로 향수를 뿌린 곳에서 가까운 사람부터 먼 사람까지 향수 냄새를 맡을 수 있는 사람이 점차 늘어난다.

431 모범 답안 (1) 식초를 떨어뜨린 지점과 가까이 있는 BTB 용액부터 색이 노랗게 변한다.
(2) 식초에 들어 있는 아세트산 입자가 스스로 운동하여 모든 방향으로 확산하기 때문이다.

432 모범 답안 학생 (나), 잉크 입자가 스스로 운동하여 물 전체로 퍼져 나가기 때문이다.
해설 물에 잉크를 떨어뜨리면 물을 저어 주지 않아도 잉크가 물 전체로 퍼진다. 이는 물 입자와 잉크 입자가 스스로 운동하여 서로 섞이기 때문이며, 이러한 현상을 확산이라고 한다.

433 모범 답안 젖은 빨래가 마른다. 가뭄에 논바닥이 마른다.

해설 주어진 현상은 증발의 예이다.

434 모범 답안 (1) 전자저울의 눈금이 점점 작아지다가 0이 된다.
(2) 아세톤 입자가 스스로 운동하여 증발하기 때문이다.

435 모범 답안 빵에 있는 물 표면에서 물 입자가 기체로 변하는 증발이 일어나 빵이 딱딱해진다.

436 모범 답안 머리 말리개의 **온도**를 높여 따뜻한 **바람**으로 말린다. 머리 말리개의 **바람** 세기를 높여 강한 **바람**으로 말린다.
해설 증발은 온도가 높을수록, 바람이 강할수록 잘 일어난다.

437 모범 답안 물질을 구성하는 입자가 스스로 끊임없이 운동한다.
해설 커피 향이 방 안 가득 퍼지는 현상은 확산의 예이고, 고추를 오래 보관하기 위해 햇빛에 말리는 현상은 증발의 예이다. 확산과 증발은 입자가 스스로 끊임없이 운동하기 때문에 일어나는 현상이다.

438 모범 답안 향기 입자가 액체 표면에서 증발하여 기체 상태로 변하고, 기체가 된 향기 입자가 스스로 운동하여 방 안 전체에 확산하기 때문이다.

439 모범 답안 (1) 물질을 구성하는 입자가 스스로 끊임없이 운동하기 때문이다.
(2) 확산: (나), (라), 증발: (가), (다)

440 모범 답안 (1) **온도**가 높을수록 **입자 운동**이 활발해지므로 고온으로 난방을 하면 유해 물질 입자의 운동이 활발해져 **증발**이 잘 일어나기 때문이다.
(2) 문과 창문을 활짝 열고 환기를 하면 집 안에 갇혀 있던 유해 물질 입자가 스스로 운동하여 집 밖으로 확산하기 때문이다.

09 물질의 상태와 상태 변화

O X로 개념 확인   104 쪽

| 441 × | 442 ○ | 443 ○ | 444 × | 445 × |
| 446 × | 447 ○ | 448 × | 449 ○ | 450 × |

441 모범 답안 액체 상태의 물질은 담는 용기에 따라 모양과 부피가 변한다.
모양은 변하지만, 부피는 변하지 않는다

443 기체 상태의 물질은 입자 사이의 거리가 매우 멀어 입자 사이에 공간이 넓기 때문에 쉽게 부피가 변한다.

444 모범 답안 물질의 상태가 액체에서 기체로 변하는 현상을 액화, 기체에서 액체로 변하는 현상을 기화라고 한다.
기화
액화

445 모범 답안 기온이 영하일 때 그늘에 쌓여 있는 눈이 줄어드는 현상은 융해로 설명할 수 있다.
고체에서 기체로의 승화
바로 알기 | 기온이 영하일 때 그늘에 쌓여 있는 눈이 녹지 않았는데도 양이 줄어드는 것은 고체(눈)가 액체(물)를 거치지 않고 기체(수증기)로 상태 변화 하였기 때문이다.

446 모범 답안 기체 상태에서 고체 상태로 변하려면 반드시 액체 상태를 거쳐야 한다.
변할 때 액체 상태를 거치지 않고도 변할 수 있다

바로 알기 | 기체 상태의 물질이 액체 상태를 거치지 않고 바로 고체 상태로 변하거나, 고체 상태의 물질이 액체 상태를 거치지 않고 바로 기체 상태로 변하는 현상을 승화라고 한다.

447 고체 상태에서 기체 상태로 물질이 승화할 때 입자 사이의 거리는 매우 멀어진다.

448 모범 답안 일반적으로 응고가 일어날 때 입자 배열이 규칙적으로 변하고, 입자 사이의 거리가 가까워지므로 물질의 부피가 ~~증가한다.~~
감소

450 모범 답안 물질의 상태가 변할 때 물질의 질량은 변하지만, 물질의 부피는 ~~변하지 않는다.~~
변하지 않지만
~~변한다~~

바로 알기 | 물질의 상태가 변할 때 입자의 종류, 크기, 개수가 변하지 않으므로 물질의 성질과 질량은 변하지 않는다. 반면 물질의 상태가 변할 때 입자 배열이 달라져 입자 사이의 거리가 달라지기 때문에 물질의 부피는 변한다.

난이도별 **필수 기출** 105 쪽~110 쪽

451 ④	**452** ③	**453** ④, ⑦	**454** ⑤	**455** ⑤
456 ⑤, ⑥	**457** ②, ④	**458** ②	**459** ⑤	**460** ②
461 ①	**462** ①	**463** ②	**464** ④	**465** ②
466 ⑤	**467** ④	**468** ③	**469** ②	**470** ⑤
471 ③	**472** ③	**473** ⑤	**474** ①	**475** ③
476 ②	**477** ⑤	**478** ③	**479** ①, ⑤	**480** ⑤
481 ④	**482** ②			

451 **바로 알기 |** ① 고체는 모양과 부피가 일정하고 단단하다.
② 액체는 담는 용기에 따라 모양은 변하지만 부피는 변하지 않는다.
③, ⑤ 기체는 모양과 부피가 모두 일정하지 않고, 외부에서 힘을 가하면 쉽게 부피가 변한다.

452 모양은 일정하지 않지만 부피가 일정하며, 흐르는 성질이 있는 것은 액체의 특징이다.
③ 식초, 우유, 아세톤은 모두 액체 상태이다.
바로 알기 | ① 소금(고체), 설탕(고체), 질소(기체)
② 간장(액체), 공기(기체), 주스(액체)
④ 나무(고체), 돌(고체), 드라이아이스(고체)
⑤ 수소(기체), 산소(기체). 이산화 탄소(기체)

453 (가)는 모양과 부피가 모두 일정하므로 고체, (나)는 모양은 일정하지만 부피는 변하므로 액체, (다)는 모양과 부피가 모두 변하므로 기체이다.
⑥ 공기, 질소, 수증기는 (다) 기체 상태이다.
바로 알기 | ④ 입자 운동이 가장 활발한 상태는 (다) 기체이다.
⑦ 외부에서 힘을 가하면 (다) 기체는 쉽게 부피가 변하지만, (가) 고체는 부피가 변하지 않는다.

454 (가)는 모양과 부피가 모두 일정하므로 고체, (나)는 모양은 일정하지 않지만 부피는 일정하므로 액체, (다)는 모양과 부피가 모두 일정하지 않으므로 기체이다.
바로 알기 | ① (가) 고체는 입자 배열이 가장 규칙적이다. 입자 배열이 가장 불규칙한 것은 (다) 기체이다.

② (나) 액체는 힘을 가하면 거의 압축되지 않는다. 힘을 가했을 때 쉽게 압축되는 상태는 (다) 기체이다.
③ (다) 기체는 입자가 매우 활발하게 운동한다. 입자가 매우 둔하게 운동하는 상태는 (가) 고체이다.
④ (나) 액체와 (다) 기체는 흐르는 성질이 있지만, (가) 고체는 흐르는 성질이 없다.

455 컵 안의 얼음은 고체 상태, 탄산음료는 액체 상태, 탄산음료 내에 녹아 있는 이산화 탄소가 기포 형태로 나타나게 되며, 이는 기체 상태이다.

456 그림은 입자 배열이 규칙적이고 입자 사이의 거리가 매우 가까우므로 고체 상태이다.
⑤ 고체는 외부에서 힘을 가해도 부피가 변하지 않는다.
바로 알기 | ① 고체는 단단하지만, 흐르는 성질은 없다.
②, ③ 고체는 입자 사이의 거리가 매우 가깝고, 입자가 매우 둔하게 운동한다.
④ 고체는 담는 용기가 달라져도 모양과 부피가 변하지 않는다.

457 (가)는 입자 사이의 거리가 가장 멀고 입자 배열이 가장 불규칙하므로 기체 상태이고, (나)는 입자 사이의 거리가 가장 가깝고 입자 배열이 규칙적이므로 고체 상태이며, (다)는 입자 사이의 거리가 고체 상태보다 조금 더 멀고 입자 배열이 고체 상태보다 불규칙하므로 액체 상태이다.
④ 드라이아이스는 이산화 탄소를 냉각한 (나) 고체이다.
바로 알기 | ① (가) 기체는 담는 용기에 따라 모양과 부피가 변한다. 담는 용기가 달라져도 부피가 변하지 않는 상태는 (나) 고체와 (다) 액체이다.
③ (나) 고체는 매우 둔하게 운동한다.
⑤, ⑥ (다) 액체는 담는 용기에 따라 모양은 변하지만 부피는 변하지 않으며, 흐르는 성질이 있다. 반면 (나) 고체는 모양과 부피가 일정하며 단단하다.
⑦ 물질의 상태에 따라 특징이 다른 까닭은 물질을 구성하는 입자의 운동성, 배열, 입자 사이의 거리가 다르기 때문이다. 물질의 상태가 변해도 입자의 크기는 달라지지 않는다.

458 ㄱ. 컵을 위아래로 움직여도 이쑤시개로 연결된 과자의 모양과 부피가 일정하므로 (가)는 고체 상태를 표현한 것이고, 컵을 위아래로 천천히 움직였을 때 과자들의 위치가 비교적 자유롭게 움직이므로 (나)는 액체 상태를 표현한 것이다. 또 컵을 위아래로 세게 흔들면 모양과 부피가 일정하지 않으므로 (다)는 기체 상태를 표현한 것이다.
ㄷ. (나) 액체는 담는 용기에 따라 모양이 변한다.
바로 알기 | ㄴ. (다) 기체는 입자가 매우 자유롭게 움직인다.
ㄹ. 입자 사이의 거리는 (다) 기체일 때 가장 멀고, (가) 고체일 때 가장 가깝다. 따라서 입자 사이의 거리는 (가)<(나)<(다)이다.

459

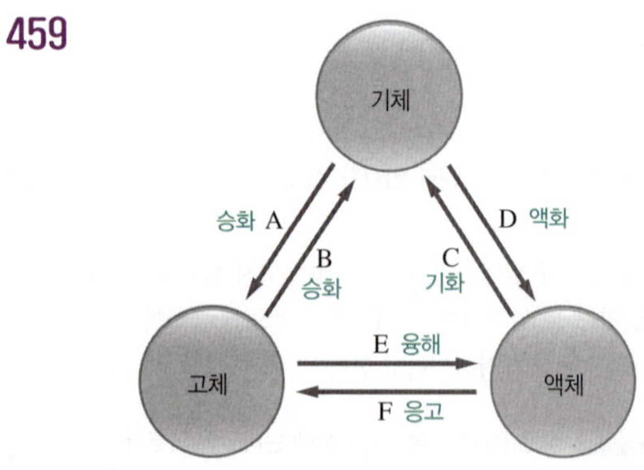

460 **바로 알기** | ① 기화, ③ 액화, ④ 승화(고체 → 기체), ⑤ 융해

461 **바로 알기** | ② 액화, ③ 융해, ④ 응고, ⑤ 승화(고체 → 기체)

462 A: 융해, B: 응고, C: 승화(기체 → 고체), D: 승화(고체 → 기체), E: 액화, F: 기화

바로 알기 | ② 컵 속 물이 수증기로 증발하여 물의 양이 점점 줄어든다.
➡ 기화(F)

③ 공기 중의 수증기가 차가운 나뭇잎 표면에 닿아 물(이슬)이 맺힌다.
➡ 액화(E)

④ 봄이 되면 기온이 올라가 얼었던 강물이 녹는다. ➡ 융해(A)

⑤ 고체인 드라이아이스가 액체를 거치지 않고 기체인 이산화 탄소로 승화하여 크기가 작아진다. ➡ 승화(고체 → 기체)(D)

[463~464]

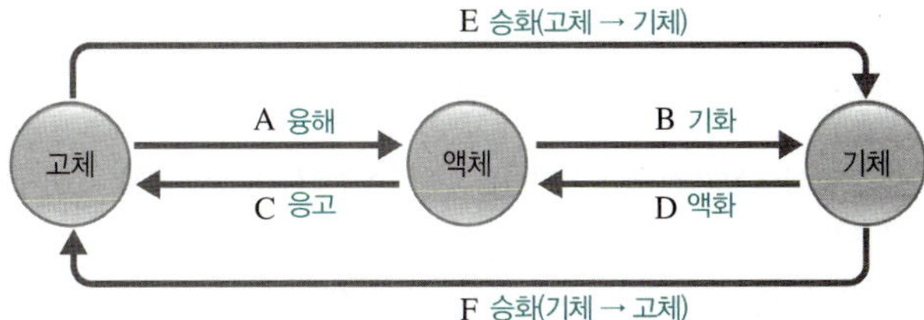

463 ② 고체 금속을 융해(A)시켜 액체로 만든 다음, 원하는 모양의 틀에 넣으면 액체 상태의 금속이 응고(C)하여 굳는다.

464 ④ 물이 끓을 때 생기는 하얀 김은 기체 상태의 수증기가 주전자 밖으로 나오면서 공기 중에서 냉각되어 작은 물방울로 액화(D)한 것이다.

465 A: 응고, B: 융해, C: 승화(기체 → 고체), D: 승화(고체 → 기체), E: 기화, F: 액화

② 날씨가 따뜻해지면 처마 끝에 있던 고드름이 녹아 물이 되어 흐른다.
➡ 융해(B)

바로 알기 | ① 냉동실 안쪽에 수증기가 승화하여 얼음(성에)이 생긴다.
➡ 승화(기체 → 고체)(D)

③ 어항 속 물이 증발하여 물의 양이 점점 줄어든다. ➡ 기화(E)

④ 공기 중의 수증기가 내부 기온보다 차가운 목욕탕 천장 표면에 닿으면 물방울이 맺힌다. ➡ 액화(F)

⑤ 물이 담긴 페트병을 냉동실에 넣으면 얼음이 된다. ➡ 응고(A)

⑥ 냉동실에 넣어 둔 얼음이 액체를 거치지 않고 수증기로 변하기 때문에 크기가 점점 작아진다. ➡ 승화(고체 → 기체)(C)

466 ①, ②, ③, ④는 기화의 예이다.

바로 알기 | ⑤는 승화(고체 → 기체)의 예이다.

467 ④ 추운 겨울 영하의 기온에서 언 명태는 고체에서 기체로의 승화하여 마른다.

바로 알기 | ① 더운 여름날 아이스크림이 융해하여 녹는다.

② 이른 새벽 수증기가 액화하여 안개가 되었다.

③ 손바닥 위에 올려놓은 초콜릿이 융해하여 녹는다.

⑤ 에탄올에 묻힌 솜으로 손등을 문지르면 알코올이 기화하여 사라진다.

⑥ 수증기가 얼음물이 담긴 컵의 표면에 닿으면 액화하여 물방울이 맺힌다.

468 ③ 낮이 되어 기온이 올라가면 모래 속에 포함되어 있던 물이 수증기로 기화하고, 이 수증기가 비닐에 닿아 다시 물로 액화하여 비닐을 타고 흘러내려 그릇에 모인다.

469

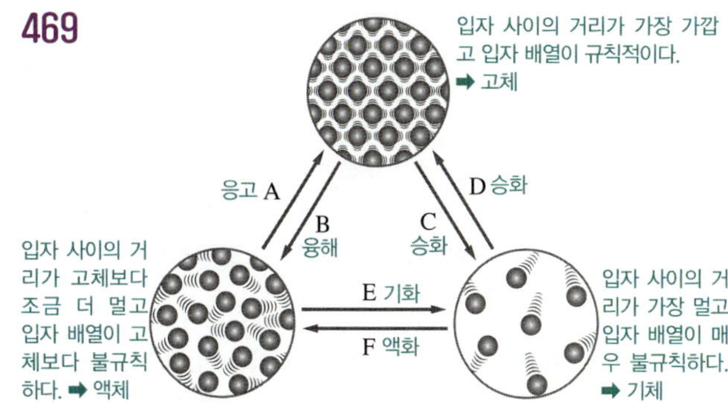

② 냉각할 때 일어나는 상태 변화는 응고(A), 액화(F), 승화(기체 → 고체)(D)이다.

바로 알기 | ③ 융해(B), 기화(E), 승화(고체 → 기체)(C)는 가열할 때 일어난다.

470 ⑤ 차가운 음료수가 담긴 컵 표면에 물방울이 맺히는 현상은 액화(기체 → 액체)의 예이다.

바로 알기 | ① 융해(고체 → 액체), ② 승화(고체 → 기체), ③ 응고(액체 → 고체), ④ 기화(액체 → 기체)

471 **바로 알기** | ①, ④ 물질의 상태가 변할 때 입자의 종류, 크기, 개수가 변하지 않으므로 물질의 성질과 질량은 변하지 않는다.

② 일반적으로 액체에서 고체로 응고할 때 입자 사이의 거리가 가까워지므로 부피가 감소한다.

⑤ 고체인 드라이아이스가 기체인 이산화 탄소로 승화할 때 입자 운동은 활발해진다.

472 일반적으로 융해, 기화, 승화(고체 → 기체)가 일어날 때 입자 배열이 불규칙하게 변하고 입자 사이의 거리가 멀어지므로 부피가 증가한다.

③은 기화의 예이다.

바로 알기 | ①, ⑤ 액화, ② 응고, ④ 승화(기체 → 고체)

[473~474] (가)는 입자 사이의 거리가 고체 상태보다 조금 더 멀고 고체 상태보다 입자 배열이 불규칙하므로 액체 상태이고, (나)는 입자 사이의 거리가 가장 가깝고 입자 배열이 규칙적이므로 고체 상태이며, (다)는 입자 사이의 거리가 가장 멀고 입자 배열이 가장 불규칙하므로 기체 상태이다.

473 (가) 액체에서 (다) 기체로 상태 변화 하는 것은 기화이다.

ㄴ, ㄷ. 기화가 일어날 때 입자 운동은 활발해지고 입자 배열은 불규칙하게 변하며, 입자 사이의 거리는 멀어지므로 부피가 늘어난다.

ㄹ. 찌개를 계속 끓이면 양이 줄어드는 현상은 기화의 예이다.

바로 알기 | ㄱ. 상태가 변해도 입자의 크기는 변하지 않는다.

474 (나) 고체에서 (가) 액체로 상태 변화 하는 것은 융해이다.

①은 융해의 예이다.

바로 알기 | ② 응고, ③ 액화, ④ 기화, ⑤ 승화(기체 → 고체)

475

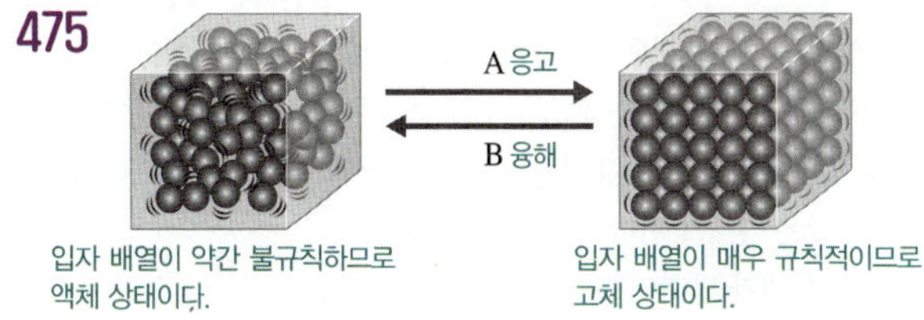

구분	A	B
① 상태 변화	응고	융해
② 입자 운동	둔해진다.	활발해진다.
③ 입자 사이의 거리	가까워진다. (물은 예외)	멀어진다. (물은 예외)
④ 물질의 질량	변하지 않는다.	변하지 않는다.
⑤ 물질의 부피	줄어든다. (물은 예외)	늘어난다. (물은 예외)

476 (가)는 학생들이 교실 안에서 제자리에 앉아 자리를 이동하지 않으므로 고체 상태이고, (나)는 학생들이 교실 안에서 자리를 조금 이동하며 움직이므로 액체 상태이며, (다)는 학생들이 교실 밖으로 자유롭게 뛰어다니며 움직이므로 기체 상태이다.
① (가) 고체에서 (나) 액체로 변하는 것을 융해라고 한다.
③ 입자가 가장 둔하게 운동하는 것은 (가) 고체이다.
④ 질소는 (다) 기체 상태의 물질이다.
⑤ (다) 기체에서 (나) 액체로 액화할 때 입자 사이의 거리가 가까워진다.
바로 알기 | ② (나) 액체는 담는 용기에 따라 모양은 변하지만, 부피는 변하지 않는다.

477 A: 승화(기체 → 고체), B: 승화(고체 → 기체), C: 기화, D: 액화, E: 융해, F: 응고
⑤ 갓 구운 빵 위에 치즈를 놓으면 치즈가 녹는다. ➡ 융해(E)
바로 알기 | ① 냉동실에 넣어 둔 물이 얼어 얼음이 된다. ➡ 응고(F)
② 뜨거운 물 주위에 있던 수증기가 냉각되어 김이 생긴다. ➡ 액화(D)
③ 드라이아이스가 이산화 탄소로 상태 변화 하여 크기가 작아진다. ➡ 승화(고체 → 기체)(B)
④ 겨울철 높은 산에서 수증기가 차가운 나무의 표면에 닿아 상고대(수증기가 얼어 붙은 것)가 생긴다. ➡ 승화(기체 → 고체)(A)

478

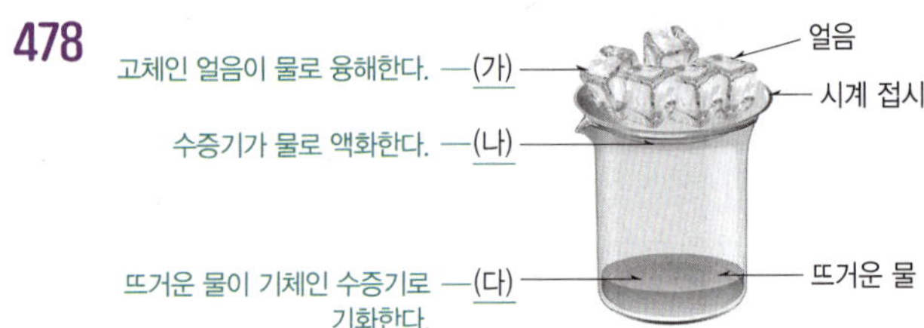

③ (다)에서는 뜨거운 물이 기체인 수증기로 기화하므로 입자 운동이 활발해진다.
바로 알기 | ① (가)에서는 고체인 얼음이 물로 융해한다.
② 시계 접시 아랫면 (나)에 맺힌 액체는 비커 속 수증기가 차가운 시계 접시 아랫면에 닿아 액화하여 생긴 물이다.
④ (나)에서는 액화가 일어나므로 부피가 감소하고, (다)에서는 기화가 일어나므로 부피가 증가한다.
⑤ 이 실험은 물의 상태 변화에 대한 실험으로, (가)~(다)에 푸른색 염화 코발트 종이를 갖다 대면 모두 붉은색으로 변한다. 이를 통해 물질의 상태가 변할 때 물질의 성질은 변하지 않는다는 것을 알 수 있다.

479 ②, ③ 액체 올리브유가 고체로 상태가 변하는 것은 응고이며, 응고가 일어날 때 입자 배열은 규칙적으로 변한다.
④ 입자 사이의 거리는 (가) 액체일 때보다 (나) 고체일 때가 가깝다.
⑥ 고체 올리브유가 담긴 유리병을 따뜻한 물에 넣으면 액체로 융해하므로 (가)와 같은 상태가 된다.
⑦ 물질의 상태가 변해도 물질의 질량은 변하지 않는다.

바로 알기 | ①, ⑤ 액체 올리브유가 고체로 응고할 때 입자 배열은 규칙적으로 변하고 입자 사이의 거리는 줄어들므로 부피가 감소한다. 따라서 부피는 (가) > (나)이며, 고체 올리브유의 가운데 부분이 오목하게 들어간다.

480 ①, ②, ④ 비닐 주머니 속 드라이아이스가 기체인 이산화 탄소로 승화할 때 입자 운동은 활발해지고 입자 사이의 거리는 멀어지므로 부피가 늘어난다.
③ 물질의 상태가 변해도 물질의 질량은 변하지 않으므로 밀폐 용기의 질량은 변화가 없다.
바로 알기 | ⑤ 물질의 상태가 변할 때 입자의 개수는 변하지 않는다.

481 ㄷ, ㄹ, ㅁ, ㅂ. 물질의 상태가 변할 때 입자의 개수와 종류는 변하지 않으므로 물질의 성질과 질량은 변하지 않는다.
바로 알기 | ㄱ, ㄴ, ㅅ, ㅇ. 아세톤이 기화할 때 입자 배열은 불규칙하게 변하고 입자 운동은 활발해지며 입자 사이의 거리는 멀어지므로 부피가 증가한다. 즉, 고무풍선이 부풀어 오른다.

482 **바로 알기 |** ㄱ. (가)에서는 융해, (나)에서는 승화(고체 → 기체)가 일어난다.
ㄴ. (나)에서는 드라이아이스가 승화하면서 입자 배열이 매우 불규칙하게 변하고 입자 사이의 거리가 멀어져 부피가 증가한다. 즉, 비닐 주머니가 부풀어 오른다.

483 **모범 답안** (1) (가) 액체 (나) 고체 (다) 기체
(2) 입자 사이의 거리: (나) < (가) < (다), 입자 운동의 활발한 정도: (나) < (가) < (다)
해설 (1) (가)는 담는 용기에 따라 모양은 변하지만 부피는 일정하므로 액체, (나)는 모양과 부피가 모두 일정하므로 고체, (다)는 모양과 부피가 모두 일정하지 않고 변하므로 기체이다.
(2) 입자 사이의 거리가 가장 가까운 상태는 (나) 고체이고, 가장 먼 상태는 (다) 기체이며, 입자 운동이 가장 둔한 상태는 (나) 고체이고, 가장 활발한 상태는 (다) 기체이다.

484 **모범 답안** 물질을 구성하는 입자의 운동성, 배열, 입자 사이의 거리가 다르기 때문이다.

485 **모범 답안** 기체를 구성하는 입자 사이의 거리가 매우 멀어서 입자 사이에 공간이 많기 때문에 외부에서 힘을 가하면 입자 사이의 거리가 가까워지면서 부피가 줄어든다.

486 **모범 답안** (나), 입자 배열이 매우 불규칙하고 입자 사이의 거리가 매우 멀다는 것을 표현하기 위해 입자를 골고루 퍼져 있게 나타냈기 때문이다.
해설 (가) 고체는 입자 배열이 규칙적이고 입자 사이의 거리는 매우 가깝다. (다) 액체는 입자 배열이 고체보다 불규칙하고 입자 사이의 거리는 고체보다 멀다. (나) 기체는 입자 배열이 매우 불규칙하고 입자 사이의 거리는 매우 멀다.

487 **모범 답안** (가) 흐르는 성질이 있는가? (나) 담는 용기에 따라 부피가 변하는가?
해설 고체는 흐르는 성질이 없지만, 액체와 기체는 흐르는 성질이 있다. 액체는 담는 용기가 달라져도 부피가 변하지 않지만, 기체는 담는 용기에 따라 부피가 변한다.

488 모범 답안 (가) 응고 (나) 기화 (다) 승화(기체 → 고체)

489 모범 답안 융해: 고체 양초가 녹아 촛농이 되고

기화: 촛농은 기체 상태가 되어

응고: 흘러내린 촛농은 식어서 굳는다

490 모범 답안 (1) (가) 융해 (나) 승화(고체 → 기체)

(2) (가) 용광로에서 철이 녹아 쇳물이 된다. (나) 냉동실에 넣어 둔 얼음이 조금씩 작아진다.

491 모범 답안 공기 중의 수증기가 차가운 컵 표면에 닿아 액화하여 물방울로 맺힌다.

492 모범 답안 (1) A: 액화, C: 융해, F: 승화(기체 → 고체)

(2) **입자 운동**이 둔해지고 **입자 배열**이 규칙적으로 변하며, **입자 사이의 거리**가 가까워진다.

(3) B, C, E

해설 A: 액화, B: 기화, C: 융해, D: 응고, E: 승화(고체 → 기체), F: 승화(기체 → 고체)

493 모범 답안 옥수수 알갱이를 가열하면 옥수수 알갱이 속 물이 기화하여 수증기가 되는데, 이때 입자 배열이 불규칙해지고 입자 사이의 거리가 멀어지므로 부피가 늘어난다.

494 모범 답안 일정하다. 밀랍의 상태가 변해도 밀랍을 구성하는 **입자의 종류**와 **입자의 개수**가 변하지 않기 때문이다.

495 모범 답안 (가) 융해 (나) 응고, 원하는 크기보다 크게 만들어야 한다.

해설 일반적으로 액체가 고체로 응고할 때 입자 배열이 규칙적으로 변하고 입자 사이의 거리가 가까워지므로 초콜릿의 부피가 줄어든다. 따라서 틀의 크기를 원하는 크기보다 크게 만들어야 한다.

496 모범 답안 승화(고체 → 기체), 드라이아이스가 승화하면서 입자 사이의 거리가 멀어지기 때문이다.

497 모범 답안 비커에 뜨거운 물을 넣고 얼음이 담긴 시계 접시를 비커 위에 올리면 비커 안에서는 뜨거운 물이 기화한다. 이때 생긴 수증기가 차가운 시계 접시에 닿아 액화하여 시계 접시 아랫면에 물방울이 맺힌다. 기화한 수증기와 액화한 물방울에 각각 푸른색 염화 코발트 종이를 갖다 대면 모두 붉은색으로 변한다. 따라서 이 실험으로 물의 상태가 변해도 물의 성질이 변하지 않는다는 것을 알 수 있다.

498

모범 답안 (1)

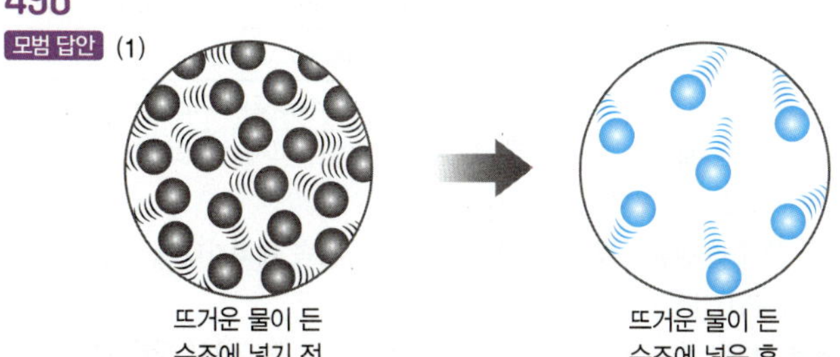

(2) 물질의 상태가 변할 때 물질의 질량은 변화가 없지만, 물질의 부피는 변한다.

해설 물질의 상태가 변할 때 물질을 구성하는 입자의 종류와 개수가 변하지 않으므로 물질의 질량은 변하지 않지만, 물질을 구성하는 입자 배열이 달라져 입자 사이의 거리가 달라지므로 물질의 부피는 변한다.

O X로 개념 확인 116 쪽

| 499 ○ | 500 × | 501 × | 502 × | 503 ○ |
| 504 × | 505 ○ | 506 ○ | 507 × | 508 × |

499 고체가 액체로 융해하는 동안에는 가해 준 열에너지가 상태 변화 하는 데 사용되기 때문에 얼음을 가열해도 얼음이 녹는 동안에는 온도가 일정하게 유지된다.

500 모범 답안 열에너지를 흡수하는 상태 변화가 일어나면 입자 운동은 ~~둔해지고~~(활발) 입자 배열은 ~~규칙적으로~~(불규칙하게) 변한다.

바로 알기 | 융해, 기화, 승화(고체 → 기체)가 일어날 때 열에너지를 흡수하여 입자 운동은 활발해지고 입자 배열은 불규칙하게 변한다.

501 모범 답안 기체에서 액체로 상태가 변하는 동안 물질의 온도는 ~~점점 낮아진다~~(온도가 일정하게 유지된다).

바로 알기 | 기체가 액체로 액화하는 동안에는 방출한 열에너지가 온도가 낮아지는 것을 막아주기 때문에 온도가 일정하게 유지된다.

502 모범 답안 열에너지를 방출하는 상태 변화에는 응고, ~~기화, 고체에서 기체로의 승화~~(액화, 기체에서 고체로의 승화)가 있다.

바로 알기 | 열에너지를 방출하는 상태 변화는 응고, 액화, 승화(기체 → 고체)이고, 열에너지를 흡수하는 상태 변화는 융해, 기화, 승화(고체 → 기체)이다.

503 상태 변화가 일어나는 동안에는 열에너지를 흡수하거나 방출하므로 온도가 일정하게 유지된다.

504 모범 답안 열에너지를 흡수하는 상태 변화가 일어날 때 주위의 온도가 ~~높아진다~~(낮아진다).

바로 알기 | 열에너지를 흡수하는 상태 변화인 융해, 기화, 승화(고체 → 기체)가 일어나면 주위의 온도가 낮아진다.

505 액체 물질이 고체 물질로 응고할 때 열에너지를 방출하므로 주위의 온도가 높아진다.

506 미지근한 물에 얼음을 넣으면 얼음이 물로 융해하면서 열에너지를 흡수하므로 주위의 온도가 낮아져 물이 시원해진다.

507 모범 답안 아이스크림을 포장할 때 드라이아이스를 함께 넣으면 드라이아이스가 ~~액화~~(승화)하면서 열에너지를 ~~방출~~(흡수)하므로 아이스크림을 녹지 않게 해 준다.

바로 알기 | 아이스크림을 포장할 때 드라이아이스를 함께 넣으면 고체인 드라이아이스가 기체인 이산화 탄소로 승화하면서 열에너지를 흡수하므로 아이스크림을 녹지 않게 보관할 수 있다.

508 모범 답안 에어컨은 기체 냉매가 ~~액체~~(기체)로 상태 변화 하면서 열에너지를 ~~방출~~(흡수)하여 집 안이 시원해진다.

바로 알기 | 에어컨은 액체 냉매가 기화하면서 열에너지를 흡수하여 주위의 온도가 낮아지는 원리를 이용한다.

509 ②	510 ②, ④	511 ⑤	512 ④	513 ②
514 ④, ⑤	515 ②	516 ①	517 ②, ⑥	518 ⑤
519 ④	520 ②, ⑥	521 ①	522 ④, ⑥	523 ④
524 ②	525 ⑤	526 ⑤	527 ④	528 ④
529 ②, ⑤	530 ②, ⑥	531 ④	532 ②	533 ②
534 ①	535 ①	536 ②	537 ②	538 ④
539 ④	540 ③	541 ③, ⑥	542 ⑤	543 ④

509 ㄴ. 얼음이 물로 융해할 때 입자 운동은 활발해진다.
ㄹ. 얼음이 녹고 있는 동안에는 고체 상태인 얼음과 액체 상태인 물이 함께 존재한다.
바로 알기 | ㄱ, ㄷ. 얼음이 녹고 있는 동안에는 흡수한 열에너지가 상태 변화 하는 데 모두 사용되기 때문에 온도가 일정하게 유지된다.

510 ②, ④ 온도가 일정하게 유지되는 (나) 구간과 (라) 구간에서 상태 변화가 일어난다. (나) 구간에서는 고체가 액체로 융해하고, (라) 구간에서는 액체가 기체로 기화한다.

511 ⑤ 액체 물질을 냉각하여 고체로 상태가 변하는 동안에는 열에너지를 방출하므로 온도가 일정하게 유지된다.

512 ④ 시간이 지날수록 온도가 높아지다가 얼음이 녹기 시작하면 온도가 일정하게 유지된다.

513 ② 융해(A), 기화(B), 승화(고체 → 기체)(E)가 일어날 때 열에너지를 흡수하고, 응고(C), 액화(D), 승화(기체 → 고체)(F)가 일어날 때 열에너지를 방출한다.

514 ① 상태 변화가 일어나는 동안에는 열에너지를 흡수하거나 방출하므로 온도가 일정하게 유지된다.
② 기체가 액체로 액화하면서 열에너지를 방출한다.
③ 물이 얼음으로 응고하는 동안에는 열에너지를 방출하기 때문에 온도가 변하지 않고 일정하게 유지된다.
⑥ 열에너지를 방출하는 상태 변화인 응고, 액화, 승화(기체 → 고체)가 일어날 때 입자 배열은 규칙적으로 변한다.
⑦ 물이 수증기로 기화하는 구간에는 액체와 기체가 함께 존재한다.
바로 알기 | ④ 물질이 열에너지를 흡수하면 온도가 높아지다가 상태 변화가 일어나는 동안에는 온도가 일정하게 유지된다.
⑤ 열에너지를 흡수하는 상태 변화는 융해, 기화, 승화(고체 → 기체)이다.

515 ㄱ. (가) 구간에서는 고체, (다) 구간에서는 액체로만 존재하고, (나) 구간에서는 고체와 액체가 함께 존재한다.
ㄹ. (다) 구간에서 물질은 액체로 존재하며, 액체는 모양이 일정하지 않지만, 부피는 일정하다.
바로 알기 | ㄴ. 고체보다 액체일 때 입자 운동이 더 활발하다. 따라서 (가) 구간보다 (다) 구간에서 입자 운동이 더 활발하다
ㄷ. (가) 구간에 존재하는 고체는 입자 배열이 매우 규칙적이고, (다) 구간에 존재하는 액체는 고체보다 불규칙하다.

516 ① (나) 구간에서 일어나는 상태 변화는 융해(고체 → 액체)이다.
바로 알기 | ② 응고(액체 → 고체), ③ 기화(액체 → 기체), ④ 승화(기체 → 고체), ⑤ 액화(기체 → 액체)

517 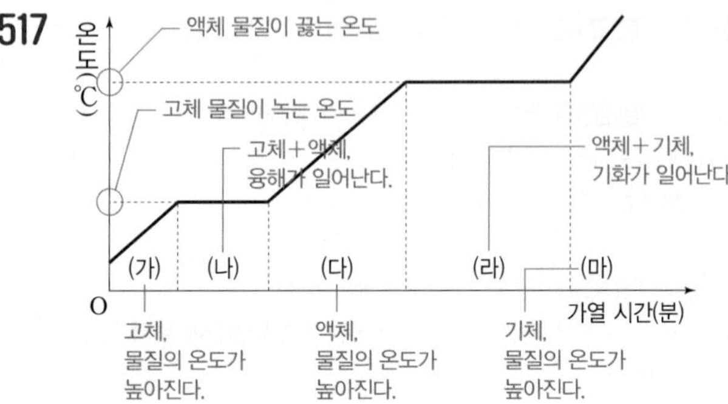

② (나) 구간과 (라) 구간에서 물질을 계속 가열해도 온도가 일정한 까닭은 흡수한 열에너지가 상태 변화 하는 데 모두 사용되기 때문이다.
⑥ (라) 구간의 온도에서 액체 물질이 끓기 시작하며, 이때 기화가 일어난다.
바로 알기 | ① (가) 구간에서는 가해 준 열에너지가 고체 물질의 온도를 높이는 데 사용된다.
③ (나) 구간에서는 융해가 일어난다.
④ (다) 구간에서는 물질이 액체 상태로만 존재한다.
⑤ (라) 구간에서는 열에너지를 흡수하여 기화가 일어난다.
⑦ (마) 구간에서는 물질이 기체로 존재하므로 입자 운동이 가장 활발하다. 입자 운동이 가장 둔한 상태는 고체이므로 (가) 구간일 때이다.

518 ㄱ. 0 분~4 분 구간에서는 가해 준 열에너지가 물질의 온도를 높이는 데 사용되므로 온도가 점점 높아진다.
ㄷ, ㄹ. 78 °C에서 물질이 끓기 시작하여 온도가 일정하게 유지되는 6 분~10 분 사이에 기화가 일어난다. 이때 흡수한 열에너지가 상태 변화 하는 데 모두 사용되기 때문에 온도가 일정하게 유지된다.
바로 알기 | ㄴ. 6 분~10 분 구간에서 기화가 일어난다.

519 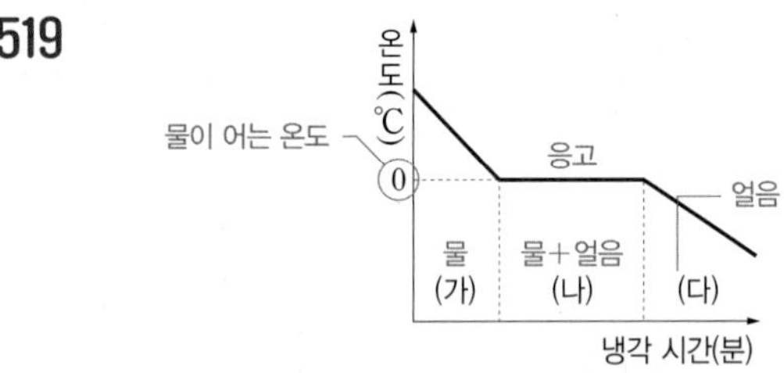

① 온도가 일정하게 유지되는 구간에서 상태 변화가 일어나므로 0 °C에서 물이 얼기 시작한다.
⑤ 일반적으로 고체보다 액체일 때 부피가 더 크지만, 물은 예외로 얼음일 때 부피가 더 크다. 따라서 (다) 구간일 때 부피가 더 크다.
바로 알기 | ④ 물질의 상태가 변하는 구간은 (나) 구간이다.

520

시간(분)	0	2	4	6	8	10	12
온도(°C)	79	62	50	50	50	43	32
물질의 상태	액체		액체+고체			고체	

└→ 응고가 일어난다.

② 2 분일 때에는 액체 상태, 12 분일 때에는 고체 상태로 존재한다. 입자 배열은 액체보다 고체일 때 더 규칙적이다.
⑥ 액체 물질을 냉각하면 물질의 온도가 계속 내려가다가 물질이 얼기 시작하면 일정하게 유지된다.
바로 알기 | ①, ③ 온도가 일정하게 유지되는 구간에서 상태 변화가 일어나므로 4 분~8 분 구간에서 응고가 일어난다. 이때 열에너지를 방출하므로 온도가 일정하게 유지된다.
④ 6 분일 때 물질은 액체와 고체가 함께 존재한다.
⑤ 8 분~12 분 구간에서 물질은 고체 상태이므로 입자 운동이 둔하다.

521 ㄱ. 온도가 일정하게 유지되는 구간에서 상태 변화가 일어나므로 43.9 °C에서 액체 로르산이 응고된다.

바로 알기 | ㄴ. A 구간에서는 응고가 일어나므로 열에너지를 방출한다.
ㄷ. A 구간은 응고가 일어나며, 철이 녹아 쇳물이 되는 현상은 융해의 예이다.

522

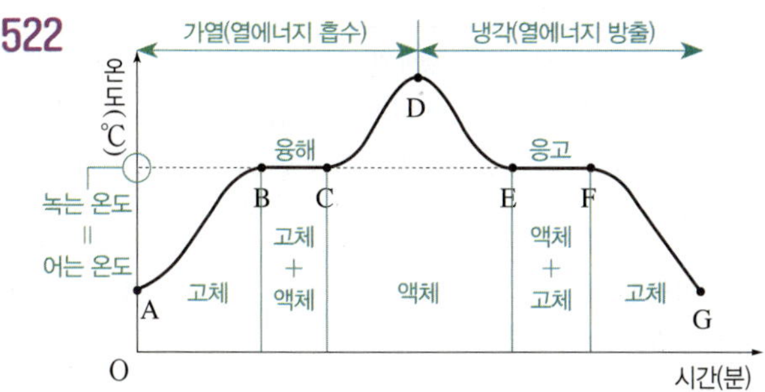

① A~D 구간은 온도가 높아지는 것으로 보아 물질을 가열하는 구간이므로 열에너지를 흡수하고, D~G 구간은 온도가 낮아지는 것으로 보아 물질을 냉각하는 구간이므로 열에너지를 방출한다.
② AB 구간에서 물질은 고체 상태이므로 입자 사이의 거리가 매우 가깝다.
③ 온도가 일정하게 유지되는 BC 구간과 EF 구간에서 상태 변화가 일어난다. BC 구간에서는 고체가 액체로 융해하고, EF 구간에서는 액체가 고체로 응고한다. 따라서 BC 구간의 온도는 고체 물질이 녹기 시작하는 온도이고, EF 구간의 온도는 액체 물질이 얼기 시작하는 온도이다.
⑤ EF 구간에서는 액체와 고체 상태가 함께 존재한다.
⑦ D(액체)에서 G(고체)로 갈수록 입자 운동이 둔해진다.

바로 알기 | ④ CD 구간과 DF 구간에서 물질은 액체 상태로 같다.
⑥ FG 구간에서 물질은 고체 상태이므로 입자 배열이 매우 규칙적이다.

523 A: 융해, B: 응고, C: 승화(기체 → 고체), D: 승화(고체 → 기체), E: 액화, F: 기화

바로 알기 | ①, ③ 융해(A), 기화(F), 승화(고체 → 기체)(D)가 일어날 때 열에너지를 흡수하여 입자 운동이 활발해지고 입자 배열이 불규칙하게 변하며 입자 사이의 거리가 멀어진다.
②, ⑤ 응고(B), 액화(E), 승화(기체 → 고체)(C)가 일어날 때 열에너지를 방출하여 입자 운동이 둔해지고 입자 배열이 규칙적으로 변하며 입자 사이의 거리가 가까워진다.

524

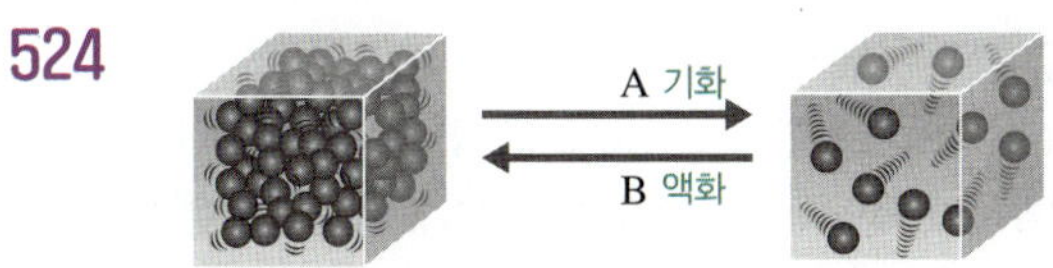

구분	A	B
① 상태 변화	기화	액화
② 열에너지 출입	흡수	방출
③ 입자 배열	불규칙해진다.	규칙적으로 된다.
④ 입자 운동	활발해진다.	둔해진다.
⑤ 입자 사이의 거리	멀어진다.	가까워진다.

525 ⑤ 가해 준 열에너지는 물이 기화하는 데 모두 사용되므로 물이 기화하는 동안에는 종이 냄비가 타지 않는다.

526

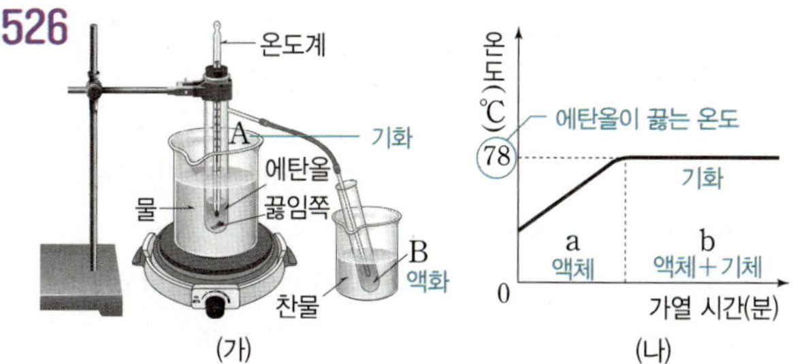

⑤ 에탄올을 가열할 때 끓임쪽을 넣는 까닭은 에탄올이 갑자기 끓어 넘치는 것을 막기 위해서이다.

바로 알기 | ① 에탄올의 온도가 올라가다가 78 °C가 되면 일정하게 유지되는 것으로 보아 에탄올이 끓기 시작하는 온도는 78 °C이다.
② A에서는 기화, B에서는 액화가 일어난다.
③ a에서 에탄올은 액체 상태로만 존재한다.
④ b에서 에탄올은 기화하면서 열에너지를 흡수한다.

527 ④ 융해(B), 기화(C), 승화(고체 → 기체)(E)가 일어날 때는 주위에서 열에너지를 흡수하므로 주위의 온도가 낮아진다.

528 ④ 더운 여름에 수영을 하다 물 밖으로 나오면 몸에 있는 물이 기화하면서 주위에서 열에너지를 흡수하므로 추위를 느끼게 된다.

529 ② 수증기가 액화하면서 열에너지를 방출하므로 주위의 온도가 높아진다. 이때 방출한 열에너지로 우유를 데울 수 있다.
⑤ 오렌지 나무에 물을 뿌리면 물이 얼음으로 응고하면서 열에너지를 방출하므로 주위의 온도가 높아져 오렌지가 어는 것을 막을 수 있다.

바로 알기 | ① 무더운 여름날 마당에 물을 뿌리면 물이 기화하면서 열에너지를 흡수하므로 주위의 온도가 낮아진다.
③ 물수건의 물이 기화하면서 열에너지를 흡수하여 체온을 낮출 수 있다.
④ 얼음이 융해하면서 열에너지를 흡수하므로 주위의 온도가 낮아져 음식물을 시원하게 보관할 수 있다.

530 A: 승화(기체 → 고체), B: 승화(고체 → 기체), C: 기화, D: 액화, E: 융해, F: 응고
⑥ 이글루의 벽에 물을 뿌리면 물이 응고하면서 열에너지를 방출하므로 주위의 온도가 높아진다. 따라서 F와 관련 있다.

바로 알기 | ① 승화(기체 → 고체)할 때 열에너지를 방출한다.
③ 기화할 때 열에너지를 흡수한다.
④ 액화할 때 입자 운동이 둔해진다.
⑤ 융해할 때 입자 배열이 불규칙하게 변한다.

531 A: 응고, B: 융해, C: 승화(고체 → 기체), D: 승화(기체 → 고체), E: 기화, F: 액화

바로 알기 | ㄱ. 융해(B), 기화(E), 승화(고체 → 기체)(C)가 일어날 때 입자 운동이 활발해지고, 응고(A), 액화(F), 승화(기체 → 고체)(D)가 일어날 때 입자 운동이 둔해진다.
ㄷ. 융해(B), 기화(E), 승화(고체 → 기체)(C)가 일어날 때 열에너지를 흡수하고, 응고(A), 액화(F), 승화(기체 → 고체)(D)가 일어날 때 열에너지를 방출한다.

532 ② 융해(ㅁ), 기화(ㄱ), 승화(고체 → 기체)(ㅂ)가 일어날 때 열에너지를 흡수하여 주위의 온도가 낮아지고, 응고(ㄹ), 액화(ㄴ), 승화(기체 → 고체)(ㄷ)가 일어날 때 열에너지를 방출하여 주위의 온도가 높아진다.

533 (가) 구간에서는 액체가 응고하면서 열에너지를 방출한다.

ㄷ. 액체 파라핀이 응고하면서 열에너지를 방출하므로 손을 따뜻하게 찜질할 수 있다. ➡ 응고(열에너지 방출)

바로 알기 | ㄱ. 증기 오븐은 수증기가 액화하면서 방출한 열에너지로 식품을 조리한다. ➡ 액화(열에너지 방출)

ㄴ. 공기 중의 수증기가 얼음으로 승화하면서 열에너지를 방출하므로 눈이 내리는 날에는 날씨가 따뜻하게 느껴진다. ➡ 승화(기체 → 고체)(열에너지 방출)

534 응고, 액화, 승화(기체 → 고체)가 일어날 때 열에너지를 방출하여 입자 운동이 둔해진다.

①은 응고의 예이다.

바로 알기 | ②, ③, ⑤는 기화의 예이고, ④는 승화(고체 → 기체)의 예이다.

535 ① 드라이아이스는 열에너지를 흡수하여 기체인 이산화 탄소로 승화한다. 열에너지를 흡수하면 주위의 온도가 낮아지므로 공연장에서 드라이아이스를 뿌리면 무대 근처가 시원해진다.

536 뷰테인은 실온에서 기체 상태이지만 고압으로 액화시켜 가스통에 넣는다. 가스통의 꼭지를 누르면 압력이 낮아져 가스통 안에 있는 액체 상태의 뷰테인이 기체 상태로 기화하면서 열에너지를 흡수하여 주위의 온도가 낮아지므로 뷰테인 가스통이 차가워진다. ➡ 기화(열에너지 흡수)

①과 ④는 융해, ③과 ⑤는 기화하면서 열에너지를 흡수하여 주위의 온도가 낮아진다.

바로 알기 | ② 공기 중의 수증기가 비(물)로 액화하면서 열에너지를 방출하므로 날씨가 후텁지근하게 느껴진다. ➡ 액화(열에너지 방출)

537 ② 더운 여름에 분수대의 물이 기화하면서 열에너지를 흡수하므로 주위의 온도가 낮아져 시원하다. ➡ 기화(열에너지 흡수)

바로 알기 | ① 액체 파라핀이 고체로 응고하면서 방출한 열에너지로 온찜질을 한다. ➡ 응고(열에너지 방출)

③ 라면에서 올라오는 뜨거운 수증기가 안경 유리에 닿아 액화하여 안경이 뿌옇게 흐려진다. ➡ 액화(열에너지 방출)

④ 이른 봄에 얼었던 강물이 녹으면 열에너지를 흡수하므로 강 주변의 기온이 낮아진다. ➡ 융해(열에너지 흡수)

⑤ 그릇에 담긴 물이 응고하면서 열에너지를 방출하므로 주위의 온도가 높아져 과일이 어는 것을 막을 수 있다. ➡ 응고(열에너지 방출)

538 (가) 음료수가 담긴 컵에 얼음을 함께 넣으면 얼음이 융해하면서 열에너지를 흡수하므로 주위의 온도가 낮아져 음료가 차가워진다.

(나) 수증기가 액화하면서 열에너지를 방출하므로 주위의 온도가 높아진다. 이때 방출한 열에너지로 우유를 데울 수 있다.

⑤ 추운 겨울 밖에 있다가 따뜻한 실내에 들어가면 안경이 뿌옇게 변하는 것은 액화의 예이다.

바로 알기 | ④ (가)에서는 융해가 일어날 때 열에너지를 흡수하므로 주위의 온도가 낮아지고, (나)에서는 액화가 일어날 때 열에너지를 방출하므로 주위의 온도가 높아진다.

539 ④ 에탄올이 기화하면서 캔 음료의 열에너지를 흡수하기 때문에 에탄올에 적신 휴지를 감싼 캔 음료의 온도가 더 낮아진다.

540 ③ 에어컨의 실내기에서는 액체 냉매가 기화하면서 열에너지를 흡수하므로 실내 온도가 낮아지고, 실외기에서는 기체 냉매가 액화하면서 열에너지를 방출하므로 주위의 온도가 높아진다.

541

구분	A	B
명칭	방열기	보일러
상태 변화	액화(수증기 → 물)	기화(물 → 수증기)
열에너지 출입	방출	흡수
주위의 온도	높아진다.	낮아진다.

⑥ 에어컨의 실내기에서는 액체 냉매가 기화하면서 열에너지를 흡수하므로 집 안이 시원해진다. 또한 보일러(B)에서는 물이 수증기로 기화한다.

바로 알기 | ⑤ 추운 날 아침에 안개가 끼는 현상은 수증기가 액화하여 생기는 현상이다.

542 따뜻한 바람으로 차 안의 온도가 높아지면 유리창에 생긴 김이 기화하므로 제거할 수 있다.

ㄱ. 물수건의 물이 기화하면서 열에너지를 흡수하므로 체온을 낮출 수 있다. ➡ 기화(열에너지 흡수)

ㄴ. 땀샘이 발달하지 않은 개는 더운 여름철 혀를 내밀어 입속 수분을 증발시켜 체온을 조절한다. ➡ 기화(열에너지 흡수)

ㄷ. 땀과 얼굴에 뿌린 물이 증발하면서 열에너지를 흡수하므로 체온을 조절해 줄 수 있다. ➡ 기화(열에너지 흡수)

543 증발기에서는 액체 냉매가 기화하면서 열에너지를 흡수하므로 냉장고 안이 시원해진다.

④ 사막에서는 양가죽으로 만든 물주머니에 물을 보관하면 물주머니의 작은 구멍에서 조금씩 스며 나오는 물이 수증기로 기화하면서 열에너지를 흡수하므로 물을 시원하게 보관할 수 있다. ➡ 기화(열에너지 흡수)

바로 알기 | ① 증기 오븐은 수증기를 액화하면서 방출한 열에너지로 식품을 조리한다. ➡ 액화(열에너지 방출)

②, ③ 얼음이 융해하면서 열에너지를 흡수하므로 주위의 온도가 낮아진다. ➡ 융해(열에너지 흡수)

⑤ 드라이아이스가 기체인 이산화 탄소로 승화하면서 열에너지를 흡수하므로 주위의 온도가 낮아진다. 따라서 드라이아이스는 맨손으로 만지면 동상에 걸릴 위험이 있으므로 절대 맨손으로 만지면 안 된다. ➡ 승화(고체 → 기체)(열에너지 흡수)

난이도별 (서술형) 필수 기출 124 쪽~125 쪽

544 **모범 답안** 4 분~8 분 구간, 융해

해설 4 분~8 분 구간에서 온도가 일정한 까닭은 흡수한 열에너지가 상태 변화 하는 데 모두 사용되기 때문이며, 이때 고체가 액체로 상태 변화 하므로 융해가 일어난다.

545 **모범 답안** (1) (가) 액체 (나) 액체, 기체 (다) 기체

(2) 상태 변화 하면서 열에너지를 방출하여 물질의 온도가 낮아지는 것을 막아 주기 때문이다.

546 **모범 답안** (1) (가), (마)

(2) 가해 준 열에너지가 상태 변화 하는 데 모두 사용되기 때문이다.

(3) (다) 액체가 (마) 고체로 응고하면서 열에너지를 방출하여 입자 운동이 둔해지고 입자 배열이 규칙적으로 변하므로 물질의 부피가 줄어든다.

547 **모범 답안** 장작이 물에 젖어 있으면 가열해도 물이 열에너지를 흡수하여 기화하므로 불을 피우기 어렵다.

548 [모범 답안] 열에너지를 흡수하여 주위의 온도가 낮아진다.

[해설] • 더운 여름 살수차로 도로에 물을 뿌리면 물이 기화하면서 열에너지를 흡수하므로 주위의 온도가 낮아져 시원해진다.
• 아이스크림을 포장할 때 드라이아이스를 함께 넣으면 드라이아이스가 기체인 이산화 탄소로 승화하면서 열에너지를 흡수하므로 아이스크림을 녹지 않게 보관할 수 있다.

549 [모범 답안] 물주머니의 작은 구멍에서 조금씩 스며 나오는 물이 수증기로 기화하면서 열에너지를 흡수하므로 물을 시원하게 보관할 수 있다.

550 [모범 답안] 물이 응고하면서 열에너지를 방출하므로 주위의 온도가 높아져 과일이나 곡식이 어는 것을 막을 수 있다.

551 [모범 답안] 에어컨의 실내기에서는 **액체** 상태의 **냉매**가 **기체** 상태로 **기화**하면서 **열에너지를 흡수**하므로 집 안이 시원해진다.

552 [모범 답안] (1) B, C, E
(2) F. 라디에이터에 있는 방열판에서 기체 상태인 수증기가 액체 상태인 물로 액화하면서 열에너지를 방출하므로 방 안이 따뜻해진다.

[해설] A: 응고, B: 융해, C: 승화(고체 → 기체), D: 승화(기체 → 고체), E: 기화, F: 액화

최고 수준 도전 기출 | 08~10 | 126쪽~128쪽

553 ②	554 ②	555 ①	556 ④	557 ③
558 ⑤	559 ④	560 ①		

---

553 ② 입자의 운동은 물의 온도와 관련이 있다. 잉크가 가장 빠르게 퍼지고 있는 것은 (다)이다. 따라서 (다)에서 잉크 입자의 운동이 가장 빠르다.

바로 알기 | ① 물의 온도가 높을수록 확산이 잘 일어난다. 잉크가 퍼지는 속도가 (가)<(나)<(다)이므로 물의 온도는 (가)<(나)<(다)이다.
③ 잉크가 물에 모두 퍼진 후에도 잉크 입자는 운동한다.
④ 물에 잉크를 떨어뜨리면 물 전체가 잉크 색으로 변하는 까닭은 물 입자와 잉크 입자가 스스로 운동하여 서로 섞이기 때문이다.
⑤ 확산이 잘 일어나는 조건을 알아보는 실험으로 온도가 높을수록 입자의 운동이 활발해져 확산이 잘 일어난다는 것을 알 수 있다.

554 증발은 온도가 높을수록, 확산이 일어날 때 입자의 개수는 변하지 않는다. (가)<(나)<(라) 순으로, (가)<(다)<(라) 순으로 증발이 잘 일어난다.
② 소금이 가장 먼저 생기는 것은 증발 속도가 빠른 (라)이다.

바로 알기 | ① 증발 속도가 가장 빠른 것은 (라)이다.
③ 증발 속도가 가장 늦은 것은 (가)이므로 물이 가장 마지막까지 남아 있을 것이다.
④, ⑤ 증발 속도와 온도와의 관계를 확인하려면 표면적은 같고, 온도가 다른 (가)와 (나) 혹은 (다)와 (라)를 비교해야 하며, 증발 속도와 표면적의 관계를 확인하려면 온도는 같고, 표면적만 다른 (가)와 (다) 혹은 (나)와 (라)를 비교해야 한다.

555 항아리 사이의 모래 속에 물이 기화하면서 열에너지를 흡수하므로 항아리 안 온도가 낮아진다. ㄱ은 기화의 예이다.
바로 알기 | ㄴ은 응고, ㄷ은 액화의 예이다.

556 ㄱ, ㄴ. 얼음(고체)이 물(액체)을 거치지 않고 수증기(기체)로 변하는 것을 승화라고 한다. 승화(고체 → 기체)가 일어날 때 입자 사이의 거리는 멀어진다.
ㄹ. 추운 겨울날 그늘에 있던 눈사람의 크기가 작아지는 것은 승화(고체 → 기체)의 예이다.

바로 알기 | ㄷ. 일반적으로 액체가 고체로 응고할 때에는 부피가 감소하지만, 예외적으로 물이 얼음으로 응고할 때에는 입자들이 육각형 모양으로 배열하면서 입자 사이의 공간이 커지기 때문에 부피가 증가한다.

557 (가) 기화, (나) 승화(기체 → 고체), (다) 액화, (라) 승화(고체 → 기체), (마) 융해
③ 공기 중의 수증기가 비(물)로 액화하면서 열에너지를 방출하므로 날씨가 후텁지근하게 느껴진다. ➡ 액화(다)

바로 알기 | ① 겨울철 공기 중의 수증기가 얼음으로 승화하면서 열에너지를 방출하므로 날씨가 포근해진다. ➡ 승화(기체 → 고체)(나)
② 얼음 조각상이 녹으면서 열에너지를 흡수하므로 시원하게 느껴진다. ➡ 융해(마)
④ 이글루 안쪽에 물을 뿌리면 물이 응고하면서 열에너지를 방출하므로 이글루 내부의 온도가 높아진다. ➡ 응고
⑤ 비(액체)가 기화하면서 열에너지를 흡수하여 체온을 떨어뜨리므로 젖은 옷을 벗어야 한다. ➡ 기화(가)

558 25 ℃<녹는점인 경우 25 ℃에서 물질은 고체 상태로 존재하고, 녹는점<25 ℃<끓는점인 경우 25 ℃에서 물질은 액체 상태로 존재하며, 끓는점<25 ℃인 경우 25 ℃에서 물질은 기체 상태로 존재한다.

물질	A	B	C
녹는점(℃)	−214	−39	350
끓는점(℃)	−10	60	1450
실온에서의 상태	기체	액체	고체

ㄷ. B는 실온에서 액체 상태로 존재하므로 담는 그릇에 따라 모양은 변하지만, 부피는 변하지 않는다.
ㄹ. C는 실온에서 고체 상태로 존재하므로 입자 배열이 가장 규칙적이다.

바로 알기 | ㄱ. 실온에서 A는 기체, C는 고체 상태이다.
ㄴ. A는 실온에서 기체 상태로 존재하므로 입자 운동이 가장 활발하다. 실온에서 제자리에서 진동 운동하는 것은 고체인 C이다.

559 종이 냄비가 불에 타지 않는 것은 물의 끓는점은 100 ℃인데 종이의 인화점은 그보다 높기 때문이다. 종이가 타려면 100 ℃ 이상 온도가 올라가야 하는데, 물이 끓어 수증기로 상태 변화(기화) 하는 데 열에너지를 모두 사용하기 때문에 종이가 타는 온도까지 올라가지 못한다.
④ (라) 구간에서는 기화가 일어나며, 흡수한 열에너지를 모두 상태 변화하는 데 사용하기 때문에 종이 냄비가 타지 않는 까닭과 관련 있다.

560 ㄱ, ㄷ. (가) 응축기에서는 기체 냉매가 액화하면서 열에너지를 방출하므로 주위의 온도가 높아지고, (나) 증발기에서는 액체 냉매가 기화하면서 열에너지를 흡수하므로 냉장고 안이 시원해진다.

바로 알기 | ㄴ. (나) 증발기는 주위의 온도가 낮아지므로 냉장고 안에 설치하고, (가) 응축기는 주위의 온도가 높아지므로 냉장고 밖에 설치해야 한다.
ㄹ. (가) 응축기에서 기체 냉매가 액화하여 이동하므로 (a)에서는 액체 상태이고, (나) 증발기에서 액체 냉매가 기화하여 이동하므로 (b)에서는 기체 상태이다.

실전 대비 BOOK 해설

I. 과학과 인류의 지속가능한 삶

실전 대비 1 회

130 쪽~131 쪽

| 1 ② | 2 ④ | 3 ⑤ | 4 ⑤ | 5 ① | 6 ③ |
| 7 ⑤ | 8 ② | | | | |

9 (나). 컵의 색깔에 따른 물의 온도 변화를 알아보는 탐구이므로, 컵의 색깔을 제외한 나머지 조건은 모두 같아야 하기 때문이다.
10 (1) 신재생 에너지 개발, 오염 물질을 줄이거나 제거하는 기술 개발 등
(2) 물을 절약하여 사용한다. 사용하지 않는 전기 제품은 플러그를 뽑아 둔다. 등

1 과학적 탐구 방법은 일반적으로 가설을 설정하고 탐구 과정을 통해 가설을 검증하는 방법이 이용된다. 과학적 탐구 방법 순서는 (나) 문제 인식 → (가) 가설 설정 → (다) 탐구 설계 및 수행 → (마) 자료 해석 → (라) 결론 도출이다.

2

> (가) 건강한 닭을 두 무리로 나누어 한 무리는 백미만 먹이고 다른 무리는 현미만 먹여 각기병 증상이 나타나는지 관찰하였다.
> ➡ 탐구 설계 및 수행
> (나) 백미를 먹은 닭은 각기병에 걸리고, 현미를 먹은 닭은 각기병에 걸리지 않았다. 또 각기병에 걸린 닭에게 현미를 주었더니 건강해졌다. ➡ 자료 해석
> (다) 에이크만은 '현미에는 닭의 각기병을 치료하는 물질이 들어 있다.'고 결론을 내렸다. ➡ 결론 도출
> (라) 에이크만은 각기병 증상을 보이던 닭이 나은 것을 보고 의문을 가졌다. ➡ 문제 인식
> (마) '현미에는 닭의 각기병을 치료하는 물질이 들어 있을 것이다.' 라는 가설을 세웠다. ➡ 가설 설정

(가)는 탐구를 설계하고 수행하는 단계인 탐구 설계 및 수행, (나)는 탐구를 수행하여 얻는 자료를 분석하여 결과를 얻는 단계인 자료 해석, (다)는 탐구 결과에서 결론을 내리는 단계인 결론 도출, (라)는 자연 현상을 관찰하다 의문을 품는 단계인 문제 인식, (마)는 문제를 인식한 후 문제의 결론을 미리 예상하여 문제에 대한 잠정적인 답인 가설을 설정하는 단계인 가설 설정이다.

3 ㄴ. 탐구 과정을 통해 가설이 옳은지 옳지 않은지 확인할 수 있어야 한다.
ㄷ. 실험 결과가 예상과 다른 값이 나와도 버리거나 수정하지 않는다. 그리고 실험을 여러 번 반복하여 정확성을 높인다.
바로 알기 | ㄱ. 가설은 문제에 대해 잠정적으로 내린 결론이므로, 실험 결과에 따라 수정되거나 새로운 가설로 바뀔 수 있다.

4 과학의 발전은 인류의 사고방식을 바꾸고, 삶을 편리하게 한다. 또한, 과학은 기술, 공학, 예술, 수학 등 다양한 분야에 영향을 미쳐 인류 문명과 문화가 발달하는 데 큰 영향을 미쳤다.

바로 알기 | ⑤ 과학 원리, 기술, 기기는 서로 영향을 주고받으며 발전한다. 과학 원리는 기술의 발달과 기기의 발명에 기초가 될 수 있다.

5 ① 증기 기관을 이용한 증기 기관차가 개발되어 많은 물건을 먼 곳까지 옮길 수 있게 되었다.
바로 알기 | ② 컴퓨터의 발달로 정보를 처리하고 전달하는 속도가 빨라졌다.
③ 최초의 항생제인 페니실린의 개발로 폐렴과 같은 질병을 치료할 수 있게 되었다.
④ 드론이나 기계를 이용한 농업 기술이 발달하여 식량 생산이 증가하였다.
⑤ 백신의 개발로 탄저병과 같은 질병을 예방할 수 있게 되었다.

6 인공지능, 증강 현실, 사물 인터넷, 첨단 바이오 등이 첨단 과학기술에 해당한다.
① 인공지능을 활용하여 음식을 옮기거나 길을 안내하는 로봇이 개발되었다.
② 증강 현실을 활용해 애플리케이션을 개발하여 실제 공간에 가상으로 가구들을 배치해 볼 수 있다.
④ 사물 인터넷을 활용하여 집 안의 가전제품을 인터넷으로 연결해 두면 집 밖에서도 스마트폰으로 가전제품을 제어할 수 있다.
⑤ 첨단 바이오 기술로 개인의 유전적 특성을 분석해 질병 발생을 미리 예측하고, 개인 맞춤형 치료제를 개발할 수 있다.
바로 알기 | ③ 항생제와 백신은 이미 인류 문명에 영향을 주고 있는 과학기술이다.

7 자율주행 자동차는 인공지능 기술을 활용한 것으로, 스스로 주행이 가능하여 운전자가 조작하지 않아도 주변 상황에 스스로 대처할 수 있다.

8 우리의 생활을 발전시키면서도 미래 세대가 이용할 수 있는 자원을 유지하고, 지구의 환경을 보전할 때 지속가능한 삶이 가능해진다.
바로 알기 | ② 화석 연료의 지나친 사용으로 온실 기체가 늘어나 지구 온난화가 심해지면서 기후 변화 문제가 나타나고 있다.

9 각 컵에 물을 같은 양을 넣은 후 처음 물의 온도를 재야 한다.

10 (1) 화석 연료의 지나친 사용으로 나타난 에너지 부족 문제와 환경 문제를 해결하는 데 과학기술을 활용하고 있다.
(2) 그 외에도 지속가능한 삶을 위해 일회용 비닐봉지 대신 장바구니를 사용하고, 자전거와 같은 친환경 운송 수단을 이용해야 한다.

실전 대비 2 회

132 쪽~133 쪽

| 1 ③ | 2 ② | 3 ③ | 4 ④ | 5 ① | 6 ⑤ |
| 7 ④ | 8 ④ | | | | |

9 (1) 국화꽃의 개화 여부는 빛을 비춘 시간과 관계가 있을 것이다.
(2) 국화꽃에 빛을 비춘 시간
10 항생제의 개발로 세균에 의한 질병을 치료할 수 있게 되어 인류의 평균 수명이 크게 늘어났다.

1 A는 탐구를 수행하여 얻은 자료를 정리하고 분석하여 결과를 얻는 자료 해석 단계로, 실험 결과를 표나 그래프로 나타낸 후 자료 사이의 관계나 규칙을 찾는다.

바로 알기 | ①은 문제 인식, ②는 가설 설정, ④는 탐구 설계 및 수행, ⑤는 결론 도출에 대한 설명이다.

2

> (가) 탄저병 백신을 주사한 양은 건강하였고, 탄저병 백신을 주사하지 않은 양은 탄저병에 걸렸다. ➡ 자료 해석
> (나) 양이 탄저병으로 떼죽음을 당하는 것을 보고, 탄저병 백신이 예방 효과가 있을지 의문을 가졌다. ➡ 문제 인식
> (다) 건강한 양을 두 무리로 나누어 한 무리에만 탄저병 백신을 주사하고 4주 후에 두 무리에게 탄저균을 주사하였다.
> ➡ 탐구 설계 및 수행

③ (다)에서 탄저병 백신의 접종 여부만 다르게 하고, 그 외의 조건은 모두 같게 한다.
바로 알기 | ② 어떤 사물이나 자연 현상을 관찰하다가 의문을 갖는 것을 문제 인식이라고 한다. 문제 인식 단계는 (나)이고, (가)는 탐구를 수행하여 얻은 자료를 분석하여 결과를 얻는 자료 해석의 단계이다.

3 탐구의 결과가 가설과 맞지 않을 경우 가설을 수정하거나 새로운 가설을 세워 다시 탐구 설계 및 수행을 해야 한다.

4 바로 알기 | ㄱ. 증기 기관의 발명으로 증기 기관을 이용한 기계를 사용하여 공장에서 제품을 대량으로 생산할 수 있게 되어 제품의 생산력이 증가하였다.
ㄷ. 질소 비료의 개발로 식량 생산이 크게 증가하여 인류의 식량 부족 문제를 해결하였다. 최초의 항생제인 페니실린의 개발로 세균에 의한 질병을 치료할 수 있게 되었다.

5 컴퓨터가 인간처럼 학습하고 일을 처리할 수 있게 만드는 기술을 인공지능이라고 한다.

6 바로 알기 | ⑤ 스마트홈은 사물 인터넷을 활용한 것으로, 사물이 인터넷으로 연결되어 집 밖에서도 스마트폰으로 가전제품을 제어할 수 있다. 양자의 특성을 이용하여 복잡한 암호를 단 몇 초 이내에 풀 수 있는 것은 양자 컴퓨터이다.

7 ㄴ. 화석 연료의 사용으로 생긴 에너지 부족 문제와 환경 문제를 해결하기 위해 햇빛, 바람, 물, 지열과 같은 지속가능한 에너지원을 개발하고 있다.
ㄷ. 지구 온난화를 막기 위해 전기 자동차, 탄소 포집 장치, 해양 쓰레기 수거 로봇 등 대기오염 물질의 발생량을 줄이거나 방출된 오염 물질을 제거하는 기술을 개발하고 있다.
바로 알기 | ㄱ. 전기 자동차는 화석 연료를 사용하지 않으므로 대기오염 물질의 발생량을 줄일 수 있다.

8 바로 알기 | ④ 지속가능한 삶을 위해 가까운 거리는 자전거와 같은 친환경 운송 수단을 이용해야 한다.

9 국화꽃에 빛을 비춘 시간만 다르게 하고 다른 조건은 모두 같게 한 것으로 보아, 이 실험은 국화꽃의 개화 여부와 빛을 비춘 시간과의 관계를 알아보는 실험이다.

10 최초의 항생제인 페니실린의 개발로 폐렴과 같은 질병을 치료할 수 있게 되었다.

<hr>

Ⅱ. 생물의 구성과 다양성

1 ①	2 ③	3 ⑤	4 ①	5 ③	6 ④
7 ⑤	8 ④	9 ③	10 ⑤	11 ①	12 ④
13 ⑤	14 ⑤	15 ⑤	16 ③		

17 (1) (다), 상피세포
(2) 상피세포(다)는 넓고 얇게 퍼진 모양으로 몸의 표면이나 몸속 안쪽 기관의 표면을 덮어 보호하기에 알맞기 때문이다.
18 (1) 테리어와 불도그
(2) 종은 자연 상태에서 짝짓기를 하여 번식 능력이 있는 자손을 낳을 수 있는 생물 무리이기 때문이다.
19 (1) 개
(2) 여우와 개는 함께 개과에 속하지만 호랑이는 고양이과에 속하기 때문이다.
20 재활용품을 올바르게 분리배출 한다. 일회용품의 사용을 줄인다. 쓰레기를 줍는다. 등

1 ②, ③ 세포는 생물을 이루는 구조적·기능적 기본 단위이다.
바로 알기 | ① 세포의 모양은 세포의 기능과 관련이 있다. 세포는 각각의 기능에 알맞은 모양을 하고 있다.

2

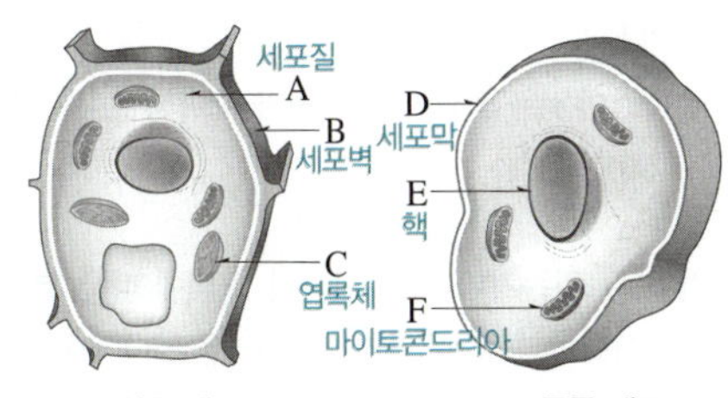

A는 세포질, B는 세포벽, C는 엽록체, D는 세포막, E는 핵, F는 마이토콘드리아이다.

3 ⑤ 마이토콘드리아(F)는 생명활동에 필요한 에너지를 만든다.
바로 알기 | ① 물질의 출입을 조절하는 것은 세포막(D)이다.
② 세포의 생명활동을 조절하는 것은 핵(E)이다.
③ 세포막 밖에 있는 단단한 벽은 세포벽(B)이다.
④ 광합성을 하여 양분을 만드는 것은 엽록체(C)이다.

4 바로 알기 | ① 식물의 잎은 뿌리, 줄기, 꽃 등과 함께 기관에 속한다.

5

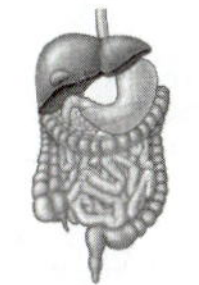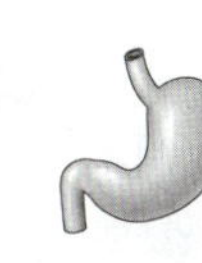

① 기관계(나)는 동물에만 있는 구성 단계이다.
② 폐와 콩팥은 기관(다)에 해당한다.
④ 세포(마)는 생물을 구성하는 기본 단위이다.
⑤ 동물의 구성 단계는 세포(마) → 조직(가) → 기관(다) → 기관계(나) → 개체(라) 순으로 이루어진다.
바로 알기 | ③ 모양과 기능이 비슷한 세포가 모여 조직(가)을 이룬다.

6 생물다양성은 생태계가 다양할수록, 생물의 종류가 많을수록, 같은 종류의 생물 사이에서 나타나는 특징이 다양할수록 높다.

바로 알기 | ④ 다양한 종류의 생물이 고르게 분포할 때 생물다양성이 높다.

7 ㄴ. (가)와 (나)에 살고 있는 생물의 개체수는 40으로 같다.

ㄷ. (가)에는 5 종류의 생물이 고르게 분포하고 (나)에는 3 종류의 생물이 분포하므로 (가)가 (나)보다 생물다양성이 높다.

바로 알기 | ㄱ. (가)에는 5 종류의 생물이, (나)에는 3 종류의 생물이 살고 있으므로 살고 있는 생물의 종류가 다르다.

8 ① 유전자에 의한 변이는 자손에게 전달된다.

⑤ 다양한 변이를 가진 생물이 서로 다른 환경에 적응하는 과정에서 새로운 종류의 생물이 나타나 생물다양성이 높아진다.

바로 알기 | ④ 변이가 다양하면 급격한 환경 변화가 일어나거나 전염병이 유행할 때 그 변화에 적응할 수 있는 생물이 있어 멸종할 확률이 낮아진다.

9 다양한 변이를 지닌 한 종류의 생물이 환경에 적응하는 과정에서 새로운 종류의 생물이 나타난다.

10 ㄴ. 사막여우는 북극여우에 비해 몸집이 작고 귀가 커서 더운 사막에서 몸의 열을 잘 방출할 수 있다.

ㄷ. 북극여우는 추운 환경에, 사막여우는 더운 환경에 적응하여 생김새에 차이가 나타났다.

바로 알기 | ㄱ. 북극여우는 몸집이 크고 귀가 작아 추운 환경에서 체온을 유지하는 데 유리하다.

11 사람이 먹을 수 있는지와 같이 사람의 편의에 따른 분류 기준으로 생물을 분류하면 사람마다 분류 결과가 다를 수 있다. 따라서 과학에서는 세포의 구조나 몸의 구조, 광합성 여부, 번식 방법과 같은 생물 고유의 특징을 기준으로 생물을 분류한다.

바로 알기 | ① 생물 고유의 특징을 기준으로 생물을 분류하면 생물 사이의 멀고 가까운 관계를 알고 생물다양성을 이해하는 데 도움이 된다.

12 생물의 분류 단계에서 가장 작은 단위는 종이고, 분류 범위를 넓혀가며 종 → 속 → 과 → 목 → 강 → 문 → 계로 분류할 수 있다.

13 (가)는 원핵생물계, (나)는 원생생물계, 분류 기준 A는 핵의 유무이다.

바로 알기 | ⑤ 식물계와 균계에 속하는 생물의 세포에는 모두 세포벽이 있다.

14

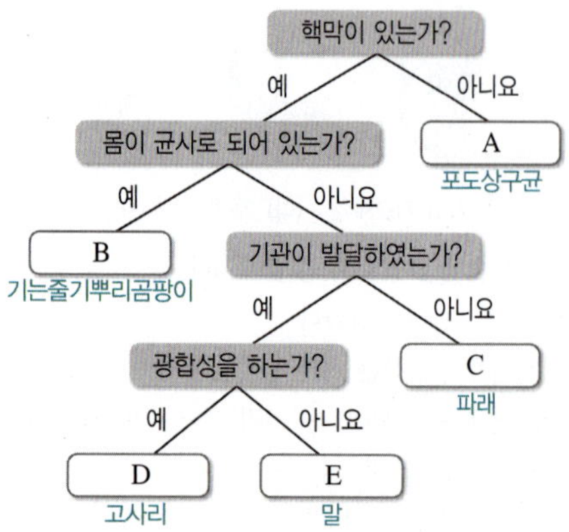

핵막이 없는 A는 포도상구균(원핵생물계), 몸이 균사로 되어 있는 B는 기는줄기뿌리곰팡이(균계), 기관이 발달하지 않은 C는 파래(원생생물계), 광합성을 하는 D는 고사리(식물계), 광합성을 하지 않는 E는 말(동물계)이다.

15 ⑤ (나)에서 뱀의 먹이가 되는 생물에는 개구리와 쥐가 있다.

바로 알기 | ①, ②, ③ 생물다양성이 높고 먹이그물이 복잡한 (나)가 (가)보다 안정적으로 유지된다.

④ (가)에서 메뚜기가 사라지면 벼의 수는 일시적으로 늘어나고 먹이가 사라진 개구리는 메뚜기와 같이 멸종될 가능성이 높다.

16 ①은 남획, ②는 기후 변화, ④는 외래종 유입, ⑤는 서식지파괴로 모두 생물다양성의 감소 원인이다.

바로 알기 | ③ 멸종 위기 생물을 지정하고 서식지를 보호하는 것은 생물다양성보전을 위한 노력이다.

17 (가)는 산소를 운반하는 적혈구, (나)는 신호를 전달하는 신경세포, (다)는 몸의 표면을 덮는 상피세포, (라)는 식물에서 기공을 여닫아 기체의 출입을 조절하는 공변세포이다.

18 자연 상태에서 짝짓기를 하여 자손을 낳을 수 있어도 그 자손이 번식 능력이 없으면 같은 종이 아니다.

19 작은 분류 단위에 함께 속할수록 가까운 관계의 생물이다.

20 생물다양성을 유지하기 위해 개인적 차원에서 할 수 있는 활동에는 플라스틱 사용 줄이기, 자연환경 보호하기, 나무 심기, 가까운 거리는 걸어가기, 야생 동물 기르지 않기 등이 있다.

실전 대비 2 회

138 쪽~141 쪽

1 ⑤	**2** ②	**3** ①	**4** ②	**5** ①, ③	**6** ⑤
7 ④	**8** ③	**9** ②	**10** ⑤	**11** ③	**12** ②
13 ③	**14** ④	**15** ③	**16** ⑤		

17 (1) A: 세포벽, B: 엽록체

(2) 세포벽(A)은 세포의 모양을 유지하고 세포를 보호한다. 엽록체(B)는 광합성을 하여 양분을 만든다.

18 (1) (가)

(2) (나)보다 (가)에 생물의 종류가 더 많고, 각 생물이 고르게 분포하기 때문이다.

19 (1) (가) 원핵생물계, (다) 식물계, (라) 균계

(2) 핵의 유무, (가)는 핵이 없는 생물이고, (나)는 핵이 있는 생물이다.

(3) 광합성 여부, (다)는 광합성을 할 수 있는 생물이고, (라)는 광합성을 할 수 없는 생물이다.

20 (1) (나)

(2) (나)는 먹이그물이 복잡하여 어떤 생물이 사라졌을 때 먹이 관계에서 그 생물을 대체하는 생물이 있기 때문이다.

1 (가)는 식물 세포인 검정말잎 세포, (나)는 동물 세포인 입안 상피세포이다.

바로 알기 | ①, ③ 세포벽과 엽록체는 검정말잎 세포(가)에는 있고, 입안 상피세포(나)에는 없다.

② 세포막은 검정말잎 세포(가)와 입안 상피세포(나)에 모두 있다.

2 (가)는 적혈구, (나)는 신경세포, (다)는 상피세포이다.

바로 알기 | ㄷ. 상피세포(다)는 납작하고 편평해서 몸의 표면이나 몸속 기관의 안쪽 표면을 덮어 보호하기에 알맞다.

3

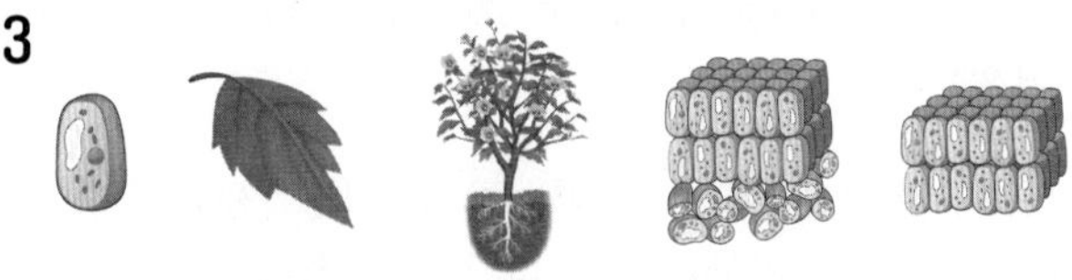

(가) 세포　　(나) 기관　　(다) 개체　　(라) 조직계　　(마) 조직

① 동물의 심장과 폐는 (나)와 같은 기관에 해당한다.

바로 알기 | ② 식물에서는 여러 조직이 모여 조직계(라)를 이룬다.

③, ④ 조직계(라)는 식물에만 있고 동물에는 없는 단계이다.

⑤ 식물의 구성 단계는 세포(가) → 조직(마) → 조직계(라) → 기관(나) → 개체(다) 순으로 이루어진다.

4 (가)는 생물 종류의 다양함, (나)는 생태계의 다양함, (다)는 같은 종류의 생물 사이에서 나타나는 특징의 다양함에 해당한다.

5 **바로 알기 |** ①, ③ 변이는 같은 종류의 생물 사이에서 나타나는 특징의 차이이므로, 다른 종류의 생물 사이에서 나타나는 차이는 변이가 아니다.

6 한 종류의 핀치가 먹이가 다른 환경에 적응하면서 오랜 세월 동안 부리의 모양과 크기에 대한 변이가 자손에게 전해져 핀치의 종류가 다양해진 과정이다.

바로 알기 | ㄱ. 순서대로 나열하면 (다) → (라) → (나) → (가)이다.

7 생물의 분류 단계는 종＜속＜과＜목＜강＜문＜계이다.

④ 과가 속보다 큰 분류 단위이므로 같은 속에 속하는 생물은 같은 과에 속한다.

바로 알기 | ①, ② 생물의 분류 단계에서 가장 작은 단위는 종, 가장 큰 단위는 계이다.

③ 문은 계보다 작은 분류 단위로, 여러 문이 모여 하나의 계가 된다.

⑤ 여러 목이 모여 하나의 강을 이루므로, 같은 강에 속하는 생물이라도 다른 목에 속할 수 있다.

8

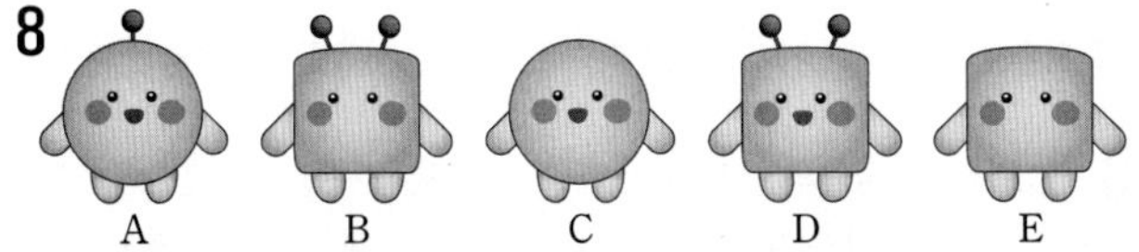

A, B, D에는 더듬이가 있고, C, E에는 더듬이가 없다.

9 ㄱ, ㄹ. 자연 상태에서 짝짓기를 하여 번식 능력이 있는 자손을 낳을 수 있는 생물 무리를 종이라고 하며, 종은 생물을 분류하는 기본 단위이다.

바로 알기 | ㄴ. 같은 종의 생물이라고 해서 모두 같은 지역에 사는 것은 아니다.

ㄷ. 여러 종이 모여 하나의 속을 이루고, 여러 속이 모여 하나의 과를 이루므로, 같은 과에 속하는 생물이라도 다른 종에 속할 수 있다.

10 ㄱ. 같은 과(고양이과)에 속하는 생물은 같은 목(식육목)에 속한다.

ㄴ. 작은 분류 단위에 함께 속할수록 가까운 관계의 생물이다.

ㄷ. 같은 목(식육목)에 속하는 생물은 같은 강에 속한다.

11 핵막과 세포벽이 있고, 몸이 균사로 이루어진 생물은 균계에 속한다.

바로 알기 | ① 젖산균과 대장균은 원핵생물계, ②, ④ 유글레나와 미역, 짚신벌레, 아메바는 원생생물계, ⑤ 고사리와 우산이끼는 식물계에 속한다.

12 A는 원핵생물계, B는 원생생물계, C는 균계이다.

바로 알기 | ② 원생생물계(B)에는 아메바 같은 단세포생물도 있고, 다시마 같은 다세포생물도 있다.

13 ㄱ. 원핵생물계에 속하는 충치균과 대장균은 세포에 핵이 없고, 식물계에 속하는 소나무와 원생생물계에 속하는 다시마는 세포에 핵이 있다.

ㄷ. 소나무와 다시마는 모두 광합성을 할 수 있다.

바로 알기 | ㄴ. 기관이 발달한 소나무는 식물계에 속하고, 기관이 발달하지 않은 다시마는 원생생물계에 속한다.

14 ㄱ. 생물다양성이 높을수록 생태계가 안정적으로 유지된다.

ㄴ. 사람은 생물에게서 식량, 섬유, 의약품 등 다양한 혜택을 얻는다.

바로 알기 | ㄷ. 인간에게 필요한지 여부와 상관없이 모든 생물은 각각 소중한 가치를 지닌다.

15 **바로 알기 |** ③ 푸른곰팡이에서 의약품인 항생제의 원료를 얻는다. 목화나 누에고치 등에서 옷감의 재료를 얻을 수 있다.

16 국제 사회는 람사르협약, 생물다양성협약, 야생 동식물 종의 국제 거래에 관한 협약 등과 같은 국제 협약을 맺어 생물다양성보전을 위해 노력하고 있다.

바로 알기 | ①, ④ 재활용품 분리배출 하기, 쓰레기 줍기 등은 생물다양성보전을 위한 개인적 차원의 노력이다.

②, ③ 국립 공원 지정이나 생태통로 설치는 생물다양성보전을 위한 사회적·국가적 차원의 노력이다.

17 A는 세포벽, B는 엽록체, C는 세포막, D는 핵, E는 마이토콘드리아이다. 세포의 모양을 유지하는 세포벽(A)과 광합성이 일어나는 엽록체(B)는 동물 세포에는 없고 식물 세포에 있다.

18 어떤 지역에 서식하는 생물의 종류가 많고 각 생물이 고르게 분포할 때 생물다양성이 높다. (가) 지역에는 5 종류의 나무가 10 개체 있고, (나) 지역에는 4 종류의 나무가 10 개체 있다.

19 원핵생물계(가)는 세포에 핵이 없는 생물 무리이다. 식물계(다)의 생물은 광합성을 할 수 있고, 균계(라)의 생물은 광합성을 할 수 없다.

20 (가)에서는 개구리가 사라지면 먹이를 잃은 뱀도 같이 사라질 확률이 높지만, (나)에서는 개구리가 사라져도 뱀이 토끼나 들쥐를 먹고 살 수 있다. 이처럼 생물다양성이 높아 먹이그물이 복잡한 생태계가 더 안정적으로 유지된다.

실전 대비 1 회

142 쪽~145 쪽

1 ⑤	**2** ⑤	**3** ④	**4** ②	**5** ⑤	**6** ③
7 ②, ④	**8** ⑤	**9** ①	**10** ②	**11** ③	**12** ②
13 ②, ③	**14** ①	**15** ④	**16** ②		

17 (나), 온도가 높을수록 입자의 움직임이 활발해서 잉크가 빠르게 퍼지므로 더 빨리 퍼지고 있는 (나)가 뜨거운 물이다.

18 뜨거운 물이 위에, 찬물이 아래에 있으면 대류가 일어나지 않기 때문에 찬물과 뜨거운 물이 서로 섞이지 않는다.

19 (1) A＝B, 같은 시간 동안 같은 가열 장치로 가열하였으므로 두 물질이 받은 열량은 같다.

(2) A＞B, 같은 열량을 받았을 때 온도 변화가 B가 더 크므로 B의 비열이 A보다 작다.

20 (1) 알코올＞식용유＞글리세린＞물, 많이 팽창할수록 액체의 높이가 높아지므로 열팽창 정도가 가장 큰 것은 알코올이고, 가장 작은 것은 물이다.

(2) 물＝글리세린＝식용유＝알코올, 충분한 시간이 지난 후 네 가지 액체는 모두 뜨거운 물과 열평형을 이룬다.

---

1 ㄷ, ㄹ. 입자는 끊임없이 스스로 움직이고 있으며 열을 가하면 입자의 움직임이 활발해지면서 입자 사이의 거리가 멀어진다.

바로 알기 | ㄱ. (가)에서의 입자의 움직임이 (나)에서보다 활발하므로 온도는 (가)＞(나)이다.

ㄴ. 온도와 입자의 질량은 관련이 없다.

2 ⑤ 열을 잃으면 입자의 움직임이 둔해지고 입자 사이의 거리가 가까워진다.

바로 알기 | ① 입자의 질량은 열과 상관없이 변하지 않는다.

②, ③ 열은 온도가 높은 물체에서 온도가 낮은 물체로 이동한다.

④ 열을 얻으면 입자의 움직임이 활발해지고 입자 사이의 거리가 멀어진다.

3 ① 열은 온도가 높은 물체에서 낮은 물체로 이동하므로 A가 B보다 온도가 높다.

②, ③ B는 열을 얻어 입자의 움직임이 활발해지고 입자 사이의 거리가 멀어진다.

⑤ 접촉한 두 물체의 온도 차이가 많이 날 때 열이 많이 이동하고 시간이 지날수록 두 물체의 온도가 비슷해지므로 이동하는 열의 양도 줄어든다.

바로 알기 | ④ 시간이 지나면 A와 B의 온도가 같아지는 열평형을 이루고 B의 온도는 더이상 높아지지 않는다.

4 ㄱ, ㄷ. 온도가 높은 A에서 온도가 낮은 B로 열이 이동하며, A와 B는 5 분 후에 열평형에 도달한다. 열을 얻은 B의 입자의 움직임은 활발해진다.

바로 알기 | ㄴ. A가 잃은 열량과 B가 얻은 열량은 같다.

ㄹ. 열평형에 도달했을 때 A와 B의 온도는 30 ℃이다.

5 ⑤ 금속 막대를 가열할 때의 열의 이동 방식은 전도이다. 뜨거운 국에 숟가락을 넣을 때도 전도로 열이 이동한다.

바로 알기 | ①, ④ 열이 이동할 때 입자는 이동하지 않고 입자의 움직임이 이웃한 입자로 전달된다.

② 시간이 지나면 금속 막대 전체가 뜨거워진다.

③ 전도는 주로 고체에서 열이 이동하는 방식이다.

6 주로 액체나 기체에서 입자들이 직접 이동하면서 열을 전달하는 방식은 대류이다.

7 ②, ④ 열이 물질을 거치지 않고 직접 이동하는 방식은 복사이다. 열화상 카메라로 물체의 온도를 측정하고, 전기난로 앞에 있으면 몸이 따뜻해지는 것은 복사에 의한 현상이다.

바로 알기 | ① 에어컨을 틀면 방 전체가 시원해지는 것은 대류에 의한 현상이다.

③, ⑤ 손난로를 쥔 손이 따뜻해지고, 프라이팬 위의 달걀이 익는 것은 전도에 의한 현상이다.

8 ① 비열은 물질의 특성으로 물질마다 다른 값을 가진다.

② 물의 비열이 $1 \, \text{kcal/(kg·℃)}$이므로 $10 \, \text{kg}$의 물의 온도를 $1 \, ℃$ 올리는 데 필요한 열량은 $10 \, \text{kcal}$이다.

④ 철보다 구리의 비열이 작으므로 구리의 온도 변화가 더 크다.

⑤ 같은 질량에 같은 열량을 가했을 때 온도 변화가 가장 작은 것은 비열이 가장 큰 물이다.

바로 알기 | ③ 비열이 클수록 같은 질량을 같은 온도만큼 올리는 데 필요한 열량이 많다. 같은 질량일 때 $10 \, ℃$ 올리는 데 필요한 열량이 가장 많은 것은 비열이 가장 큰 물이다.

9 질량이 같은 A와 B 중 온도 변화가 B가 크므로 비열은 A＞B이다. 온도 변화가 같은 B와 C 중 C의 질량이 더 크므로 비열은 B＞C이다. 따라서 세 물질의 비열은 A＞B＞C이다.

10 0~5 분까지 A와 B의 온도 변화는 각각 $30 \, ℃$, $20 \, ℃$이므로 비열의 비는 $\dfrac{1}{30} : \dfrac{1}{20} = 2 : 3$이다.

11 ③ 물의 비열은 $1 \, \text{kcal/(kg·℃)}$이므로 물에 가해진 열량＝비열×질량×온도 변화＝$1 \, \text{kcal/(kg·℃)} \times 0.2 \, \text{kg} \times 20 \, ℃ = 4 \, \text{kcal}$이다.

바로 알기 | ① 같은 시간 동안 물의 온도 변화가 더 작으므로 식용유보다 물의 비열이 크다.

② 5 분 후 물과 식용유의 온도 변화가 각각 $20 \, ℃$, $50 \, ℃$이므로 비열의 비는 $5 : 2$이다.

④ 같은 가열 장치로 가열했으므로 5 분 동안 물과 식용유에 가해진 열량은 같다.

⑤ 질량이 $100 \, \text{g}$으로 바뀌면 온도 변화는 더 크게 일어나서 그래프의 기울기가 더 커진다.

12 ② 라면을 끓일 때 구리 냄비를 사용하는 것은 비열이 작아서 빠르게 뜨거워지기 때문이다.

바로 알기 | ①, ③, ④, ⑤는 비열이 큰 물질을 사용한 예이다.

13 ①, ④, ⑤ 물체의 온도가 높아질 때 물체를 구성하는 입자의 움직임이 활발해져서 입자 사이의 거리가 멀어지고 물체의 부피가 팽창한다.

바로 알기 | ②, ③ 물체를 구성하는 입자의 종류와 개수는 변하지 않는다.

14 ㄱ, ㄴ. 세 가지 액체 모두 부피가 팽창하여 높이가 높아졌다. 액체의 높이가 에탄올이 가장 높으므로 에탄올의 열팽창 정도가 가장 크다.

바로 알기 | ㄷ. 물도 열팽창하므로 물의 입자 사이의 거리는 증가한다.

ㄹ. 세 가지 액체가 모두 같은 수조에서 열평형에 이르기 때문에 온도는 같다.

15 ㄴ, ㄷ. 화재가 발생하여 온도가 높아졌을 때 바이메탈이 B 쪽으로 휘어져야 회로가 연결되고 경보가 울린다. 따라서 금속 A가 금속 B보다 열팽창이 잘되는 물질이다.
바로 알기 | ㄱ, ㄹ. 온도가 높아지면 A의 길이가 B보다 길어져 B 쪽으로 휘어진다.

16 ㄱ, ㄷ. 다리의 이음매에 틈을 두는 것은 여름에 열팽창하는 것에 대비하는 것이고, 그릇이 겹쳐서 끼었을 때는 뜨거운 물에 담가 그릇이 열팽창하면 쉽게 뺄 수 있다.
바로 알기 | ㄴ. 난방기를 방의 아래쪽에 설치하는 것은 대류를 이용해 난방을 효율적으로 하기 위해서이다.
ㄹ. 프라이팬의 손잡이는 전도가 잘되지 않는 물질로 만든다.

17 온도가 높아서 물 입자의 움직임이 활발할수록 물에 떨어뜨린 잉크가 빠르게 퍼진다.

18 찬물이 위에, 뜨거운 물이 아래에 있을 때는 대류가 일어나서 섞이지만 찬물이 아래에, 뜨거운 물이 위에 있을 때는 대류가 일어나지 않는다.

19 0~3 분 동안 A의 온도 변화는 12 ℃이고, B의 온도 변화는 36 ℃이다. 같은 가열 장치를 사용했으므로 같은 시간 동안 받은 열량은 같은데 온도 변화는 B가 A보다 크므로 비열은 B가 A보다 작다.

20 네 가지 액체는 서로 열팽창 정도가 달라 액체의 높이가 다르다. 액체의 높이가 높을수록 열팽창이 더 많이 된 것이다.

실전 대비 2 회
146 쪽~149 쪽

1 ③	2 ②	3 ⑤	4 ①	5 ④	6 ③
7 ⑤	8 ⑤	9 ④	10 ③	11 ④	12 ⑤
13 ④	14 ④	15 ④	16 ⑤		

17 공기가 거의 없는 진공 공간은 전도와 대류에 의한 열의 이동을 막고, 은색된 벽면은 열을 반사하여 복사에 의한 열의 이동을 막는다.
18 6 분 동안 A의 온도 변화는 40 ℃, B의 온도 변화는 20 ℃이므로 비열의 비는 $A : B = \dfrac{1}{40} : \dfrac{1}{20} = 1 : 2$이다.
19 자동차 엔진이 너무 뜨거워지는 것을 막기 위해 냉각수로 물을 넣는다. 찜질 팩이 따뜻한 상태를 오래 유지하도록 따뜻한 물을 넣는다. 등
20 물체를 가열하면 물체의 부피가 늘어난다. 알루미늄이 종이보다 열팽창이 잘되기 때문에 더 많이 팽창해 종이 쪽으로 휘어진다.

---

1 ③ (나)의 입자의 움직임이 (다)의 입자의 움직임보다 활발하므로 (나)의 온도가 더 높다. 그러므로 (나)와 (다)가 접촉할 때 온도가 높은 (나)에서 온도가 낮은 (다)로 열이 이동한다.
바로 알기 | ①, ②, ④ (나)의 입자의 움직임이 가장 활발하고, (다)의 입자의 움직임이 가장 둔하다. 따라서 온도는 (나)>(가)>(다)이다.
⑤ (가)가 (다)보다 온도가 높으므로 (가)와 (다)가 접촉하면 (다)의 움직임은 더 활발해진다.

2 ㄱ, ㄹ. 물의 온도가 높을수록 물의 입자의 움직임이 활발해서 잉크가 빨리 퍼진다. 따라서 (가)는 뜨거운 물, (나)는 찬물이다.
바로 알기 | ㄴ. (가)보다 (나)에서 잉크가 천천히 퍼진다.
ㄷ. (나)는 (가)보다 온도가 낮고 입자의 움직임이 둔하다.

3 ①, ②, ④ 물체가 열을 얻어 온도가 높아지면 입자의 움직임이 활발해지고 입자 사이의 거리가 멀어진다.
③ 물체가 열을 잃어 온도가 낮아지면 입자의 움직임이 둔해지고 입자 사이의 거리가 가까워진다.
바로 알기 | ⑤ 온도가 다른 두 물체가 접촉하면 온도가 높은 물체에서 낮은 물체로 열이 이동한다.

4 열이 A에서 B로 이동했으므로 A의 온도가 더 높다. 시간이 지나면 A의 온도는 낮아지면서 입자의 움직임이 둔해지고 A와 B의 온도가 같아지는 열평형을 이룬다.

5 ①, ② A의 온도는 점점 낮아지고 입자의 움직임이 둔해진다. B의 온도는 점점 높아지고 입자의 움직임이 활발해진다.
③ C에서 두 물체는 열평형을 이루어 온도가 같아진다.
⑤ 0~5 분까지 A의 온도 변화는 30 ℃이고, B의 온도 변화는 20 ℃이다.
바로 알기 | ④ 열평형을 이루었을 때에도 물체를 이루는 입자들은 끊임없이 움직인다.

6 ㄱ, ㄴ. 프라이팬은 열이 전도의 방식으로 이동해서 음식을 익히는 기구이다. 따라서 프라이팬의 바닥은 열을 빠르게 전도하는 물질로 만든다.
바로 알기 | ㄷ. 프라이팬 손잡이는 전도가 잘되지 않는 물질로 만든다. 대류와는 관련이 없다.

7 (가)는 복사, (나)는 대류, (다)는 전도를 비유한 것이다.
⑤ 입자의 움직임이 이웃한 입자에 차례로 전달되어 열이 이동하는 방식은 전도이다.
바로 알기 | ① 주로 고체에서 일어나는 열 이동 방식은 전도이다.
② 주전자의 물을 끓이는 것은 대류의 예이다.
③, ④ 물질을 거치지 않고 열이 직접 이동하며 햇볕에서 따뜻함을 느끼는 것은 복사이다.

8 ⑤ 모래의 비열이 바닷물보다 작기 때문에 모래가 바닷물보다 빠르게 뜨거워진다.
바로 알기 | ① 비열은 물질 1 kg의 온도를 1 ℃ 올리는 데 필요한 열량이다.
② 비열이 클수록 물질의 온도는 잘 변하지 않는다.
③ 비열은 물질마다 다른 값을 가지는 물질의 특성으로, 같은 물질이라도 물의 비열이 1 kcal/(kg·℃)이다.
④ 질량이 클수록 온도를 올리는 데 많은 열량이 필요하다.

9 같은 질량에 같은 열량을 가했을 때 비열이 작을수록 온도 변화가 크고, 비열이 클수록 온도 변화가 작다. 따라서 비열이 작은 것부터 순서대로 나열하면 C − B − D − A이다.

10 ㄴ, ㄷ. 같은 열량을 가했을 때 B의 온도가 더 빠르게 변했으므로 비열은 B가 A보다 작다. 같은 온도까지 높이는 데 비열이 큰 A가 B보다 많은 열량이 필요하고, 냉각시킬 때 A의 온도가 더 천천히 낮아진다.
바로 알기 | ㄱ, ㄹ. 비열은 A가 B보다 크고, 같은 열량을 가했을 때 온도 변화가 더 큰 것은 B이다.

11 ㄴ. 같은 시간 동안 같은 가열 장치로 가열하므로 물과 식용유에 가한 열량은 같다.

ㄷ. 같은 열량을 가했을 때 온도 변화는 식용유가 물보다 크다.

바로 알기 | ㄱ. 비열이 클수록 온도 변화가 작으므로 비열은 식용유가 물보다 작다.

12 육지의 비열이 바다의 비열보다 작기 때문에 빠르게 뜨거워진 육지의 공기가 위로 올라가 지표면에서는 바다에서 육지 쪽으로 해풍이 분다.

13 ①, ⑤ 물질에 열을 가했을 때 물질을 구성하는 입자의 움직임이 활발해지고 입자 사이의 거리가 멀어져 물질의 부피가 팽창한다.
②, ③ 일반적으로 액체가 고체보다 열팽창이 잘되며, 물질의 종류에 따라 열팽창 정도가 다르다.

바로 알기 | ④ 열팽창할 때 입자의 수나 입자의 크기 등은 변하지 않지만 입자 사이의 거리는 멀어진다.

14 ④ 에탄올과 물의 입자의 움직임이 활발해져 부피가 늘어난다.

바로 알기 | ①, ③ 에탄올의 높이가 물보다 더 높아지므로 에탄올이 물보다 열팽창이 잘되는 물질이다.
② 에탄올과 물의 입자의 수는 변하지 않는다.
⑤ 열은 수조의 뜨거운 물에서 플라스크 안의 액체로 이동한다.

15 ④ 바이메탈은 온도가 올라가면 휘어졌다가 온도가 내려가면 원래대로 돌아오는 성질 때문에 온도 조절 장치에 이용된다.

바로 알기 | ①, ② 가열하면 금속 A와 B 모두 팽창하는데, A가 B보다 많이 팽창해서 B 쪽으로 휘어진다.
③ 냉각시키면 열팽창 정도가 큰 금속 A가 B보다 많이 수축해서 바이메탈은 A 쪽으로 휘어진다.
⑤ 가열해서 휘어졌던 바이메탈은 온도가 내려가면 원래대로 돌아온다.

16 ⑤ 알코올 온도계는 알코올의 열팽창을 이용해 온도를 측정한다.

바로 알기 | ① 겨울에는 전깃줄이 팽팽해진다.
② 다리의 이음새 부분은 열팽창에 대비하여 틈이 있게 만든다.
③ 냄비에 물을 끓이면 물 전체가 뜨거워지는 것은 대류에 의한 현상이다.
④ 냉장고 안의 물이 차가워지는 것은 냉장고 안의 공기와 물이 열평형을 이루었기 때문이다.

17 진공 상태는 열을 전달해 주는 물질이 없기 때문에 열을 전달하는 데 물질이 필요한 전도와 대류를 막을 수 있다.

18 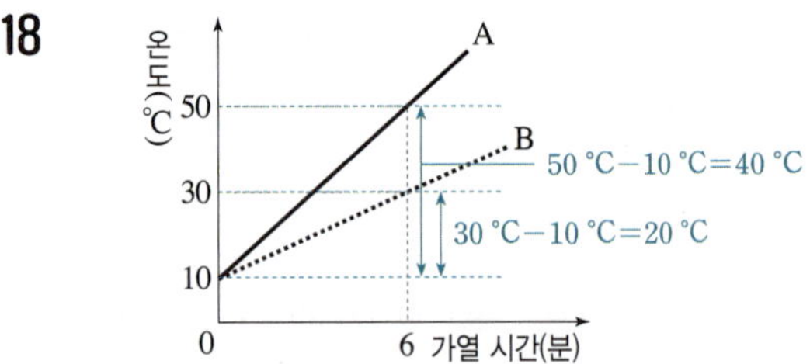

같은 질량의 두 물질 A, B에 같은 열량을 가했을 때 온도 변화는 비열에 반비례한다.

19 물은 다른 물질에 비해 비열이 큰 편이므로 온도를 일정하게 유지해야 하는 경우에 주로 사용한다.

20 열팽창 정도가 다른 두 종류의 물질이 붙어 있을 때 물체의 온도가 높아지면 열팽창 정도가 큰 물질이 더 길어지면서 열팽창 정도가 작은 물질 쪽으로 휘어진다.

Ⅳ. 물질의 상태 변화

실전 대비 1회
150 쪽~153 쪽

1 ③	**2** ③, ④	**3** ③	**4** ④	**5** ⑤	**6** ⑤
7 ③	**8** ④	**9** ④	**10** ②	**11** ④	**12** ①
13 ③	**14** ⑤	**15** ⑤	**16** ③		

17 증발. 오징어나 고추 등을 오래 보관하기 위해 말린다. 염전에서 바닷물을 증발시켜 소금을 얻는다. 잠자리의 머리맡에 자리끼를 둔다.

18 (1) (가) 액체 (나) 고체 (다) 기체
(2) (다), 기체는 입자 사이의 거리가 매우 멀고 입자 배열이 불규칙하며, 입자가 매우 활발하게 운동하기 때문이다.

19 (1) A, C, F
(2) E, 추운 겨울 그늘에 있던 눈사람의 크기가 점점 작아지는 것은 고체에서 기체로의 승화(E)에 해당하기 때문이다.

20 (1) (가)의 실내기 − (나)의 보일러, (가)의 실외기 − (나)의 방열기, (가) 에어컨의 실내기에서는 액체 냉매가 기체로 기화하고, 실외기에서는 기체 냉매가 액체로 액화한다. (나) 증기 난방기의 보일러에서는 물이 수증기로 기화하고, 방열기에서는 수증기가 물로 액화한다.
(2) (가) 에어컨의 실내기에서는 액체 냉매가 기체로 기화하면서 열에너지를 흡수하여 주위의 온도가 낮아진다. (나) 증기 난방기의 방열기에서는 수증기가 물로 액화하면서 열에너지를 방출하여 주위의 온도가 높아진다.

1 ㄱ. 향수 입자는 모든 방향으로 퍼져 나가므로 향수를 뿌린 지점에서 가까운 사람부터 먼 사람까지 향수 냄새를 점차 맡을 수 있다.
ㄷ. 향수 입자는 스스로 운동하여 확산한다.

바로 알기 | ㄴ. 향수를 뿌린 지점에서 가까운 사람부터 향수 냄새를 맡을 수 있고, 점차 향수 냄새를 맡을 수 있는 사람이 늘어난다.

2 **바로 알기** | ① 증발은 모든 온도에서 일어나므로 향수 입자는 액체 표면에서 기체로 변한다.
② 향수 입자의 크기는 변하지 않는다.
⑤ 향수 냄새는 멀리서도 맡을 수 있다.

3 **바로 알기** | ③ 아세톤의 증발이 일어날 때 아세톤 입자의 크기는 변하지 않는다.

4 **바로 알기** | ④ 떨어뜨린 식초가 냉면 전체에 퍼져 신맛이 나는 것은 확산 현상이다.

5 ⑤ (가)는 확산, (나)는 증발의 예이다. ㄴ, ㄷ, ㄹ은 확산 현상이고, ㄱ은 증발 현상이다.

6 (가)는 기체, (나)는 고체, (다)는 액체이다.

바로 알기 | ⑤ (가)~(다) 중 입자가 가장 활발하게 운동하는 것은 기체인 (가)이다.

7 ④, ⑤ 양초의 상태가 변해도 양초를 구성하는 입자의 종류와 개수, 크기는 변하지 않으므로 양초의 질량은 변하지 않는다.

바로 알기 | ③ 양초가 액체에서 고체로 변할 때 부피가 감소하므로 오목하게 들어간다.

8 **바로 알기 |** ① 풀잎에 이슬이 맺힌다. ➡ 액화

② 웅덩이에 고인 물이 사라진다. ➡ 기화

④ 얼음물이 담긴 컵 표면에 물방울이 맺힌다. ➡ 액화

⑤ 냉동실에 넣어 둔 얼음이 조금씩 작아진다. ➡ 승화(고체 → 기체)

9 A는 융해, B는 응고, C는 승화(기체 → 고체), D는 승화(고체 → 기체), E는 기화, F는 액화이다.

④ 손에 뿌린 손 소독제가 마르는 것은 기화(E)이다.

바로 알기 | ① 겨울철 지붕 끝에 고드름이 생기는 것은 응고(B)이다.

② 젖은 빨래가 마르는 것은 기화(E)이다.

③ 드라이아이스의 크기가 점점 작아지는 것은 승화(D)이다.

⑤ 나뭇잎에 서리가 내리는 것은 승화(C)이다.

10 ② ㄱ, ㄷ은 액화, ㄴ, ㄹ은 기화의 예이다.

11 ④ B(융해)가 일어날 때 입자 배열이 불규칙하게 변한다.

바로 알기 | ①, ② A는 응고, B는 융해이다.

③ A(응고)가 일어날 때 입자 운동이 둔해진다.

⑤ 상태가 변할 때 물질의 성질은 변하지 않는다.

12 ㄱ. A 구간에서는 물질이 액체로만 존재한다.

바로 알기 | ㄴ. 액체 물질을 냉각하여 고체로 상태가 변하는 동안에는 열에너지를 방출하므로 온도가 일정하게 유지된다.

ㄷ. C 구간에서 입자 배열은 규칙적이다.

13 ③ B 구간과 D 구간에서는 상태 변화가 일어나며, 가해 준 열에너지가 상태 변화 하는 데 사용되므로 온도가 일정하게 유지된다.

바로 알기 | ① C 구간에서는 물질이 액체로만 존재한다.

② E 구간에서는 기체 물질의 온도가 올라간다.

④ A~E 구간에서는 모두 열에너지를 흡수한다.

⑤ A~E 구간 중 입자 사이의 거리가 가장 먼 구간은 기체로 존재하는 E 구간이다.

14 A는 융해, B는 기화, C는 응고, D는 액화, E는 승화(고체 → 기체), F는 승화(기체 → 고체)이다.

⑤ E(고체에서 기체로의 승화)가 일어날 때는 입자 사이의 거리가 매우 멀어진다.

바로 알기 | ① A, B, E가 일어날 때 열에너지를 흡수한다.

② C, D, F가 일어날 때 열에너지를 방출한다.

③ B가 일어날 때 입자 운동이 활발해진다.

④ D가 일어날 때 입자 배열이 규칙적으로 변한다.

15 ⑤ EF 구간에서 응고가 일어나며, 온도가 일정한 까닭은 상태 변화 하는 동안 방출하는 열에너지가 온도가 낮아지는 것을 막아 주기 때문이다.

바로 알기 | ① A~D 구간은 열에너지를 흡수하고, D~G 구간은 열에너지를 방출한다.

② AB 구간에서 물질은 고체로 존재하므로 입자 운동은 매우 둔하다.

③ BC 구간에서는 융해가 일어난다.

④ CD 구간에서 물질은 액체 상태로만 존재한다.

16 갑자기 추워질 때 오렌지 나무에 물을 뿌리면 물이 응고하면서 열에너지를 방출하여 오렌지가 얼지 않도록 한다. 커피 기계의 스팀 분출 장치는 수증기가 액화할 때 방출하는 열에너지를 이용하여 우유를 데운다.

ㄱ. 소나기가 내리기 전 수증기가 액화하면서 열에너지를 방출하여 날씨가 후텁지근하다.

ㄷ. 추운 겨울 눈이 내리면 수증기가 승화하면서 열에너지를 방출하여 날씨가 따뜻하게 느껴진다.

바로 알기 | ㄴ. 열이 날 때 물수건을 올려두면 물이 기화하면서 열에너지를 흡수하여 체온을 낮춘다.

17 증발은 물질을 구성하는 입자가 스스로 운동하여 액체 표면에서 기체로 변하는 현상이다.

19 (1) A(액화), C(응고), F(기체에서 고체로의 승화)가 일어날 때 입자 운동이 둔해진다.

(2) 추운 겨울 그늘에 있던 눈사람의 크기가 점점 작아지는 것은 고체에서 기체로의 승화(E)에 해당한다.

20 (1) (가) 에어컨의 실내기에서는 액체 냉매가 기체로 기화하고, 실외기에서는 기체 냉매가 액체로 액화한다. (나) 증기 난방기의 보일러에서는 물이 수증기로 기화하고, 방열기에서는 수증기가 물로 액화한다.

(2) (가) 에어컨의 실내기에서는 냉매가 액체에서 기체로 기화하면서 열에너지를 흡수하므로 주위의 온도가 낮아져 집 안이 시원해진다. (나) 증기 난방기의 방열기에서는 수증기가 물로 액화하면서 열에너지를 방출하므로 주위의 온도가 높아져 집 안이 따뜻해진다.

실전 대비 2회

154 쪽~157 쪽

1 ①	2 ④	3 ④	4 ④	5 ⑤	6 ⑤
7 ①	8 ③	9 ②	10 ②	11 ④	12 ③
13 ③	14 ⑤	15 ⑤	16 ①		

17 물질을 구성하는 입자가 스스로 끊임없이 운동하기 때문이다.

18 물질의 상태에 따라 입자 사이의 상대적 거리, 입자 배열의 불규칙한 정도, 입자의 운동성이 다르기 때문이다.

19 (1) BC 구간에서는 흡수하는 열에너지를 상태 변화 하는 데 사용하기 때문이다.

(2) EF 구간에서는 액체가 고체로 응고하면서 열에너지를 방출하여 입자 운동이 둔해지고 입자 배열이 규칙적으로 변하므로 물질의 부피가 줄어든다.

20 ㉠은 물이 수증기로 기화할 때 열에너지를 흡수하여 주위의 온도가 낮아지는 것을 이용한다. ㉡은 물이 얼음으로 응고할 때 열에너지를 방출하여 주위의 온도가 높아지는 것을 이용한다.

1 **바로 알기 |** ① (가)에서 물 입자도 스스로 끊임없이 운동한다.

2 **바로 알기 |** ㄱ. 아세트산의 확산 실험으로, 식초를 떨어뜨린 지점에서 가까운 곳에서부터 먼 곳의 순서로 BTB 용액의 색이 노랗게 변한다.

3 **바로 알기 |** ① (가)는 증발, (나)는 끓음이다.

② 증발은 모든 온도에서 일어나고, 끓음은 액체가 끓기 시작하는 온도 이상에서만 일어난다.

③ 증발은 액체 표면에서 일어나고, 끓음은 액체 표면과 내부, 즉 액체 전체에서 일어난다.

⑤ 증발은 입자가 스스로 운동하기 때문에 일어나고, 끓음은 외부로부터 열을 받기 때문에 일어난다.

4 확산은 물질을 구성하는 입자가 스스로 운동하여 주변으로 퍼져 나
가는 현상이고, 증발은 물질을 구성하는 입자가 스스로 운동하여 액체
표면에서 기체로 변하는 현상이다.
④ (가), (나)는 증발의 예이고, (다), (라)는 확산의 예이다.

5 증발과 확산은 모두 액체에서 일어나고, 온도가 높을수록 잘 일어나
며, 물질을 구성하는 입자가 스스로 끊임없이 운동하기 때문에 일어난다.

6 (가)는 고체, (나)는 액체, (다)는 기체이다.
⑤ 세 가지 상태 중 입자 배열이 가장 불규칙한 것은 기체이다.
바로 알기 | ① 고체는 입자 사이의 거리가 매우 가깝다.
② (나)는 쉽게 압축되지 않으며, 쉽게 압축되는 것은 기체이므로 (다)
이다.
③ 주스와 물은 액체인 (나)에 해당한다.
④ (가)는 흐르는 성질이 없고, (나)는 흐르는 성질이 있다.

7 A는 기체에서 고체로의 승화, B는 고체에서 기체로의 승화, C는
기화, D는 액화, E는 융해, F는 응고이다.
① 추운 겨울 유리창에 성에가 생긴다. ➡ 승화(기체 → 고체)(A)
바로 알기 | ② 아이스크림이 녹아 흘러내린다. ➡ 융해(E)
③ 옷장에 넣어 둔 나프탈렌의 크기가 작아진다. ➡ 고체에서 기체로의
승화(B)
④ 고깃국을 식히면 기름이 굳는다. ➡ 응고(F)
⑤ 뜨거운 차를 마실 때 안경이 뿌옇게 흐려진다. ➡ 액화(D)

8 ③ 상태 변화가 일어나면 입자 배열이 달라지므로 물질의 부피가
변한다.
바로 알기 | ①, ②, ④ 물질의 상태가 변할 때 입자의 종류와 개수가 변
하지 않으므로 물질의 성질과 질량은 변하지 않는다.
⑤ 물질의 상태가 변할 때 입자의 운동성은 변한다.

9 (가)는 고체, (나)는 기체, (다)는 액체이다.
ㄷ. (나)에서 (다)로 변하는 상태 변화는 액화이며, 액화가 일어날 때 물
질의 부피는 작아진다.
바로 알기 | ㄱ. 상태 변화가 일어날 때 입자의 개수는 변하지 않는다.
ㄴ. 액화가 일어날 때 입자 배열이 규칙적으로 변한다.

10 ② (다)에서 (가)로 변하는 상태 변화는 응고이다.
바로 알기 | ① 웅덩이에 고인 물이 사라진다. ➡ 기화
③ 지붕 밑에 맺힌 고드름이 녹는다. ➡ 융해
④ 영하의 온도에서 얼어 있던 명태가 마른다. ➡ 승화(고체 → 기체)
⑤ 갓 구운 빵 위에 버터를 놓으면 버터가 녹는다. ➡ 융해

11 ④ 응고, 액화, 기체에서 고체로의 승화가 일어날 때 입자 배열이
규칙적으로 변하고 입자 사이의 거리가 가까워지며 물질의 부피가 줄어
든다(물 제외). 물은 예외로 응고할 때 부피가 늘어난다.
바로 알기 | ① 젖은 빨래가 마른다. ➡ 기화
② 냉동실에 넣어 둔 물이 언다. ➡ 응고
③ 양초가 녹아 촛농이 흘러내린다. ➡ 융해
⑤ 추운 겨울 그늘에 있던 눈사람의 크기가 점점 작아진다. ➡ 승화(고체
→ 기체)

12 ③ B 구간에서 물질은 액체와 고체의 두 가지 상태로 존재한다.

바로 알기 | ① 0 ℃에서 물(액체)이 얼음(고체)으로 상태가 변하는 응고
가 일어난다.
② A 구간에서 입자 배열은 규칙적으로 변한다.
④ C 구간에서 물질의 질량은 변하지 않는다.
⑤ 일반적으로 액체에서 고체로 상태가 변할 때 물질의 부피는 작아지지
만, 물은 예외로 응고할 때 부피가 커진다.

13 ㄱ. A~E 구간으로 갈수록 입자 배열은 불규칙해진다.
ㄴ. B 구간에서는 물질이 융해하여 고체와 액체로 존재하고, D 구간에
서는 물질이 기화하여 액체와 기체로 존재한다.
바로 알기 | ㄷ. A~E 구간 중 물질의 부피가 가장 큰 것은 기체로 존재
하는 E 구간이다.

14 A는 응고, B는 융해, C는 액화, D는 기화, E는 승화(고체 → 기
체), F는 승화(기체 → 고체)이다.
⑤ A~F 중 입자 배열이 가장 불규칙해지는 것은 고체에서 기체로의
승화(E)이다.
바로 알기 | ① A 과정에서 열에너지를 방출한다.
② B 과정에서 주위의 온도가 낮아진다.
③ C 과정에서 입자 운동이 둔해진다.
④ D 과정에서 열에너지를 흡수한다.

15 융해, 기화, 승화(고체 → 기체)가 일어날 때 열에너지를 흡수하고,
응고, 액화, 승화(기체 → 고체)가 일어날 때 열에너지를 방출한다.
ㄱ. 냉동실에 넣어 둔 물이 언다. ➡ 열에너지 방출(응고)
ㄴ. 차가운 음료수 컵 주변에 물이 생긴다. ➡ 열에너지 방출(액화)
ㄷ. 백신을 수송할 때 드라이아이스를 함께 넣어 포장한다. ➡ 열에너지
흡수(승화(고체 → 기체))
ㄹ. 겨울철 눈이 내리면 날씨가 포근해진다. ➡ 열에너지 방출(승화(기체
→ 고체))
ㅁ. 손바닥 위에 올려놓은 초콜릿이 녹는다. ➡ 열에너지 흡수(융해)
ㅂ. 냉장고의 증발기에서 냉매가 액체에서 기체로 변한다. ➡ 열에너지
흡수(기화)

16 ① 이글루의 벽에 물을 뿌리면 물이 응고하여 얼음이 될 때 열에너
지를 방출하여 주위의 온도가 높아진다.
바로 알기 | ②, ③, ⑤ 기화가 일어날 때는 열에너지를 흡수하여 주위의
온도가 낮아진다.
④ 승화(고체 → 기체)가 일어날 때는 열에너지를 흡수하여 주위의 온도
가 낮아진다.

17 증발과 확산은 모두 물질을 구성하는 입자가 스스로 운동하기 때문
에 일어난다.

19 (2) EF 구간에서는 액체가 고체로 응고하면서 열에너지를 방출하
여 입자 운동이 둔해지고 입자 배열이 규칙적으로 변하므로 물질의 부피
가 줄어든다. 물은 응고할 때 빈 공간이 많은 구조로 배열되고 입자 사이
의 거리가 멀어지므로 부피가 늘어난다.

20 ㉠에서 물이 수증기로 기화할 때 열에너지를 흡수하여 주위의 온도
가 낮아지므로 사막에서 물을 시원하게 마실 수 있다. ㉡에서 물이 얼음
으로 응고할 때 열에너지를 방출하여 주위의 온도가 높아지므로 과일이
나 곡식이 어는 것을 막는다.

오답 노트
정리 방법

① 오답 노트 정리가 왜 필요할까?

- 내가 자주 틀리는 문제를 알 수 있어요.
- 문제를 분석하는 방법을 익힐 수 있어요.
- 복습하는 습관을 기를 수 있어요.

② 어떤 문제를 고를까?

- ☑ 자주 틀리는 문제
- ☑ 틀린 문제 중 틀린 까닭을 모르는 문제
- ☑ 틀린 문제 중 개념을 잘 모르는 문제

유의할 점
- 모든 틀린 문제의 오답 노트를 만들 필요는 없어요!
- 다른 해설을 그대로 베끼는 것은 효과가 떨어져요!

③ 과학 오답 노트 정리 방법

> 문제를 붙여요.

↓

> 발문을 이해해요. 모르는 용어는 찾아서 적어요.

↓

> 과학은 자료 해석이 중요해요. 그림 자료나 표 등, 제시된 자료에 분석 내용을 적어요.

↓

> 해설을 읽고 풀이를 이해한 후, 그대로 쓰는 것이 아니라 나의 방식으로 풀이를 적어요.

↓

> 메모에 이 문제에서 기억해야 할 사항을 적어요.

날짜 : 20○○년   4월   17일   단원 : Ⅲ. 열

문제 :

254 하

그림은 뜨거운 물과 찬물을 섞었을 때 시간에 따른 온도 변화를 측정하여 구간별로 나타낸 것이다.

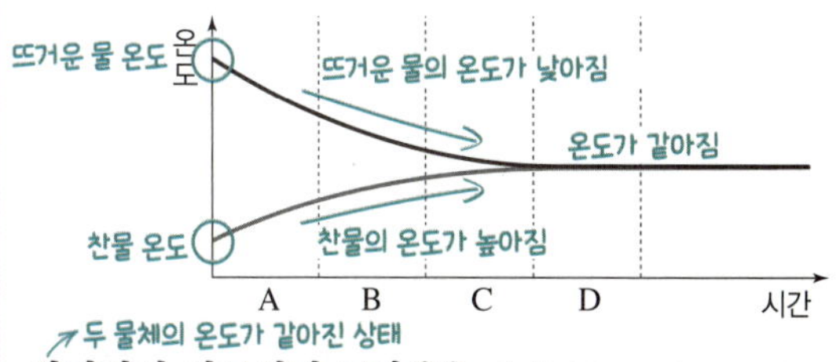

열평형이 이루어진 구간은? = 두 물의 온도가 같아진 구간은?

① A   ② B   ③ C
④ D   ⑤ 없다.

틀린 까닭 : 그래프를 이해하지 못하였다.

풀이 :

· 뜨거운 물: 시간이 지남에 따라 A~C 구간에서 온도가 낮아지다가 D 구간에서 찬 물과 온도가 같아진다.

· 찬물: 시간이 지남에 따라 A~C 구간에서 온도가 높아지다가 D 구간에서 뜨거운 물과 온도가 같아진다.

· 열평형은 온도가 다른 두 물을 섞었을 때 두 물체의 온도가 같아진 상태를 뜻한다.

· 따라서 이 문제는 두 물의 온도가 같아진 구간을 고르는 문제이므로 열평형이 이루어진 구간은 D 이다.

메모 : · 온도 변화 그래프 해석: 시간에 따른 구간별 온도 변화 체크하기
· 열평형 = 온도가 같아진 상태

날짜 :　　년　　월　　일	단원 :
문제 :	풀이 :
틀린 까닭 :	메모 :

날짜 :　　년　　월　　일	단원 :
문제 :	풀이 :
틀린 까닭 :	메모 :

날짜 : 　년　　월　　일　　단원 :

문제 :　　　　　　　　　　풀이 :

틀린 까닭 :　　　　　　　　메모 :

날짜 : 　년　　월　　일　　단원 :

문제 :　　　　　　　　　　풀이 :

틀린 까닭 :　　　　　　　　메모 :

오답 노트

날짜 :　　　년　　　월　　　일	단원 :
문제 :	풀이 :
틀린 까닭 :	메모 :

날짜 :　　　년　　　월　　　일	단원 :
문제 :	풀이 :
틀린 까닭 :	메모 :

visang

ONLY
META

다른 곳엔 없는
메타인지 학습 과
성취 기반 AI메타보드·AI채움퀘스트
교재 강의 로
업계 유일한 비상교재, 쎈 강좌 보유 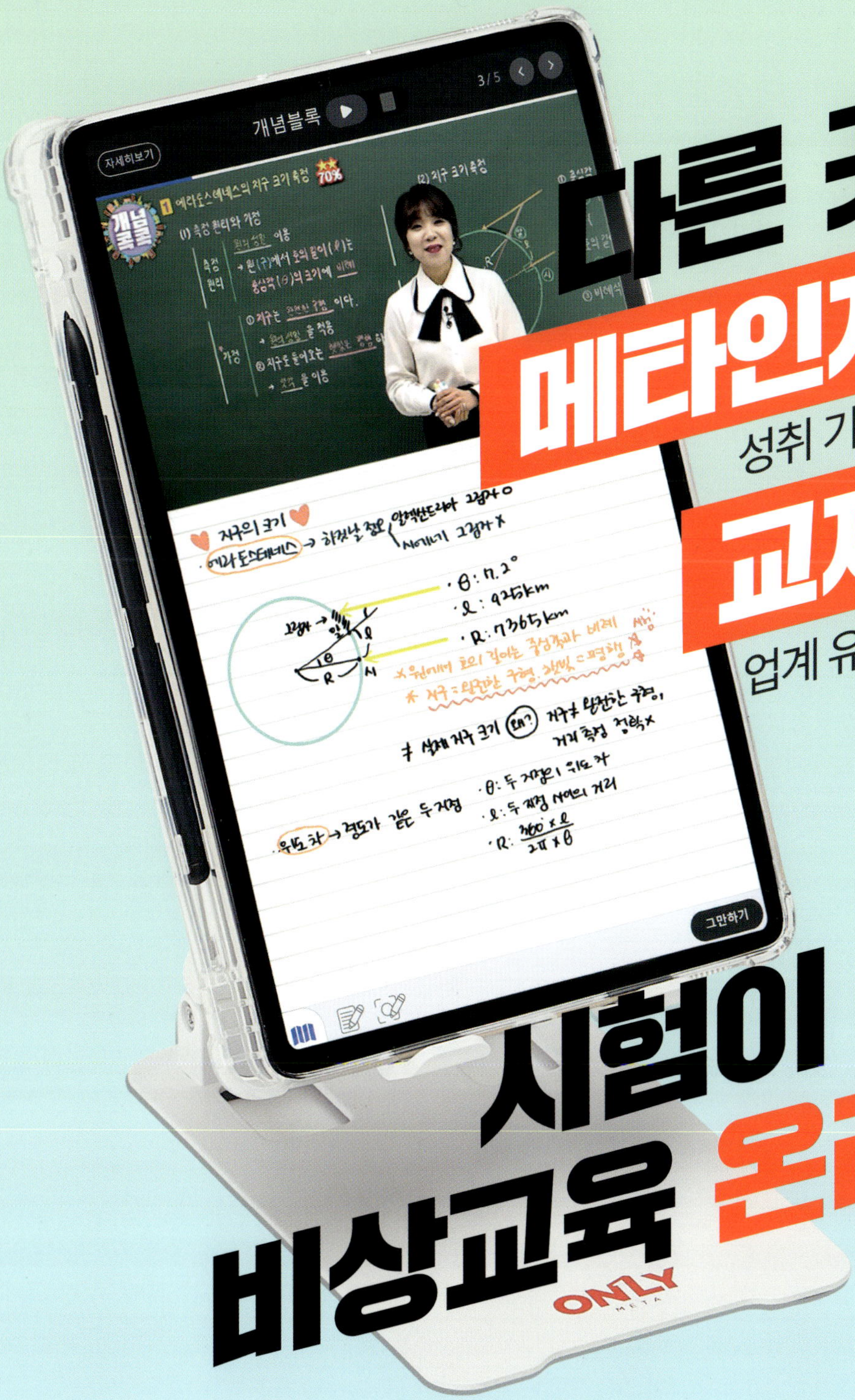
시험이 쉬워지는
비상교육 온리원 중등
ONLY
META

0원 무제한 학습!
지금 신청하기
★★★ 10명 중 8명 내신 최상위권
★★★ 특목고 합격생 167% 달성
★★★ 1년 만에 2배 장학생 증가
※ 2023년 2학기 기말 기준, 전체 성적 장학생 중 모범, 으뜸, 우수상 수상자(평균 93점 이상) 비율 81.2% /
특목고 합격생 수 2022학년도 대비 2024학년도 167.4% / 21년 1학기 중간 ~ 22년 1학기 중간 누적 장학생 수(3,499명) 대비
21년 1학기 중간 ~ 23년 1학기 중간 누적 장학생 수(6,888명) 비율
문의 1588-6563 | www.only1.co.kr